Physik
in Versuchen und Gesetzen

Mit Lernzielen, Beispielen und Aufgaben

von

Horst Hill
Studiendirektor in Bensheim

Friedel Nikolaus
Studiendirektorin in Karlsruhe

7., verbesserte Auflage

Handwerk und Technik · Hamburg   HT 1181

Physikalische Größen, Formelzeichen und Einheiten

Die Auswertung der **Versuche** führt zu physikalischen **Gesetzen,** die ihre klarste Darstellung in der physikalischen Formel, einer mathematischen Gleichung, finden. Die Formel erlaubt, alle ähnlichen physikalischen Erscheinungen zu berechnen. Dazu ist es notwendig, physikalische Größen in Formelzeichen darzustellen – so ist z. B. m das Formelzeichen für die physikalische Größe „Masse" – und diese Formelzeichen für Berechnungen durch Maßzahl und Einheit zu ersetzen.

Physikalische Größe = Maßzahl · Einheit

Beispiel: $m = 70$ kg m ist Formelzeichen für Masse
70 ist Maßzahl
kg ist Einheit für Masse

Als Einheiten werden Basiseinheiten oder abgeleitete Einheiten des Internationalen Einheitensystems (Système International d'Unités = SI) verwendet.

Basisgrößen	Formelzeichen	SI-Basiseinheiten	Kurzzeichen
Länge, Weg	l, s	**Meter**	m
Masse	m	**Kilogramm**	kg
Zeit	t	**Sekunde**	s
Temperatur	T	**Kelvin**	K
Lichtstärke	I	**Candela**	cd
El. Stromstärke	I	**Ampere**	A
Stoffmenge	n	**Mol**	mol

Abgeleitete Größen	Formeln	SI-Einheiten		Bezug zu SI-Basiseinheiten
Kraft	$F = m \cdot a$	Newton	N	$1\,N = 1\,kg \cdot 1\,\frac{m}{s^2}$
Druck	$p = \frac{F}{A}$	Pascal	Pa	$1\,Pa = \frac{1\,N}{1\,m^2} = \frac{kg}{m \cdot s^2}$
Energie	$W = F \cdot s$	Joule	J	$1\,J = 1\,Nm = \frac{kg \cdot m^2}{s^2}$
Leistung	$P = \frac{W}{t}$	Watt	W	$1\,W = \frac{1\,J}{1\,s} = \frac{kg \cdot m^2}{s^3}$
Beleuchtungsstärke	$E = \frac{I}{r^2}$	Lux	lx	$1\,lx = \frac{1\,cd}{1\,m^2}$
El. Ladung	$Q = I \cdot t$	Coulomb	C	$1\,C = 1\,As$
El. Spannung	$U = \frac{W}{Q}$	Volt	V	$1\,V = \frac{1\,J}{1\,C} = \frac{kg \cdot m^2}{s^3 \cdot A}$
El. Widerstand	$R = \frac{U}{I}$	Ohm	Ω	$1\,\Omega = \frac{1\,V}{1\,A} = \frac{kg \cdot m^2}{s^3 \cdot A^2}$

Griechisches Alphabet

A	α	alpha	Z	ζ	zeta	Λ	λ	lambda	Π	π	pi	Φ	φ	phi
B	β	beta	H	η	eta	M	μ	mü	P	ϱ	rho	X	χ	chi
Γ	γ	gamma	Θ	ϑ	theta	N	ν	nü	Σ	σ	sigma	Ψ	ψ	psi
Δ	δ	delta	I	ι	iota	Ξ	ξ	xi	T	τ	tau	Ω	ω	omega
E	ε	epsilon	K	$\varkappa$	kappa	θ	ϕ	omikron	Y	υ	ypsilon			

Inhalt

1 MECHANIK

1.1 Raumerfüllung. Masse. Dichte 7
1.1.1 Raumerfüllung und Volumenbestimmung 7
1.1.2 Die Einheiten der Längen, Flächen und Volumen.................. 9
1.1.3 Die Einheiten der Masse. Massenvergleich 11
1.1.4 Die Dichte 13

1.2 Bewegungen 15
1.2.1 Das Bezugssystem 15
1.2.2 Die Einheiten der Zeit..................15
1.2.3 Die gleichförmige Bewegung 16
1.2.4 Das v-t-Schaubild 18
1.2.5 Die gleichförmige Kreisbewegung 19
1.2.6 Die gleichmäßig beschleunigte Bewegung..................20
1.2.7 Der freie Fall..................23
1.2.8 Das Unabhängigkeitsprinzip..................25

1.3 Kräfte 26
1.3.1 NEWTONsches Trägheitsgesetz..................26
1.3.2 NEWTONsches Grundgesetz. Grundgleichung der Mechanik 28
1.3.3 NEWTONsches Wechselwirkungsgesetz. Kraft und Gegenkraft 32
1.3.4 Darstellung einer Kraft..................34
1.3.5 Messen von Kräften. Elastizität. HOOKEsches Gesetz, Kraftmesser 35
1.3.6 Kräfte mit gleicher Wirkungslinie..................39
1.3.7 Das Kräfteparallelogramm 40

1.4 Mechanik fester Körper. Einfache Maschinen..................42
1.4.1 Arbeit. Energie 42
1.4.2 Energieformen. Erhaltung der Energie 44
1.4.3 Leistung..................46
1.4.4 Die Reibung 47
1.4.5 Hebelgesetz und Drehmoment..................51
1.4.6 Rollen..................56
1.4.7 Kräfte und Arbeit am Flaschenzug 58
1.4.8 Die geneigte (schiefe) Ebene..................60
1.4.9 Der Wirkungsgrad 63

1.5 Dynamik fester Körper 64
1.5.1 Zentripetalkraft und Zentrifugalkraft..................64
1.5.2 Beschleunigungskraft an der geneigten Ebene 67

1.6 Mechanik der Flüssigkeiten..................68
1.6.1 Adhäsion. Kohäsion. Oberflächenspannung. Kapillarität 68
1.6.2 Kraft- und Druckeinwirkung auf Flüssigkeiten..................70
1.6.3 Verbundene Gefäße 71
1.6.4 Druck und Flüssigkeitshöhe. Überdruck. Druckeinheiten..................72
1.6.5 Hydrostatischer Druck..................74
1.6.6 Der Auftrieb. Sinken – Schweben – Schwimmen 76
1.6.7 Flüssigkeitspresse 80

1.7 Mechanik der Gase 81
1.7.1 Masse und Dichte der Luft..................81
1.7.2 Kraft- und Druckeinwirkung auf Gase..................82
1.7.3 Die Messung des Luftdrucks. Barometer. Vakuummeter..................83
1.7.4 Wirkung des Luftdrucks. Implosion – Explosion 86
1.7.5 Anwendung des Luftdrucks 88
1.7.6 Das BOYLE-MARIOTTEsche Gesetz. Anwendungen 89
1.7.7 Der Auftrieb..................92

2 WÄRMELEHRE

2.1 Volumenänderung bei Erwärmung. Temperaturmessung 94

2.2 Längenausdehnung fester Körper 97
2.2.1 Längenausdehnungskoeffizient..................97
2.2.2 Wirkungen der Ausdehnung fester Körper. Bolzensprenger..................99
2.2.3 Anwendung der Ausdehnung fester Körper. Bimetall 99

2.3 Volumenausdehnung fester und flüssiger Körper 100
2.3.1 Mathematische Ableitung der Volumenausdehnung..................100
2.3.2 Volumenausdehnung der Flüssigkeiten..................101
2.3.3 Dichtemaximum und Anomalie des Wassers..................102

2.4 Volumenausdehnung der Gase..................104
2.4.1 Ermittlung des Volumenausdehnungskoeffizienten..................104
2.4.2 Das GAY-LUSSACsche Gesetz. Die KELVIN-Temperatureinheit..................105
2.4.3 Die Zustandsgleichung der Gase 106

2.5 Kinetische Wärmetheorie 109

2.6	**Die Wärmeenergie**	111
2.6.1	Abhängigkeit der Wärmeenergie von Masse und Temperaturdifferenz.	111
2.6.2	Spezifische Wärmekapazität und Wärmeenergie	112
2.6.3	Mischungsgesetz. Wärmewert	115
2.6.4	Bestimmung der spezifischen Wärmekapazität fester Körper	117
2.6.5	Wärmequellen. Brennwerte.	118
2.7	**Erster und zweiter Hauptsatz der Wärmelehre**	120
2.8	**Wärmeenergie und Zustandsänderungen.**	122
2.8.1	Die Zustandsformen der Körper ...	122
2.8.2	Schmelzen und Erstarren	123
2.8.3	Schmelzpunkt und Druck	125
2.8.4	Volumenänderung beim Schmelzen und Erstarren	126
2.8.5	Lösungswärme und Gefrierpunkterniedrigung	126
2.8.6	Verdampfen und Kondensieren....	127
2.8.7	Siedetemperatur und Dampfdruck (Luftdruck)	130
2.8.8	Verdunsten. Verdunstungswärme ..	132
2.8.9	Übersicht: Wärmeenergie und Zustandsänderungen.	133
2.9	**Die Wärmeübertragung.**	134
2.9.1	Wärmeströmung oder Konvektion..	134
2.9.2	Wärmeleitung	136
2.9.3	Wärmestrahlung	138

3 SCHWINGUNGEN. WELLEN. AKUSTIK

3.1	**Schwingungen.**	139
3.1.1	Harmonische Schwingungen. Feder- und Fadenpendel	139
3.1.2	Gedämpfte Schwingungen. Resonanz	141
3.2	**Wellen**	142
3.2.1	Querwellen. Längswellen. Fortpflanzungsgeschwindigkeit	142
3.2.2	Stehende Wellen	144
3.3	**Akustik.**	145
3.3.1	Schallerzeugung. Stimmorgan.....	145
3.3.2	Schallwahrnehmung. Das Ohr.....	146
3.3.3	Schallwellen. Tonhöhe und Frequenz	146
3.3.4	Schallgeschwindigkeit............	148
3.3.5	Schallausbreitung. Leitfähigkeit und Dämmung des Schalls	149
3.3.6	Resonanz und erzwungenes Mitschwingen..................	150
3.3.7	Reflexion des Schalls	151
3.3.8	Schallintensität und Lautstärke....	152
3.3.9	Dopplereffekt	153

4 OPTIK

4.1	**Licht.**	154
4.1.1	Lichtquellen und beleuchtete Körper	154
4.1.2	Lichtausbreitung. Lichtstrahlen....	156
4.1.3	Schattenbildung	157
4.1.4	Lichtstärke.....................	158
4.1.5	Beleuchtungsstärke. Abstandsgesetz..................	159
4.1.6	Neigungsgesetz.................	160
4.1.7	Die Lichtstärkemessung	162
4.2	**Spiegelung (Reflexion)**	163
4.2.1	Das Reflexionsgesetz. Strahlenverlauf am ebenen Spiegel	163
4.2.2	Abbildung mit ebenen Spiegeln ...	164
4.2.3	Strahlenverlauf an gekrümmten Spiegeln	166
4.3	**Brechung (Refraktion).**	168
4.3.1	Das Brechungsgesetz.	168
4.3.2	Brechung und Totalreflexion	171
4.3.3	Strahlenverlauf durch eine planparallele Platte...............	173
4.3.4	Strahlenverlauf durch ein Prisma ..	173
4.3.5	Strahlenverlauf durch Linsen......	174
4.4	**Abbildung mit Linsen und gekrümmten Spiegeln.**	177
4.4.1	Bildgrößen- und Abbildungsgleichung	177
4.4.2	Bildkonstruktion bei Linsen und gekrümmten Spiegeln	180
4.5	**Lichtgeschwindigkeit.**	182
4.6	**Spektralfarben. Dispersion**	183
4.6.1	Brechung weißen Glühlichtes. Spektralfarben. Farben	183
4.6.2	Dispersion.....................	185
4.6.3	Spektralanalyse.................	185
4.7	**Das Auge und die Augenkorrektur**	186
4.8	**Optische Geräte**	188

5 ELEKTRIZITÄTSLEHRE

5.1 Die elektrische Ladung 190
5.1.1 Atombau und elektrische Ladung.. 190
5.1.2 Ladungstrennung durch Reibung.
       Elektronen. Ionen 191
5.1.3 Polarität und Stromart 192
5.1.4 Elektrisches Feld................. 194
5.1.5 Elektrische Spannung 196
5.1.6 Spannungserzeugung 198

5.2 Der elektrische Strom........... 199
5.2.1 Der elektrische Stromkreis....... 199
5.2.2 Stromstärke und
       elektrische Ladung............... 201
5.2.3 Die Einheiten der Stromstärke
       und der elektrischen Ladung...... 202
5.2.4 Energie und Leistung
       des elektrischen Stromes......... 203

**5.3 Gesetzmäßigkeiten
       des elektrischen Stromes** 205
5.3.1 Das OHMsche Gesetz 205
5.3.2 Die Widerstandsformel........... 207
5.3.3 Temperaturabhängigkeit
       des Widerstandes................ 209
5.3.4 Reihen-, Parallel- und Gruppen-
       schaltung von Widerständen 210
5.3.5 Schaltung von Meßgeräten....... 214
5.3.6 Innenwiderstand
       einer Spannungsquelle........... 216

5.4 Gefahren und Schutzmaßnahmen . 217

**5.5 Elektrische Energie und
       Wärmeenergie**................... 218
5.5.1 Wärmewirkung
       des elektrischen Stromes........ 218
5.5.2 Die thermoelektrische Spannung .. 221

**5.6 Elektrische Energie und
       chemische Energie**................ 222
5.6.1 Elektrolyse 222
5.6.2 Galvanisches Element.
       Spannungsreihe 223
5.6.3 Trockenelemente. Akkumulatoren.. 224

**5.7 Magnetische Erscheinungen
       und magnetisches Feld**.......... 225
5.7.1 Magnetische Erscheinungen 225
5.7.2 Magnetisches Feld 227
5.7.3 Erdmagnetismus 229

5.8 Elektromagnetismus 230
5.8.1 Das Magnetfeld gerader Leiter 230
5.8.2 Das Magnetfeld von Spulen....... 232
5.8.3 Der Elektromagnet 233
5.8.4 Dreheisen- oder
       Weicheisenmeßwerk.............. 236

5.9 Elektromotorisches Prinzip 237
5.9.1 Stromdurchflossene
       Leiterschaukel im Magnetfeld 237
5.9.2 Stromdurchflossene Spule
       im Magnetfeld 238
5.9.3 Drehspulmeßwerk................ 239
5.9.4 Elektrodynamisches Meßwerk..... 240

5.10 Elektromagnetische Induktion 241
5.10.1 Induktion durch Bewegung –
        Generatorprinzip................. 241
5.10.2 Induktion durch Flußänderung –
        Transformatorprinzip 242

5.11 Motoren und Generatoren........ 244
5.11.1 Gleich- und Wechselstrommotoren 244
5.11.2 Gleich- und
        Wechselstromgeneratoren 246

5.12 Drehstrom....................... 249
5.12.1 Drehstromgeneratoren........... 249
5.12.2 Drehstrommotoren 250

5.13 Transformator 251
5.13.1 Aufbau und Wirkungsweise
        eines Transformators 251
5.13.2 Bedeutung der
        Hochspannungstransformatoren .. 252

6 ATOMPHYSIK

6.1 Atommodelle 254
6.2 Atom und Atomkern............... 256
6.3 Radioaktive Strahlung............. 258
6.4 Kernumwandlungen................ 262
6.5 Kernenergie 265

Lösungen 270
Namensverzeichnis................ 271
Sachwortverzeichnis 272

Bildquellenverzeichnis

Leybold-Heraeus GmbH, Köln (S. 70, 81, 86, 87, 88, 89, 99, 109, 121, 125, 134, 136, 139, 145, 149, 152, 171, 172, 183, 259, 260)
Phywe AG, Göttingen (S. 147, 164)
Schaumburg, Ingrid, Sichere Deine Gesundheit, Hamburg 1981 (S. 145, 146, 186)

ISBN 3.582.01181.X

Alle Rechte vorbehalten.
Jegliche Verwertung dieses Druckwerkes bedarf – soweit das Urheberrechtsgesetz nicht ausdrücklich Ausnahmen zuläßt – der vorherigen schriftlichen Einwilligung des Verlages.
Verlag Handwerk und Technik G.m.b.H., Lademannbogen 135, 22339 Hamburg   1991
Gesamtherstellung: DBC Druckhaus Berlin-Centrum

1 Mechanik

1.1 Raumerfüllung. Masse. Dichte

1.1.1 Raumerfüllung und Volumenbestimmung

> **Lernziel:** Die Raumerfüllung der Körper in Versuchen erkennen, Beispiele dafür nennen und Möglichkeiten der Volumenbestimmung erklären können.

Versuch: *Das Überlaufgefäß wird so weit mit Wasser gefüllt, daß gerade nichts ausläuft. Der besseren Sichtbarkeit wegen wird das Wasser mit Fluoreszein-Natrium gefärbt.*

Durchführung: An einer Schnur wird ein regelmäßiger Körper in das Wasser getaucht. Wir beobachten das Ansteigen des Wassers im Überlaufgefäß. Durch das Überlaufrohr fließt so lange Wasser in den Meßzylinder, bis der ursprüngliche Wasserstand im Überlaufgefäß wieder erreicht ist.

Versuchsergebnis: Der eingetauchte Körper verdrängt eine bestimmte Wassermenge:
Am Meßzylinder lesen wir das Volumen V des übergelaufenen Wassers ab: $V = 80$ cm^3

▶ An der Stelle, an der sich **ein** Körper befindet, kann nicht gleichzeitig **ein anderer** sein. Diese Eigenschaft eines Körpers wird als **Raumerfüllung** bezeichnet.
▶ Die Größe des Raumes, den ein Körper einnimmt, heißt sein Rauminhalt oder sein **Volumen.**

Das Volumen des eingetauchten Körpers kann rechnerisch überprüft werden:
Das verdrängte Wasservolumen entspricht genau dem Volumen des eingetauchten Körpers.

▶ Das Volumen eines festen Körpers kann mit einem Meßzylinder und einem Überlaufgefäß bestimmt werden.

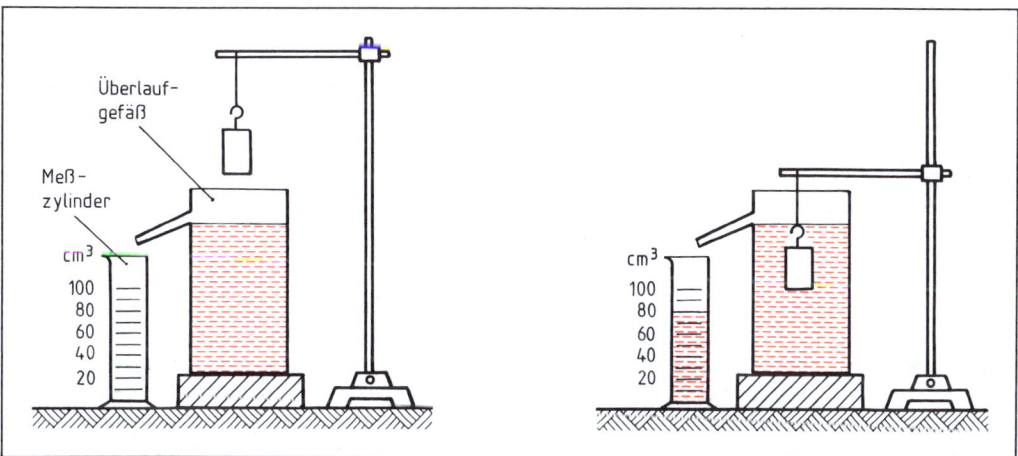

Mit einem Überlaufgefäß und einem Meßzylinder wird das Volumen eines festen Körpers bestimmt.

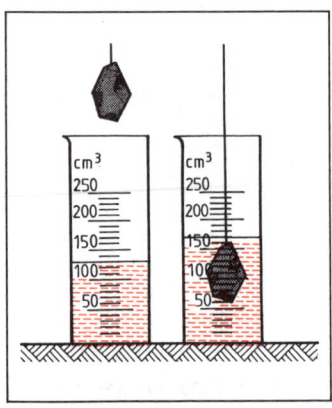

Das Volumen des Steines wird mit dem Meßzylinder bestimmt: $V = 40\ cm^3$

Die einfache Bestimmung eines Flüssigkeitsvolumens mit dem Meßzylinder wird zur Messung des Volumens unregelmäßiger fester Körper benutzt.

Hierzu wird der Körper in einem Meßzylinder oder einfachen zylindrischen Glasgefäß ganz in eine Flüssigkeit getaucht und die Volumendifferenz der Flüssigkeit errechnet.

Die Volumenbestimmung mit dem Überlaufgefäß ist jedoch genauer, weil das Volumen des übergelaufenen Wassers in einem engen Meßzylinder genauer abgelesen werden kann, da die Striche der Skalen für gleiche Volumen weitere Abstände haben.

Steht nur ein einfaches zylindrisches Gefäß zur Verfügung, so kann aus dem lichten Durchmesser und der Höhendifferenz der Flüssigkeit vor und nach dem Eintauchen das Volumen des eingetauchten Körpers errechnet werden.

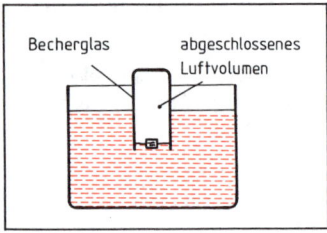

Das Wasser wird durch die eingeschlossene Luft verdrängt. Das Holzstückchen läßt die innere Wasseroberfläche erkennen.

Versuch: *Ein Becherglas wird umgekehrt in eine Wanne mit Wasser getaucht. – In den Trichter auf einem Erlenmeyerkolben wird Wasser gefüllt.*

Durchführung: *Das Becherglas wird verschieden tief in das Wasser getaucht. – Die Schlauchklemme wird geöffnet.*

Versuchsergebnis: In beiden Versuchen beobachten wir, daß ein abgeschlossenes Luftvolumen zwar etwas zusammengepreßt wird, aber weiteres Nachfließen des Wassers verhindert. Beim Erlenmeyerkolben sehen wir: Erst wenn das Luftvolumen entweicht, kann das Wasser den frei werdenden Raum einnehmen.

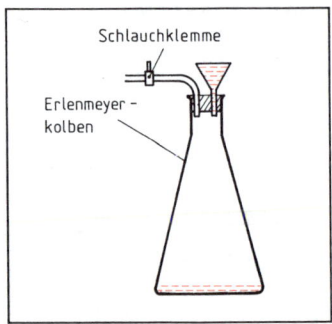

Es fließt nur geringfügig Wasser in den Erlenmeyerkolben. Die im Kolben enthaltene Luft verhindert weiteres Einfließen.

▶ An der Stelle, an der sich Luft – ein gasförmiger Körper – befindet, kann nicht gleichzeitig ein anderer Körper sein.

Mit dem Begriff Körper bezeichnen wir in der Physik nicht nur feste Körper, sondern auch Flüssigkeiten und Gase.

Zusammenfassend formulieren wir:

> Jeder Körper nimmt einen Raum ein.
> Die Raumerfüllung ist eine Eigenschaft eines jeden Körpers.

Aufgaben

1. Weshalb darf ein Trichter zum Flaschenfüllen nicht fest auf dem Flaschenhals sitzen?

2. Wozu dient die Öltankentlüftung?

3. Geben Sie den Lösungsweg an, wie Sie mit einem zylindrischen Gefäß und Flüssigkeit das Volumen eines unregelmäßigen Körpers bestimmen!

1.1.2 Die Einheiten der Längen, Flächen und Volumen

> **Lernziel:** Die Basiseinheit der Länge im Internationalen Einheitensystem (SI) kennen. Einheiten für Flächen und Volumen sowie Vielfache und Teile der Einheiten kennen und umrechnen können.

Bei den Versuchen zur Raumerfüllung erkannten wir, daß jeder Körper einen Raum einnimmt. Um diesen Raum zahlenmäßig zu erfassen, vergleichen wir ihn in der Versuchsauswertung mit einer Einheit: 80 cm³ bedeutet 80 mal 1 cm³.

Jedes Bestimmen einer physikalischen Größe, z. B. hier des Volumens, nennt man Messen.

> Messen ist ein Vergleichen mit einer Einheit.

Jede Festlegung von physikalischen Einheiten ist willkürlich. Die Forderungen sind lediglich eine möglichst weitreichende internationale Vereinbarung und eine sehr genaue Reproduzierbarkeit.

Als Einheit der Länge wurde das Meter 1795 als der 40-millionste Teil des durch Paris gehenden Längenkreises festgelegt und als „verkörperte" Einheit in Form eines Platin-Iridium-Stabes im Bureau des Poids et Mesures bei Paris aufbewahrt. Bei der 1875 zwischen verschiedenen Staaten abgeschlossenen Meterkonvention wurde das Meter als international gültige Längeneinheit anerkannt. Staaten, die sich der Meterkonvention anschlossen, erhielten Kopien des „Urmeters". Das deutsche Urmeter befindet sich in der Physikalischen Bundesanstalt in Braunschweig.

Um jederzeit aus der Natur herstellbare Einheiten zu gewinnen, haben Physiker über die Wellenlänge bzw. Periodendauer der von bestimmten Atomen ausgehenden Strahlung Einheiten für die Länge und die Zeit geschaffen, die den physikalischen Erkenntnissen und heutigen technischen Anforderungen an die Genauigkeit gerecht werden.

Die seit 1983 verbindliche Definition der Länge beruht auf der im Vakuum konstanten Lichtgeschwindigkeit und der Definition der Zeiteinheit (vgl. 1.2.2).

Als Basiseinheit des Internationalen Einheitensystems (SI)[1] wurde für die Länge festgelegt:

> Die SI-Basiseinheit der Länge ist das Meter; Kurzzeichen m. 1 Meter ist die Länge der Strecke, die Licht im Vakuum während der Dauer von (1/299 792 458) Sekunden durchläuft.

Die dezimalen Vielfachen und Teile der Basiseinheiten erhält man durch Vorsätze vor den Namen der Einheit.

Vielfache

Vorsätze	Kurzzeichen	für das	Beispiel		
Tera	T	Billionenfache	1 000 000 000 000 m = 1 Tm	= 1 Terameter	= 10^{12} m
Giga	G	Milliardenfache	1 000 000 000 m = 1 Gm	= 1 Gigameter	= 10^{9} m
Mega	M	Millionenfache	1 000 000 m = 1 Mm	= 1 Megameter	= 10^{6} m
Kilo	k	Tausendfache	1 000 m = 1 km	= 1 Kilometer	= 10^{3} m
Hekto	h	Hundertfache	100 m = 1 hm	= 1 Hektometer	= 10^{2} m
Deka	da	Zehnfache	10 m = 1 dam	= 1 Dekameter	= 10^{1} m

---

[1] SI = Système International d'Unités, übersetzt: Internationales Einheiten-System. Von der Generalkonferenz für Maß und Gewicht wurden SI-Basiseinheiten festgelegt und dazu abgeleitete SI-Einheiten. Sie sind seit 1970 in der Bundesrepublik gesetzliche Einheiten.

Teile

Vorsätze	Kurz-zeichen	für das	Beispiel			
Dezi	d	Zehntel	0,1 m	= 1 dm	= 1 Dezimeter	= 10^{-1} m
Zenti	c	Hundertstel	0,01 m	= 1 cm	= 1 Zentimeter	= 10^{-2} m
Milli	m	Tausendstel	0,001 m	= 1 mm	= 1 Millimeter	= 10^{-3} m
Mikro	μ	Millionstel	0,000 001 m	= 1 μm	= 1 Mikrometer	= 10^{-6} m
Nano	n	Milliardstel	0,000 000 001 m	= 1 nm	= 1 Nanometer	= 10^{-9} m
Piko	p	Billionstel	0,000 000 000 001 m	= 1 pm	= 1 Pikometer	= 10^{-12} m

SI-Einheiten der Länge: Formelzeichen: l **(Länge)**
1 m = 10 dm = 100 cm = 1000 mm
Umwandlungszahl: 10
$\qquad\qquad\qquad\qquad\qquad\qquad\qquad\qquad\;\;$ s **(Weg)**
$\qquad\qquad\qquad\qquad\qquad\qquad\qquad\qquad\;\;$ h **(Höhe)**
$\qquad\qquad\qquad\qquad\qquad\qquad\qquad\qquad\;\;$ r **(Radius)**
$\qquad\qquad\qquad\qquad\qquad\qquad\qquad\qquad\;\;$ d **(Durchmesser)**

SI-Einheiten der Fläche: Formelzeichen: A **(Fläche)**
1 m · 1 m = 1 m² (Quadratmeter)
1 m² = 1 m · 1 m = 10 dm · 10 dm = **100 dm²**
Umwandlungszahl: 100

SI-Einheiten des Volumens: Formelzeichen: V **(Volumen)**
1 m · 1 m · 1 m = 1 m³ (Kubikmeter)
1 m³ = 1 m · 1 m · 1 m = 10 dm · 10 dm · 10 dm = **1000 dm³**
Umwandlungszahl: 1000

Für das Maß 1 dm³ wird auch 1 l (1 Liter) gesetzt: **1 dm³** =   1 l
Damit ergeben sich die weiteren Beziehungen: 1 cm³ =   1 ml (Milliliter)
$\qquad\qquad\qquad\qquad\qquad\qquad\qquad\qquad\qquad\;\;$ 1 m³ = 1000 l

Flächen und Volumen lassen sich aus Längen berechnen. Die Längen werden je nach Größe und Meßgenauigkeit mit folgenden **Meßgeräten** gemessen:

Holzmaßstab:	1 m, Genauigkeit 1 mm	Meßschieber: Genauigkeit 1/10 mm	= 100 μm
Bandmaß:	15 m, Genauigkeit 1 cm = 10 mm	Meßschraube: Genauigkeit 1/100 mm	= 10 μm
Meßrad:	mehrere Kilometer, Genauigkeit 1 m	Meßuhr: Genauigkeit 1/1000 mm =	1 μm

Umrechnung von Einheiten: $l = 2,4$ m $= 2400$ mm $= 2,4 \cdot 10^3$ mm
$\qquad\qquad\qquad\qquad\qquad\;\;$ $A = 3,7$ m² $= 3\,700\,000$ mm² $= 3,7 \cdot 10^6$ mm²
$\qquad\qquad\qquad\qquad\qquad\;\;$ $V = 80$ dm³ $= 0,08$ m³ $= 80 \cdot 10^{-3}$ m³

Dezimal-schreibweise	Potenz-schreibweise	Anzeige auf dem Taschenrechner
2 400	$2,4 \cdot 10^3$	$2,4^{03}$
0,08	$80 \cdot 10^{-3}$	80^{-03}

Aufgaben

1. Auf einer Ampulle steht 5 ml. Geben Sie das Volumen in dm³ und cm³ an!

2. Auf einem Meßzylinder steht am obersten Strich 100 ml. Er ist bis zum 23. Strich gefüllt. Geben Sie das Volumen in cm³ und dm³ an!

3. Die Entfernung Erde – Sonne beträgt 150 Millionen km. Schreiben Sie die Entfernung in Metern mit Zehnerpotenzen!

1.1.3 Die Einheiten der Masse. Massenvergleich

Lernziel: Die Basiseinheit der Masse im Internationalen Einheitensystem (SI) kennen. Vielfache und Teile der Einheiten kennen und umrechnen können.

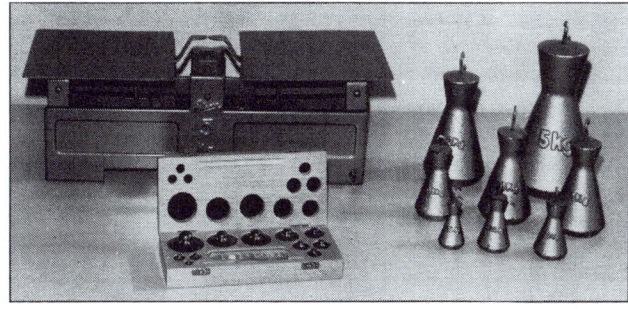

Tafelwaage mit Wägestücken

Versuch: Auf einer einfachen Tafelwaage bringen wir ein leeres 1000-ml-Meßglas (1000 ml = 1 l = 1 dm³) mit kleinen Wägestücken ins Gleichgewicht. Dann legen wir auf beide Seiten je ein 1-kg-Wägestück auf die Waagschalen.

Durchführung: Wir füllen das Meßglas bis zur 1000-ml-Marke mit Wasser und entfernen gleichzeitig das 1-kg-Wägestück neben dem Meßglas. Die Waage bleibt im Gleichgewicht.

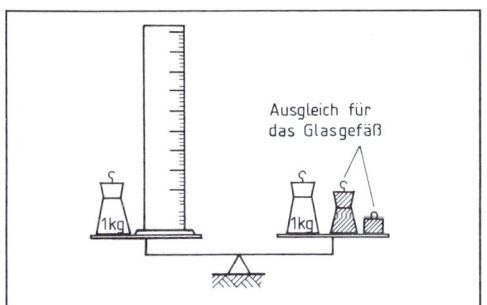

Die Waage befindet sich im Gleichgewicht: Auf beiden Waagschalen befinden sich Körper, deren Massen gleich groß sind.

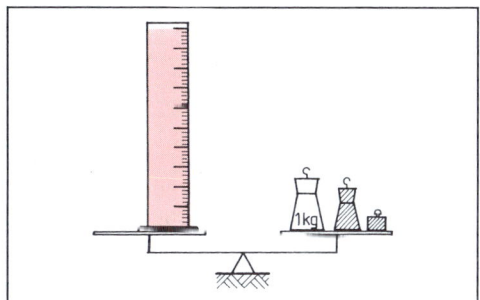

Die Masse von 1 dm³ Wasser ist gleich der Masse des 1-kg-Wägestücks, da sich beide auf einer Waage gegenseitig vertreten können.

Versuchsergebnis: Die Wassermenge im Meßglas tritt an die Stelle des 1-kg-Wägestücks.
▶ Die Massen beider Körper sind gleich, da sie sich auf einer Waage gegenseitig vertreten können.
▶ Die Masseneinheit 1 kg entspricht etwa der Masse von 1 dm³ Wasser.[1]
▶ Die Balken- oder Tafelwaage ist ein Gerät zum Vergleichen von Massen.
▶ Jeder Körper hat eine bestimmte Masse.

Jeder Körper besteht aus einer meßbaren Substanzmenge. Als Maß hierfür ist in der Physik der Begriff **Masse** eingeführt.
▶ Die Masse eines Körpers ist nicht vom Ort abhängig und verändert sich nicht, wenn die Substanzmenge sich nicht ändert.

---

[1] Die Temperatur bleibt hier noch unberücksichtigt.

Für die gasförmigen Körper werden wir die Masse im Kapitel „Mechanik der Gase" bestimmen.

Die Beziehung, daß die Masse 1 kg der Masse von 1 l Wasser entspricht, ergibt sich nicht rein zufällig. Zur Zeit, als für die Längeneinheit das Meter festgelegt wurde, wollte man auch eine Einheit für die Masse finden. Als geeigneter Stoff wurde Wasser gewählt und 1 cm^3 davon zur Masseneinheit 1 Gramm (abgekürzt: 1 g) bestimmt.

Wasser ist zwar überall vorhanden, so daß die Masseneinheit schnell reproduziert werden könnte, jedoch entspricht die Genauigkeit dieser Masseneinheit nicht den heutigen Anforderungen. Bei Druck- und Temperaturänderungen sowie Verunreinigungen hat 1 cm^3 Wasser nicht genau die Masse 1 g. Deshalb fertigte man einen Körper aus einer Platin-Iridium-Legierung an. Dieser war aber zu klein, um als U r m a ß zu gelten, so daß ein 1000 mal größerer Körper hergestellt wurde.

Der später nach diesem 1-kg-Stück hergestellte Platin-Iridium-Zylinder (90 % Pt, 10 % Ir, 39 mm Durchmesser, 39 mm Höhe) wurde von den der Meterkonvention angeschlossenen Staaten als Urkilogramm anerkannt. Die Masse des Urkilogramms wird als Kilogrammprototyp bezeichnet und entspricht ziemlich genau der Masse von 1 dm^3 Wasser bei der Temperatur von 4 °C.

Als Basiseinheit des Internationalen Einheitensystems (SI) wurde für die Masse festgelegt:

> Die SI-Basiseinheit der Masse ist das Kilogramm; Kurzzeichen kg. 1 Kilogramm ist die Masse des Internationalen Kilogrammprototyps.

In der Bundesrepublik wird eine Kopie des Kilogrammprototyps in der Physikalischen Bundesanstalt in Braunschweig aufbewahrt.

Zur Bestimmung der verschiedenen Massen werden Massen-Vergleichsstücke in Form von Wägestücken aus Stahlguß und anderen Materialien hergestellt (Abb. 1.1.3).

SI-Einheiten der Masse: Formelzeichen: m **(Masse)**

1 kg = 1000 g
1 g = 1000 mg
1 g = 0,001 kg
1 mg = 0,001 g
1 Megagramm (Mg) = 1 Tonne (t)
1 Mg = 1 t = 1000 kg   Umwandlungszahl: 1000

Die dezimalen Vielfache und Teile werden nicht auf die Basiseinheit kg, sondern auf das Gramm (g) bezogen.

Einige Massen:
Güterwagen $m = 20\,t = 20\,000\,kg = 20 \cdot 10^3\,kg$
Personenkraftwagen $m = 1,2\,t = 1200\,kg = 1,2 \cdot 10^3\,kg$
1 Liter (l) Wasser ungefähr $m = 1\,kg$
Zucker im Teelöffel $m = 10\,g = 0,01\,kg = 10 \cdot 10^{-3}\,kg$

Aufgaben

1. Auf einer Tafelwaage wird zuerst ein Gefäß gewogen, $m_1 = 280\,g$, sodann das Gefäß mit Flüssigkeit, $m_2 = 0,72\,kg$. Wie groß ist die Masse der Flüssigkeit?

2. Auf einem Kraftfahrzeugschein steht: Zulässiges Gesamtgewicht[1] 1,14 t. Wie groß ist die Zuladung, wenn das Leergewicht 760 kg beträgt?

3. Eine Lokomotive hat eine Masse von 120 t. Schreiben Sie die Masse in Kilogramm mit Zehnerpotenzen!

---

[1] Die in der Technik wie auch im allgemeinen Handelsverkehr als Gewicht angegebene Eigenschaft eines Körpers ist seine Masse. Wir werden das Gewicht als Gewichtskraft an späterer Stelle kennenlernen.

1.1.4 Die Dichte

Lernziel: Die Dichte als charakteristische Eigenschaft eines Körpers erkennen. Ihre Definition und Einheiten kennen und Berechnungen durchführen können.

Versuch 1: *Die Massen gleichvolumiger Körper werden bestimmt. Das Volumen beträgt $V = 1\,cm^3$.*

Tabelle zur Versuchsauswertung: In der dritten Spalte wird der Quotient aus Masse und Volumen gebildet. $V = 1\,cm^3$

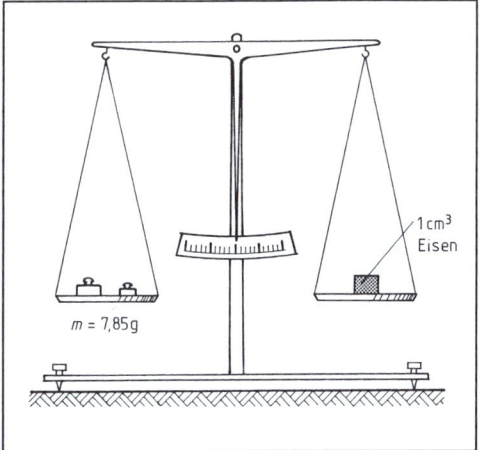

Körper	Masse m	$\dfrac{\text{Masse } m}{\text{Volumen } V}$
Fe	7,85 g	7,85 $\dfrac{g}{cm^3}$
Cu	8,9 g	8,9 $\dfrac{g}{cm^3}$
Al	2,7 g	2,7 $\dfrac{g}{cm^3}$
Pb	11,3 g	11,3 $\dfrac{g}{cm^3}$
Gummi	1,4 g	1,4 $\dfrac{g}{cm^3}$
Holz	0,7 g	0,7 $\dfrac{g}{cm^3}$

Massenvergleich zwischen Eisenkörper und Wägestückchen des Wägesatzes: $1\,cm^3$ Eisen hat die Masse $m = 7{,}85\,g$.

Versuch 2: *Zur Dichtebestimmung ist außer der Masse auch das Volumen des Körpers erforderlich. Wir untersuchen die Wägestücke des Wägesatzes.*[1]

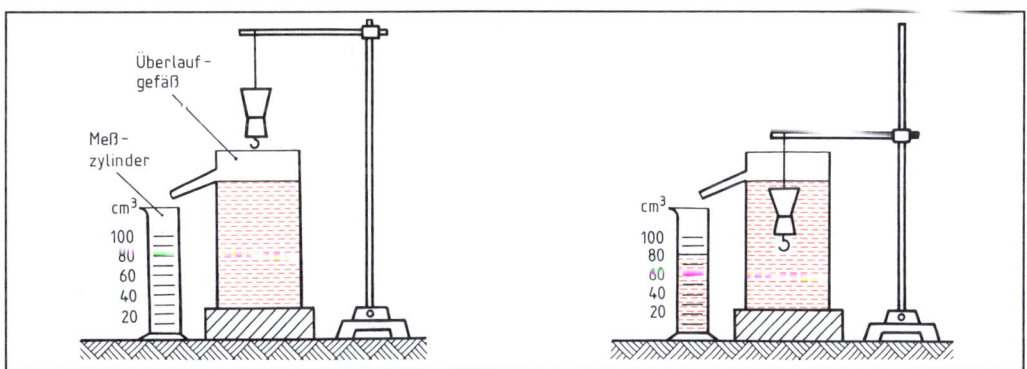

Bestimmung des Volumens mit dem Überlaufgefäß

Tabelle zur Versuchsauswertung:
In der dritten Reihe wird der Quotient aus Masse und Volumen gebildet.

Masse m	100 g	200 g	500 g	1 kg	
Volumen V	14 cm³	29 cm³	71 cm³	144 cm³	
$\dfrac{\text{Masse } m}{\text{Volumen } V}$	7,14 $\dfrac{g}{cm^3}$	6,90 $\dfrac{g}{cm^3}$	7,04 $\dfrac{g}{cm^3}$	6,94 $\dfrac{g}{cm^3}$	= konstant

---

[1] Die Wägestücke müssen nach Abb. aufgehängt werden, damit sich die untere Bohrung mit Wasser füllt. Die Wägestücke müssen aus dem gleichen Material sein.

Versuchsergebnis:

Versuch 1: Der Quotient aus Masse und Volumen ist für verschiedenartige Körper verschieden groß. Er ist eine für den Körper charakteristische Eigenschaft.
Die unterschiedliche Masse trotz gleichen Volumens läßt sich daraus erklären, daß die verschiedenen Körper verschieden d i c h t gepackt sind.

Versuch 2: Trotz geringer Abweichungen sagt man, die Meßwerte sind konstant. Die Abweichungen ergeben sich durch Meßungenauigkeiten bei der Volumenbestimmung. Wir bestimmen den *arithmetischen* Mittelwert aus unseren Versuchen mit 7,01 $\frac{g}{cm^3}$. Der Quotient aus Masse und Volumen hat für alle Körper aus dem gleichen Material einen konstanten Wert. Deshalb wird festgelegt (definiert):

Der Quotient aus Masse und Volumen wird als Dichte eines Körpers bezeichnet.

Dichte = $\frac{Masse}{Volumen}$

$\varrho = \frac{m}{V}$

Einheitengleichung:

$[\varrho] = \frac{[m]}{[V]} = \frac{kg}{m^3}$

Physikalische Größen	Formelzeichen	Einheiten
Masse	m	kg
Volumen	V	m³
Dichte	ϱ	$\frac{kg}{m^3}$

Soll von abgeleiteten Größen die Einheit ermittelt werden, so wird die Verknüpfung mit den Ausgangsgrößen als **Einheitengleichung** geschrieben. Für die in eckigen Klammern eingeschlossenen Formelzeichen werden dann die Einheiten eingesetzt.

Mit den Einheiten $\frac{g}{cm^3}$ oder den erweiterten Einheiten $\frac{kg}{dm^3}$ bzw. $\frac{t}{m^3}$ läßt sich gut rechnen.

Die aus den SI-Basiseinheiten abgeleitete SI-Einheit für die Dichte ist $\frac{kg}{m^3}$. Diese Einheit ist 1000 mal größer:

▶ $1 \frac{kg}{dm^3} = 1000 \frac{kg}{m^3}$

Dichten einiger Stoffe bei 20 °C in $\frac{g}{cm^3} = \frac{kg}{dm^3} = \frac{t}{m^3}$			
Aluminium	2,7	Mauerwerk	1,5–1,8
Stahlguß	7,2	Beton	2,2–2,4
Eisen (Baustahl)	7,85	Naturstein	2,4–2,8
Kupfer	8,9	Glas	2,5–2,7
Silber	10,5	Benzin	0,7
Blei	11,3	Alkohol	0,8
Quecksilber	13,6	Öl	0,9
Gold	19,3	Wasser	1,0
Platin	21,4	Tetrachlorkohlenstoff	1,6
Styropor	0,015	Luft[1]	0,001293
Holz	0,4–0,9	Wasserstoff[1]	0,000091

Beispiel:
Eine Stativstange besteht aus Baustahl und hat ein Volumen von 113 cm³. Berechnen Sie ihre Masse!

$V = 113 \text{ cm}^3; \varrho = 7,85 \frac{g}{cm^3}$ $m = \varrho \cdot V = 7,85 \frac{g}{cm^3} \cdot 113 \text{ cm}^3 = \underline{\underline{887 g}}$

Aufgaben

1. Wie groß ist die Masse einer Styroporplatte von 2,5 m Länge, 1 m Breite und 3 cm Dicke?

2. Welches Volumen hat die zum Kugelstoßen benutzte Stahlgußkugel von 5 kg Masse?

---

[1] Angaben bei **1013 hPa** und **273 K** = 0 °C.

1.2 Bewegungen

1.2.1 Das Bezugssystem

> **Lernziel:** Die Notwendigkeit eines Bezugssystems erkennen. Bewegungen in verschiedenen Bezugssystemen beschreiben können.

Versuch: *Wir denken uns ein Fahrrad geradlinig fortbewegt.*

Durchführung: *Wir betrachten das Ventil eines Rades an verschiedenen Orten und verbinden die entstehenden Punkte miteinander.*

Versuchsergebnis: *Für den Radfahrer bewegt sich das Ventil auf einer Kreisbahn, für den Beobachter am Rande jedoch auf der gezeichneten Kurve.*

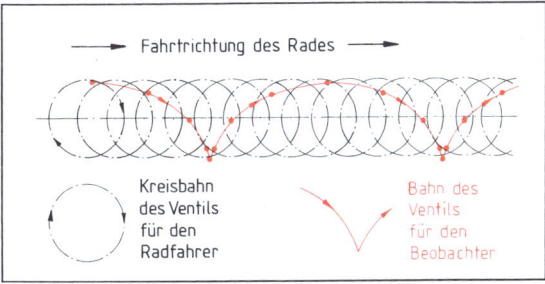

Unterschiedliche Bezugssysteme ergeben unterschiedliche Beschreibung einer Bewegung.

Zwei Beobachter beschreiben eine Bewegung unterschiedlich, je nachdem, auf welches Bezugssystem sie sich beziehen.

▶ Zum Beschreiben einer Bewegung wird ein Bezugssystem benötigt.

Wir wählen bei unseren Versuchen als festes Bezugssystem die Erde bzw. den Fußboden und lassen die Bewegungen, die die Erde selbst beschreibt, außer acht.

1.2.2 Die Einheiten der Zeit

Zur Beschreibung von Bewegungen werden Einheiten für die Zeit benötigt.

> **Lernziel:** Die Basiseinheit der Zeit im Internationalen Einheitensystem (SI) kennen. Vielfache und Teile der Einheit kennen und umrechnen können.

Die Sekunde ist aus der Dauer eines mittleren Sonnentages entstanden, der Zeitspanne von z. B. dem Höchststand der Sonne des einen Tages bis zum Höchststand der Sonne des folgenden Tages. Diese Dauer wird in $24 \cdot 60 \cdot 60 = 86\,400$ gleiche Abschnitte eingeteilt. Ein einziger solcher Abschnitt heißt Sekunde.

Den heutigen Anforderungen an Genauigkeit genügt die aus der Bewegung der Erde bestimmte Zeiteinheit nicht mehr. Physiker haben festgestellt, daß mit den gleichmäßigen Eigenschwingungen des Atoms Caesium eine Uhr gesteuert werden kann. Durch jahrelange Messungen ist die Genauigkeit dieser Atomuhr erwiesen.

Als Basiseinheit des Internationalen Einheitensystems (SI) wurde für die Zeit festgelegt:

> Die SI-Basiseinheit der Zeit t ist die Sekunde; Kurzzeichen s. 1 Sekunde ist das 9 192 631 770-fache der Periodendauer der dem Übergang zwischen den beiden Hyperfeinstrukturniveaus des Grundzustandes von Atomen des Nuklids ^{133}Cs (Caesium) entsprechenden Strahlung.

1.2.3 Die gleichförmige Bewegung

Lernziel: Eine gleichförmige Bewegung beschreiben können. Formelzeichen und Einheiten der Geschwindigkeit kennen.

Versuch: *Zum Reibungsausgleich ist die Fahrbahn so weit geneigt, daß der angestoßene Wagen sich mit gleichbleibender Geschwindigkeit weiterbewegt, der stehende Wagen jedoch stehenbleibt.*[1]

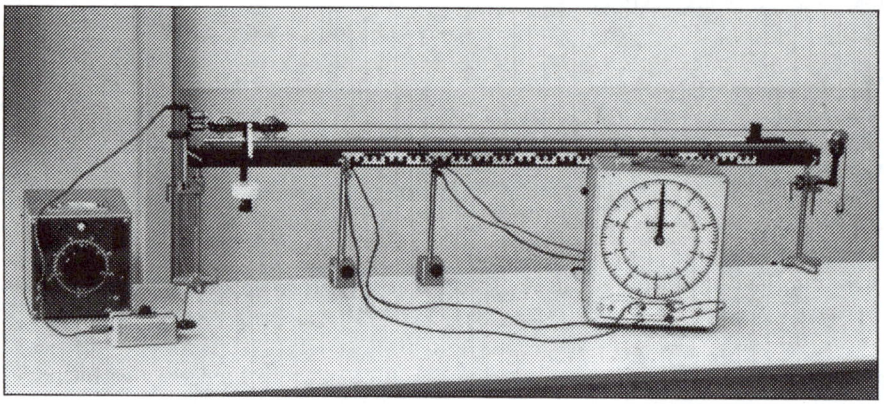

Ermittlung der Abhängigkeit zwischen Weg s und Zeit t bei gleichförmiger Bewegung

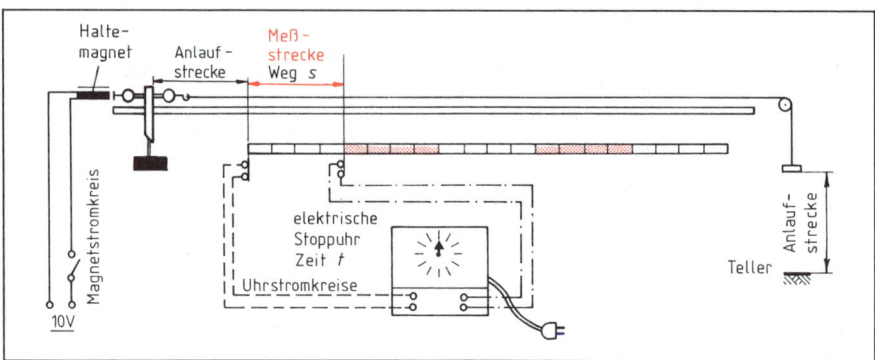

Schaltbild zum Versuch

Durchführung: Zum Anstoß wird die Gewichtskraft eines Körpers benutzt, der mit einer Schnur über eine Rolle mit dem Wagen verbunden ist. Die Gewichtskraft wirkt nur auf einer etwa 20 cm langen Anlaufstrecke. Danach wird das Antriebsgewicht auf einem Teller aufgefangen. Erst nach diesem Anstoß erfolgt das Messen der Längen und Zeiten. Die Meßstrecke wird jeweils um den Weg s nach rechts verschoben.

---

[1] Bei der Luftkissenbahn bewegt sich der Gleiter nahezu reibungsfrei, so daß die Bahn horizontal aufgebaut wird. Die Versuche werden in der gleichen Weise durchgeführt.

Tabelle zur Versuchsauswertung: Wir messen für zwei verschiedene Antriebsgewichte jeweils die Zeiten für die ersten 20 cm, zweiten 20 cm usw. zurückgelegten Weg. In der dritten Reihe wird der Quotient aus Weg und Zeit gebildet.

1. Versuchsreihe

Weg s	1. 20 cm	2. 20 cm	3. 20 cm	4. 20 cm	80 cm	
Zeit t	0,52 s	0,51 s	0,52 s	0,51 s	2,06 s	
$\frac{\text{Weg}}{\text{Zeit}}$	38,5 $\frac{\text{cm}}{\text{s}}$	39,2 $\frac{\text{cm}}{\text{s}}$	38,5 $\frac{\text{cm}}{\text{s}}$	39,2 $\frac{\text{cm}}{\text{s}}$	38,8 $\frac{\text{cm}}{\text{s}}$	= konstant

2. Versuchsreihe

Weg s	1. 20 cm	2. 20 cm	3. 20 cm	4. 20 cm	80 cm	
Zeit t	0,71 s	0,7 s	0,72 s	0,7 s	2,83 s	
$\frac{\text{Weg}}{\text{Zeit}}$	28,2 $\frac{\text{cm}}{\text{s}}$	28,6 $\frac{\text{cm}}{\text{s}}$	27,8 $\frac{\text{cm}}{\text{s}}$	28,6 $\frac{\text{cm}}{\text{s}}$	28,3 $\frac{\text{cm}}{\text{s}}$	= konstant

Versuchsergebnis:
Der Quotient aus Weg und Zeit ist konstant. Als Mittelwert ergibt sich aus den Versuchen 38,8 $\frac{\text{cm}}{\text{s}}$ bzw. 28,3 $\frac{\text{cm}}{\text{s}}$.

▶ Ist für einen Körper der Quotient aus Weg und Zeit konstant, so befindet er sich in gleichförmiger Bewegung.
▶ Bei gleichförmiger Bewegung benötigt der Körper für gleiche Strecken gleiche Zeiten.

Der Quotient aus Weg und Zeit wird als Geschwindigkeit bezeichnet.

Geschwindigkeit $= \frac{\text{Weg}}{\text{Zeit}}$

$v = \frac{s}{t}$

$[v] = \frac{[s]}{[t]} = \frac{\text{m}}{\text{s}}$

Physikalische Größen	Formelzeichen	Einheiten
Weg	s	m
Zeit	t	s
Geschwindigkeit	v	$\frac{\text{m}}{\text{s}}$

Geschwindigkeit $\vec{v}$ und Weg $\vec{s}$ sind gerichtete Größen: **Vektoren.** Vektoren sind durch Betrag und Richtung festgelegt und werden durch Pfeile über dem Formelzeichen dargestellt: $\vec{v} = \frac{\vec{s}}{t}$.

Stimmen die Richtungen von Geschwindigkeit und Weg überein, wie bei unseren Versuchen, Beispielen und Aufgaben, so kann auf die Vektorschreibweise verzichtet werden.

Die oben gebildeten Mittelwerte werden als mittlere Geschwindigkeit bezeichnet.

1.2.4 Das v-t-Schaubild

Lernziel: Eine gleichförmige Bewegung im v-t-Schaubild darstellen können. Den geometrischen Zusammenhang zwischen Weg, Zeit und Geschwindigkeit im v-t-Schaubild erkennen und die Größen berechnen können. Geschwindigkeiten umrechnen können.

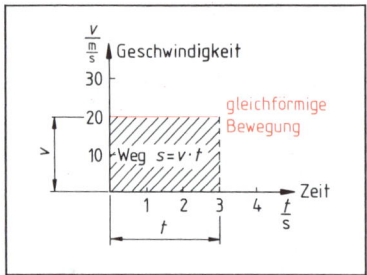

Darstellung der gleichförmigen Bewegung und des Weges im v-t-Schaubild

Das Geschwindigkeits-Zeit-Schaubild (v-t-Schaubild) dient zur graphischen Darstellung von Bewegungsvorgängen.
▶ Eine gleichförmige Bewegung läßt sich in einem v-t-Schaubild als eine parallele Gerade zur t-Achse darstellen, vgl. Abb.

Für den Weg s ergibt sich aus der Formelumstellung $s = v \cdot t$ im v-t-Schaubild ein **Rechteck** aus den Seiten v und t:
▶ Der zurückgelegte Weg ist von der Zeit abhängig, während der sich der Körper mit gleichförmiger Geschwindigkeit bewegt. Er läßt sich geometrisch als die Fläche unterhalb der Geschwindigkeitslinie veranschaulichen.

Die am häufigsten vorkommende Geschwindigkeitseinheit $\frac{km}{h}$ läßt sich durch die Beziehungen 1 km = 1000 m und 1 h = 3600 s in $\frac{m}{s}$ umrechnen:

$$1\,\frac{km}{h} = \frac{1000\,m}{3600\,s} = \frac{1\,m}{3{,}6\,s} \rightarrow \boxed{1\,\frac{km}{h} = \frac{1\,m}{3{,}6\,s}} \rightarrow \boxed{1\,\frac{m}{s} = 3{,}6\,\frac{km}{h}}$$

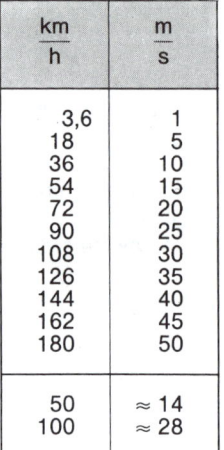

km/h	m/s
3,6	1
18	5
36	10
54	15
72	20
90	25
108	30
126	35
144	40
162	45
180	50
50	≈ 14
100	≈ 28

Beispiel: Ein Kraftfahrzeug fährt gleichförmig mit 72 $\frac{km}{h}$. Welchen Weg legt es in 3 s zurück? Vgl. Abb.

$$v = 72\,\frac{km}{h} = 20\,\frac{m}{s}$$
$$v = \frac{s}{t} \quad s = v \cdot t = 20\,\frac{m}{s} \cdot 3\,s = \underline{\underline{60\,m}}$$

Im rechtwinkligen Koordinatensystem des Schaubildes (Diagrammes) gilt für die Ordinate: $v = 20\,\frac{m}{s} \rightarrow \frac{v}{\frac{m}{s}} = 20 \rightarrow 20$ antragen.

und für die Abszisse: $t = 3\,s \rightarrow \frac{t}{s} = 3 \rightarrow 3$ antragen.

Parallelen zur v- und t-Achse zeichnen, ergibt $s = v \cdot t$.

Aufgaben

1. Ein Personenwagen durchfährt die auf der Autobahn im Abstand von 500 m aufgestellten Entfernungsmarkierungen in 20 s. Berechnen Sie seine Geschwindigkeit in $\frac{km}{h}$! Zeichnen Sie das v-t-Schaubild!

2. Welche Zeit benötigt ein mit 90 $\frac{km}{h}$ fahrender Güterzug, um einen 300 m langen Bahnhof zu durchfahren. Zeichnen Sie das v-t-Schaubild.

3. Welche Strecke legt ein mit 50 $\frac{km}{h}$ fahrendes Kraftfahrzeug in 1 s zurück?

4. Ein Schwimmer braucht für eine Strecke von 300 m eine Zeit von 6 Minuten und 40 Sekunden. Wie groß ist seine Geschwindigkeit in $\frac{m}{s}$ und $\frac{km}{h}$?

5. Ein Kraftfahrzeug durchfährt den 11,6 km langen Montblanc-Tunnel mit 54 $\frac{km}{h}$. Welche Zeit benötigt es für die Durchfahrt?

1.2.5 Die gleichförmige Kreisbewegung

Lernziel: Die gleichförmige Kreisbewegung mit Hilfe von Bogenmaß, Frequenz und Winkelgeschwindigkeit beschreiben, Einheiten kennen und Berechnungen durchführen können.

Eine Kreissäge, der Schraubenschlüssel beim Drehen einer Schraube, die Wellen, Keilriemenscheiben und Lüftungsräder bei Motoren, das Kettenkarussell oder der Taumler auf dem Rummelplatz, alle diese Geräte führen kreisende Bewegungen aus.

Nach dem Strahlensatz ist das Verhältnis aus Bogen zu Radius (b/r) für alle Punkte gleich ($b_1/r_1 = b_2/r_2$). Der Quotient aus Bogen und Radius heißt Drehwinkel oder Phasenwinkel $\widehat{\varphi}$ (phi) im Bogenmaß:

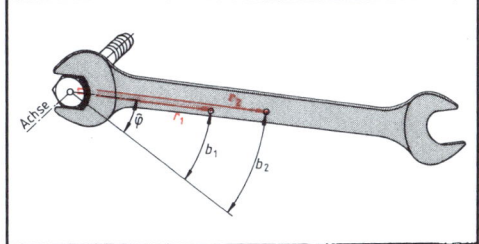

▶ $\widehat{\varphi} = \dfrac{b}{r}$ $[\widehat{\varphi}] = \dfrac{1\,\text{m}}{1\,\text{m}} = 1$ (= 1 Radiant = 1 rad)

Für einen Vollkreis ergibt sich: $\widehat{\varphi} = \dfrac{2 \cdot r \cdot \pi}{r} = 2 \cdot \pi$

Drehwinkel $\widehat{\varphi}$ im Bogenmaß

Die Dauer einer ganzen Umdrehung ist die Periodendauer T.
Die Anzahl der Perioden je Sekunde heißt Frequenz f.
T und f sind reziprok: $T = \dfrac{1}{f}$ bzw. $f = \dfrac{1}{T}$ $[f] = \dfrac{1}{\text{s}} = \text{Hertz} = \text{Hz}$ [1]

Mit Einführung der Winkelgeschwindigkeit erhalten wir ein Maß für eine gleichförmige Kreisbewegung, das unabhängig vom Radius diesen periodischen Vorgang beschreibt:

Die Winkelgeschwindigkeit ist der Quotient aus dem Drehwinkel $\widehat{\varphi}$ und der Zeit t. $\omega = \dfrac{\widehat{\varphi}}{t}$ $[\omega] = \dfrac{1}{\text{s}}$ $\omega = \dfrac{2 \cdot \pi}{T}$ $T = \dfrac{1}{f}$ $\omega = 2 \cdot \pi \cdot f$	**Physikalische Größe**	**Formelzeichen**	**Einheiten**
	Winkelgeschwindigkeit	ω (omega)	$\dfrac{1}{\text{s}}$
	Drehwinkel im Bogenmaß	$\widehat{\varphi}$ (phi)	1
	Zeit	t	s
	Periodendauer	T	s
	Frequenz	f	$\dfrac{1}{\text{s}} = \text{Hz}$

Die Geschwindigkeit eines Massepunktes des rotierenden Körpers hat die Richtung der Tangente an die Kreisbahn und den Betrag:

$v = \dfrac{2 \cdot \pi \cdot r}{T}$ und mit $\omega = \dfrac{2 \cdot \pi}{T}$ wird $v = \omega \cdot r$

Tangentialbewegung der Funken am Schleifstein

Beispiel:
Wie groß ist die Winkelgeschwindigkeit und die Tangentialgeschwindigkeit am Außenrand einer Schleifscheibe von $d = 120$ mm Durchmesser, wenn sie mit 25 Hz läuft?

$f = 25\,\text{Hz}$ $\omega = 2 \cdot \pi \cdot f = 2 \cdot \pi \cdot 25\,\dfrac{1}{\text{s}} = \underline{\underline{157\,\dfrac{1}{\text{s}}}}$

$r = 0{,}06\,\text{m}$ $v = \omega \cdot r = 157\,\dfrac{1}{\text{s}} \cdot 0{,}06\,\text{m} = \underline{\underline{9{,}4\,\dfrac{\text{m}}{\text{s}}}}$

---
[1] Heinrich Hertz, 1857 – 1894, deutscher Physiker, entdeckte die elektromagnetischen Wellen.

1.2.6 Die gleichmäßig beschleunigte Bewegung

Lernziel: Eine gleichmäßig beschleunigte Bewegung beschreiben, sie im v-t-Schaubild darstellen und Berechnungen durchführen können.

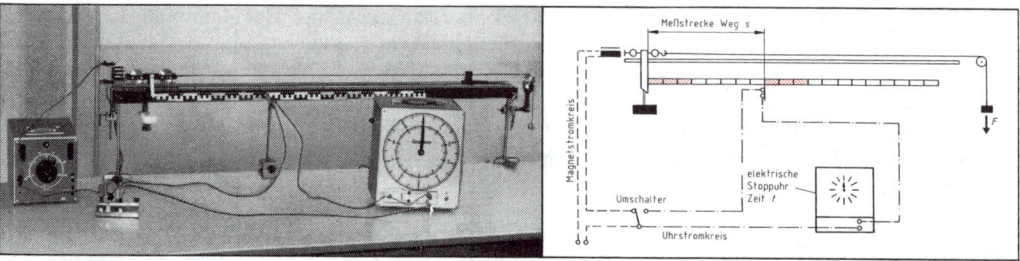

Ermittlung der Abhängigkeit zwischen Weg und Zeit bei gleichmäßig beschleunigter Bewegung

Schaltbild zum Versuch

Versuch: Zum Reibungsausgleich ist die Fahrbahn so weit geneigt, daß der angestoßene Wagen sich mit gleichbleibender Geschwindigkeit weiterbewegt, der stehende Wagen jedoch stehenbleibt.

Durchführung: Zum Hervorrufen der beschleunigten Bewegung des Wagens benötigen wir eine dauernd wirkende Kraft, die uns durch die Gewichtskraft des Körpers geliefert wird, die mit einer Schnur über eine Rolle am Wagen angreift.

Wir messen die Zeiten für 20 cm, 40 cm, 60 cm und 80 cm beschleunigt durchlaufenen Weg (2. Reihe). Daraus bilden wir die Zeitdifferenzen Δt. Dann messen wir die Endgeschwindigkeiten nach 20 cm, 40 cm usw., indem wir das Antriebsgewicht nach der beschleunigt durchlaufenen Strecke auf einem Teller auffangen und die Zeiten messen, die der Wagen für die folgenden 20 cm gleichförmig durchlaufene Wegstrecke braucht. Hierfür gilt die Versuchsanordnung wie in 1.2.3. In der letzten Reihe bilden wir den Quotienten aus der Geschwindigkeitsdifferenz und der Zeitdifferenz.

Tabelle zur Versuchsauswertung[1]

Weg	s	20 cm	40 cm	60 cm	80 cm	
Zeit	t	1,40 s	2,04 s	2,50 s	2,91 s	
Zeitdifferenz	Δt	1,40 s	0,64 s	0,46 s	0,41 s	
Geschwindigkeit	v	nach 20 cm $27,4 \frac{cm}{s}$	nach 40 cm $39,2 \frac{cm}{s}$	nach 60 cm $47,6 \frac{cm}{s}$	nach 80 cm $55,6 \frac{cm}{s}$	= ansteigend
Geschwindigkeitsdifferenz	Δv	zwischen 0 und 20 cm $27,4 \frac{cm}{s}$	zwischen 20 u. 40 cm $11,8 \frac{cm}{s}$	zwischen 40 u. 60 cm $8,4 \frac{cm}{s}$	zwischen 60 u. 80 cm $8,0 \frac{cm}{s}$	
Geschw.diff. / Zeitdiff.	$\frac{\Delta v}{\Delta t}$	$19,6 \frac{cm}{s^2}$	$18,4 \frac{cm}{s^2}$	$18,3 \frac{cm}{s^2}$	$19,5 \frac{cm}{s^2}$	= konstant

Versuchsergebnis: Die Geschwindigkeit steigt an (4. Reihe). Der Quotient aus Geschwindigkeitsdifferenz und Zeitdifferenz ist konstant (letzte Reihe der Tabelle). Als Mittelwert ergibt sich aus den Versuchen rund 19 $\frac{cm}{s^2}$. Die Abweichungen ergeben sich durch Meßungenauigkeiten.

---

[1] Für eine Zeitdifferenz wird die Bezeichnung Δt (gesprochen: Delta t) verwendet, für eine Geschwindigkeitsdifferenz Δv.

- **Steigt** die Geschwindigkeit eines Körpers **an** und ist der Quotient aus Geschwindigkeitsdifferenz und Zeitdifferenz **konstant,** so befindet sich der Körper in **gleichmäßig beschleunigter Bewegung.**
- Bei gleichmäßig beschleunigter Bewegung benötigt der Körper für gleiche Strecken immer geringere Zeiten, oder: Bei gleichen Zeiten werden immer größere Strecken zurückgelegt.

Der Quotient aus Geschwindigkeitsdifferenz und Zeitdifferenz wird als Beschleunigung bezeichnet.

$$\text{Beschleunigung} = \frac{\text{Geschwindigkeitsdifferenz}}{\text{Zeitdifferenz}}$$

$a = \dfrac{\Delta v}{\Delta t}$

$[a] = \dfrac{[\Delta v]}{[\Delta t]} = \dfrac{\frac{m}{s}}{s} = \dfrac{m}{s^2}$

$\Delta v = v_2 - v_1$

$a = \dfrac{v_2 - v_1}{\Delta t}$

Physikalische Größen	Formelzeichen	Einheiten
Geschwindigkeitsdifferenz	Δv	$\frac{m}{s}$
Zeitdifferenz	Δt	s
Anfangsgeschwindigkeit	v_1	$\frac{m}{s}$
Endgeschwindigkeit	v_2	$\frac{m}{s}$
Beschleunigung	a	$\frac{m}{s^2}$

Auch die Beschleunigung $\vec{a}$ ist, wie die Geschwindigkeit und der Weg, ein Vektor. Stimmt ihre Richtung mit der Richtung der Geschwindigkeit überein, so kann auf die Vektorschreibweise verzichtet werden.

- Eine gleichmäßig beschleunigte Bewegung läßt sich in einem v-t-Schaubild als ansteigende Gerade darstellen.
- Wie bei gleichförmiger Bewegung entspricht auch bei gleichmäßig beschleunigter Bewegung die Fläche unterhalb der Geschwindigkeitslinie dem zurückgelegten Weg.

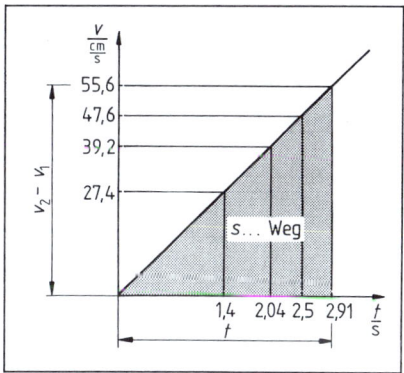

Graphische Darstellung der Versuchsergebnisse der gleichmäßig beschleunigten Bewegung.

In den folgenden Darstellungen wird für die Zeitdifferenz $\Delta t = t$ gesetzt, weil $\Delta t = t_2 - t_1$ ist und bei $t_1 = 0$ s begonnen wird zu messen.

Allgemein gilt: $s = s_1 + s_2$ (Dreieck und Rechteck)

$s = \dfrac{v_2 - v_1}{2} \cdot t + v_1 \cdot t$

mit $v_2 - v_1 = a \cdot t$

$$\boxed{s = \dfrac{a}{2} \cdot t^2 + v_1 \cdot t}$$

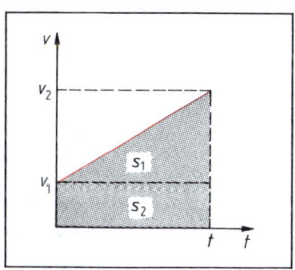

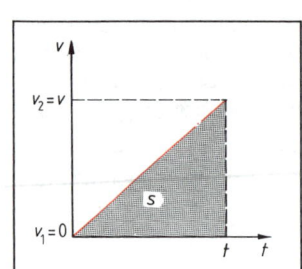

Sonderfall
für $v_1 = 0$ und $v_2 = v$ wird
$$s = \frac{a}{2} \cdot t^2$$

und daraus $t = \sqrt{\dfrac{2 \cdot s}{a}}$ in $v = a \cdot t$ eingesetzt, ergibt:

$$v = \sqrt{2 \cdot a \cdot s}$$

Für eine gleichmäßig verzögerte Bewegung gelten die gleichen Gesetze.
a ist dann die Verzögerung.

Beispiele:

1. Welche Endgeschwindigkeit erreicht ein Zug nach 1,5 min, wenn er aus der Ruhe mit $0{,}3\,\dfrac{m}{s^2}$ beschleunigt? Welchen Weg hat er dann zurückgelegt?

$$a = 0{,}3\,\frac{m}{s^2} \qquad t = 1{,}5\,\min = 90\,s$$

$$v = a \cdot t = 0{,}3\,\frac{m}{s^2} \cdot 90\,s = \underline{\underline{27\,\frac{m}{s}}}$$

$$s = \frac{a}{2} t^2 = 0{,}15\,\frac{m}{s^2} \cdot 8100\,s^2 = \underline{\underline{1215\,m}}$$

2. Ein Sportwagen beschleunigt von $72\,\dfrac{km}{h}$ auf $90\,\dfrac{km}{h}$ in 2 s.
Wie groß ist seine Beschleunigung? Wie groß ist der zurückgelegte Weg?

$$v_1 = 72\,\frac{km}{h} = 20\,\frac{m}{s} \qquad v_2 = 90\,\frac{km}{h} = 25\,\frac{m}{s} \qquad t = 2\,s$$

$$a = \frac{v_2 - v_1}{t} = \frac{25\,\frac{m}{s} - 20\,\frac{m}{s}}{2\,s} = \frac{5\,\frac{m}{s}}{2\,s} = \frac{5\,m}{2\,s \cdot s} = \underline{\underline{2{,}5\,\frac{m}{s^2}}}$$

$$s = \frac{a}{2} \cdot t^2 + v_1 \cdot t = 1{,}25\,\frac{m}{s^2} \cdot 4\,s^2 + 20\,\frac{m}{s} \cdot 2\,s = 5\,m + 40\,m = \underline{\underline{45\,m}}$$

Aufgaben

1. Ein Radfahrer beschleunigt aus der Ruhe 5 Sekunden lang und hat dann eine Geschwindigkeit von $18\,\dfrac{km}{h}$ erreicht. Wie groß sind seine Beschleunigung und der zurückgelegte Weg? Zeichnen Sie das v-t-Schaubild!

2. Welche Endgeschwindigkeit erreicht ein Kraftfahrzeug, das mit $2\,\dfrac{m}{s^2}$ aus der Ruhe 12 s lang beschleunigt? Welchen Weg hat es dann zurückgelegt?

3. Ein Motorrad beschleunigt von 0 auf $100\,\dfrac{km}{h}$ in 4 Sekunden. Wie groß sind seine Beschleunigung und der zurückgelegte Weg?

4. Ein Kraftfahrzeug beschleunigt von $90\,\dfrac{km}{h}$ auf $126\,\dfrac{km}{h}$ in 5 Sekunden. Wie groß ist die Beschleunigung, und welchen Weg legt es während dieser Zeit zurück?

1.2.7 Der freie Fall

Lernziel: Erkennen, daß beim freien Fall im luftleeren Raum alle Körper die gleiche Beschleunigung erfahren. Wissen, daß der freie Fall eine gleichmäßig beschleunigte Bewegung ist. Die Größe der Fallbeschleunigung kennen und Berechnungen durchführen können.

Versuch: In einer etwa 1 m langen und genügend weiten Glasröhre befinden sich zwei Körper, eine Flaumfeder mit sehr geringer Masse und eine Kugel aus Stanniolpapier mit wesentlich größerer Masse. Die Glasröhre kann an eine Vakuumpumpe angeschlossen werden, vgl. Abb.

Durchführung: Zunächst halten wir die Glasröhre so, daß Flaumfeder und Kugel frei durch die ganze Röhre fallen können. Dann schließen wir ein Ende der Röhre an die Vakuumpumpe an. Nach dem Auspumpen schließen wir den Hahn und lösen die Verbindung zur Pumpe. Nun beobachten wir wieder mehrmals die frei fallenden Körper.

Versuchsergebnis: Im **luftgefüllten** Raum fallen verschiedenartige Körper verschieden schnell. Großflächige Körper mit geringer Masse fallen langsamer als kompakte Körper mit größerer Masse.
Im **luftleeren** Raum fallen beide Körper gleich schnell.

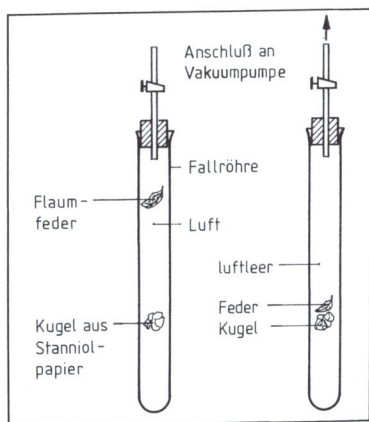

Die Luft behindert sichtbar den freien Fall der Flaumfeder. In der luftleeren Röhre fallen beide Körper gleich schnell.

▶ Im luftleeren Raum ist der freie Fall unabhängig von Masse, Dichte und Gestalt des Körpers.

Wenn wir nun Versuche zur Beschleunigung eines frei fallenden Körpers durchführen wollen, dann müßten diese Versuche – streng genommen – in einem luftleeren Raum stattfinden. Da jedoch ein kompakter Körper zu Beginn der Beschleunigung nur sehr geringen Luftwiderstand erfährt, können wir unsere Versuche auch mit genügend großer Genauigkeit im lufterfüllten Raum durchführen.

Versuch: Ein Elektromagnet hält eine kleine Stahlkugel, vgl. Abb. Ein Umschalter öffnet den Magnetstromkreis und schließt gleichzeitig den Stromkreis der Uhr. Die Kugel fällt, schlägt auf den Öffner für den Uhrstromkreis und stoppt die Uhr.

Durchführung: Wir messen die Fallzeit t bei zunehmender Weglänge s.

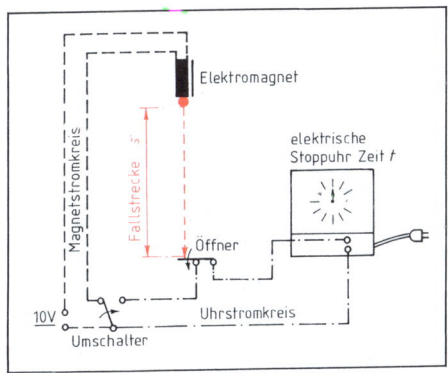

Schaltbild zum Versuch

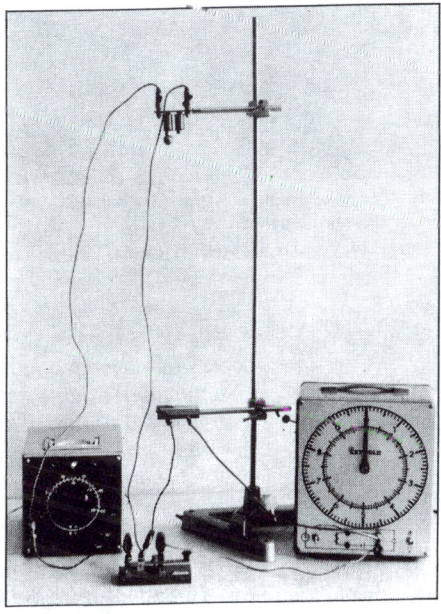

Ermittlung der Fallbeschleunigung

Tabelle zur Versuchsauswertung

Die Gleichung $s = \frac{a}{2}t^2$ (vgl. 1.2.5) wird nach a umgestellt: $a = \frac{2s}{t^2}$

Fallstrecke s	0,4 m	0,5 m	0,6 m	0,7 m	0,8 m	1 m	
Fallzeit t	0,28 s	0,32 s	0,35 s	0,37 s	0,40 s	0,45 s	
t^2	0,078 s²	0,102 s²	0,123 s²	0,137 s²	0,160 s²	0,203 s²	
$a = \frac{2 \cdot s}{t^2}$	10,20 $\frac{m}{s^2}$	9,77 $\frac{m}{s^2}$	9,80 $\frac{m}{s^2}$	10,23 $\frac{m}{s^2}$	10,00 $\frac{m}{s^2}$	9,88 $\frac{m}{s^2}$	= konstant

Versuchsergebnis: Als Mittelwert ergibt sich aus unseren Versuchen 9,98 $\frac{m}{s^2}$.

Trotz geringer Abweichungen können die Werte als konstant angesehen werden. Aus der konstanten Beschleunigung folgt:

▶ Der freie Fall ist eine gleichmäßig beschleunigte Bewegung.

Da mit dieser Beschleunigung alle Körper, für die der Luftwiderstand vernachlässigbar klein ist, zur Erde fallen, bezeichnen wir sie mit einem besonderen Formelbuchstaben g und nennen sie **Fallbeschleunigung**.

Genaue Messungen ergeben für unsere Breiten $g = 9{,}80665 \frac{m}{s^2}$ oder aufgerundet $g = 9{,}81 \frac{m}{s^2}$. An den Polen mißt man 9,83 und am Äquator 9,78 $\frac{m}{s^2}$. Die Unterschiede entstehen durch die Erdrotation und die größere Zentrifugalkraft am Äquator, aber auch durch die ungleichmäßige Dichte der Erde.

Meist wird mit dem Näherungswert $g = 10 \frac{m}{s^2}$ gerechnet.

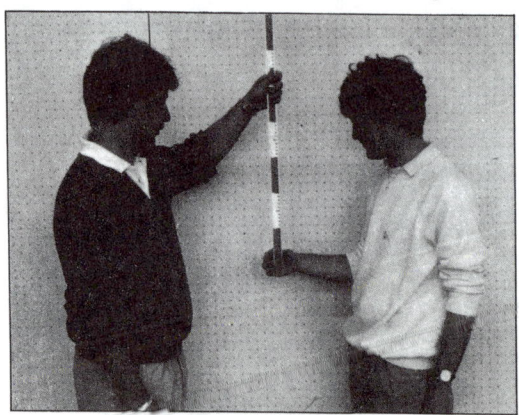

Aus der Fallhöhe und der Erdbeschleunigung läßt sich die Reaktionszeit berechnen.

Beispiel:
Zur Ermittlung der Reaktionszeit läßt ein Schüler einen Maßstab fallen und ein zweiter versucht, den Maßstab zu fassen. Dies gelingt erst, nachdem der Maßstab eine bestimmte Höhe frei durchfallen hat.

Berechnen Sie die Reaktionszeit, wenn im Beispiel die Fallhöhe 45 cm beträgt.

$h = 0{,}45$ m $\qquad g = 10 \frac{m}{s^2}$

$s = \frac{a}{2} \cdot t^2$, für $s = h$ und $a = g$ setzen:

$h = \frac{g}{2} \cdot t^2 \quad \rightarrow \quad t = \sqrt{\frac{2 \cdot h}{g}}$

$t = \sqrt{\frac{2 \cdot 0{,}45 \text{ m} \cdot s^2}{10 \text{ m}}}$

$\underline{t = 0{,}3 \text{ s}}$

Aufgaben

1. Welche Geschwindigkeiten erreicht ein frei fallender Körper am Ende der ersten Sekunde, der zweiten, der dritten und vierten Sekunde? Welche Wege hat er jeweils durchfallen?
$g = 10 \frac{m}{s^2}$

2. Von einem der höchsten Gebäude der Welt, dem Sears Tower in Chicago mit einer Höhe von 443 m, fällt ein Gegenstand frei herab. Errechnen Sie die theoretische Fallzeit und Auftreffgeschwindigkeit unter der Annahme, daß keine Verzögerung durch Luftwiderstand auftritt. Errechnen Sie die Fallzeit, wenn der Gegenstand nach Erreichen einer Geschwindigkeit von 180 $\frac{km}{h}$ wegen des Luftwiderstandes nicht mehr beschleunigt. Zeichnen Sie hierfür das v-t-Diagramm.
$g = 10 \frac{m}{s^2}$

1.2.8 Das Unabhängigkeitsprinzip

Lernziel: Die Vektoreigenschaft von Geschwindigkeiten und die unabhängige Überlagerung von Bewegungen erkennen, Skizzen anfertigen und Berechnungen durchführen können.

Versuch: Überlagerung von Bewegungen beim waagerechten Wurf.

Durchführung: In einer Metallhülse befindet sich ein auf beiden Seiten überstehender Dorn mit zwei locker aufgesteckten Kugeln als Wurfkörper. Durch Lösen einer vorgespannten Feder kann der Dorn ruckartig nach einer Seite schlagen und so die eine Kugel horizontal wegstoßen, während die andere Kugel ohne Horizontalkomponente fällt.

Versuchsergebnis: Die beiden Kugeln treffen immer zur gleichen Zeit am Boden auf.

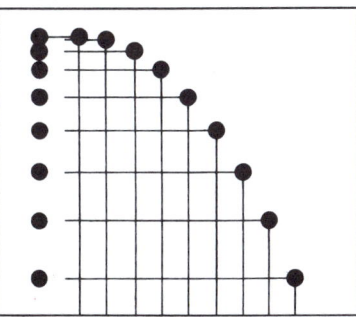

Versuch zur unabhängigen Überlagerung der Bewegungen

Die horizontal weggestoßene Kugel führt jedoch in der gleichen Zeit zwei Bewegungen aus, eine gleichförmige Bewegung in waagerechter Richtung und eine gleichmäßig beschleunigte Fallbewegung. Aus dem Versuch und durch Ausmessen der Wegstrecken wird deutlich, daß sich die beiden Bewegungen gegenseitig nicht stören.

Hieraus läßt sich das Unabhängigkeitsprinzip formulieren:

> Führt ein Körper gleichzeitig zwei Bewegungen aus, so überlagern sich die Bewegungen ohne sich zu beeinflussen. Ihre Geschwindigkeiten lassen sich vektoriell zusammensetzen.

Der Ort der Kugel läßt sich so bestimmen, als würden die Bewegungen zeitlich nacheinander erfolgen. Durch Addieren der Vektoren der waagerechten gleichförmigen Bewegung, die der Körper infolge seiner Trägheit beibehält (v_x = konst), und der gleichmäßig beschleunigten Fallbewegung (v_{y1}, v_{y2}, ...) lassen sich beliebig viele Punkte der Wurfbahn bestimmen.

Beispiel: Fliegt die Kugel mit $2\,\frac{m}{s}$ horizontal, so ist sie nach 0,1 s um 0,2 m vom Start nach rechts geflogen und um 0,05 m gefallen. Damit ergibt sich folgende Tabelle:

t	0,1 s	0,2 s	0,3 s	0,4 s	0,5 s	1,0 s
$x = v_x \cdot t$	0,2 m	0,4 m	0,6 m	0,8 m	1,0 m	2,0 m
$y = -\frac{g}{2} \cdot t^2$	−0,05 m	−0,20 m	−0,45 m	−0,80 m	−1,25 m	−5,0 m
$v_y = -g \cdot t$	$-1\,\frac{m}{s}$	$-2\,\frac{m}{s}$	$-3\,\frac{m}{s}$	$-4\,\frac{m}{s}$	$-5\,\frac{m}{s}$	$-10\,\frac{m}{s}$

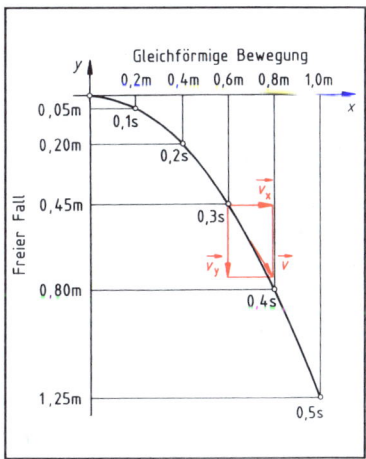

Die Wurfbahn ist eine **Parabel**. Der Luftwiderstand ist dabei nicht berücksichtigt.
Tragen wir auch die Geschwindigkeitsvektoren $\vec{v}_x$ und $\vec{v}_y$ mit ihren Beträgen ein, so erhalten wir als Resultierende den Vektor $\vec{v}$ in diesem Zeitpunkt. Da die Gewichtskraft den freien Fall ständig beschleunigt, ist die tatsächliche Bahn nach unten gekrümmt.

Wurfbahn und Geschwindigkeit beim waagerechten Wurf

1.3 Kräfte

> **Lernziel:** Wirkungen von Kräften aufzählen können.

Mit unserer Muskelkraft können wir einen Körper beschleunigen oder verzögern, die Bewegungsrichtung eines Körpers ändern oder einen Körper verformen.

In allen Fällen haben wir Wirkungen einer Kraft aufgezählt:
▶ Eine Kraft ist nur an ihren Wirkungen zu erkennen.
▶ Eine Kraft ist die Ursache für die Änderung des Bewegungszustandes eines Körpers oder für die Formänderung.

Es ist möglich, Kräfte auf zwei voneinander unabhängige Weisen zu messen, und zwar:
durch Beschleunigung eines Körpers: d y n a m i s c h e Kraftmessung (vgl. 1.3.2),
durch Deformation einer Feder: s t a t i s c h e Kraftmessung (vgl. 1.3.5).

1.3.1 NEWTONsches Trägheitsgesetz

> **Lernziel:** Die Trägheit von Körpern an Beispielen erläutern können.

Eine Maßnahme zur Verhütung von Unfällen ist das Anlegen von Sicherheitsgurten im Kraftfahrzeug. Die Gurte sollen verhindern, daß bei Auffahrunfällen die Personen durch die Windschutzscheibe fliegen und meist tödliche Verletzungen erleiden. Der Körper des Menschen hat eine Masse, die das Bestreben hat, i h r e n B e w e g u n g s z u s t a n d b e i z u b e h a l t e n.

In Bussen, Straßenbahnen, Zügen müssen wir uns, insbesondere wenn wir stehen, beim Anfahren (Zustand der Ruhe) oder Bremsen (Zustand der Bewegung) festhalten, also e i n e K r a f t a u f w e n d e n. Diese Kraft spüren wir auch bei Kurvenfahrt, wenn unser Körper bestrebt ist, die geradlinige Bewegung beizubehalten.

▶ Die Eigenschaft eines Körpers, im Zustand der Ruhe zu bleiben oder den Zustand der Bewegung mit unveränderter Geschwindigkeit geradlinig beizubehalten, wird als **Trägheit** bezeichnet.

Der italienische Physiker und Astronom Galilei[1] entdeckte diese Eigenschaft der Körper, und der englische Physiker Newton ('nju:tn)[2] formulierte das Trägheitsgesetz:

NEWTONsches Trägheitsgesetz:

> Falls keine Kräfte auf einen Körper wirken – oder sich die wirkenden Kräfte aufheben – verharrt der Körper im Zustand der Ruhe oder der gleichförmigen geradlinigen Bewegung.

---

[1] **Galileo Galilei,** 1564–1642, italienischer Naturforscher, führte Versuche zur Trägheit aus, untersuchte die Fallbeschleunigung, Schwingungen, schiefe Ebene, fand Jupitermonde, Sonnenflecke.
[2] **Isaac Newton,** 1642–1727, englischer Physiker, formulierte das Trägheitsgesetz, fand die Grundgleichung der Mechanik, das Wechselwirkungsgesetz, zerlegte weißes Licht.

Versuche zur Trägheit:

1. Erklären Sie, warum bei ruckartigem Ziehen der Schüssel das Wasser überschwappt!

Langsames Ziehen der Schüssel in Pfeilrichtung **Ruckartiges Ziehen der Schüssel in Pfeilrichtung**

2. Erklären Sie, warum bei ruckartigem Ziehen der Faden an der Stelle a) und bei langsamer Steigerung der Kraft F an der Stelle b) reißt!

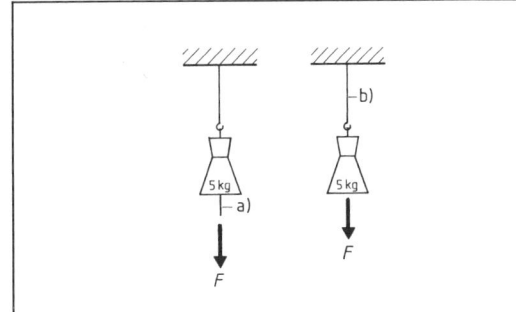

3. Erklären Sie, wie sich das Blatt unter dem Markstück wegziehen läßt, und wie Sie Blatt und Markstück zusammen wegziehen!

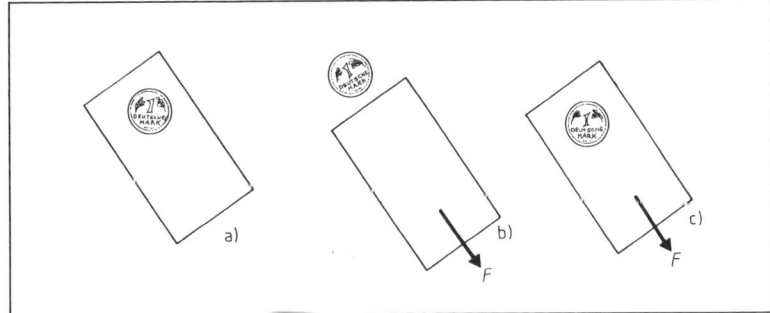

Beispiel:

Werden die Türen eines einfahrenden Zuges vorzeitig geöffnet, dann schlägt bei starkem Bremsen eine Tür auf, die andere zu.

Aufgaben

1. Warum ist es für Personen verboten, auf der Ladefläche von Kraftfahrzeugen mitzufahren?

2. Warum ist es sehr gefährlich, von fahrenden Zügen oder Bussen abzuspringen?
Wenn Sie es doch tun, in welcher Richtung springen Sie ab?

1.3.2 NEWTONsches Grundgesetz. Grundgleichung der Mechanik

> **Lernziel:** Die Abhängigkeit zwischen Kraft, Masse und Beschleunigung eines Körpers und die SI-Einheit der Kraft kennen und Berechnungen durchführen können.

Bei der dynamischen Kraftmessung untersuchen wir den Zusammenhang zwischen der Kraft, die an einem beweglichen Körper angreift, und der Beschleunigung, die sie hervorruft.

Versuch: *Zum Reibungsausgleich ist die Fahrbahn so weit geneigt, daß der angestoßene Wagen sich mit gleichbleibender Geschwindigkeit weiterbewegt, der stehende Wagen stehenbleibt.*[1]

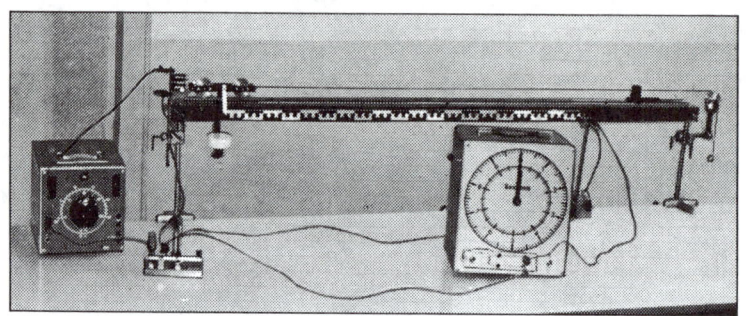

Ermittlung der Beschleunigung in Abhängigkeit von Masse und Antriebskraft

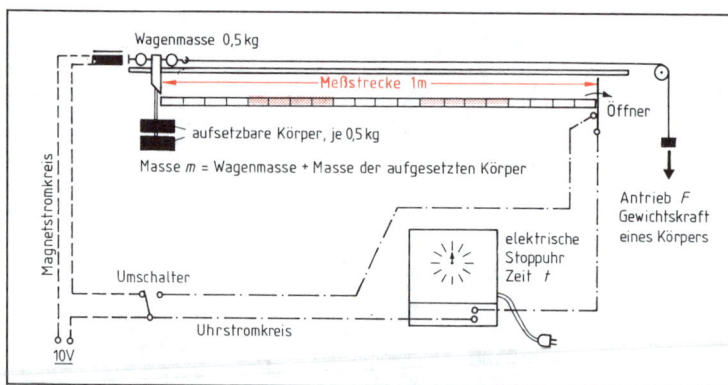

Schaltbild zum Versuch

Durchführung: Zum Antrieb wird die Gewichtskraft eines Körpers benutzt, der mit einer Schnur über eine Rolle mit dem Wagen verbunden ist. Der Elektromagnet hält den Wagen.
Der Zeiger des Wagens steht am Anfang der 1-m-Strecke.
Der Umschalter öffnet den Magnetstromkreis und schließt gleichzeitig den Stromkreis der Uhr. Am Ende der 1-m-Strecke öffnet der Zeiger des Wagens den Uhrstromkreis.
Der Antrieb und die Masse des Wagens werden verändert und dabei jeweils die Zeiten für die beschleunigte Bewegung über die 1-m-Strecke gemessen.[2]

---

[1] Bei der Luftkissenbahn bewegt sich der Gleiter nahezu reibungsfrei, so daß die Bahn horizontal aufgebaut wird. Die Versuche werden in der gleichen Weise durchgeführt.
[2] Es bleibt hier unberücksichtigt, daß auch die Masse des Antriebskörpers beschleunigt werden muß.

Tabelle zur Versuchsauswertung

	1	2	3	4	5	6	
Antrieb F	F	$2F$	$4F$	F	$2F$	$4F$	Ausgangs-größen
Wagenmasse m	1 kg	1 kg	1 kg	1,5 kg	1,5 kg	1,5 kg	
Weg s	1 m	1 m	1 m	1 m	1 m	1 m	
Zeit t	4,50 s	3,20 s	2,26 s	5,55 s	3,92 s	2,77 s	Im Versuch gemessen
(Zeit)² t^2	20,3 s²	10,2 s²	5,1 s²	30,8 s²	15,4 s²	7,7 s²	
Beschleunigung $a = \frac{2 \cdot s}{t^2}$	0,098 $\frac{m}{s^2}$	0,196 $\frac{m}{s^2}$	0,392 $\frac{m}{s^2}$	0,065 $\frac{m}{s^2}$	0,130 $\frac{m}{s^2}$	0,260 $\frac{m}{s^2}$	Errechnete Größen
Masse · Beschleunigung $m \cdot a$	0,098 $\frac{kgm}{s^2}$	0,196 $\frac{kgm}{s^2}$	0,392 $\frac{kgm}{s^2}$	0,0975 $\frac{kgm}{s^2}$	0,195 $\frac{kgm}{s^2}$	0,390 $\frac{kgm}{s^2}$	

Versuchsergebnis:

1. Vergleichen wir die ersten drei Spalten der Tabelle und gesondert davon die letzten drei, so ergibt sich:
   ▶ Bei konstanter Masse verhalten sich die Beschleunigungen wie die Antriebskräfte.
   $m =$ konst. $\rightarrow F \sim a$
   F ist proportional (verhältnisgleich) der Masse.

2. Vergleichen wir Spalten 1 und 4, 2 und 5, 3 und 6, so ergibt sich:
   ▶ Bei konstanter Kraft F ist $m \cdot a$ konstant.
   $F =$ konst. $\rightarrow m \cdot a =$ konst.

   ▶ **Mit gleicher Kraft kann einer kleinen Masse eine große Beschleunigung erteilt werden oder aber einer großen Masse eine kleine Beschleunigung.**

   Daraus ergibt sich:
   Die Kraft ist der Masse und der Beschleunigung proportional:
   $F \sim m \cdot a$

3. Der Antrieb erfolgte mit 10 g, 20 g und 40 g. Bilden wir für den Antrieb F (2. Reihe) das Produkt $m \cdot g$, so erhalten wir die gleichen Werte wie für das Produkt $m \cdot a$ (letzte Reihe).
   Die Auswertung der Versuchsergebnisse zeigt, daß mit der Festlegung des SI-Systems kein weiterer Umrechnungsfaktor benötigt wird, so daß aus der Proportion die Gleichung wird:
   $F = m \cdot a$
   $[F] = kg \cdot \frac{m}{s^2}$

   Für diese Krafteinheit $kg \cdot \frac{m}{s^2}$ wird die Einheit **Newton** = N gesetzt:
   $1\,N = 1\,kg \cdot 1\,\frac{m}{s^2}$

   Newton ist eine aus Masse und Beschleunigung abgeleitete SI-Einheit für die Kraft.

   ▶ Die **Kraft**, die der Masse 1 kg die Beschleunigung $1\,\frac{m}{s^2}$ erteilt, heißt 1 **Newton** = 1 N.

Wegen der überragenden Bedeutung in der Mechanik erhält die Gleichung $F = m \cdot a$ die Bezeichnung **Grundgleichung der Mechanik** oder **NEWTONsches Grundgesetz**.

NEWTONsches Grundgesetz = Grundgleichung der Mechanik

$F = m \cdot a$

$[F] = \text{kg} \cdot \dfrac{\text{m}}{\text{s}^2} = \text{N}$

Physikalische Größen	Formelzeichen	Einheiten
Masse	m	kg
Beschleunigung	a	$\dfrac{\text{m}}{\text{s}^2}$
Kraft	F	N

Die SI-Einheit für die Kraft ist das Newton (N).

Kraft $\vec{F}$ und Beschleunigung $\vec{a}$ sind Vektoren. Damit lautet die Vektorgleichung $\vec{F} = m \cdot \vec{a}$
Stimmen Kraft- und Beschleunigungsrichtung überein, so kann auf die Vektorschreibweise verzichtet werden.

Für den Sonderfall der Gewichtskraft erhalten wir aus $F = m \cdot a$ die Gleichung $F_G = m \cdot g$

$F_G = m \cdot g$

$[F_G] = \text{kg} \cdot \dfrac{\text{m}}{\text{s}^2} = \text{N}$

Physikalische Größen	Formelzeichen	Einheiten
Masse	m	kg
Erdbeschleunigung	g	$\dfrac{\text{m}}{\text{s}^2}$
Gewichtskraft	F_G	N

Damit hat ein Körper mit der Masse 1 kg die Gewichtskraft $F_G = 1 \text{ kg} \cdot 9{,}81 \dfrac{\text{m}}{\text{s}^2} = 9{,}81 \text{ N}$

Wird mit dem Näherungswert $g = 10 \dfrac{\text{m}}{\text{s}^2}$ gerechnet, ergibt sich $F_G = 1 \text{ kg} \cdot 10 \dfrac{\text{m}}{\text{s}^2} = 10 \text{ N}$
Die Abweichung beträgt dann 2 %.
Bei den Beispielen und Aufgaben handelt es sich um gleichmäßig beschleunigte Bewegungen.

Beispiele:

1. Welche Gewichtskraft hat ein Mensch von 70 kg Körpermasse (oft als Körpergewicht oder Gewicht bezeichnet)?

   $m = 70 \text{ kg} \qquad g = 10 \dfrac{\text{m}}{\text{s}^2}$

   $F_G = m \cdot g = 70 \text{ kg} \cdot 10 \dfrac{\text{m}}{\text{s}^2} = \underline{\underline{700 \text{ N}}}$

2. Welche Kraft ist erforderlich, wenn ein Mensch von 60 kg Körpermasse mit einem Fahrrad von 16 kg Masse in 10 Sekunden aus der Ruhe eine Geschwindigkeit von 18 $\dfrac{\text{km}}{\text{h}}$ erreichen will?

   $m = 60 \text{ kg} + 16 \text{ kg} = 76 \text{ kg} \qquad t = 10 \text{ s} \qquad v_1 = 0 \dfrac{\text{m}}{\text{s}} \qquad v_2 = 5 \dfrac{\text{m}}{\text{s}}$

   $a = \dfrac{v_2 - v_1}{t} = \dfrac{5 \dfrac{\text{m}}{\text{s}} - 0 \dfrac{\text{m}}{\text{s}}}{10 \text{ s}} = \dfrac{5 \text{ m}}{10 \text{ s} \cdot \text{s}} = \underline{\underline{0{,}5 \dfrac{\text{m}}{\text{s}^2}}}$

   $F = m \cdot a = 76 \text{ kg} \cdot 0{,}5 \dfrac{\text{m}}{\text{s}^2} = 38 \dfrac{\text{kg} \cdot \text{m}}{\text{s}^2} = \underline{\underline{38 \text{ N}}}$

3. Welche Beschleunigung erfährt ein Wagen von 300 kg Masse, wenn er mit einer Kraft von 120 N angeschoben wird? Welche Endgeschwindigkeit erreicht er nach 5 s, und welchen Weg hat er dann zurückgelegt?

$m = 300 \text{ kg} \qquad F = 120 \text{ N} = 120 \frac{\text{kg} \cdot \text{m}}{\text{s}^2} \qquad v_1 = 0 \frac{\text{m}}{\text{s}} \qquad t = 5 \text{ s}$

$a = \frac{F}{m} = \frac{120 \text{ kg} \cdot \text{m}}{\text{s}^2 \cdot 300 \text{ kg}} = \underline{\underline{0{,}4 \frac{\text{m}}{\text{s}^2}}}$

$a = \frac{v_2 - v_1}{t} \qquad\qquad v_2 = v_1 + a \cdot t$

$v_1 = 0 \qquad\qquad v_2 = a \cdot t = 0{,}4 \frac{\text{m}}{\text{s}^2} \cdot 5 \text{ s} = \underline{\underline{2 \frac{\text{m}}{\text{s}}}}$

$s = \frac{a}{2} \cdot t^2 = 0{,}2 \frac{\text{m}}{\text{s}^2} \cdot 25 \text{ s}^2 = \underline{\underline{5 \text{ m}}}$

Aufgaben

1. Welche Antriebskraft ist für einen Zug von 500 Tonnen Masse erforderlich, wenn er mit $0{,}2 \frac{m}{s^2}$ beschleunigt werden soll?

2. Ein Sportwagen mit der Masse 1000 kg beschleunigt von $72 \frac{km}{h}$ auf $90 \frac{km}{h}$ in 2 Sekunden. Welche Antriebskraft benötigt er?

3. Eine Kraft von 60 N wirkt einmal auf einen Körper mit der Masse 60 kg, dann auf einen Körper mit der Masse 120 kg und schließlich auf einen Körper mit der Masse 600 kg. Dc rechnen Sie die entstehenden Beschleunigungen der Körper, die Endgeschwindigkeiten und die zurückgelegten Wege nach 30 Sekunden.

4. Ein Körper wird von einer Kraft von 100 N in 15 Sekunden auf eine Geschwindigkeit von $108 \frac{km}{h}$ beschleunigt. Wie groß ist die Masse des Körpers?

5. Eine Federwaage steht in einem Aufzug, der mit $1 \frac{m}{s^2}$ Anfahrbeschleunigung nach oben (unten) beschleunigt. Welche Anzeigen erscheinen für eine 70 kg schwere Person auf dieser Waage? $g = 10 \frac{m}{s^2}$

1.3.3 NEWTONsches Wechselwirkungsgesetz. Kraft und Gegenkraft

> **Lernziel:** Die Wechselwirkung von Kraft und Gegenkraft an Beispielen erläutern können.

Versuch: *Die Kraft der Hand wirkt auf die Feder. Die Gewichtskraft des 5-kg-Massestücks wirkt auf den eingespannten Stab.*

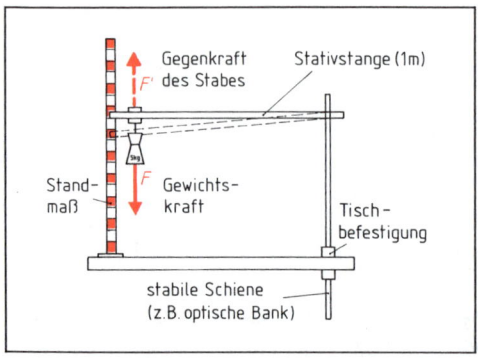

Die Gewichtskraft des Körpers wirkt auf den Stab und die Gegenkraft des Stabes auf den Körper.

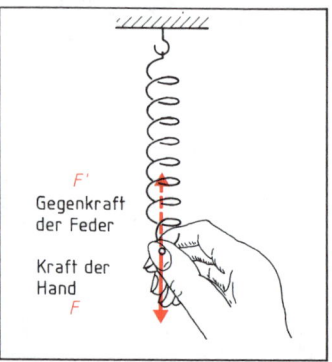

Die Kraft der Hand wirkt auf die Feder, und die Gegenkraft der Feder wirkt auf die Hand.

Beobachtung: Die wirkenden Kräfte rufen eine Formänderung hervor. Ist diese Formänderung erfolgt, so tritt wieder der Ruhestand ein, obwohl die Kräfte weiterhin wirken.

Versuchsergebnis: Da sich die wirkenden Kräfte aufheben müssen, schließen wir, daß infolge der Formänderung zu der angreifenden Kraft (Aktionskraft) eine Gegenkraft (Reaktionskraft) entstanden ist. Die beiden Kräfte sind gleich groß, aber entgegengesetzt gerichtet, und sie greifen an verschiedenen Körpern an.

Die Ergebnisse bilden das **NEWTONsche Wechselwirkungsgesetz:**

> Kraftwirkungen zwischen zwei Körpern sind immer wechselseitig. Kraft und Gegenkraft sind gleich groß, greifen an zwei verschiedenen Körpern an und sind entgegengesetzt gerichtet:
> $$F = -F'$$

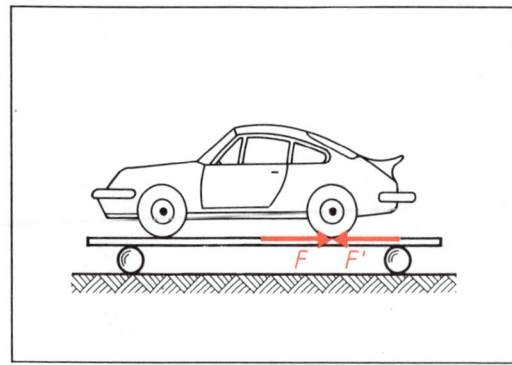

Kraft und Gegenkraft beim Start eines Autos

Versuch: *Wir stellen ein Spielzeugauto mit Federantrieb auf ein rollengelagertes leichtes Brett (Bleistifte unterlegen) und halten die Räder zunächst fest.*

Beobachtung: Nachdem wir die Räder losgelassen haben, bewegt sich das Auto vorwärts und gleichzeitig das Brett nach hinten.

Versuchsergebnis: Das Auto stößt sich mit einer Kraft F auf dem Brett ab und beschleunigt dieses nach hinten. Die Gegenkraft F' wirkt vom Brett auf das Auto und beschleunigt dieses nach vorne.

Weitere Versuche zum Wechselwirkungsgesetz:

1. Ein Magnet und ein etwa gleich großes Stück Eisen werden nahe zueinander gebracht. Sind die Kräfte groß genug, so bewegt sich der Magnet auf das Eisen zu und gleichzeitig das Eisen auf den Magneten.

2. Haben die Wagen und Personen die gleiche Masse, so treffen sie sich in der Mitte. Sie erfahren also die gleiche Beschleunigung, unabhängig davon, wer am Seil zieht. Aus der gleichen Masse und der gleichen Beschleunigung folgt, daß auch die Kraft gleich sein muß: $F = -F'$

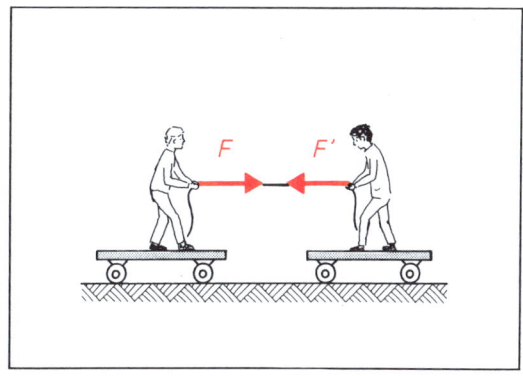

Die Zugkraft F der rechten Person wirkt durch das Seil auf die linke Person und umgekehrt.

Beispiele:

1. Die Fortbewegung eines Schiffes mit Hilfe einer Schraube erfolgt dadurch, daß die Schraube eine Kraft auf das Wasser ausübt und dieses nach hinten beschleunigt. Das Wasser übt die Gegenkraft auf das Schiff aus und beschleunigt dieses nach vorne.

2. Auf einer vereisten Straße kann man sich nur schlecht fortbewegen, da die Wechselwirkungskräfte wegen der verminderten Reibung nur sehr gering sind.

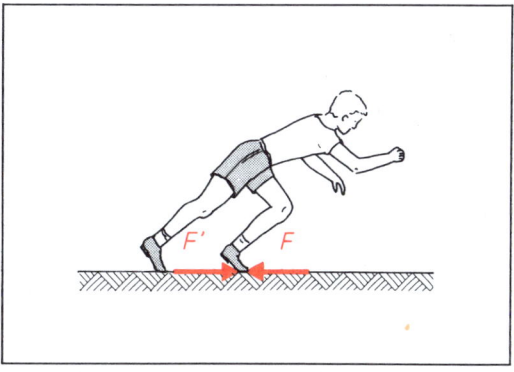

Der Läufer wirkt mit F auf den Boden und der Boden mit der Gegenkraft F' auf den Läufer.

Aufgaben   Suchen Sie weitere Beispiele zum Wechselwirkungsgesetz!

1.3.4 Darstellung einer Kraft

Lernziel: Kräfte mittels Kräftemaßstab als Kraftpfeil darstellen können.

▶ Kräfte werden durch Pfeile dargestellt. Die Richtung des Pfeils gibt die Richtung der Kraft an. Die Länge des Pfeils ist ein Maß für den Betrag der Kraft. Die gedachte Linie einer geradlinigen Verschiebung des Kraftpfeils heißt Wirkungslinie.

▶ Eine Kraft ist ein Vektor, also eine gerichtete Größe (vgl. 1.3.7).

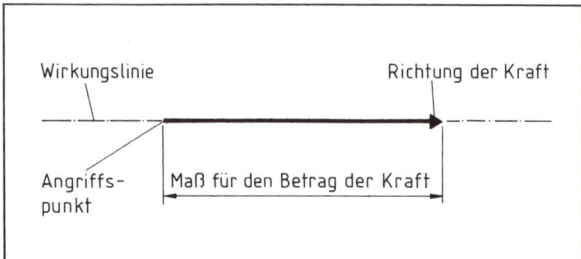

Kennzeichen einer Kraft

Eine Gewichtskraft ist immer zum Erdmittelpunkt gerichtet. Diese Richtung wird als lotrecht bezeichnet.

> Eine Kraft ist mit ihrem **Betrag**, ihrer **Richtung** und ihrer **Wirkungslinie** vollständig angegeben. Eine Kraft kann auf ihrer Wirkungslinie beliebig verschoben werden.

Zur Darstellung muß ein Kräftemaßstab gewählt werden.

Beispiel:

Zeichnen Sie eine Kraft $F = 300$ N. Wählen Sie einen Kräftemaßstab.

Gewählter Kräftemaßstab $M_F = \dfrac{F}{l}$; $\quad M_F = \dfrac{10\,\text{N}}{1\,\text{mm}}$

Damit ergibt sich die zeichnerische Länge l der Kraft F:

$$l = \frac{F}{M_F}$$

$$l = \frac{300\,\text{N}}{\dfrac{10\,\text{N}}{1\,\text{mm}}} = \frac{300\,\text{N} \cdot 1\,\text{mm}}{10\,\text{N}} = \underline{\underline{30\,\text{mm}}}$$

Kraftpfeil

Ist eine Kraft bei einem Kräftemaßstab $M_F = \dfrac{10\,\text{N}}{1\,\text{mm}}$ mit 25 mm gezeichnet, so ist der Betrag der Kraft:

$$F = l \cdot M_F$$

$$F = 25\,\text{mm} \cdot \frac{10\,\text{N}}{1\,\text{mm}}$$

$$\underline{\underline{F = 250\,\text{N}}}$$

Aufgaben

1. Wählen Sie einen Kräftemaßstab, und zeichnen Sie eine Kraft von $F = 6500$ N in beliebiger Richtung!

2. Es ist ein Kraftpfeil von 45 mm Länge gezeichnet bei einem Kräftemaßstab von $\dfrac{20\,\text{N}}{1\,\text{mm}}$. Wie groß ist der Betrag der Kraft? Wie lang muß eine Kraft von $F = 2800$ N bei dem vorliegenden Kräftemaßstab gezeichnet werden?

1.3.5 Messen von Kräften. Elastizität. HOOKEsches Gesetz. Kraftmesser

Lernziel: Die Elastizität eines Körpers als Grundlage der Kräftemessung mit dem Feder-Kraftmesser erkennen und Berechnungen zur Federkonstanten durchführen können.

Alle Körper sind aus einzelnen kleinen Teilchen (Atomen, Molekülen) aufgebaut.

Nach der Stärke der Anziehungskräfte der Teilchen werden feste, flüssige und gasförmige Körper unterschieden (vgl. 2.8.1).

Feste Körper sind volumen- und formbeständig. Diese Eigenschaft beruht darauf, daß die Teilchen untereinander große Anziehungskräfte (Kohäsionskräfte) aufeinander ausüben.

Die Kohäsionskräfte wirken jedoch nur auf sehr geringe Entfernung von etwa 10 nm. Wenn feste Körper zertrennt werden, so erhalten sie durch einfaches Zusammenfügen nicht mehr ihre Festigkeit.

Bei **elastischen** Körpern bewirkt eine äußere Kraft zunächst nur eine vorübergehende Verformung, beim Nachlassen der Kraft geht der Körper wieder in seine ursprüngliche Form zurück. Waren die einwirkenden Kräfte zu groß, dann bleibt eine Verformung zurück. Der Körper hat sich **plastisch verformt**.

Wir benutzen zum Messen die formändernden Wirkungen von Kräften bei Schraubenfedern innerhalb der Elastizitätsgrenze. Dieses Verfahren wird als s t a t i s c h e Kraftmessung bezeichnet, im Gegensatz zur dynamischen Kraftmessung.

Versuch: *Wir belasten die Schraubenfeder mit verschiedenen Wägestücken.*

Durchführung: Bei Belastung mit 50 g wirkt auf die Feder die Gewichtskraft $F_G = 0,05 \text{ kg} \cdot 10 \frac{m}{s^2} = 0,5 \text{ N}$.

Diese Kraft F und die dadurch entstehende Verlängerung Δs (Delta s) der Feder werden in die Tabelle eingetragen. Die Versuche werden mit unterschiedlichen Massen und verschiedenen Federn durchgeführt und die Quotienten aus Kraft und Verlängerung gebildet.

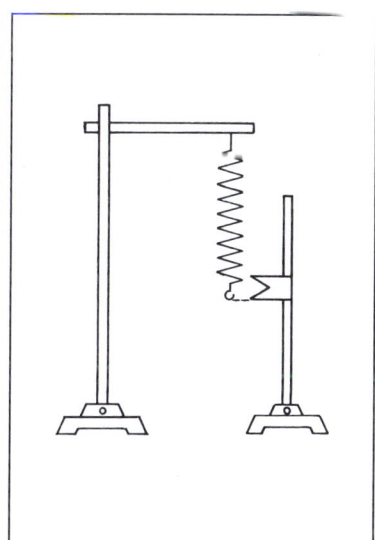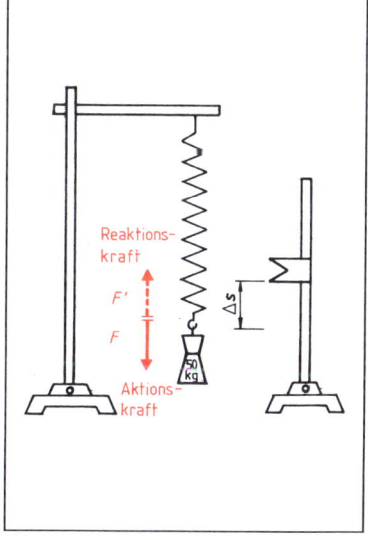

Durch die Gewichtskraft der angehängten Masse wirkt auf die Feder die Aktionskraft F. Die Feder verlängert sich um Δs, so daß sie die Reaktionskraft F' hervorbringen kann.

Tabelle zur Versuchsauswertung

Feder 1

Kraft F	0,5 N	1 N	1,5 N	2 N	
Verlängerung Δs	1,4 cm	2,8 cm	4,2 cm	5,6 cm	
$\dfrac{\text{Kraft } F}{\text{Verlängerung } \Delta s}$	0,35 $\dfrac{\text{N}}{\text{cm}}$	0,35 $\dfrac{\text{N}}{\text{cm}}$	0,35 $\dfrac{\text{N}}{\text{cm}}$	0,35 $\dfrac{\text{N}}{\text{cm}}$	= konstant

Feder 2

Kraft F	0,5 N	1 N	1,5 N	2 N	
Verlängerung Δs	2,5 cm	5 cm	7,5 cm	10 cm	
$\dfrac{\text{Kraft } F}{\text{Verlängerung } \Delta s}$	0,2 $\dfrac{\text{N}}{\text{cm}}$	0,2 $\dfrac{\text{N}}{\text{cm}}$	0,2 $\dfrac{\text{N}}{\text{cm}}$	0,2 $\dfrac{\text{N}}{\text{cm}}$	= konstant

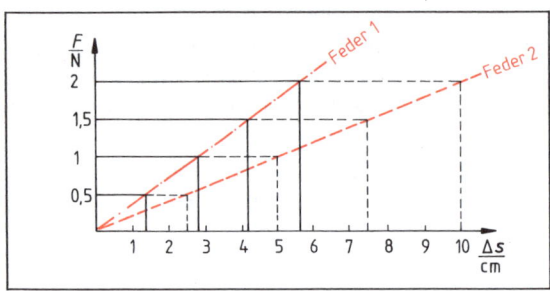

Wir tragen die Meßwerte in einem Schaubild auf. In diesem Schaubild und in der Tabelle zur Versuchsauswertung wird uns der Zusammenhang zwischen Kraft und Verlängerung deutlich.

Kraft-Verlängerungs-Schaubild: Die graphische Darstellung des Zusammenhanges zwischen Kraft und Verlängerung einer Feder wird als Federkennlinie bezeichnet.

Versuchsergebnisse:

1. Die auf die Schraubenfeder wirkende Kraft (Aktionskraft) ruft eine Formänderung (Dehnung) hervor. Durch die Dehnung entsteht in der Feder eine Gegenkraft (Reaktionskraft), die die Verformung wieder rückgängig machen will.

Die Gegenkraft ist der angreifenden Kraft entgegengesetzt gerichtet und gleich groß.

Wird die Aktionskraft weggenommen, dann geht die Feder wieder in ihre Ausgangslänge zurück; wir sagen, **die Feder ist elastisch.**

▶ Elastizität ist das Bestreben eines Körpers, nach einer erzwungenen Formänderung wieder die alte Form anzunehmen.[1]

2. Betrachten wir die beiden ersten Reihen der Tabellen:

Bei Verdoppelung bzw. Verdreifachung der auf die Feder wirkenden Kraft verdoppelt bzw. verdreifacht sich die Verlängerung.

Im **elastischen Bereich** gilt:

Die Verlängerungen der Schraubenfeder wachsen im gleichen Verhältnis wie die einwirkenden Kräfte. Die Verlängerung ist proportional zur Kraft: $\Delta s \sim F$

Mit einer Proportionalitätskonstanten D für die Feder ergibt sich: $F = D \cdot \Delta s$

Diese Gleichung wird als HOOKEsches Gesetz[2] bezeichnet.

3. Betrachten wir die dritte Reihe der Tabellen:

Der Quotient aus wirkender Kraft F und dabei entstehender Verlängerung Δs ist für eine bestimmte Feder konstant.

Dieser Quotient heißt Federkonstante D.

Die Federkonstante ist von der Beschaffenheit der Feder abhängig, also vom Material und der Formgebung.

---

[1] Das Wesen der Elastizität ist also nicht, daß der Körper sich verformen läßt, sondern daß er n a c h der Verformung seine Ausgangsform wieder einnimmt. Die Feder darf also durch die Krafteinwirkung nicht überdehnt werden.
[2] **Robert HOOKE,** 1635–1703, englischer Physiker

HOOKEsches Gesetz

$F = D \cdot \Delta s$

$D = \dfrac{F}{\Delta s}$

$[D] = \dfrac{[F]}{[\Delta s]} = \dfrac{\text{N}}{\text{m}}$

Physikalische Größen	Formelzeichen	Einheiten
Kraft	F	N
Verlängerung Längendifferenz	Δs	m
Federkonstante	D	$\dfrac{\text{N}}{\text{m}}$

Das HOOKEsche Gesetz bildet die Grundlage der Kräftemessung mit dem Feder-Kraftmesser.

Die Feder können wir auch mit unserer Muskelkraft dehnen.
▶ Messen ist ein Vergleichen mit einer Einheit.
Der Betrag der Kraft wird mit der Krafteinheit 1 Newton verglichen.

Kräfte sind an ihren Wirkungen zu erkennen.
▶ Zwei Kräfte sind gleich, wenn sie gleiche Wirkung erzielen.

Übertragen auf die Schraubenfeder lautet dieser Satz:
▶ **Zwei Kräfte sind dann gleich, wenn sie dieselbe Schraubenfeder um den gleichen Betrag dehnen.**

Eine Schraubenfeder wird an einem Ort, an dem die Fallbeschleunigung $g = 9{,}81\,\dfrac{\text{m}}{\text{s}^2}$ ist, mit dem Wägesatz geeicht. Anstelle der Verlängerung der Feder wird sofort die dazugehörige Kraft angetragen. Eine so geeichte Schraubenfeder bezeichnet man als **Feder-Kraftmesser**, **Kraftmesser** oder **Federwaage**.

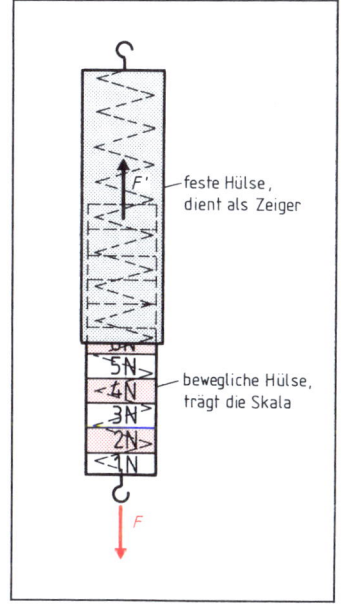

Kraftmesser. Der Zusammenhang zwischen Ausdehnung und belastender Kraft ist die physikalische Grundlage des Kraftmessers.

Der Kraftmesser zeigt die Größe der Gegenkraft an, auf die sich die Feder durch ihre Verlängerung einstellen muß.

Mit einem Kraftmesser lassen sich nicht nur Gewichtskräfte, sondern auch Muskelkräfte und Maschinenkräfte in beliebigen Richtungen messen.

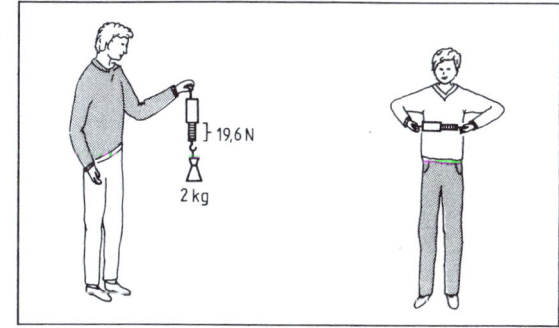

Messen von Gewichtskräften und Muskelkräften mit einem Kraftmesser

Beispiel:

Eine Feder zeigt bei Belastung mit 15 N eine Längendifferenz von 6 cm. Wie groß ist die Federkonstante? Ermitteln Sie rechnerisch und zeichnerisch die Längendifferenz bei 20 N Belastung, wenn die Feder im elastischen Bereich bleibt.

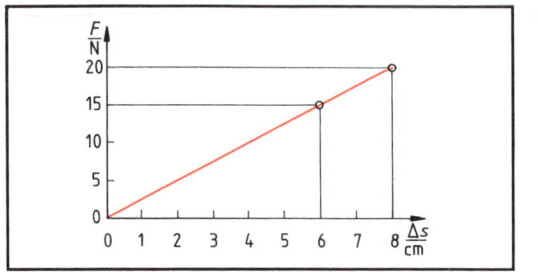

$$D = \frac{F}{\Delta s} \qquad \Delta s = \frac{F}{D}$$

$$D = \frac{15\,\text{N}}{6\,\text{cm}} \qquad \Delta s = \frac{20\,\text{N} \cdot \text{cm}}{2{,}5\,\text{N}}$$

$$D = 2{,}5\,\frac{\text{N}}{\text{cm}} \qquad \underline{\Delta s = 8\,\text{cm}}$$

$$\underline{\underline{D = 250\,\frac{\text{N}}{\text{m}}}}$$

Kraft-Verlängerungs-Schaubild

Aufgaben

1. Nennen Sie außer Stahl andere elastische Körper, und zählen Sie Anwendungsgebiete auf, wo elastische Körper als Bauteile eingesetzt werden!

2. Eine Feder mit $D = 500\,\frac{\text{N}}{\text{m}}$ verlängert sich im elastischen Bereich um $\Delta s = 32$ mm. Wie hoch ist die wirkende Kraft?

3. Eine Feder hat bei 21 N Belastung eine Länge von 12 cm und bei 15 N Belastung eine Länge von 10,5 cm. Zeichnen Sie das Kraft-Verlängerungs-Schaubild! Berechnen Sie die Federkonstante! Wie groß ist die Länge der Feder ohne Belastung? Die Feder bleibt im elastischen Bereich.

4. Wir haben zwei gleiche Federn mit einer Federkonstanten von $2{,}5\,\frac{\text{N}}{\text{cm}}$. Die gleiche Masse m wird nacheinander an eine Feder, an zwei hintereinander geschaltete Federn und an zwei parallel geschaltete Federn angehängt. Wie groß ist bei einer Masse von 0,5 kg die Verlängerung in allen drei Fällen? Wie groß ist jeweils die Gesamtfederkonstante?

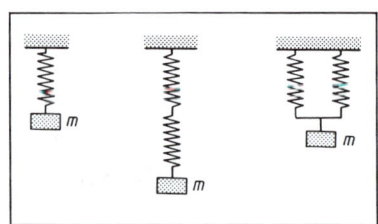

Verschiedene Federanordnungen

5. Wie hoch ist die Kraftanzeige eines Kraftmessers auf dem Mond mit einer Fallbeschleunigung von $1{,}6\,\frac{\text{m}}{\text{s}^2}$, wenn eine Masse von 1 kg angehängt wird? Ist ein Kraftmesser ortsabhängig? Wie kann die Fallbeschleunigung auf einem unbekannten Himmelskörper mit einem Kraftmesser und einer bekannten Masse bestimmt werden?

1.3.6 Kräfte mit gleicher Wirkungslinie

Lernziel: Erkennen, daß Kräfte mit gleicher Wirkungslinie und g l e i c h e r (entgegengesetzter) Richtung a d d i e r t (subtrahiert) werden können.

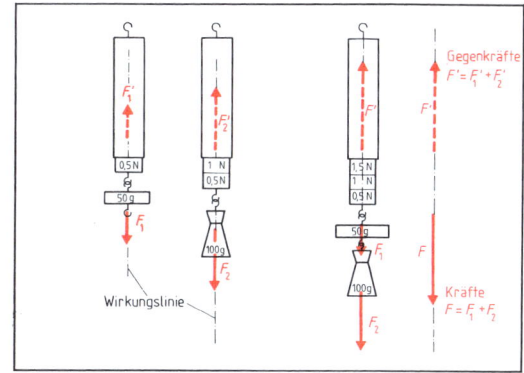

Versuch: *An einem Kraftmesser werden zunächst einzeln die Gewichtskräfte zweier Körper bestimmt. Dann werden die Körper gemeinsam an den Kraftmesser gehängt.*

Beobachtung: Für die Gewichtskräfte F_1 und F_2 stellt sich jeweils eine Gegenkraft F_1' und F_2' ein. Für die Belastung aus F_1 und F_2 gleichzeitig wird die Gegenkraft F' so groß wie die Summe der einzelnen Gegenkräfte F_1' und F_2'.

Aus der Addition der Gegenkräfte $F_1' + F_2' = F'$ schließen wir auf die Addition der Kräfte $F_1 + F_2 = F$

Versuchsergebnis: Aus $F_1' + F_2' = F'$ schließen wir:
▶ Wirken zwei Kräfte F_1 und F_2 in gleicher Richtung und auf gleicher Wirkungslinie, so werden sie durch Addition zusammengefaßt:
$$F_1 + F_2 = F \qquad 0{,}5\,N + 1\,N = 1{,}5\,N$$
▶ F wird als Resultierende bezeichnet; sie kann anstelle von F_1 und F_2 stehen.

Bei Kräftegleichgewicht ist die Summe aller Kräfte, die an einem Körper angreifen, Null.
$$F_1 + F_2 = F \qquad F_1 + F_2 - F = 0$$

Beispiel:
An einem Seil wird mit $F_1 = 60\,N$ und $F_2 = 90\,N$ gezogen. Mit welcher Kraft F muß die rechte Person ziehen, damit das Seil in Ruhe bleibt?

Kräftegleichgewicht: $F = F_1 + F_2$
$F = 60\,N + 90\,N = \underline{150\,N}$

Mit welcher Kraft F_2 muß gezogen werden, wenn F_1 mit 100 N und F mit 190 N zieht?
$F_1 + F_2 = F \qquad F_2 = F - F_1 = 190\,N - 100\,N = \underline{90\,N}$

Aufgaben

1. a) Zwei Kräfte, $F_1 = 200\,N$, $F_2 = 350\,N$, haben gleiche Richtung und Wirkungslinie. Wählen Sie einen Kräftemaßstab, und zeichnen Sie die Kräfte. Wie groß ist die Resultierende?
b) Wie groß ist die wirkende Kraft zwischen den Kraftmessern?

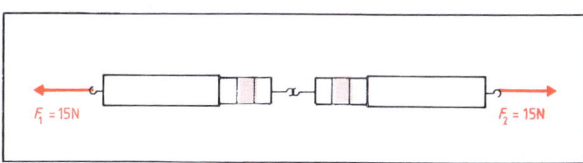

2. Ein Kraftmesser zeigt 12 N an. Es ist eine Masse $m = 500\,g$ angehängt, und es wirkt die Handkraft F_2. Wie groß ist die Handkraft?
$g = 10\,\dfrac{m}{s^2}$

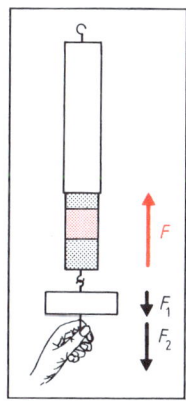

1.3.7 Das Kräfteparallelogramm

Lernziel: Die Vektoreigenschaft von Kräften kennen und Kräftezusammensetzungen und -zerlegungen mit Hilfe des Kräfteparallelogramms durchführen können.

Versuch: *Die Kräfte $\vec{F_1}$ und $\vec{F_2}$ der Kraftmesser und die Gewichtskraft des 0,5-kg-Massestücks halten sich das Gleichgewicht. Die optische Scheibe wird so hinter die Verbindungsschnüre gebracht, daß der Verbindungspunkt der Kräfte im Schnittpunkt der optischen Scheibe liegt.*

Durchführung: Für verschiedene Stellungen der Kraftmesser lesen wir die Winkel und Kräfte ab. Bei unserem Versuch befindet sich der eine Kraftmesser im Winkel 40° von der Senkrechten ($\vec{F_1}$) und der andere Kraftmesser im Winkel 60° von der Senkrechten ($\vec{F_2}$), vgl. Abb.

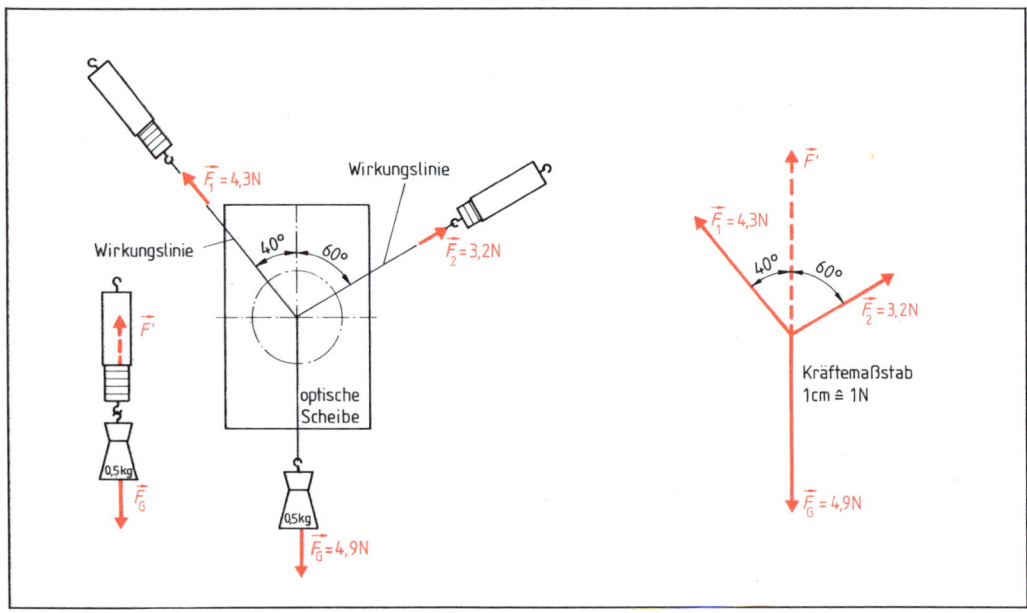

Versuch zum Kräfteparallelogramm
Die Gewichtskraft $\vec{F_G}$ kann durch $\vec{F'}$ oder durch die beiden Kräfte $\vec{F_1}$ und $\vec{F_2}$ im Gleichgewicht gehalten werden.

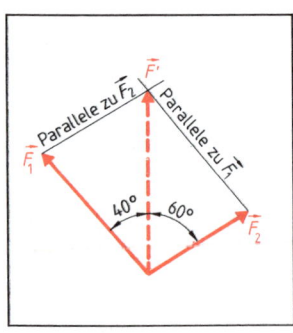

Das Parallelogramm der Kräfte $\vec{F_1}$ und $\vec{F_2}$ zeigt, daß die Diagonale des Parallelogramms die Resultierende der beiden Teilkräfte ergibt.

Versuchsauswertung: Die Kraft $\vec{F'}$, Gegenkraft zu $\vec{F_G}$, ist in ihrer Wirkung gleich den beiden Kräften $\vec{F_1}$ und $\vec{F_2}$.
Zeichnen wir zu $\vec{F_1}$ eine Parallele durch die Spitze von $\vec{F_2}$ und zu $\vec{F_2}$ eine Parallele durch die Spitze von $\vec{F_1}$, so erhalten wir ein **Parallelogramm der Kräfte,** dessen Diagonale $\vec{F'}$ ist. Da $\vec{F'}$ die gleiche Wirkung wie $\vec{F_1}$ und $\vec{F_2}$ hat, ist $\vec{F'}$ die **Resultierende** von $\vec{F_1}$ und $\vec{F_2}$.

Versuchergebnis:

▶ Die Resultierende bei der Vektoraddition von Kräften erhält man als Diagonale des Parallelogramms vom Angriffspunkt der Kräfte bis zum Schnittpunkt der Parallelen.

Die geometrische Konstruktion heißt **Parallelogramm der Kräfte** oder **Kräfteparallelogramm.**

Bei der Versuchsdurchführung ergab sich, daß sich bei Veränderung der Richtung (Winkel) auch die Beträge der Kräfte $\vec{F_1}$ und $\vec{F_2}$ verändern. Daraus ergibt sich: Kräfte sind nicht nur durch ihre Beträge bestimmt; auch ihre Richtung ist maßgebend.

▶ **Eine Kraft ist eine gerichtete Größe, ein Vektor:** $\vec{F}$

Beispiel:

Zeichnen Sie die Resultierende für zwei Kräfte $\vec{F_1} = 50$ N und $\vec{F_2} = 30$ N, wenn die Kräfte einen Winkel von 45° untereinander bilden. Wie groß wird die Resultierende?

Kräftemaßstab: $M_F = \dfrac{1\,\text{N}}{1\,\text{mm}}$

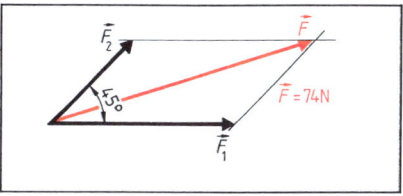

Aufgaben

1. Zwei Kräfte $\vec{F_1} = 400$ N und $\vec{F_2} = 900$ N bilden einen Winkel von 30°. Zeichnen Sie das Kräfteparallelogramm, und bestimmen Sie die Größe der Resultierenden!

2. An einem Handwagen zieht eine Person im Winkel von 20° zur Fahrtrichtung mit 500 N und eine zweite Person im Winkel von 30° zur Fahrtrichtung nach der anderen Seite mit 1200 N.
Bestimmen Sie Größe und Richtung der resultierenden Kraft.

Beispiel:

Über einer Straße von 10 m Breite hängt in der Mitte eine Lampe von 300 N Gewichtskraft. Das Seil hängt 1 m durch. Bestimmen Sie die Seilkräfte!

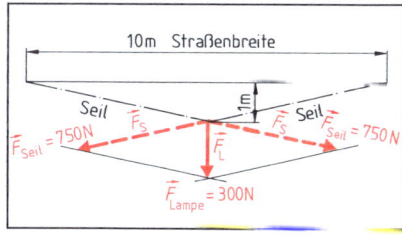

Aufgaben

3. Wie groß ist die Belastung der Seile, wenn die Lampe des Beispiels außermittig, 3 m vom linken Straßenrand, aufgehängt ist? Straßenbreite 10 m, Durchhang 1 m.

4. Was passiert, wenn das Seil immer straffer gespannt wird? Kann es genau gerade gespannt werden?

5. Zwei Personen tragen einen Koffer von 450 N Gewichtskraft. Ihre Arme bilden einen Winkel von 45°. Die Belastung teilt sich symmetrisch. Welche Kraft hat jede Person aufzuwenden?

1.4 Mechanik fester Körper. Einfache Maschinen

1.4.1 Arbeit. Energie

> **Lernziel:** Die Definition der Arbeit und ihre Einheiten kennen. Beispiele für die Energie der Lage nennen und Berechnungen durchführen können.

Wollen wir eine Arbeit mit einer anderen v e r g l e i c h e n, dann müssen wir sie m e s s e n können. Wir benötigen also Einheiten für diese Arbeit. Dazu ist notwendig, f e s t z u l e g e n, zu definieren, was wir in der Physik unter Arbeit verstehen:

Arbeit ist das Produkt aus einer Kraft und dem Weg, längs dem eine konstante Kraft wirkt.

Arbeit = Kraft · Weg

$W = F \cdot s$

$[W] = N \cdot m = Nm = J$

Physikalische Größen	Formelzeichen	Einheiten
Kraft	F	N
Weg	s	m
Arbeit, Energie	W	J

Die SI-Einheit für die Energie ist das Joule (J).

Da hier und im folgenden Kraftrichtung und Wegrichtung als übereinstimmend vorausgesetzt werden, können wir auf die Vektorschreibweise verzichten.

Die Einheit für die Arbeit ergibt sich aus der abgeleiteten Einheit für die Kraft F (Newton) und der Basiseinheit für den Weg s (Meter):
▶ $1 \, N \cdot 1 \, m = 1 \, Nm$

Für die Einheit 1 Nm wird 1 Joule[1] gesetzt:
▶ $\quad 1 \, Nm = 1 \, J$

Da $1 \, N = 1 \, kg \cdot 1 \, \frac{m}{s^2}$ ist, erhält man als **Arbeitseinheit** in den Basiseinheiten kg, m, s:

$1 \, Nm = 1 \, kg \frac{m^2}{s^2}$

Die vielfach benutzte Arbeitseinheit Wattsekunde (Ws) ist gleich der Einheit Joule (J):

$$1 \, Nm = 1 \, J = 1 \, Ws$$
1 Newtonmeter = 1 Joule = 1 Wattsekunde

Wird ein Körper der Masse $m = 100 \, g$ um die Höhe $h = 1 \, m$ gehoben, dann ist die erforderliche Arbeit $W = F_G' \cdot h$.

$F_G = m \cdot g = 0{,}1 \, kg \cdot 10 \, \frac{m}{s^2} = 1 \, N \qquad F_G' = F_G = 1 \, N$

$W = F_G' \cdot h = 1 \, N \cdot 1 \, m = 1 \, Nm$

Für das Hochheben des Körpers ist eine Arbeit von 1 Nm nötig. Diese Arbeit ist nun nicht verloren, sondern sie ist aufgespeichert. Ein hochgehobener Körper kann z. B. eine Uhr in Gang halten oder beim Herunterfallen einen Gegenstand zertrümmern: Der Körper ist fähig, selbst Arbeit zu verrichten.

---

[1] **James Prescott Joule** (gespr.: dschu:l), 1818–1889, engl. Naturforscher, entdeckte das Gesetz von der Erhaltung der Energie.

- Die Fähigkeit eines Körpers, selbst Arbeit verrichten zu können, nennen wir in der Physik **Energie** oder Arbeitsvermögen.
- Hat ein Körper infolge seiner erhöhten Lage ein Arbeitsvermögen, so nennt man dies **Energie der Lage** oder **potentielle Energie**: W_{pot}.

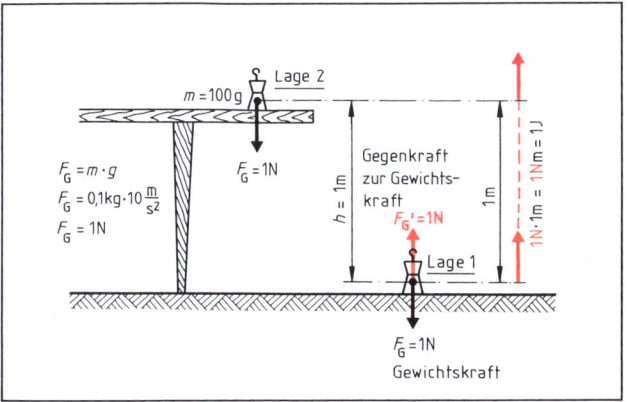

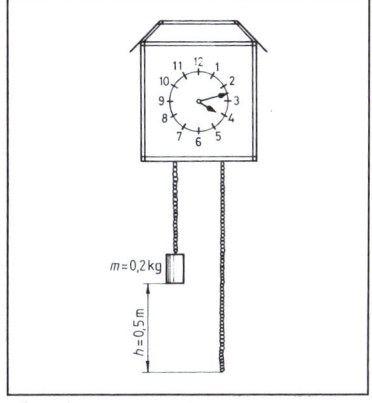

Durch die Hubarbeit $W = F_G' \cdot h$ erhält der Körper die Energie der Lage $W_{pot} = F_G \cdot h$. Da $F_G = F_G'$, ist die Energie der Lage gleich der aufgewendeten Hubarbeit.

Das hochgezogene Gewicht stellt eine potentielle Energie dar:
$W_{pot} = F_G \cdot h = m \cdot g \cdot h$
$W_{pot} = 0{,}2 \text{ kg} \cdot 10 \frac{m}{s^2} \cdot 0{,}5 \text{ m} = 1 \text{ Nm} = 1 \text{ J}$

Das Wasser in einem Stausee, das hochgehobene Gewicht der Uhr sind Beispiele für Energie der Lage.

Die Masse 100 g hat in der Lage 2 durch die an ihr verrichtete Arbeit eine größere Energie der Lage als in Lage 1. Ihre Lageenergie oder potentielle Energie in Lage 2 gegenüber der Lage 1 ist:

$\boxed{\begin{array}{l} W_{pot} = F_G \cdot h \\ W_{pot} = m \cdot g \cdot h \end{array}}$ $W_{pot} = 1 \text{ N} \cdot 1 \text{ m} = 1 \text{ Nm}$
$W_{pot} = 0{,}1 \text{ kg} \cdot 10 \frac{m}{s^2} \cdot 1 \text{ m} = 1 \frac{kg \cdot m}{s^2} \cdot m = 1 \text{ Nm}$

- Arbeit und Energie sind in der Physik Begriffe mit gleicher Bedeutung. Die Energie wird durch das Arbeitsvermögen eines Körpers gemessen und erhält den gleichen Formelbuchstaben und die gleiche Einheit wie die Arbeit.
- Energie ist gespeicherte Arbeit.

Eine Vorstellung über die geringe Größe der Arbeitseinheit 1 Nm = 1 J läßt sich aus folgender Rechnung gewinnen: Für die Arbeit 1 kWh bezahlen wir dem Elektrizitätswerk 20 Pfennige. 1 kWh = 1000 W · 3600 s = 3 600 000 Ws = 3 600 000 Nm. Für 20 Pfennige erhalten wir also die Arbeit 3 600 000 Nm.

Beispiel:
Wie hoch kann ein Körper gehoben werden, wenn er eine Masse von 20 kg hat und eine Energie von 2,8 kJ zur Verfügung steht?

$W = 2{,}8 \text{ kJ} = 2800 \text{ J} = 2800 \text{ Nm}$ $F_G = m \cdot g = 20 \text{ kg} \cdot 10 \frac{m}{s^2} = 200 \text{ N}$
$W = F_G \cdot h$ $h = \frac{W}{F_G} = \frac{2800 \text{ Nm}}{200 \text{ N}} = \underline{\underline{14 \text{ m}}}$

Aufgaben

1. Ein Mensch mit der Masse 60 kg trägt eine Kiste mit der Masse 20 kg zwei Stockwerke hoch. Stockwerkshöhe 2,8 m. Welche Arbeit verrichtet er?

2. Ein Stausee hat eine Länge von 1,2 km, eine Breite von 700 m und eine durchschnittliche Tiefe von 5 m. Wie groß ist bei einer Fallhöhe von 100 m die gespeicherte Energie?

1.4.2 Energieformen. Erhaltung der Energie

Lernziel: Den Energieerhaltungssatz der Mechanik an Versuchen und Beispielen beschreiben und Berechnungen zu den Energieformen durchführen können.

Ein mit hoher Geschwindigkeit fahrendes Auto hat große Energie, die sich bei Unfällen durch Verformungsarbeit bemerkbar macht.
▶ Das Arbeitsvermögen, das ein Körper infolge seines Bewegungszustandes hat, nennt man **Energie der Bewegung** oder **kinetische Energie** W_{kin}.

Versuch: *Die Aufhängeschnur wird um die Achse des Schwungrades gewickelt. Das Rad hat Energie der Lage. In diesem Zustand wird das Rad losgelassen.*

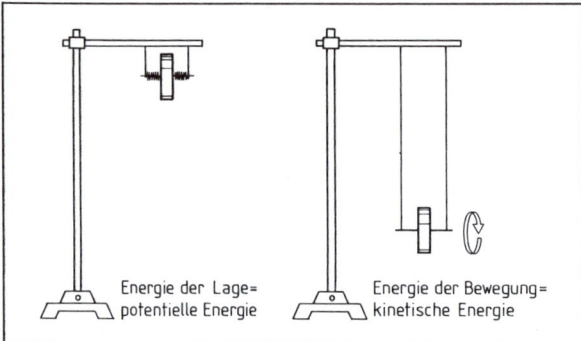

Maxwellsches Rad: Es erfolgt eine ständige Umwandlung von Energie der Lage in Energie der Bewegung und umgekehrt.

Versuchsergebnis: Es erfolgt eine ständige Umwandlung von Lageenergie in Bewegungsenergie und umgekehrt. Ein geringer Teil der Energie wird dabei jeweils durch Reibung in Wärmeenergie umgewandelt.
Die Energie der Bewegung ergibt sich durch Umwandlung der Formel für die Arbeit: $W = F \cdot s$
Für F setzen wir $m \cdot a$ ein, für $a = \frac{v}{t}$ und für $s = \frac{v}{2} \cdot t$. Dann ergibt sich für W:

$$W = m \cdot \frac{v}{t} \cdot \frac{v}{2} \cdot t = \frac{1}{2} \cdot m \cdot v^2$$

$$\boxed{W_{kin} = \frac{1}{2} \cdot m \cdot v^2}$$

$[W_{kin}] = kg \cdot \frac{m^2}{s^2} = kg \cdot \frac{m}{s^2} \cdot m = Nm = J$

▶ Die Bewegungsenergie eines Körpers ist seiner Masse linear und seiner Geschwindigkeit quadratisch proportional.

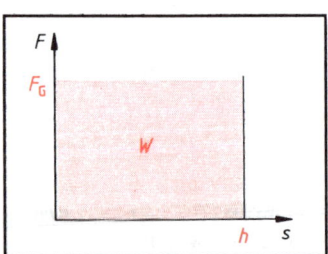

Arbeitsdiagramm für Hubarbeit

In einem **Arbeitsdiagramm** wird über dem Weg s die Kraft F aufgetragen. Hierbei ist *die Fläche ein Maß für die Arbeit* bzw. Energie. Bleibt F konstant, wie z. B. beim Heben eines Gewichtes F_G, so entspricht der Energie eine Rechteckfläche: $W = F \cdot s$ bzw. $W_{pot} = F_G \cdot h$. Steigt die Kraft F jedoch während des Arbeitsvorganges gleichmäßig von Null auf einen Endwert an, z. B. beim Spannen einer Feder, so entspricht der Spannarbeit oder Spannenergie W_s eine Dreieckfläche: $W_s = \frac{1}{2} \cdot F \cdot s$. Mit $F = D \cdot s$ (vgl. 1.3.5) ergibt sich:

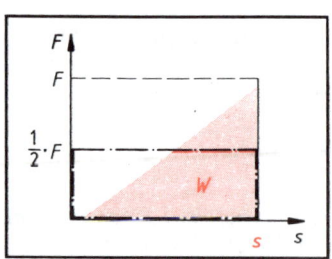

Das rote Dreieck für die Spannarbeit ist so groß wie das Rechteck mit halber Höhe.

$$\boxed{W_s = \frac{1}{2} \cdot D \cdot s^2} \qquad [W_s] = \frac{N}{m} \cdot m^2 = Nm = J$$

▶ Die Spannenergie einer Feder ist der Federkonstanten linear und der Auslenkung quadratisch proportional.

Versuch: An einer Schraubenfeder mit $D = 2{,}7$ N/m wird die Umwandlung von Energien untersucht.

Durchführung: Wir belasten die Feder mit einem Körper der Masse $m = 100$ g und lenken sie dann um $s = 0{,}8$ m aus der Ruhelage nach unten aus. Damit hat die Feder eine Spannenergie von $W_s = 0{,}864$ J. Nach Loslassen des Körpers führt das System vertikale Pendelschwingungen aus.
Während der ersten Periode messen wir in verschiedenen Höhen h_1, h_2, ... die Geschwindigkeiten v_1, v_2, ... des Körpers mit einer Lichtschranke, berechnen die Energien und tragen die Werte in eine Tabelle ein.

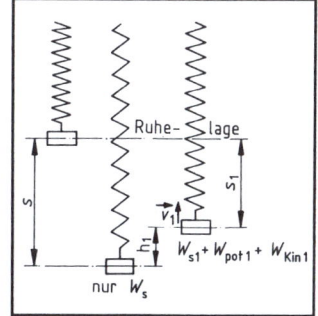

Energieumwandlung bei der Feder

s in m	h in m	v in $\frac{m}{s}$	W_s in J	W_{pot} in J	W_{kin} in J	W_{ges} in J
0,8	0	0	0,864	0	0	0,864
0,7	0,1	1,42	0,662	0,098	0,101	0,861
0,6	0,2	1,90	0,486	0,196	0,181	0,863
0,5	0,3	2,12	0,338	0,294	0,225	0,857
0,4	0,4	2,24	0,216	0,392	0,251	0,859

Versuchsergebnis: Es erfolgt eine ständige Energieumwandlung zwischen Spannungs-, Bewegungs- und Lageenergie. Die Gesamtenergie W_{ges} ist jedoch annähernd konstant, wenn wir von geringen Reibungsverlusten absehen.
Ein System, das von außen nicht angestoßen oder abgebremst wird, bezeichnet man als abgeschlossen.

Das Ergebnis fassen wir im **Energieerhaltungssatz der Mechanik** zusammen:

> **Die Summe aus Spannungs-, Bewegungs- und Lageenergie ist in einem abgeschlossenen System und bei reibungsfrei ablaufenden mechanischen Vorgängen konstant.**
>
> Es geht bei der Energieumwandlung keine Energie verloren und es kann keine gewonnen werden. Energie kann nur in eine andere Energieform umgewandelt werden.
>
> $W_s + W_{kin} + W_{pot} =$ konst. $\qquad \frac{1}{2} \cdot D \cdot s^2 + \frac{1}{2} \cdot m \cdot v^2 + m \cdot g \cdot h =$ konst.

Jahrhundertelang versuchte man, Energie aus einer Maschine zu gewinnen. Doch die Versuche, ein „perpetuum mobile" zu bauen, blieben erfolglos und bestätigten nur immer wieder den Energieerhaltungssatz.

Beispiel:

Berechnen Sie für die Angaben aus dem Versuch die Energien W_s und W_{pot} bei 0,15 m Höhe!

$D = 2{,}7 \frac{N}{m}$; $m = 0{,}1$ kg $\qquad W_s = \frac{1}{2} \cdot D \cdot s^2 = \frac{1}{2} \cdot 2{,}7 \frac{N}{m} \cdot (0{,}65 \text{ m})^2 = \underline{0{,}570 \text{ J}}$

$h = 0{,}15$ m $\quad s = 0{,}65$ m $\qquad W_{pot} = m \cdot g \cdot h = 0{,}1 \text{ kg} \cdot 9{,}81 \frac{m}{s^2} \cdot 0{,}15 \text{ m} = \underline{0{,}147 \text{ J}}$

Aufgaben

1. Ein Wagen der Masse 1 t fährt mit $54 \frac{km}{h}$. Berechnen Sie die Energie! Wie groß ist die Geschwindigkeit, wenn sie bei 2 kg schwingender Masse ihre ganze Energie in Bewegungsenergie umsetzt?
2. Eine Feder hat bei 2,5 cm Vorspannung eine Energie von 5 J. Wie groß ist ihre Federkonstante?

1.4.3 Leistung

Lernziel: Die Definition der Leistung und ihre Einheit kennen und Berechnungen durchführen können.

Zum Vergleich der Leistungsfähigkeit von Maschinen genügen die Festlegungen von Arbeit und Energie nicht. Es wird notwendig zu definieren, was unter Leistung zu verstehen ist.

Leistung ist der Quotient aus Arbeit und Zeit.

$$\text{Leistung} = \frac{\text{Arbeit}}{\text{Zeit}}$$

$$P = \frac{W}{t}$$

$$[P] = \frac{[W]}{[t]} = \frac{\text{J}}{\text{s}} = \text{W}$$

Physikalische Größen	Formelzeichen	Einheiten
Arbeit, Energie	W	J
Zeit	t	s
Leistung	P	W

Die SI-Einheit für die Leistung ist das Watt (W).[1]

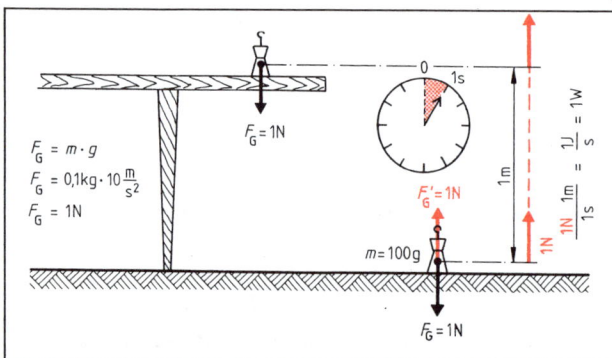

Aus $P = \frac{W}{t}$ wird mit $W = F \cdot s$ die Leistung $P = \frac{F \cdot s}{t}$.

In SI-Einheiten ist

$$[P] = \frac{1\,\text{N} \cdot 1\,\text{m}}{1\,\text{s}} = \frac{1\,\text{J}}{1\,\text{s}} = 1\,\text{Watt}$$

Erfolgt die Arbeit 1 Nm in 1 s, so liegt die Leistungseinheit 1 W vor.

Da nun die Energie auch $W = P \cdot t$ ist, ergibt sich die schon in 1.4.1 eingeführte Einheit Wattsekunde für die Energie.

Für die gleichmäßig beschleunigte Bewegung ergibt sich mit $F = m \cdot a$ (NEWTONsches Grundgesetz):

$$P = \frac{m \cdot a \cdot s}{t} \qquad [P] = \frac{\text{kg} \cdot \text{m} \cdot \text{m}}{\text{s}^2 \cdot \text{s}} = \frac{\text{Nm}}{\text{s}} = \text{Watt} = \text{W}$$

Beschleunigung a und Weg s berechnen sich aus den Formeln im Kapitel 1.2.5.

Beispiel:

Ein Mensch kann kurzzeitig 500 W leisten. In welcher Zeit könnte er bei 60 kg Körpermasse fünf Stockwerke zu je 3 m überwinden?

$$P = 500\,\text{W} = 500\,\frac{\text{Nm}}{\text{s}} \qquad h = 5 \cdot 3\,\text{m} = 15\,\text{m} \qquad F_G = m \cdot g = 60\,\text{kg} \cdot 10\,\frac{\text{m}}{\text{s}^2} = 600\,\text{N}$$

$$P = \frac{W}{t} \qquad P = \frac{F_G \cdot h}{t} \rightarrow t = \frac{F_G \cdot h}{P} = \frac{600\,\text{N} \cdot 15\,\text{m} \cdot \text{s}}{500\,\text{Nm}} = \underline{\underline{18\,\text{s}}}$$

Aufgaben

1. Welche Leistung hat eine Wasserkraftanlage, wenn in jeder Sekunde 42 m³ Wasser aus 60 m Höhe herabstürzen?

2. Ein Kfz-Motor beschleunigt eine Masse von 1,2 t in 10 s aus der Ruhe auf 72 $\frac{\text{km}}{\text{h}}$. Welche Leistung hat der Motor?

3. Welche Leistung vollbringt ein Mensch, wenn er eine Höhe von 7,6 m in 8 s überwindet? Seine Körpermasse beträgt 64 kg.

---

[1] James Watt, 1736–1819, engl. Ingenieur, baute erste Dampfmaschine.

1.4.4 Die Reibung

Lernziel: Entstehung, Richtung und Betrag der Reibungskraft aus den Versuchen erkennen, sowie die Definition der Reibungszahl kennen. Berechnungen zur Reibungskraft und Reibungsenergie durchführen können

Versuch: *Bestimmen der Reibungskraft und der Reibungszahl bei Änderung der Normalkraft und der Oberfläche.*

Der auf unserem horizontalen Tisch angestoßene Holzquader kommt nach kurzer Zeit zur Ruhe, d. h. er ändert seinen Bewegungszustand. Nach dem NEWTONschen Trägheitsgesetz kann ein Körper aber nur dann seinen Bewegungszustand ändern, wenn eine Kraft auf ihn wirkt. Diese Kraft nennen wir Reibungskraft F_R oder kurz Reibung.
▶ Die Reibungskraft ist der Bewegungsrichtung entgegengesetzt gerichtet.

Die Reibungskraft F_R entsteht zwischen den aneinander vorbeigleitenden Oberflächen. Da die Oberflächen nie ganz glatt sind, verzahnen sich bei Berührung der Körper die Unebenheiten und setzen der Bewegung einen Widerstand entgegen.

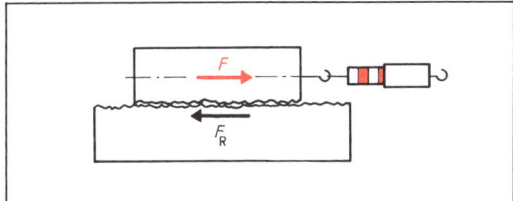

Soll der Körper **mit gleichförmiger Bewegung** gleiten, dann muß eine Kraft an ihm wirken, die gerade die Reibungskraft ausgleicht:
▶ Bewegungskraft F und Reibungskraft F_R sind gleich große, aber entgegengesetzt gerichtete Kräfte (Kraft und Gegenkraft).

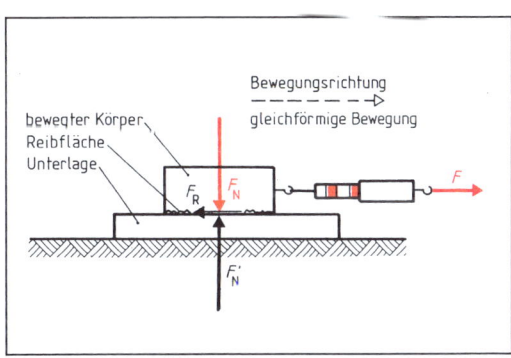

Kräfte und Gegenkräfte bei der Reibung:
$F = F_R$; $F_N = F_N'$

Durchführung: Wir ziehen zunächst den Holzquader ohne Zusatzmassen, sodann nacheinander mit den Zusatzmassen 0,2 kg; 0,5 kg; 0,5 kg + 0,2 kg; 0,5 kg + 0,2 kg + 0,2 kg mit gleichförmiger Bewegung über die Unterlage. Der Holzquader hat eine Masse von 270 g, so daß sich eine **Gewichtskraft**
$F_G = m \cdot g$
$F_G = 0{,}27 \, \text{kg} \cdot 10 \, \frac{\text{m}}{\text{s}^2}$
$F_G = 2{,}7 \, \text{N}$
ergibt.

Die Kraft, die senkrecht auf die Unterlage wirkt, heißt Normalkraft F_N. Bei waagerechter Unterlage entspricht die Normalkraft F_N der Gewichtskraft F_G:
$F_N = F_G$.

Wir führen folgende Versuche durch:
1. Holz auf Holz: Tabelle 1
2. Gummi auf Holz: Tabelle 2
3. Den flachen Quader ziehen wir einmal auf der Breitseite und einmal auf der Schmalseite über die Holzplatte: Tabelle 3

Tabelle 1:
Holz auf Holz

F_R	0,65 N	1,1 N	1,8 N	2,3 N	2,5 N	
F_N	2,7 N	4,7 N	7,7 N	9,7 N	11,7 N	
$\dfrac{F_R}{F_N}$	0,24	0,23	0,23	0,24	0,21	= konstant

Tabelle 2:
Gummi auf Holz

F_R	1,2 N	2,2 N	3,6 N	4,2 N	5,2 N	
F_N	2,7 N	4,7 N	7,7 N	9,7 N	11,7 N	
$\dfrac{F_R}{F_N}$	0,45	0,47	0,47	0,43	0,44	= konstant

Tabelle 3:

	Breitseite		Schmalseite		
F_R	0,4 N	0,9 N	0,4 N	0,9 N	
F_N	1,45 N	3,45 N	1,45 N	3,45 N	
$\dfrac{F_R}{F_N}$	0,27	0,26	0,27	0,26	= konstant

Versuchsergebnis:
▶ Der Quotient aus der Reibungskraft F_R und der Normalkraft F_N ist für gleiche Oberflächenbeschaffenheit konstant: $\dfrac{F_R}{F_N}$ = konstant

---

Der Quotient aus der Reibungskraft F_R und der Normalkraft F_N wird als Reibungszahl oder Reibungskoeffizient bezeichnet.

$\dfrac{\text{Reibungskraft}}{\text{Normalkraft}}$ = Reibungszahl

$\dfrac{F_R}{F_N} = \mu$

Physikalische Größen	Formelzeichen	Einheiten
Reibungskraft	F_R	N
Normalkraft	F_N	N
Reibungskoeffizient	μ	1

Aus den Tabellen und der Beziehung $\dfrac{F_R}{F_N} = \mu$ ergibt sich:

Die Reibungskraft F_R ist
▶ von der Normalkraft F_N
 und von der Oberflächenbeschaffenheit
 (ausgedrückt durch die Reibungszahl μ) abhängig.
▶ Die Reibungskraft ist von der Größe der Oberfläche unabhängig.

Bei unseren Versuchen bemerken wir, daß bei Beginn der Bewegung die Reibungskraft etwas höher ist als während der gleichförmigen Bewegung. Das führen wir darauf zurück, daß sich die „Verzahnung" der Oberflächen der beiden gleitenden Teile erst lösen muß. Diese höhere Reibung bezeichnen wir als Haftreibung.
▶ Die **Haftreibung** ist höher als die **Gleitreibung.**
▶ Die Haftreibungzahl μ_0 (gesprochen: mü-null) ist somit größer als die Gleitreibungszahl μ.

Versuche zur geschmierten Reibung und Rollreibung

Durchführung:
1. Öl wird zwischen die gleitenden Flächen gegeben.
2. Stativstangen werden unter den Holzquader gelegt.

Beobachtung: Die Reibung ist in beiden Fällen wesentlich geringer als bei den ersten Versuchen.

Versuchsergebnis:
▶ Durch Schmiermittel oder Rollen kann die Reibungskraft erheblich herabgesetzt werden. Wir sprechen dann von **geschmierter Reibung** bzw. von **Rollreibung.**

Da bei Rollen keine Reibung im Sinne der Versuchsauslegung besteht, spricht man hier meist von Rollwiderstandszahl oder Fahrwiderstandszahl.
Reibung tritt nicht nur bei festen Körpern, sondern auch bei Flüssigkeiten und Gasen auf. Beim Schwimmen bemerken wir diese Reibung und beim Umrühren von Flüssigkeiten. Hier spielt jedoch auch die Trägheit der Flüssigkeitsmoleküle eine Rolle. Das langsamere Fallen der Flaumfeder im lufterfüllten Raum ist ein Beispiel für Reibung in Gasen; hier spricht man meist von Luftwiderstand.

Alle Reibungszahlen werden experimentell ermittelt und in Tabellen zusammengefaßt:

	Gleitreibungszahl μ		Haftreibungszahl μ_0
	trocken	geschmiert	
Holz auf Holz Mittelwert im Versuch	0,2 bis 0,3 **0,23**	0,04 bis 0,2	0,5 bis 0,6
Gummi auf Holz Mittelwert im Versuch	0,4 bis 0,5 **0,45**	0,02 bis 0,1	0,7 bis 0,8
Holz auf Kunststoff	0,15 bis 0,2	0,02 bis 0,1	0,3 bis 0,4
Stahl auf Stahl	**0,1** bis 0,2	0,02 bis 0,1	0,2 bis 0,3
Gummi auf Asphalt	**0,7** bis 0,8	0,3 bis 0,4	0,8 bis **0,9**

Fahrwiderstandszahl μ_f	(Rollwiderstandszahl)
Stahlreifen auf Erdweg	0,05 bis 1
Stahlreifen auf Asphalt	0,01 bis 0,02
Gummireifen auf Asphalt	0,02 bis 0,03
Stahlräder auf Schienen	0,003 bis 0,008

Aus der grundlegenden Beziehung $W = F \cdot s$ ergibt sich mit $F = F_R$ für die Reibungsenergie: $W_R = F_R \cdot s$ und mit $F_R = F_N \cdot \mu$:

$$W_R = F_N \cdot \mu \cdot s \qquad \text{Reibungsenergie} \qquad [W_R] = \text{N} \cdot 1 \cdot \text{m} = \text{Nm} = \text{J}$$

Bei einem bremsenden Fahrzeug wird die kinetische Energie in Reibungsenergie umgewandelt. Bei waagerechter Straße wird für $F_N = F_G = m \cdot g$ gesetzt. Dadurch ergibt sich für $W_R = m \cdot g \cdot \mu \cdot s$

Nach dem Energieerhaltungssatz ist:
$$W_R = W_{kin}$$
$$m \cdot g \cdot \mu \cdot s = \frac{1}{2} \cdot m \cdot v^2$$

Daraus ergibt sich für den Bremsweg:
$$s = \frac{v^2}{2 \cdot g \cdot \mu}$$

Beispiele:

1. Eine Holzkiste mit der Masse 50 kg soll auf einer Kunststoffunterlage 5 m verschoben werden. Welche Arbeit ist aufzuwenden? Wie groß ist die Arbeit, wenn die Kiste auf einem Wagen mit Gummireifen transportiert wird?

   $\mu = 0{,}15$ Gleitreibung $\qquad \mu_f = 0{,}02$ Fahrwiderstandzahl
   $F_N = F_G = m \cdot g$
   $F_N = 500\,\text{N} \qquad s = 5\,\text{m}$

   Gleitreibung:
   $W_R = F_N \cdot \mu \cdot s$
   $W_R = 500\,\text{N} \cdot 0{,}15 \cdot 5\,\text{m}$
   $\underline{\underline{W_R = 375\,\text{J}}}$

   Rollreibung:
   $W_R = F_N \cdot \mu \cdot s$
   $W_R = 500\,\text{N} \cdot 0{,}02 \cdot 5\,\text{m}$
   $\underline{\underline{W_R = 50\,\text{J}}}$

2. Ein Pkw hat eine Geschwindigkeit von $54\,\frac{\text{km}}{\text{h}}$. Wie weit rutscht er bei einer Vollbremsung auf eisglatter Straße?

   $\mu = 0{,}3$ für Gummi auf Asphalt, Gleitreibung, geschmiert

   $v = 54\,\frac{\text{km}}{\text{h}} = 15\,\frac{\text{m}}{\text{s}}$

   $s = \dfrac{v^2}{2 \cdot g \cdot \mu}$

   $s = \dfrac{225\,\text{m}^2\,\text{s}^2}{\text{s}^2 \cdot 2 \cdot 10\,\text{m} \cdot 0{,}3}$

   $\underline{\underline{s = 37{,}5\,\text{m}}}$

Aufgaben

1. Welche Energie hatte ein Körper, wenn er bei einer Masse von 500 kg und Reibung Holz auf Holz ($\mu = 0{,}23$) 8 m weit rutscht, bis er zur Ruhe kommt?

2. Bei einem Unfall wird aus der Länge der Bremsspur die Geschwindigkeit vor Beginn der Bremsung errechnet. Die erkennbare Bremsspur beträgt 16 m. Bei trockenem Wetter gilt für Gummi auf Asphalt für Gleitreibung $\mu = 0{,}7$. Welche Geschwindigkeit besaß das Fahrzeug mindestens?

3. Warum ist die Reibung unerläßlich für jeden Beschleunigungs- oder Verzögerungsvorgang eines Körpers?

4. Wie läßt sich Reibung herabsetzen? Wo ist die Verminderung der Reibung erwünscht?

5. Wie läßt sich Reibung vergrößern? Wo ist die Erhöhung der Reibung erwünscht?

6. Für Gummi auf Asphalt (Kfz) gilt die Haftreibungszahl $\mu_0 = 0{,}9$. Mit welcher Kraft kann ein Kraftfahrzeug von der Masse 1,2 t seine Geschwindigkeit erhöhen oder verzögern?

1.4.5 Hebelgesetz und Drehmoment

Lernziel: Das Hebelgesetz kennen, Beispiele für zweiseitige und einseitige Hebel nennen und Berechnungen durchführen können.

Ein Hebel ist ein starrer Körper, der um einen festen Punkt oder um eine Achse drehbar ist. Die angreifenden Kräfte können nur eine Drehung des Hebels um seine Achse (= **Drehpunkt**) hervorrufen. Der Abstand der angreifenden Kräfte vom Drehpunkt wird als **Hebelarm** bezeichnet.

Ein Hebel ist im Gleichgewicht, wenn er sich trotz angreifender Kräfte nicht dreht.
Diesen Zustand des Gleichgewichts wollen wir im Experiment untersuchen.

Versuch zum zweiseitigen Hebel:
Die Hebelstange ist in ihrer Mitte drehbar gelagert. In bestimmten Abständen können Kräfte wirken. Auf die linke Seite des Hebels hängen wir einen Körper, der den Hebel mit der Gewichtskraft $F_1 = 2$ N belastet. Auf der rechten Seite messen wir die ausgleichende Kraft mit einem Kraftmesser.

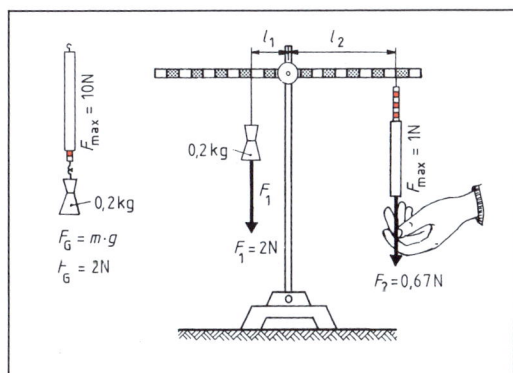

Zweiseitiger Hebel im Gleichgewicht:
$F_1 \cdot l_1 = F_2 \cdot l_2$
$2\text{ N} \cdot 3\text{ cm} = 0{,}67\text{ N} \cdot 9\text{ cm}$
6 Ncm = 6 Ncm

▶ Ist eine Hebelstange z w i s c h e n den an ihr angreifenden Kräften gelagert, so spricht man von einem **zweiseitigen Hebel**.

Durchführung:
1. Wir messen die ausgleichende Kraft in gleichem Abstand vom Drehpunkt, in dem auf der anderen Seite des Drehpunktes der Körper hängt.
2. Wir messen am äußersten Ende des Hebels und anschließend so dicht wie möglich beim Drehpunkt die ausgleichende Kraft F mit einem Kraftmesser.

Tabelle zur Versuchauswertung

Linker Hebelarm			Rechter Hebelarm		
Kraft F_1 (N)	Hebelarm l_1 (cm)	$F_1 \cdot l_1$ (Ncm)	Kraft F_2 (N)	Hebelarm l_2 (cm)	$F_2 \cdot l_2$ (Ncm)
2 N	6 cm	12 Ncm	2 N	6 cm	12 Ncm
2 N	6 cm	12 Ncm	1 N	12 cm	12 Ncm
2 N	6 cm	12 Ncm	6 N	2 cm	12 Ncm

$F_1 \cdot l_1 = F_2 \cdot l_2$

Versuchsergebnis:

▶ Zwei gleich große Kräfte halten sich an einem Hebel das Gleichgewicht, wenn sie im gleichen Abstand vom Drehpunkt und auf verschiedenen Seiten von diesem wirken.

▶ Wirken die Kräfte an verschieden langen Hebelarmen, so herrscht nur dann Gleichgewicht, **wenn auf der linken Seite das Produkt aus Kraft mal Hebelarm** ($F_1 \cdot l_1$) **gleich ist dem Produkt aus Kraft mal Hebelarm** ($F_2 \cdot l_2$) **auf der rechten Seite:**

Hebelgesetz

$F_1 \cdot l_1 = F_2 \cdot l_2$

Physikalische Größen	Formelzeichen	Einheiten
Kraft	F	N
Länge	l	m; (cm)

Nennt man z. B. die linke Seite Lastseite, die rechte Kraftseite, dann läßt sich das Hebelgesetz auch so schreiben:

Last · Lastarm = Kraft · Kraftarm

Da die Kraft F, die im Abstand l vom Drehpunkt am Hebelarm angreift, diesen entweder im oder gegen den Uhrzeigersinn zu drehen versucht, wird die Größe $M = F \cdot l$ als Drehmoment oder **Moment** M bezeichnet.

Es gilt: Drehmoment = Kraft · Hebelarm
$$M = F \cdot l$$

Dem Moment auf der rechten Seite des Hebels entspricht eine Drehung im Uhrzeigersinn, es wird als rechtsdrehendes Moment bezeichnet: $M_r = F_2 \cdot l_2$ (vgl. Abb.).

Ihm ist das linksdrehende Moment entgegengesetzt: $M_l = F_1 \cdot l_1$

Für den Gleichgewichtszustand gilt:
$$M_l = M_r$$
$$F_1 \cdot l_1 = F_2 \cdot l_2$$

▶ An einem Hebel herrscht Gleichgewicht, wenn das linksdrehende Moment gleich groß dem rechtsdrehenden Moment ist.

Beispiele für zweiseitige Hebel sind die Balkenwaage, die Schnellwaage und Briefwaage, die Wippschaukel, die Schere und Zange.

Hebel werden in der Technik überall eingesetzt, z. B. im Kraftfahrzeug finden wir sie als Brems-, Kupplungs- und Gaspedal, als Handbremse, auch das Steuerrad ist ein Hebel; in der Wohnung finden wir Hebel als Türklinken, als Handgriffe für Absperrhähne, Fenster-Kipp- und -öffnungsvorrichtungen, in Schreibmaschinen als Buchstabenträger u. dgl.

Aus diesen vielfältigen Anwendungsbeispielen heraus und wegen der wesentlichen Bedeutung der Kraftübersetzung wird deutlich, warum der Hebel bereits als **einfache Maschine** bezeichnet wird.

Versuch zum einseitigen Hebel
▶ Ist eine Hebelstange an ihrem einen Ende drehbar gelagert, so spricht man von einem **einseitigen Hebel.**

Das Gewicht der Hebelstange ist durch die Nullpunkt-Verschiebung (Hülse) des Kraftmessers ausgeglichen.

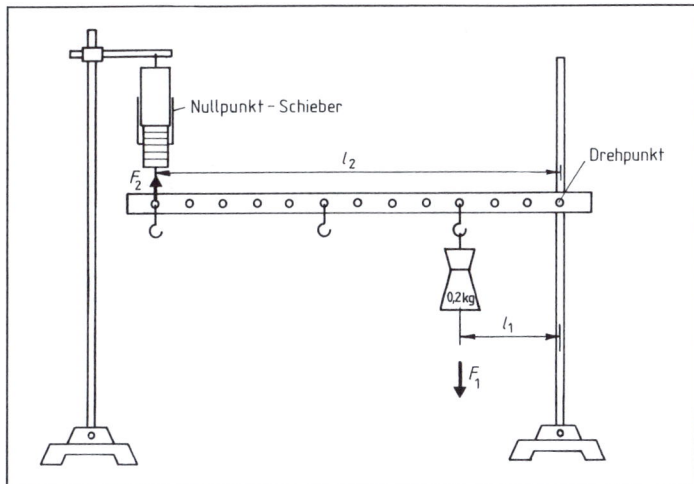

Einseitiger Hebel im Gleichgewicht:
$F_1 \cdot l_1 = F_2 \cdot l_2$

Durchführung: Der angehängte Körper belastet den Hebel $F_1 = 2$ N. Wir ändern die Abstände des Körpers vom Drehpunkt: 3 cm, 6 cm, 12 cm.

Tabelle zur Versuchsauswertung:

Moment des Belastungskörpers: M_l			Moment des Kraftmessers: M_r		
Kraft F_1	Hebelarm l_1	$F_1 \cdot l_1$	Kraftmesser F_2	Hebelarm l_2	$F_2 \cdot l_2$
2 N	3 cm	6 Ncm	0,5 N	12 cm	6 Ncm
2 N	6 cm	12 Ncm	1 N	12 cm	12 Ncm
2 N	12 cm	24 Ncm	2 N	12 cm	24 Ncm
konst.				konst.	

$$F_1 \cdot l_1 = F_2 \cdot l_2$$

Versuchsergebnis: Die Gewichtskraft des Belastungskörpers versucht, den Hebel links herum zu drehen: M_l. Die Kraft F_2 am Kraftmesser versucht, den Hebel rechts herum zu drehen: M_r.
1. Aus der Tabelle erkennen wir, daß auch für den einseitigen Hebel gilt:
$$F_1 \cdot l_1 = F_2 \cdot l_2$$
$$M_l = M_r$$
2. Da wir das Belastungsgewicht beim linksdrehenden Moment und den Abstand des Kraftmessers beim rechtsdrehenden Moment konstant halten, gleicht die größer werdende Kraft F_2 den länger werdenden Hebelarm l_1 aus:
$$F_1 \cdot l_1 = F_2 \cdot l_2$$

Beispiele für einseitige Hebel sind der Schubkarren, der Nußknacker, die Brechstange, die Stechkarre u. dgl.

Versuch *zur Momentensumme und zur Verdeutlichung der Länge des Hebelarmes.*

Durchführung: Die Drehmomente aus den angehängten Gewichtskräften F_1 und F_2 sind nicht im Gleichgewicht. Es ist die Kraft F_3 am Kraftmesser erforderlich, um Gleichgewicht herzustellen.
Mit dem Kraftmesser kann eine veränderliche Kraft mit veränderlicher Wirkungslinie angreifen.

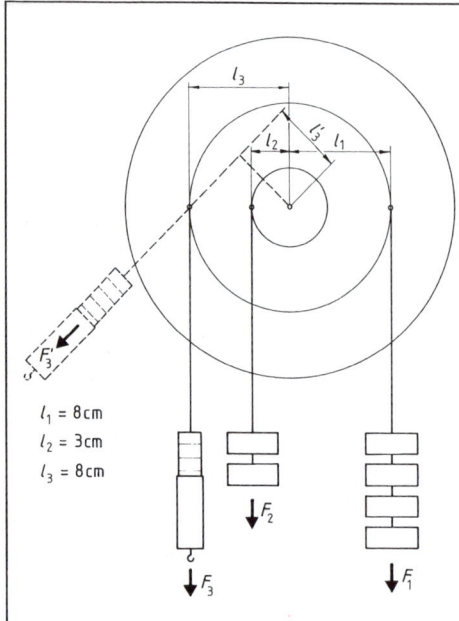

$l_1 = 8\,\text{cm}$
$l_2 = 3\,\text{cm}$
$l_3 = 8\,\text{cm}$

Tabelle zur Versuchsauswertung

$F_2 \cdot l_2$	$F_3 \cdot l_3$	$F_1 \cdot l_1$
1 N · 3 cm	1,6 N · 8 cm	2 N · 8 cm
3 Ncm	12,8 Ncm	16 Ncm
M_l	M_l	M_r

Versuchsergebnis: Das Drehmoment der rechtsdrehenden Kraft ist genauso groß wie die Summe der Momente der linksdrehenden Kräfte ($\sum M_l$).

Momentenscheibe

Gleichgewicht bei drei Drehmomenten:
$M_r = \sum M_l$

Rechtsdrehendes Moment:
$M_r = F_1 \cdot l_1$

Linksdrehende Momente:
$\sum M_l = F_2 \cdot l_2 + F_3 \cdot l_3$

Allgemein

> An einem Hebel herrscht Gleichgewicht, wenn die Summe der Drehmomente der rechtsdrehenden Kräfte gleich ist der Summe der Drehmomente der linksdrehenden Kräfte.
> $\sum M_l = \sum M_r$

Bei Veränderung der Wirkungslinie der Kraft F_3 am Kraftmesser wird deutlich:

> Der Hebelarm ist die Länge des Lotes vom Drehpunkt auf die Wirkungslinie der Kraft.

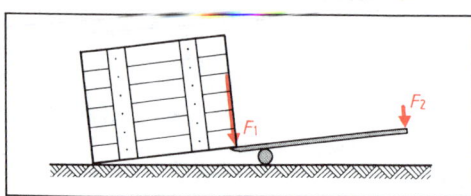
Kräfte bei der Verwendung eines Hebels

Energie beim Hebel:

Eine Hebelstange ermöglicht uns, eine schwere Kiste anzuheben. Die Anwendung eines Hebels kann eine Arbeit erleichtern, nicht aber den Betrag verändern. Eine Verringerung der Kraft ($F_2 < F_1$) bewirkt eine Vergrößerung des Weges ($s_2 > s_1$).

Wege bei der Verwendung eines Hebels

> Der Hebel ist eine einfache Maschine.
> Der Satz von der Erhaltung der Energie besagt für den Hebel: Das Produkt aus Kraft und Weg ist konstant, es kann keine Arbeit gespart werden.

Aufgaben

1. Die Hebelarme an einer Zange sind 3 cm und 9 cm. Es kann eine Handkraft von 150 N aufgewendet werden. Wie groß wird die Kraft am Zangenmaul? Welche Kräfte sind in der Skizze eingetragen? Um welche Hebelart handelt es sich?

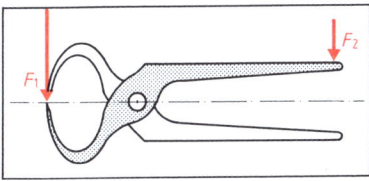

Zange

2. Bei einem Schubkarren beträgt der Abstand von der Last bis zum Drehpunkt am Rad 30 cm. Die Kraft kann im Abstand 1,2 m vom Rad angreifen. Wie groß muß die Kraft sein, wenn die Last 80 kg beträgt? Um welche Hebelart handelt es sich?

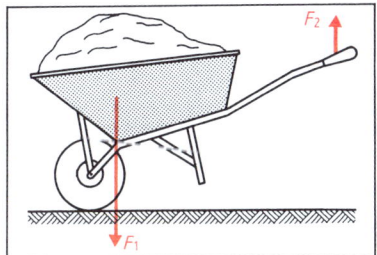

Schubkarren

3. Bei einer Schere kann der Hebelarm auf der Schneidseite verschieden lang sein. In welchem Abstand vom Drehpunkt würden Sie einen Pappkarton schneiden, der eine große Schnittkraft benötigt?
Wie groß wird jeweils die Kraft F_1 bzw. F_1' zum Schneiden, wenn die Handkraft 15 N beträgt?

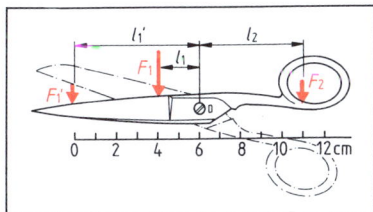

Schere

4. Bei einer Seilwinde wird eine Last von 40 kg hochgehoben. Seiltrommel und Kurbeltrommel sind fest miteinander verbunden. Wie groß ist die Kraft F_2?
Wie groß ist die Energie, wenn die Last 4 m hoch gehoben wird, und wie lang ist der Kurbelweg?

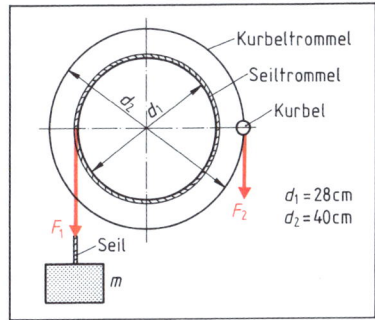

$d_1 = 28$ cm
$d_2 = 40$ cm

Seilwinde

5. Bei Waagen werden über die Gewichtskräfte die Massen miteinander verglichen.
Worin liegen die wesentlichen Unterschiede dieser beiden Waagen? Zeichnen Sie die Kräfte und Hebelarme für die Laborwaage, und führen Sie die Berechnung durch!

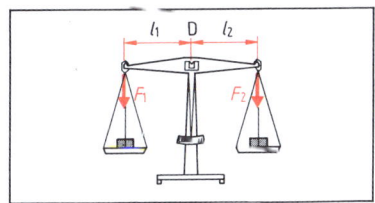

Balkenwaage

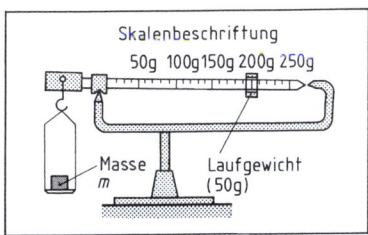

Laborwaage

1.4.6 Rollen

> **Lernziel:** Den Unterschied zwischen fester und loser Rolle sowie den Energieerhaltungssatz anhand der Versuchsergebnisse erklären können.

Eine Rolle ist eine in ihrer Achse drehbar gelagerte kreisrunde Scheibe. In den Rand ist eine Rille für die Führung eines Seiles geschnitten.

Ist die Rolle über eine Aufhängevorrichtung (Gabel oder „Flasche") an einem Gebäude oder Kran befestigt, so spricht man von einer **festen Rolle**. Hängt die Rolle in den Seilen frei beweglich, dann heißt sie **lose Rolle**.

Versuch zur festen Rolle: *Wir prüfen die Gewichtskraft verschiedener anzuhängender Lasten: F_1.*

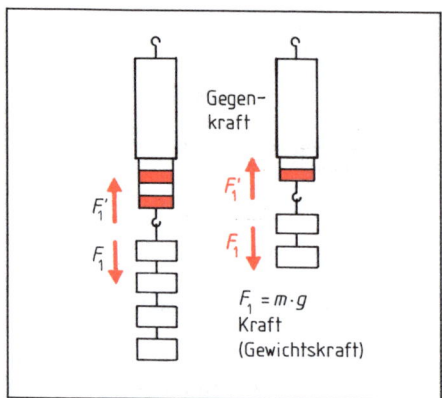

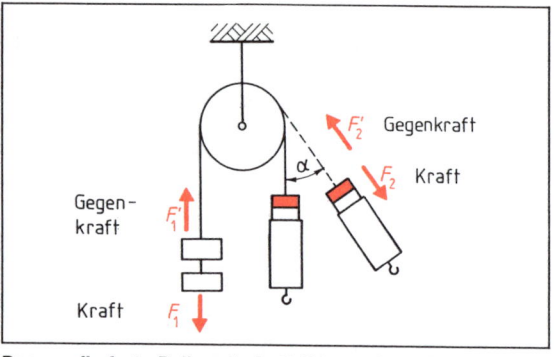

Das um die feste Rolle gelegte Seil kann als Wirkungslinie der Kräfte betrachtet werden: $F_1 = F_2$ (Kraft = Gegenkraft).

Durchführung: Die Ausgleichskräfte F_2 am anderen Ende des um die feste Rolle gelegten Seiles werden bei verschiedenen Winkeln α gemessen und in die Tabelle eingetragen:

Last F_1	Kraft F_2	Winkel α
1 N	1 N	0°
2 N	2 N	0°
1 N	1 N	30°
2 N	2 N	30°

Versuchsergebnis:

> Die Kraft F_2 ist gleich der Last F_1: $F_1 = F_2$
> Eine feste Rolle lenkt die Richtung einer Kraft um. Die Größe der Kraft wird nicht verändert.

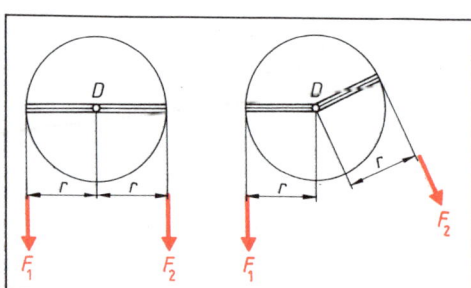

Die feste Rolle wirkt als Hebel oder Winkelhebel mit gleichen Hebelarmen r. Der Drehpunkt D befindet sich in der Achse der Rolle.

Die Erklärung folgt über das Hebelgesetz:

Die feste Rolle kann als zweiseitiger Hebel betrachtet werden, dessen Hebelarme in jeder Stellung gleich groß sind.

Nach dem Hebelgesetz gilt:
Linksdrehendes Moment = Rechtsdrehendes Moment
$$M_l = M_r$$
$$F_1 \cdot r = F_2 \cdot r$$
$$F_1 = F_2$$

▶ Die Seilkräfte sind bei einer Rolle stets gleich groß.

Dies gilt für feste und lose Rollen.

Versuch **zur losen Rolle:**

Durchführung: Die Nullpunktschieber der Kraftmesser werden so eingestellt, daß die Gewichtskraft der Rolle nicht angezeigt wird.

Die Seilkräfte werden in die Tabelle eingetragen:

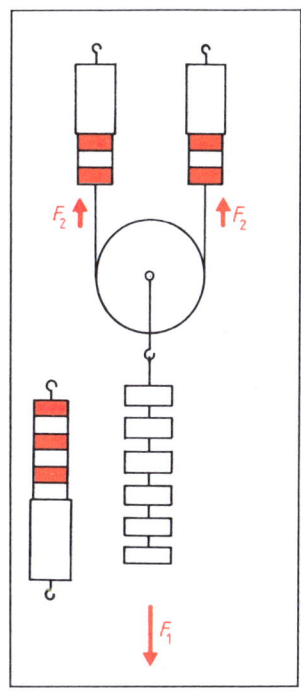

Last F_1	Kraft F_2
1 N	0,5 N
2 N	1 N
3 N	1,5 N

Die Seilkräfte sind gleich groß.
Die Last F_1 verteilt sich gleichmäßig auf die beiden Seile.
$$F_2 = \frac{F_1}{2}$$
Die Gewichtskraft F_1 wird oft als Last bezeichnet.

Versuchsergebnis:

> Eine lose Rolle verteilt die Last gleichmäßig auf beide Seile. Wird ein Seil an einer Tragkonstruktion befestigt, so gilt für das zweite Seil:
> $$F_2 = \frac{F_1}{2}$$
> Die Kraft F_2 ist bei einer losen Rolle halb so groß wie die Last F_1.

Auch dieses Versuchsergebnis kann über das Hebelgesetz bestätigt werden, wobei die lose Rolle als einseitiger Hebel betrachtet wird.

Die rechte Seilkraft F_2 versucht den Hebel gegen den Uhrzeigersinn, also linksdrehend, um den Drehpunkt D zu bewegen, und die Last F_1 wirkt rechtsdrehend:
$$M_l = M_r$$
$$F_2 \cdot 2r = F_1 \cdot r$$
$$F_2 = \frac{F_1}{2}$$

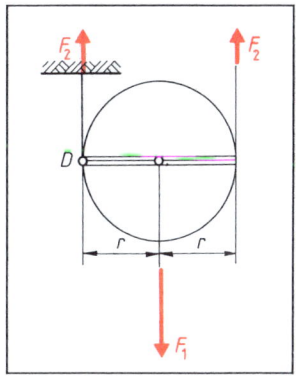

Die lose Rolle als einseitiger Hebel:
Der Drehpunkt D befindet sich im linken Endpunkt des gedachten Hebelarmes.

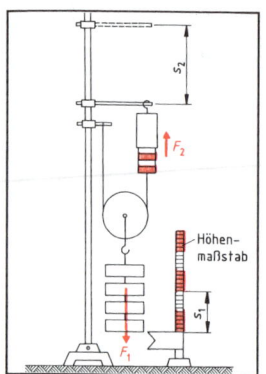

Zum Nachweis des Satzes von der Erhaltung der Energie werden die Produkte aus Kraft und Weg bei der losen Rolle miteinander verglichen.

Arbeit an der losen Rolle

Arbeit ist das Produkt aus Kraft mal Weg: $W = F \cdot s$

Mit der losen Rolle läßt sich eine Last durch eine Kraft anheben, die halb so groß wie die Last ist:

$$\text{Kraft} = \frac{\text{Last}}{2}$$

Versuch: Wir untersuchen, ob die Hubarbeit der Last $W_1 = F_1 \cdot s_1$ genauso groß ist wie die aufzuwendende Arbeit $W_2 = F_2 \cdot s_2$.

Durchführung: Der Schieber des Höhenmaßstabes zeigt die Ausgangshöhe der Last F_1 an. Der Nullpunktschieber gleicht die Gewichtskraft der losen Rolle aus. Die Kraft F_2 wirkt auf einer festgelegten Strecke s_2. Der Weg s_1, den die Last zurücklegt, wird am Höhenmaßstab abgelesen.

Tabelle zur Versuchsauswertung

Last F_1	Lastweg s_1	$W_1 = F_1 \cdot s_1$	Kraft F_2	Kraftweg s_2	$W_2 = F_2 \cdot s_2$
2 N	10 cm	20 Ncm	1 N	20 cm	20 Ncm

Versuchsergebnis: $W_1 = W_2$

> Es kann keine Arbeit gespart werden. Die Kraft ist an der losen Rolle zwar nur halb so groß wie die Last, dafür ist aber der Kraftweg doppelt so groß wie der Lastweg. Das Produkt aus Kraft (bzw. Last) und Weg ist konstant. Damit bestätigen wir für die lose Rolle den Satz von der Erhaltung der Energie.

1.4.7 Kräfte und Arbeit am Flaschenzug

> **Lernziel:** Den Energieerhaltungssatz für den Flaschenzug bestätigen und Berechnungen durchführen können.

Mit der festen und losen Rolle haben wir **einfache Maschinen** kennengelernt, die auf dem Hebelgesetz beruhen.

In dem Bestreben, Kräfte wirkungsvoller einzusetzen, lassen sich die Rollen in verschiedener Anordnung miteinander verbinden. Der Aufbau aus festen und losen Rollen wird Rollenzug oder Flaschenzug genannt. Wir vergleichen die Kräfte und die Arbeit an den beiden Flaschenzügen mit einer und zwei losen Rollen.

Versuche: Wir arbeiten zunächst mit Kraftmessern, um zu zeigen, daß auch die bisher mit Last bezeichneten Gewichtskräfte der angehängten Körper reine Kräfte sind.

Durchführung:

Der Nullpunktschieber gleicht die Gewichtskraft der Rollen aus.

Zur Bestimmung der Wegstrecken lassen wir die Kraft F_2 auf festgelegten Strecken s_2 wirken und messen die Wege s_1 der Kraft F_1 am Höhenmaßstab ab.

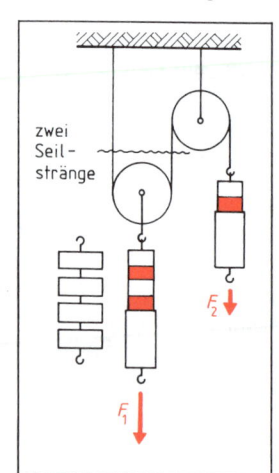

Eine lose Rolle bewirkt Halbierung der Kraft F_1. Eine feste Rolle lenkt die Kraft nur um.

Tabelle zur Versuchsdurchführung und -auswertung

eine lose Rolle: 2 Seilstränge		zwei lose Rollen: 4 Seilstränge	
$W_1 = F_1 \cdot s_1$	$W_2 = F_2 \cdot s_2$	$W_1 = F_1 \cdot s_1$	$W_2 = F_2 \cdot s_2$
$W_1 = 2\,\text{N} \cdot 10\,\text{cm}$	$W_2 = 1\,\text{N} \cdot 20\,\text{cm}$	$W_1 = 2\,\text{N} \cdot 10\,\text{cm}$	$W_2 = 0{,}5\,\text{N} \cdot 40\,\text{cm}$
$W_1 = 20\,\text{Ncm}$	$W_2 = 20\,\text{Ncm}$	$W_1 = 20\,\text{Ncm}$	$W_2 = 20\,\text{Ncm}$

$$F_1 \cdot s_1 = F_2 \cdot s_2 \qquad\qquad F_1 \cdot s_1 = F_2 \cdot s_2$$
$$F_2 = \frac{F_1}{2} \qquad\qquad\qquad F_2 = \frac{F_1}{4}$$

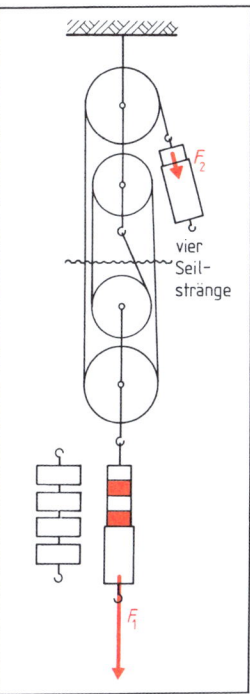

Die Kraft F_1 teilt sich bei zwei losen Rollen auf vier Seilstränge auf. Die festen Rollen lenken die Kräfte um.

Versuchsergebnis:
$$W_1 = W_2$$
$$F_1 \cdot s_1 = F_2 \cdot s_2$$

Am Flaschenzug wird keine Arbeit gespart.

Für eine lose Rolle (zwei Seilstränge) gilt: $F_2 = \frac{F_1}{2}$ und $s_2 = 2 \cdot s_1$

und für zwei lose Rollen (vier Seilstränge): $F_2 = \frac{F_1}{4}$ und $s_2 = 4 \cdot s_1$

Bei n Seilsträngen gilt: $F_2 = \frac{F_1}{n}$ und $s_2 = n \cdot s_1$

Feste Rolle, lose Rolle und Flaschenzug sind einfache Maschinen, für die wir den Satz von der Erhaltung der Energie bestätigen: Es kann keine Arbeit gespart werden. Es ist immer $F_1 \cdot s_1 = F_2 \cdot s_2$.

Feste Rollen haben keinen Einfluß auf den Betrag der Kräfte, sie lenken nur die Kraftrichtung um.

Beispiel:

Berechnen Sie die Kraft und Arbeit, die benötigt werden, um mit einem Flaschenzug mit zwei losen Rollen einen Körper mit der Masse 200 kg um 4 m hoch zu heben. Welchen Weg muß die Kraft zurücklegen? Die Rollen werden als gewichtslos betrachtet.

$h_1 = 4\,\text{m}$

$F_1 = m \cdot g = 200\,\text{kg} \cdot 10\,\frac{\text{m}}{\text{s}^2} = 2000\,\text{N}$ (auch als Last bezeichnet)

$W_1 = F_1 \cdot h_1 = 2000\,\text{N} \cdot 4\,\text{m} = 8000\,\text{Nm} = 8\,\text{kJ}$

$n = 4$ (geschnittene Seile)

$F_2 = \frac{F_1}{n} = \frac{2000\,\text{N}}{4} = 500\,\text{N}$ (auch als Kraft bezeichnet)

$W_2 = F_2 \cdot h_2 \qquad W_1 = W_2 \qquad\qquad\qquad$ oder $h_2 = n \cdot h_1 = 4 \cdot 4\,\text{m} = \underline{\underline{16\,\text{m}}}$

$h_2 = \frac{W_2}{F_2} = \frac{W_1}{F_2} = \frac{8000\,\text{Nm}}{500\,\text{N}} = \underline{\underline{16\,\text{m}}}$

1.4.8 Die geneigte (schiefe) Ebene

Lernziel: Aus den Versuchen und der mathematischen Ableitung die Kräfteverhältnisse an der geneigten Ebene erkennen. Den Energieerhaltungssatz für die geneigte Ebene bestätigen und Berechnungen durchführen können.

In den Abbildungen wird ein Höhenunterschied überwunden. Wir bezeichnen in der Physik eine geneigte Bahn, auf der ein Körper gleiten oder rollen kann, als schiefe oder **geneigte Ebene**.

Paßstraße: Warum wird eine Autostraße in Serpentinen angelegt?

Rampe: Warum wird das Faß über Bohlen auf den Lastwagen gerollt?

Welche Vor- und Nachteile Paßstraßen, Rampen und die weiteren Anwendungsmöglichkeiten der geneigten Ebene bieten, wird an den folgenden Versuchen deutlich.

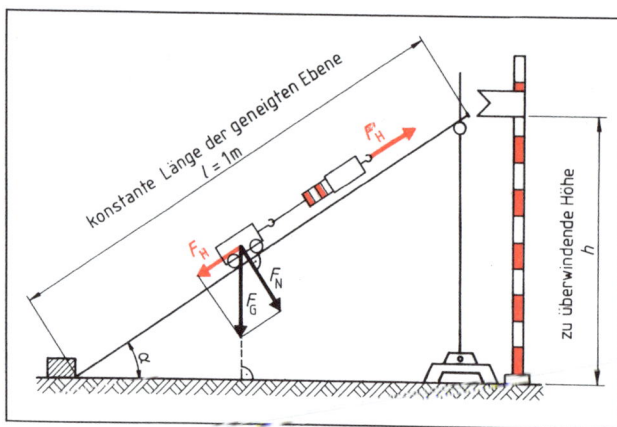

Versuch: Die Länge l der geneigten Ebene bleibt konstant. Die Höhe h wird verändert und die dabei auftretende **Hangabtriebskraft** F_H gemessen. In der Tabelle werden die Werte eingetragen und die Verhältnisse $\frac{F_H}{F_G}$ und $\frac{h}{l}$ gebildet.

Die Gewichtskraft F_G des Körpers wird durch die geneigte Ebene nach den Grundsätzen des Kräfteparallelogramms in zwei Teilkräfte F_H und F_N zerlegt. F_G wirkt immer lotrecht. F_N wirkt senkrecht auf die geneigte Ebene und F_H parallel zur geneigten Ebene.

Tabelle 1 zur Versuchsdurchführung

							Sonderfälle	
F_H	1,2 N	1,5 N	1,8 N	2,0 N	2,4 N	2,6 N	2,9 N	0 N
F_G	2,9 N	2,9 N	2,9 N	2,9 N	2,9 N	2,9 N	2,9 N	2,9 N
$\frac{F_H}{F_G}$	0,41	0,52	0,62	0,69	0,83	0,9	1	0
h	0,4 m	0,5 m	0,6 m	0,7 m	0,8 m	0,9 m	1 m	0 m
l	1 m	1 m	1 m	1 m	1 m	1 m	1 m	1 m
$\frac{h}{l}$	0,4	0,5	0,6	0,7	0,8	0,9	1	0
							lotrecht	waagrecht

Versuchsergebnis:

Der Quotient aus Hangabtriebskraft F_H und Gewichtskraft F_G eines Körpers ist gleich dem Quotient aus Höhe h und Länge l der geneigten Ebene.

$$\frac{\text{Hangabtriebskraft}}{\text{Gewichtskraft}} = \frac{\text{Höhe der geneigten Ebene}}{\text{Länge der geneigten Ebene}} \qquad \frac{h}{l} = \sin \alpha$$

$$\frac{F_H}{F_G} = \frac{h}{l}$$

$$\frac{F_H}{F_G} = \sin \alpha$$

Physikalische Größen	Formelzeichen	Einheiten
Hangabtriebskraft	F_H	N
Gewichtskraft	F_G	N
Höhe	h	m
Länge	l	m

Betrachten wir die geneigte Ebene von der aufzuwendenden **Arbeit** her, so können wir aus der Tabelle 1 eine zweite Tabelle anfertigen. $W_1 = F_G \cdot h$ ist die Energie der Lage, $W_2 = F_H \cdot l$ ist die Energie des Körpers infolge seiner Hangabtriebskraft und der Länge der geneigten Ebene.

Tabelle 2

F_G (N)	h (m)	$W_1 = F_G \cdot h$	F_H (N)	l (m)	$W_2 = F_H \cdot l$
2,9 N	0,4 m	1,16 Nm	1,2 N	1 m	1,2 Nm
2,9 N	0,6 m	1,74 Nm	1,8 N	1 m	1,8 Nm
2,9 N	0,8 m	2,32 Nm	2,4 N	1 m	2,4 Nm
2,9 N	0,9 m	2,61 Nm	2,6 N	1 m	2,6 Nm
konstant				konstant	

$$W_1 = W_2$$

Versuchsergebnis:
Vergleichen wir W_1 mit W_2, so ergibt sich:

An der geneigten Ebene kann keine Arbeit gespart werden. Die Hangabtriebskraft ist zwar kleiner als die Gewichtskraft, dafür ist aber der Weg auf der geneigten Ebene größer als die zu überwindende Höhe:
$$F_H \cdot l = F_G \cdot h$$

Dies ist eine erneute Bestätigung des Satzes von der **Erhaltung der Energie**.

Die **Hangabtriebskraft** F_H kann außer über den Versuch und den Satz von der Erhaltung der Energie auch über die Ähnlichkeit der Dreiecke bestimmt werden.

Das Kräftedreieck und das Dreieck der geneigten Ebene sind ähnlich. Für ähnliche Dreiecke gilt: **Die entsprechenden Seitenverhältnisse sind gleich.**

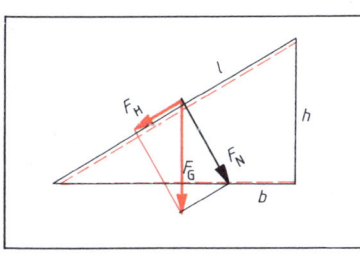

Kräftedreieck:

$$\frac{\text{Kleine Kathete } F_H}{\text{Hypotenuse } F_G} =$$

$$\frac{\text{Große Kathete } F_N}{\text{Hypotenuse } F_G} =$$

Geneigte Ebene:

$$\frac{\text{Kleine Kathete } h}{\text{Hypotenuse } l} \qquad \frac{F_H}{F_G} = \frac{h}{l}$$

$$\frac{\text{Große Kathete } b}{\text{Hypotenuse } l} \qquad \frac{F_N}{F_G} = \frac{b}{l}$$

Ähnliche Dreiecke

Die Reibung an der geneigten Ebene

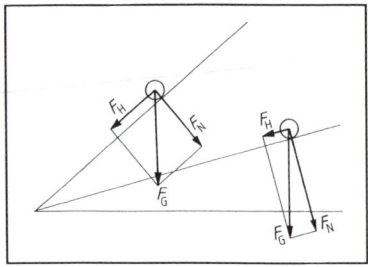

Die Kraft senkrecht auf die geneigte Ebene wird als **Normalkraft** F_N bezeichnet.

Aus der Ähnlichkeit der Dreiecke ergibt sich:

$$\frac{F_H}{F_G} = \frac{h}{l} \qquad \frac{F_H}{F_G} = \sin \alpha \qquad \frac{F_N}{F_G} = \frac{b}{l} \qquad \frac{F_N}{F_G} = \cos \alpha$$

$$F_H = F_G \cdot \sin \alpha \qquad\qquad F_N = F_G \cdot \cos \alpha$$

F_N ist notwendig für die Berechnung der Reibung.
Mit $F_R = F_N \cdot \mu$ ergibt sich die **Reibungskraft**:

Die Beträge von F_H und F_N werden durch den Betrag von F_G und die Neigung der Ebene $\sin \alpha = \frac{h}{l}$ bestimmt.

$$\boxed{F_R = F_G \cdot \cos \alpha \cdot \mu}$$

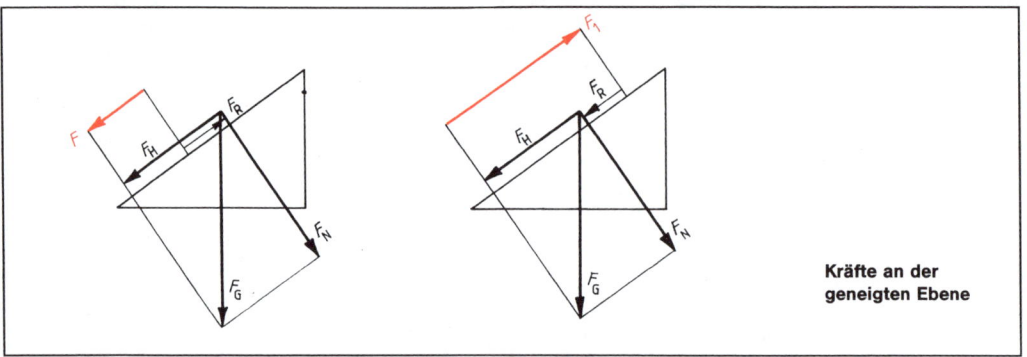

Kräfte an der geneigten Ebene

F ist die Kraft, die den Körper nach Abzug der Reibungskraft abwärts beschleunigt.
$F = F_H - F_R$; $F = F_G \cdot (\sin \alpha - \cos \alpha \cdot \mu)$

F_1 ist die Kraft, die aufgewendet werden muß, um den Körper die geneigte Ebene hochzuziehen.
$F_1 = F_H + F_R$; $F_1 = F_G \cdot (\sin \alpha + \cos \alpha \cdot \mu)$

Beispiel:

Wie groß ist die Hangabtriebskraft, Reibungskraft und beschleunigende Kraft auf einen besetzten Schlitten mit der Gesamtmasse 90 kg auf einem Hang, der auf 240 m Streckenlänge einen Höhenunterschied von 20 m hat, wenn die Reibungszahl 0,01 beträgt?

$m = 90$ kg, $h = 20$ m, $l = 240$ m, $\mu = 0,01$

$\sin \alpha = \frac{h}{l}$ $\qquad F_H = F_G \cdot \sin \alpha$

$\sin \alpha = \frac{20 \text{ m}}{240 \text{ m}}$ $\qquad F_H = 900 \text{ N} \cdot 0,083 = \underline{\underline{75 \text{ N}}}$

$\sin \alpha = 0,083$ $\qquad F_H = F_G \cdot \cos \alpha \cdot \mu$

$\alpha = 4,78°$ $\qquad F_R = 900 \text{ N} \cdot 0,997 \cdot 0,01 = \underline{\underline{9 \text{ N}}}$

$\cos \alpha = 0,997$ $\qquad F = F_H - F_R = 75 \text{ N} - 9 \text{ N} = \underline{\underline{66 \text{ N}}}$

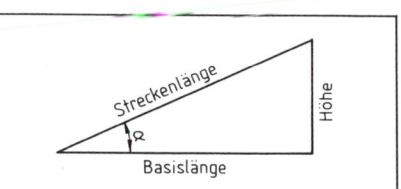

Aufgaben

1. Ein Wagen mit der Masse 30 kg wird auf einer 30° geneigten Bahn 100 m hochgezogen. Wie groß sind Hangabtriebskraft, Normalkraft, Reibungskraft bei $\mu = 0,05$ und die Arbeit, um den Wagen hochzuziehen? F_H und F_N sind auch zeichnerisch zu ermitteln.

2. Wie lang muß eine Straße werden, wenn sie einen Höhenunterschied von 140 m überwinden muß und ein Wagen mit 1,4 t mit einer Antriebskraft von 900 N auskommen soll? (keine Berücksichtigung der Reibung)

1.4.9 Der Wirkungsgrad

Lernziel: Die Definition des Wirkungsgrades kennen und Berechnungen durchführen können.

Bei allen Versuchen zum Energieerhaltungssatz geht es um Energieumwandlungen. Um das Prinzip der Energieerhaltung klar herauszustellen, wird von Verlusten abgesehen. In der Technik müssen die Reibung und andere Verluste, wie z. B. das Heben von Aufzugskabinen oder losen Rollen bei Flaschenzügen, das Mitbewegen von Getrieben und Wärmeverluste bei Motoren bei der Energieerhaltung berücksichtigt werden. Dadurch ist die effektive (tatsächliche, nutzbare) Energie immer kleiner als die indizierte (angezeigte, aufgenommene) Energie oder Arbeit.

Der Quotient von effektiver Energie W_{eff} und indizierter Energie W_{ind} heißt Wirkungsgrad η (eta).

$$\eta = \frac{W_{eff}}{W_{ind}}$$

Für Leistungen und Kräfte gilt das gleiche Verhältnis wie für die Energien, da sie mit diesen über die Größen Zeit und Weg verknüpft sind. Bei den Kräften spricht man von der theoretischen Kraft F_{th} und der tatsächlichen Kraft F_{tat}.

$$\eta = \frac{P_{eff}}{P_{ind}} \qquad \eta = \frac{F_{th}}{F_{tat}}$$

Beispiel:

Eine Zahnradbahn von 10 t Masse überwindet auf einer Strecke von 1 km einen Höhenunterschied von 342 m. Wie groß ist bei $\mu = 0{,}1$ die Arbeit, um die Bahn hochzubewegen? Wie groß ist die potentielle Energie und der Wirkungsgrad?

$m = 10\,000$ kg, $l = 1000$ m, $h = 342$ m, $\mu = 0{,}1$

Kraft zur Aufwärtsbewegung: $F_1 = F_H + F_R$

$$F_1 = F_G \cdot (\sin \alpha + \cos \alpha \cdot \mu) \text{ ; vgl. 1.4.8 (Reibung)}$$

$$F_1 = 100 \text{ kN} \cdot (0{,}342 + 0{,}940 \cdot 0{,}1) = \underline{\underline{43{,}6 \text{ kN}}}$$

Arbeit: $\qquad W = F_1 \cdot l = 43{,}6 \text{ kN} \cdot 1000 \text{ m} = \underline{\underline{43\,600 \text{ kJ}}} = W_{ind}$

Potentielle Energie: $\qquad W_{pot} = F_G \cdot h = 100 \text{ kN} \cdot 342 \text{ m} = \underline{\underline{34\,200 \text{ kJ}}} = W_{eff}$

$$\eta = \frac{W_{eff}}{W_{ind}} = \frac{34\,200 \text{ kJ}}{43\,600 \text{ kJ}} = \underline{\underline{0{,}78}} \text{ oder } \underline{\underline{78\,\%}}$$

Aufgaben

1. Ein Kran hebt eine Last von 300 kg in 30 Sekunden 12 Meter hoch. Wie groß ist die effektive Energie? Wie groß ist der Gesamtwirkungsgrad der Anlage, wenn der Kranmotor eine Leistung von 2 kW abgibt?

2. Ein Pkw von 1 370 kg Masse wird von 98 kW in 10,8 Sekunden von 0 auf 100 km/h beschleunigt. Wieviel Prozent seiner indizierten Energie setzt er in Bewegungsenergie um?

3. In eine Peltonturbine (Wasserturbine) stürzen in jeder Sekunde 800 Liter Wasser aus 49 Meter Höhe. Die Turbine hat einen Wirkungsgrad von 78 %. Wie groß ist ihre Leistungsabgabe?

1.5 Dynamik fester Körper

1.5.1 Zentripetalkraft und Zentrifugalkraft

Lernziel: Kräfte und Beschleunigungen in den verschiedenen Bezugssystemen unterscheiden und Berechnungen durchführen können.

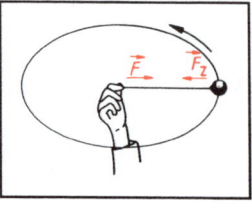

Zentripetalkraft F_z **und Wechselwirkungskraft** F

Aus Erfahrung wissen wir, daß beim Schleudern eines Körpers auf einer Kreisbahn Kräfte wirken. Schalten wir einen Kraftmesser zwischen Hand und Schleuderkörper, so können wir die Kraft messen, die auf den Körper wirken muß, um ihn auf die Kreisbahn zu zwingen.
▶ Die zum Mittelpunkt der Kreisbahn gerichtete Kraft heißt **Zentripetalkraft** F_z.
Vom ruhenden Beobachter aus gesehen, wirkt nach dem Wechselwirkungsgesetz jedoch auch eine Kraft F vom Schleuderkörper auf die Hand.

Genaue Meßwerte liefert folgender Versuch:

Versuch: Ermitteln der Zentripetalkraft

In der Mitte des Torsionsbandes (Federstahlbandes) befindet sich ein Spiegel mit einem Dorn im Drehmittelpunkt. Ein Faden verbindet die Masse m mit dem Dorn des Spiegels. Die Länge des Fadens entspricht dem Abstand r vom Massenmittelpunkt zum Drehmittelpunkt. Der Spiegel wird durch eine Lampe angeleuchtet und der reflektierte Strahl auf einer Wand markiert. Dreht sich das gesamte Gerät, so wird das Torsionsband proportional zur wirkenden Kraft verdreht. Damit wird aber auch der Lichtzeiger zur Lichtmarke 2 bewegt. Durch Verdrehen des Torsionsbandes mit einem Kraftmesser kann der Abstand der Lichtmarken in Newton geeicht werden.

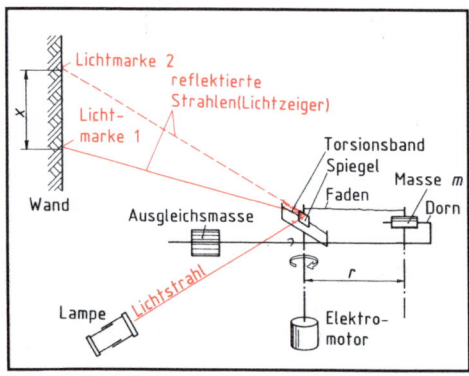

Ermittlung der Zentripetalkraft. Der Lichtzeigerausschlag x ist proportional der auf die Masse m einwirkenden Kraft.

Durchführung: Es werden Versuche mit zwei verschiedenen Massen, zwei verschiedenen Radien und zwei verschiedenen Drehfrequenzen (Winkelgeschwindigkeiten) durchgeführt.

Der Ausschlag des Lichtzeigers, also der Abstand zwischen Lichtmarke 1 und 2, wird in die Tabelle eingetragen und später in eine Kraft umgerechnet.

1. Versuchsreihe $\omega = 2 \cdot \pi \cdot f \quad f = 1\frac{1}{s} \quad \omega = 2\pi\frac{1}{s}$

Abstand des Meßkörpers	$m_1 = 12{,}5$ g	$m_2 = 25$ g
$r_1 = 0{,}1$ m	18 mm ≙ 0,05 N	37 mm ≙ 0,10 N
$r_2 = 0{,}2$ m	34 mm ≙ 0,09 N	67 mm ≙ 0,19 N

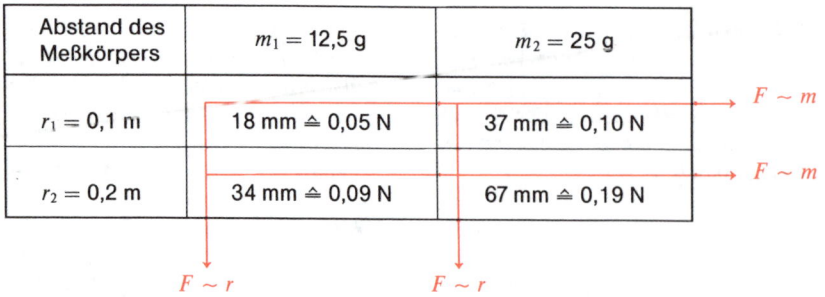

2. Versuchsreihe $m = 12{,}5\,\text{g}$ $f_1 = 1\tfrac{1}{\text{s}}$ $f_2 = 2\tfrac{1}{\text{s}}$

Abstand des Meßkörpers	$\omega_1 = \dfrac{2\cdot\pi}{\text{s}}$	$\omega_2 = \dfrac{4\cdot\pi}{\text{s}}$
$r_1 = 0{,}1\,\text{m}$	18 mm ≙ 0,05 N	72 mm ≙ 0,20 N
$r_2 = 0{,}2\,\text{m}$	34 mm ≙ 0,09 N	132 mm ≙ 0,37 N

$F \sim \omega^2$ (für jede Zeile)
$F \sim r$ (für jede Spalte)

Eichung des Lichtzeigerausschlags

Das Torsionsband wird am Dorn mit einem Kraftmesser verdreht und der Ausschlag des Lichtzeigers in cm gemessen.

$$0{,}2\,\text{N} \;\hat{=}\; 7{,}2\,\text{cm}$$

Versuchsergebnis: Die Zentripetalkraft ist proportional
- der Masse m (vgl. 1. Versuchsreihe) $F \sim m$
- dem Radius r (vgl. 1. und 2. Versuchsreihe) $F \sim r$
- dem Quadrat der Winkelgeschwindigkeit ω^2 (vgl. 2. Versuchsreihe) $F \sim \omega^2$

Damit ergibt sich: $F \sim m \cdot r \cdot \omega^2$

Die Auswertung der Versuchsergebnisse zeigt, daß mit der Festlegung des SI-Systems kein weiterer Umrechnungsfaktor benötigt wird, so daß aus der Proportion die Gleichung wird:
$F = m \cdot r \cdot \omega^2$.

Die Zentripetalkraft ist das Produkt aus der Masse m, dem Radius r und dem Quadrat der Winkelgeschwindigkeit ω^2.

$$F_Z = m \cdot r \cdot \omega^2$$

$$[F_Z] = \text{kg}\cdot\text{m}\cdot\frac{1}{\text{s}^2} = \text{N}$$

mit $\omega = \dfrac{v}{r}$ ergibt sich:

$$F_Z = m \cdot \frac{v^2}{r}$$

$$[F_Z] = \text{kg}\cdot\frac{\text{m}^2}{\text{s}^2\cdot\text{m}} = \text{N}$$

Physikalische Größen	Formelzeichen	Einheiten
Masse	m	kg
Radius	r	m
Winkelgeschwindigkeit	ω	$\dfrac{1}{\text{s}}$
Geschwindigkeit	v	$\dfrac{\text{m}}{\text{s}}$
Zentripetalkraft	F_Z	N

Die Tangentialgeschwindigkeit v eines bewegten Körpers ändert ständig ihre Richtung. Das Ändern einer Geschwindigkeits*richtung* stellt genau so eine Beschleunigung dar, wie das Ändern des Geschwindigkeits*betrages*. Dadurch ist jeder Massepunkt auf einer Kreisbahn beschleunigt, und es muß auf ihn ständig eine Kraft wirken, um ihn auf der Kreisbahn zu halten. Hört die Kraft auf zu wirken, so fliegt der Körper, wie die Funken am Schleifstein (vgl. 1.2.5) oder die Schmutzteilchen am Fahrrad- oder Autoreifen, nach dem **Trägheitsgesetz** tangential weiter.

Wie beim Wurf (vgl. 1.2.8) überlagern sich die beiden Bewegungen ungestört.

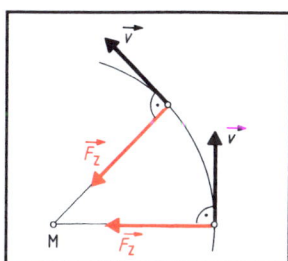

Zentripetalkraft und Geschwindigkeit bei der gleichförmigen Kreisbewegung

Dynamische Probleme können entweder von einem *unbeschleunigten* System aus beschrieben werden, wie es eben geschehen ist, z. B. von einem ruhenden Beobachter. Dann dürfen nur die von außen auf den Körper wirkenden Kräfte betrachtet werden. So ist es auch zu verstehen, warum der Körper selbst beschleunigt ist.

Oder sie werden von einem *beschleunigten* System aus beschrieben, in dem wir uns befinden oder in das wir uns hineindenken. Bei Kurvenfahrt spüren wir eine Kraft, die uns nach außen drückt. Diese Kraft ist die **Trägheitskraft**, die auf alle im rotierenden System mitbewegten Körper wirkt.

▶ Die vom Mittelpunkt weg nach außen gerichtete Kraft heißt **Zentrifugalkraft** oder Fliehkraft. Sie ist eine **Trägheitskraft** und tritt nur im *beschleunigten* System auf.

Bei einer gleichförmigen Kreisbewegung haben Zentripetalkraft F_z und Zentrifugalkraft F_z' den gleichen Betrag, aber die entgegengesetzte Richtung. Sie sind jedoch keine Wechselwirkungskräfte.

Die Zentripetalkraft F_z wird bei Straßenfahrzeugen durch die Reibungskraft F_R aufgebracht, bei Mondumlauf und Satellitenbewegungen durch die Massenanziehung der Körper.

Zentrifugalkräfte treten bei allen Kreisbewegungen auf, bei Kurvenfahrten, beim Kettenkarussell oder Taumler, beim Schleuderball. In der Zentrifuge werden Flüssigkeiten unterschiedlicher Dichte oder auch Feststoffe von Flüssigkeiten getrennt, in der Wäscheschleuder fließt das Wasser durch Löcher in der Trommelwand nach außen ab. Bei Kreiselpumpen wird Wasser durch die Rotation nach außen geschleudert und abgeleitet, während im Zentrum neues angesaugt wird. Wenn bei rotierenden Maschinenteilen der Massenmittelpunkt nicht genau im geometrischen Mittelpunkt liegt, entstehen Zentrifugalkräfte (Unwucht), die zu Bruch und Zerstörung führen können.

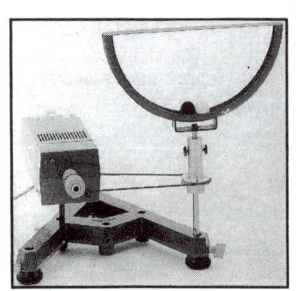

Kugelschwebe

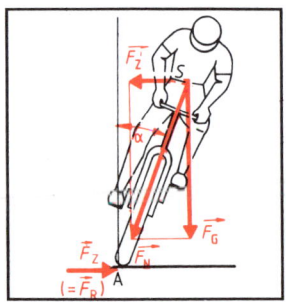

Kräfte bei Kurvenfahrt
α = Winkel zwischen F_N und der Vertikalen bzw. F_N und F_G

Versuch: *Bei der Kugelschwebe steigen zwei Kugeln unterschiedlicher Masse in der Rille gleich hoch. Mit diesem Versuch kann auch das gleich weite Ausschwenken der belasteten oder leeren Sitze eines Kettenkarussells oder die von der Masse unabhängige Neigung eines Radfahrers in der Kurve erklärt werden.*

Beispiele:

1. Ein Radfahrer muß sich so stark in die Kurve neigen, daß die Wirkungslinie der Resultierenden F_N durch den Schwerpunkt S und durch den Auflagepunkt A des Rades geht. Wie groß ist seine maximale Geschwindigkeit und seine Neigung zur Vertikalen?

$F_Z = F_R$ $\qquad$ $\tan \alpha = \dfrac{F_Z}{F_G}$ $\qquad$ aus (1): $\boxed{v = \sqrt{r \cdot g \cdot \mu}}$

$\dfrac{m \cdot v^2}{r} = m \cdot g \cdot \mu$ $\qquad$ $\tan \alpha = \dfrac{m \cdot v^2}{r \cdot m \cdot g}$

$\dfrac{v^2}{r \cdot g} = \mu$ (1) $\qquad$ $\tan \alpha = \dfrac{v^2}{r \cdot g}$ (2) $\qquad$ aus (1) u. (2) $\boxed{\tan \alpha = \mu}$

2. Welche Geschwindigkeit muß eine Kugel am obersten Punkt einer senkrechten Schleifenbahn (Minigolf) von 40 cm Durchmesser mindestens haben, damit sie nicht herunterfällt?

Am obersten Punkt gilt die Bedingung:

$F_Z = F_G$

$\dfrac{m \cdot v^2}{r} = m \cdot g$

Die Gewichtskraft F_G wirkt als Zentripatalkraft.

$v^2 = g \cdot r$

$\boxed{v = \sqrt{g \cdot r}}$

$v = \sqrt{10 \dfrac{m}{s^2} \cdot 0{,}2 \, m}$

$v = \sqrt{2 \dfrac{m^2}{s^2}}$

$\underline{\underline{v = 1{,}4 \dfrac{m}{s}}}$

Aufgaben

Berechnen Sie für einen Motorradfahrer (Gesamtmasse 170 kg) bei einer Geschwindigkeit von 72 km/h und einem Kurvenradius von 50 m die Zentrifugalkraft, die notwendige Reibungszahl und den Neigungswinkel!

1.5.2 Beschleunigungskraft an der geneigten Ebene

Lernziel: Kräfte, Beschleunigungen, Geschwindigkeiten und Energien eines Körpers auf der geneigten Ebene berechnen können.

Beispiel: Für einen Körper auf der geneigten Ebene ist die Masse 10 kg, die Länge der Ebene 10 m, die Neigung 30°, und die Reibungszahl 0,1 gegeben. Berechnen Sie für den Körper F_H, F_R, F, a, v, W_R, W_{kin}, W_{pot}, und vergleichen Sie die Energien.

$m = 10\,\text{kg};\ l = 10\,\text{m};\ \mu = 0{,}1;\ \alpha = 30°$

$F_H = F_G \cdot \sin \alpha \qquad F_R = F_G \cdot \cos \alpha \cdot \mu$
$F_H = 100\,\text{N} \cdot 0{,}5 = 50\,\text{N} \qquad F_R = 100\,\text{N} \cdot 0{,}87 \cdot 0{,}1 = 8{,}7\,\text{N}$

$$\boxed{F = F_H - F_R}$$

$F = 50\,\text{N} - 8{,}7\,\text{N}$
$\underline{\underline{F = 41{,}3\,\text{N}}}$ Kraft abwärts

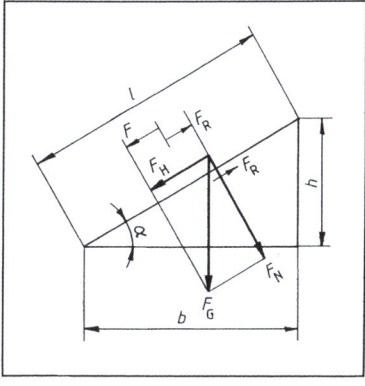

$F = m \cdot a$
$a = \dfrac{F}{m} = \dfrac{41{,}3\,\text{kg} \cdot \text{m}}{10\,\text{kg} \cdot \text{s}^2}$
$\underline{\underline{a = 4{,}13\,\dfrac{\text{m}}{\text{s}^2}}}$ Beschleunigung des Körpers

$v = \sqrt{2 \cdot a \cdot s}$ Weg s = Länge l
$v = \sqrt{2 \cdot 4{,}13\,\dfrac{\text{m}}{\text{s}^2} \cdot 10\,\text{m}} = \sqrt{82{,}6\,\dfrac{\text{m}^2}{\text{s}^2}} = \underline{\underline{9{,}1\,\dfrac{\text{m}}{\text{s}}}}$ Endgeschwindigkeit

$W_R = F_R \cdot l = 8{,}7\,\text{N} \cdot 10\,\text{m} = \underline{\underline{87\,\text{J}}}$ Reibungsenergie
$W_{kin} = \dfrac{1}{2} \cdot m \cdot v^2 = \dfrac{1}{2} \cdot 10\,\text{kg} \cdot 82{,}6\,\dfrac{\text{m}^2}{\text{s}^2} = \underline{\underline{413\,\text{J}}}$
$W_{pot} = F_G \cdot h = 100\,\text{N} \cdot 5\,\text{m} = \underline{\underline{500\,\text{J}}}$
$W_{pot} = W_{kin} + W_R$
$500\,\text{J} = 413\,\text{J} + 87\,\text{J}$

Kraft und Beschleunigung des Körpers:

$F = F_H - F_R$
$F = F_H - F_N \cdot \mu$
$F = F_G \cdot \sin \alpha - F_G \cdot \cos \alpha \cdot \mu$

$$\boxed{F = F_G \cdot (\sin \alpha - \cos \alpha \cdot \mu)}$$

$m \cdot a = m \cdot g \cdot (\sin \alpha - \cos \alpha \cdot \mu)$

$$\boxed{a = g \cdot (\sin \alpha - \cos \alpha \cdot \mu)}$$

$a = 10\,\dfrac{\text{m}}{\text{s}^2} \cdot (0{,}5 - 0{,}87 \cdot 0{,}1)$
$\underline{\underline{a = 4{,}13\,\dfrac{\text{m}}{\text{s}^2}}}$

Aufgaben

1. Bei einer Achterbahn wird der Wagen zunächst durch einen Schrägaufzug auf 6 m Höhe (senkrecht gemessen) gebracht. Dann fährt er eine geneigte Ebene von $\alpha = 60°$ herab ($g = 10\,\dfrac{\text{m}}{\text{s}^2}$; $\mu = 0{,}05$) und anschließend in eine Kurve von 7 m Radius. Welche Beschleunigung erfährt der Wagen, und welche Geschwindigkeit hat er am Fußpunkt der geneigten Ebene? Welche Zentrifugalkraft erfährt ein Mensch von 70 kg Körpermasse in der Kurve?

2. Ein Radfahrer hat mit Rad eine Masse von 82 kg. Er rollt eine geneigte Ebene von 7 % Gefälle (4°) 100 m abwärts. Wie groß ist seine Beschleunigung bei einer Rollreibung von 0,02? Wie groß ist seine Bewegungsenergie und Geschwindigkeit am untersten Punkt der Ebene? Wieviel % seiner Lageenergie setzt er in Bewegungsenergie um? Mit welcher Kraft muß er zusätzlich zur Rollreibung bremsen, damit er nicht beschleunigt?

1.6 Mechanik der Flüssigkeiten

1.6.1 Adhäsion. Kohäsion. Oberflächenspannung. Kapillarität

> **Lernziel:** Die Wirkung von Adhäsion und Kohäsion beschreiben, Beispiele und Anwendungen nennen können.

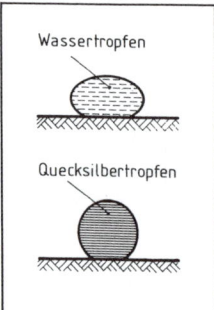

Tropfenbildung bei Wasser und Quecksilber

Versuch: Untersuchung der **Adhäsionskräfte** *(Anhangskräfte) und* **Kohäsionskräfte** *(Zusammenhangskräfte) bei flüssigen Körpern.*

Durchführung: Auf eine saubere und trockene Glasplatte bringen wir einige Tropfen Wasser und Quecksilber (Hg). Die Form der Tropfen und das Verhalten der Tropfen bei Neigung der Glasplatte wird beobachtet.

Versuchsergebnis: Kleinere Hg-Tropfen vereinigen sich durch ihre Kohäsionskräfte zu größeren Tropfen. Die Hg-Tropfen fließen bei Neigung der Glasplatte vollständig ab: Ihre Gewichtskräfte sind sehr viel größer als ihre Adhäsionskräfte.

Kleinere Wassertropfen vereinigen sich nicht so leicht zu großen Tropfen wie das Hg. Größere Wassertropfen zerfließen leicht und bleiben an der geneigten Glasscheibe hängen, bis die Gewichtskräfte größer als die Adhäsionskräfte werden.

> Bei Hg sind die Kohäsionskräfte größer als die Adhäsionskräfte. Hg ist gegenüber Glas eine nicht benetzende Flüssigkeit.
>
> Bei Wasser sind die Adhäsionskräfte größer als die Kohäsionskräfte. Wasser ist gegenüber Glas eine benetzende Flüssigkeit.

Die Adhäsionskräfte des Wassers an festen Körpern werden beim „Beschlagen" von Gegenständen durch kondensierenden Wasserdampf oder Atem und beim Haften der Regentropfen an Fensterscheiben bemerkbar.

Wasser hat jedoch auch geringe Kohäsionskräfte, die in der **Oberflächenspannung** in Erscheinung treten.

Durch die Kohäsionskräfte verhält sich ein Wassertropfen so, als würde er von einer Gummihaut umspannt. Dies beruht darauf, daß die Kohäsionskräfte an der Oberfläche alle ins Innere der Flüssigkeit gerichtet sind. Dieser nach Innen gerichtete Zug auf die Oberfläche bewirkt, daß kleine „Eindellungen" wieder ausgeglichen werden und jeder flüssige Körper die kleinstmögliche Oberfläche – die Kugelform – einnimmt, wenn ihn keine Kräfte daran hindern.

Die typische Tropfenform bei fallenden Wasserteilchen entsteht durch den Abreißvorgang (elastische Dehnung) und durch Luftwiderstand und Saugwirkung der Luft, an Fensterscheiben durch Adhäsionskräfte.

An Seen bemerkt man kleine Tiere, Wasserläufer, die sich auf der Wasseroberfläche bewegen können, ohne einzusinken. Ihre geringe Gewichtskraft kann durch die Oberflächenspannung ausgeglichen werden.

Bei vorsichtigem Auflegen gelingt es, eine Rasierklinge auf einer Wasseroberfläche zum Schwimmen zu bringen. Ihre Gewichtskraft verteilt sich auf eine größere Fläche, so daß die Oberflächenspannung die Gewichtskraft ausgleicht.

Die Oberflächenspannung wird wesentlich vermindert durch Hinzufügen von Entspannungsmittel, z. B. Waschmittel. Die verminderten Kohäsionskräfte ermöglichen ein besseres Benetzen, das die Voraussetzung für das Lösen von Schmutzteilchen ist.

Durch die Oberflächenspannung und die Gewichtskraft verläuft die Oberfläche einer ruhenden Flüssigkeit eben. Bei großen Gewässern erkennt man eine leichte Wölbung, die der Erdkrümmung folgt.

Gegen den Gefäßrand verläuft die Flüssigkeit nicht mehr eben. Bei benetzenden Flüssigkeiten wird sie zum Rand hin durch die Adhäsionskräfte etwas hochgezogen; bei nicht benetzenden Flüssigkeiten steht sie durch die größeren Kohäsionskräfte etwas tiefer.

Versuche zur Kapillarität

Das Verhalten von Flüssigkeiten in engen Röhren (Kapillarröhren oder Haarröhren) beruht auf den zwischenmolekularen Kräften.

Durchführung: Wir tauchen verschieden enge Glasröhren (Kapillaren) in gefärbtes Wasser und danach in Quecksilber. Anschließend wird in das keilförmige Glasgefäß gefärbtes Wasser eingegossen.

Versuchsergebnis:

W a s s e r , eine gegenüber Glas benetzende Flüssigkeit, steigt in eingetauchten Kapillaren ü b e r die Höhe der Eintauchflüssigkeit. Der Unterschied zwischen den Flüssigkeitshöhen ist um so größer, je enger die Kapillaren sind.

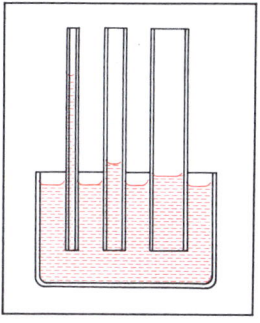

Kapillarwirkung einer benetzenden Flüssigkeit (Wasser)

Q u e c k s i l b e r , eine nicht benetzende Flüssigkeit, erreicht in eingetauchten Kapillaren nicht die Höhe der Eintauchflüssigkeit. Der Unterschied zwischen den Flüssigkeitshöhen ist um so größer, je enger die Kapillaren sind.

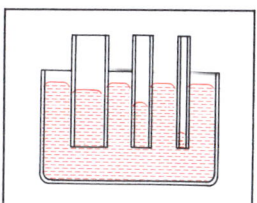

Kapillarwirkung einer nichtbenetzenden Flüssigkeit (Quecksilber)

> Das Ansteigen bzw. Absinken des Flüssigkeitsspiegels in engen Röhren (Kapillaren) bezeichnet man als **Kapillarität**. Die Kapillarität einer Flüssigkeit ist von ihrer Adhäsion oder Kohäsion und damit von ihrer benetzenden oder nicht benetzenden Eigenschaft abhängig.

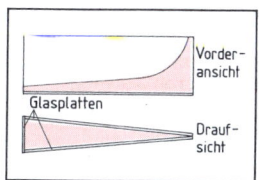

In dem keilförmigen Glasgefäß steigt das Wasser an der enger werdenden Stelle höher als an der breiten.

Das Aufsaugen von Flüssigkeiten durch Schwämme, Kleiderstoffe, Löschpapier, Leder und andere poröse Körper beruht auf der Kapillarität. In der Natur wird das Wasser mit den gelösten Nährstoffen in Pflanzen und Bäumen durch Kapillarwirkung bis in größte Höhen transportiert. Bei Bauwerken verhindert man durch Zwischenlagen von teergetränkter, wasserundurchlässiger Dachpappe das Hochsteigen des Wassers in den Kapillaren der Bausteine. Die Kapillarität bei Lederschuhen kann durch Pflege mit Fett verhindert werden.

Den Adhäsionskräften und der Kapillarwirkung kommt bei Schmiermitteln, wie z. B. Maschinenöl, große technische Bedeutung zu. Das Öl haftet infolge der Adhäsion auf den Laufflächen der Lager und Wellen und setzt damit die Reibung herab (vgl. Kapitel Reibung).

1.6.2 Kraft- und Druckeinwirkung auf Flüssigkeiten

Lernziel: Das Verhalten der Flüssigkeiten bei Kraft- und Druckeinwirkung erklären können. Die Definition für Druck, das PASCALsche Gesetz und die SI-Druckeinheit kennen.

Aus den bisherigen Versuchen mit Flüssigkeiten wurde deutlich: Die Flüssigkeitsmoleküle sind leicht gegeneinander verschiebbar, da zwischen ihnen viel kleinere Anziehungskräfte (Kohäsionskräfte) herrschen als bei festen Stoffen. Dies hat zur Folge:

1. Die beweglichen Flüssigkeitsmoleküle geben der Erdanziehungskraft nach und füllen ein Gefäß vom Boden her auf.

▶ Eine Flüssigkeit hat ein bestimmtes Volumen, aber keine bestimmte Form. Die Oberflächen stellen sich immer waagerecht ein.

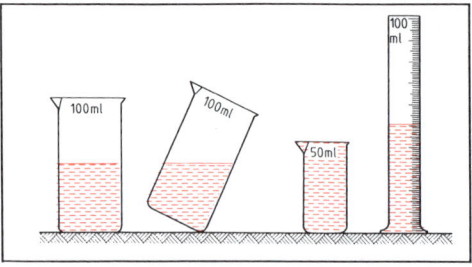

Verschiedene Formen gleicher Flüssigkeitsvolumen

2. Die beweglichen Flüssigkeitsmoleküle weichen einer Kraft F aus. Durch die Fläche eines Körpers, z. B. durch die Kolbenfläche A, die die freie Oberfläche einer Flüssigkeit vollständig abschließt, wird eine Kraft auf alle Flüssigkeitsmoleküle übertragen, es entsteht ein Druck p.

▶ Eine Flüssigkeit läßt sich nicht merklich zusammendrücken.

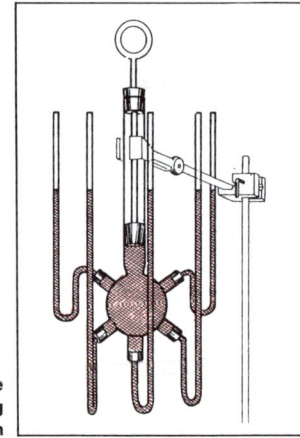

Gleichmäßige Druckausbreitung nach allen Seiten

Versuch: *Gleichmäßige Ausbreitung des Druckes nach allen Seiten.*

Durchführung: Das Gefäß wird mit angefärbtem Wasser gefüllt, dann der Kolben eingeführt und langsam nach unten gedrückt.

Beobachtung: In allen 5, in verschiedenen Richtungen angesetzten Glasröhren, steigt das Wasser gleich hoch.
Eine Veränderung der Kolbenstellung bewirkt eine Veränderung aller 5 Flüssigkeitsspiegel in den Glasröhren um den gleichen Betrag.

Versuchsergebnis: In einer Flüssigkeit pflanzt sich der Druck nach allen Seiten in gleicher Größe fort (PASCALsches Gesetz).[1]

Der Druck p ist der Quotient aus Kraft und Fläche.

$$\text{Druck} = \frac{\text{Kraft}}{\text{Fläche}}$$

$$p = \frac{F}{A}$$

$$[p] = \frac{\text{N}}{\text{m}^2} = \text{Pa}$$

Physikalische Größen	Formelzeichen	Einheiten
Kraft	F	N
Fläche	A	m^2
Druck	p	Pa

Die SI-Einheit für den Druck ist das Pascal (Pa).

---

[1] **Blaise Pascal,** 1623–1662, französischer Mathematiker, Theologe und Philosoph, Arbeiten über Kegelschnitte, Pascalsches Dreieck für Binomialkoeffizienten, Wahrscheinlichkeitsrechnung.

1.6.3 Verbundene Gefäße

Lernziel: Das Prinzip der verbundenen Gefäße erklären und Anwendungsbeispiele aufzählen können.

Stehen zwei oder mehr Gefäße miteinander in Verbindung, so spricht man von verbundenen oder **kommunizierenden**[1] Gefäßen.

Versuche: *Wir füllen die Gefäße mit angefärbtem Wasser.*

Durchführung und Beobachtung: Wird ein Schenkel eines verbundenen Gefäßes langsam mit angefärbtem Wasser gefüllt, so steigt im anderen Teil das Wasser gleich hoch. Wird ein Gefäß mit Quecksilber gefüllt, so stellen sich ebenfalls gleiche Höhen ein.

Versuchsergebnis:

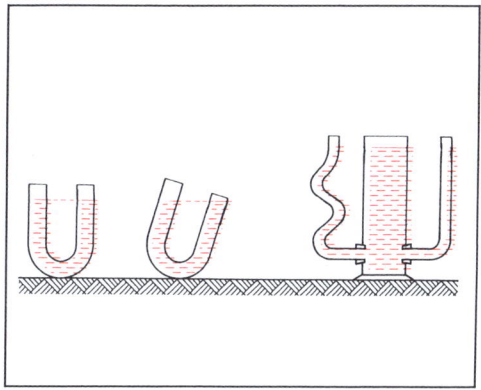

Sind verbundene Gefäße mit der gleichen Flüssigkeit gefüllt und sind sie nicht so eng, daß Kapillarwirkung auftritt, so liegen alle Flüssigkeitsoberflächen auf gleicher Höhe.

In verbundenen Gefäßen ist der Flüssigkeitsstand gleich hoch.

▶ Diese Erscheinung beruht auf der gleichmäßigen Druckfortpflanzung in Flüssigkeiten (PASCALsches Gesetz).

Beispiele für verbundene Gefäße:

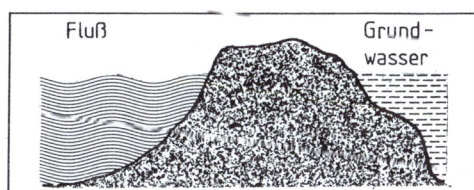

Flußwasser und Grundwasser stehen gleich hoch

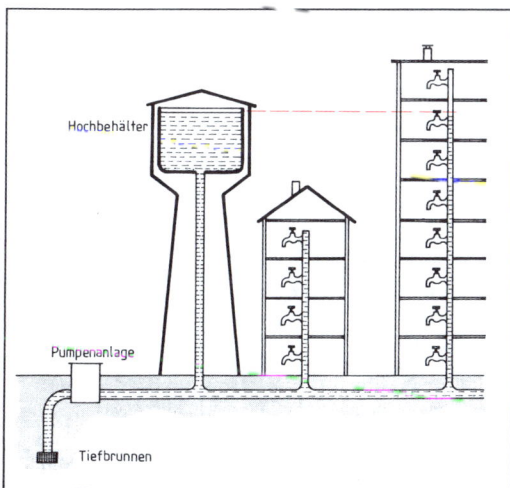

Prinzip einer Wasserversorgung. Bei Pumpenausfall kann oberhalb der roten Niveaulinie ohne Zwischenpumpen kein Wasser mehr entnommen werden.

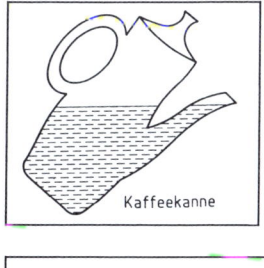

Der Inhalt bestimmt die Neigung der Kanne

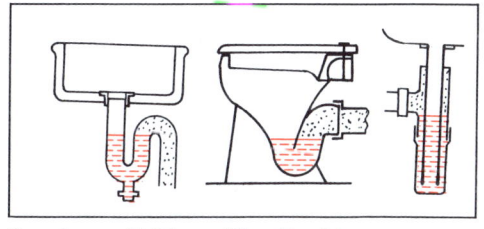

Geruchsverschluß im sanitären Bereich

---

1 kommunizierend = zusammenhängend, verbindend

1.6.4 Druck und Flüssigkeitshöhe. Überdruck. Druckeinheiten

> **Lernziel:** Erkennen, daß die Höhe einer Flüssigkeitssäule zur Druckmessung dienen kann. SI-Druckeinheiten kennen und umrechnen können. Berechnungen durchführen können.

Herrscht nur der Luftdruck, so ergibt sich aus der gleichmäßigen Druckfortpflanzung, daß die Flüssigkeitssäulen in beiden Schenkeln gleich hoch stehen.

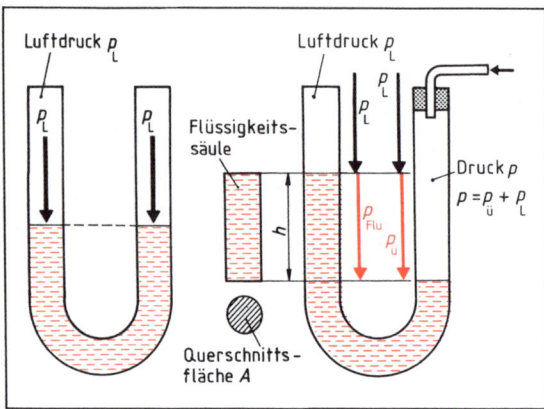

U-Glasrohr zur Messung des Überdrucks

Versuch: *Messung des Überdrucks*

Durchführung: Der eine Schenkel des U-förmigen Glasrohres wird mit einem durchbohrten Korken, in dem ein Glaswinkel steckt, verschlossen. Durch den Glaswinkel wird Luft geblasen, dann wird er verschlossen.
Das Wasser im nichtverschlossenen Schenkel steigt an.

Versuchsergebnis: Der Überdruck $p_ü$ muß so groß wie der Flüssigkeitsdruck $p_{Flü}$ sein:
$p_ü = p_{Flü}$

Die Flüssigkeit hat eine Gewichtskraft $F_{Flü} = m \cdot g$, und mit $m = \varrho \cdot V$ und $V = A \cdot h$ (Volumen der Flüssigkeitssäule mit der Höhe h) ergibt sich $F_{Flü} = h \cdot \varrho \cdot g \cdot A$

Da $p = \dfrac{F}{A}$ wird $p_ü = \dfrac{h \cdot \varrho \cdot g \cdot A}{A} = h \cdot \varrho \cdot g$

> Der Überdruck in einer Flüssigkeit bestimmt sich aus dem Produkt aus der Höhe der Flüssigkeit, der Dichte der Flüssigkeit und der Erdbeschleunigung.
>
> $p_ü = h \cdot \varrho \cdot g$
>
> $[p_ü] = m \cdot \dfrac{kg}{m^3} \cdot \dfrac{m}{s^2} = \dfrac{N}{m^2} = Pa$
>
> | Physikalische Größen | Formelzeichen | Einheiten |
> |---|---|---|
> | Höhe der Flüssigkeit | h | m |
> | Dichte der Flüssigkeit | ϱ | $\dfrac{kg}{m^3}$ |
> | Erdbeschleunigung | g | $\dfrac{m}{s^2}$ |
> | Überdruck | $p_ü$ | Pa |

Da ϱ eine Materialkonstante und g eine örtlich bedingte Konstante ist, ergibt sich:

> Der Überdruck $p_ü$ ist proportional der Höhendifferenz der Flüssigkeitssäule.

Das U-förmige Glasrohr bezeichnet man als **Flüssigkeits-Manometer** und verwendet es mit Wasserfüllung zur Messung von sehr geringen Drücken und mit Quecksilberfüllung zur Messung von höheren Drücken.

Zur Druckmessung müssen die Einheiten mm WS (mm Wassersäule) oder mm HgS (mm Quecksilbersäule) in die Druckeinheit Pa umgerechnet werden.

Für Wasser ergibt sich für $h = 1$ mm, $\varrho_{Wasser} = 1000 \frac{kg}{m^3}$, $g = 9{,}81 \frac{m}{s^2}$

$p_ü = 0{,}001 \text{ m} \cdot 1000 \frac{kg}{m^3} \cdot 9{,}81 \frac{m}{s^2} = 9{,}81 \frac{N}{m^2} \Rightarrow 1 \text{ mm WS} \triangleq 9{,}81 \text{ Pa}$

Für Quecksilber ergibt sich für $h = 1$ mm; $p_ü = 133{,}3 \frac{N}{m^2} \Rightarrow 1 \text{ mm HgS} \triangleq 133{,}3 \text{ Pa}$

Für größere Drücke werden die Einheiten **Hektopascal** (hPa) und **Bar** (bar) verwendet.
▶ 1 bar = 100 000 Pa = 1000 hPa   1 mbar = 1 hPa = 100 Pa

Für die Wassersäule (WS) in Flüssigkeits-Manometern, für das Tauchen im Wasser und für den Druck in Wasserleitungen gilt aufgerundet:
▶ 1 cm WS ≈ 1 hPa   1 m WS ≈ 100 hPa = 0,1 bar

Beispiel:

Der Überdruck des Gasversorgungsnetzes wird mit einem Flüssigkeitsmanometer gemessen, das mit Wasser gefüllt ist, und ergibt 22 cm Höhendifferenz.
Wie groß ist der Überdruck in Pa, hPa, bar?

$h = 0{,}22 \text{ m}; \quad \varrho = 1000 \frac{kg}{m^3}; \quad g = 9{,}81 \frac{m}{s^2}$

$p_ü = h \cdot \varrho \cdot g$

$p_ü = 0{,}22 \text{ m} \cdot 1000 \frac{kg}{m^3} \cdot 9{,}81 \frac{m}{s^2}$

$p_ü = 2160 \frac{N}{m^2} = 2160 \text{ Pa} = 21{,}6 \text{ hPa} = 0{,}0216 \text{ bar}$

aufgerundet: 22 cm WS ≈ 22 hPa

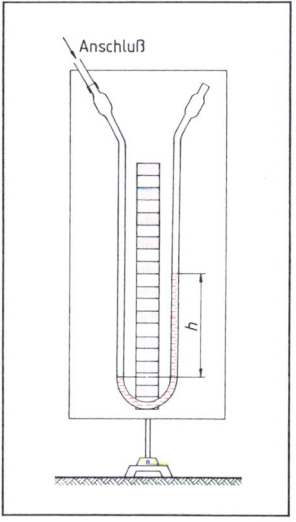

U-Rohr-Manometer oder Flüssigkeitsmanometer

Aufgaben

1. Welche Höhendifferenz würde ein Quecksilbermanometer bei gleichem Überdruck wie im Beispiel zeigen?
$\varrho_{Hg} = 13\,600 \frac{kg}{m^3}$

2. Wie groß ist der Überdruck beim Tauchen im Schwimmbad in 3,5 m Wassertiefe?

3. Wie groß ist der Überdruck am tiefsten Punkt einer Wasserleitung, wenn der Wasserspiegel im Hochbehälter 43 m darüber liegt? Wie hoch würde eine Quecksilbersäule steigen, wenn dieser Druck angezeigt werden sollte?

1.6.5 Hydrostatischer Druck = $P_{hyd} = p \cdot g \cdot h$

Lernziel: Dichtebestimmungen von Flüssigkeiten beschreiben und Berechnungen zum hydrostatischen Druck durchführen können.

Der Druck in einer Flüssigkeit wird als hydrostatischer Druck[1] bezeichnet.

Versuch: Ermittlung des hydrostatischen Drucks in Abhängigkeit von Eintauchtiefe, Gefäßform, Form des Meßgeräts und Dichte der Flüssigkeit.

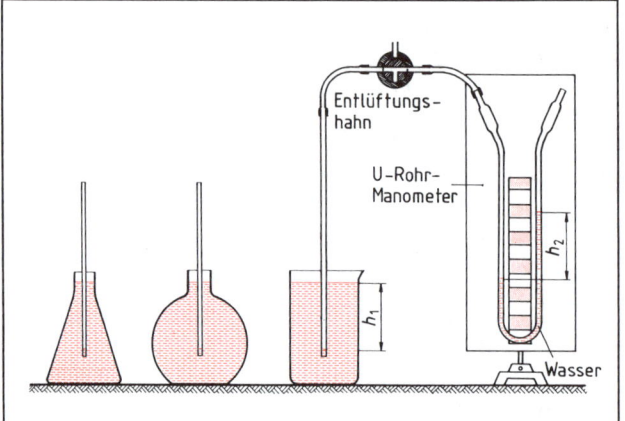

Der Druck im Innern einer Flüssigkeit ist abhängig von der Eintauchtiefe und der Dichte der Flüssigkeit.

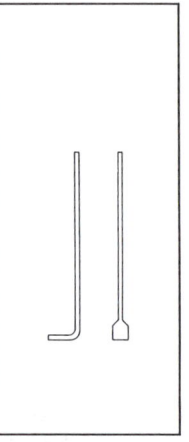

Verschiedene Glasrohre

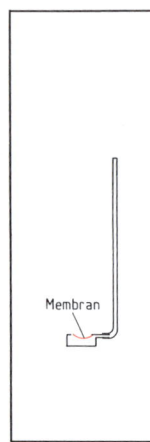

Druckdose (drehbar für Seiten- und Bodendruck)

Durchführung:
1. Mit dem Glasrohr messen wir den Druck in verschiedenen Tiefen der mit Wasser gefüllten Gefäße.
2. Mit den verschieden geformten Glasrohren und der Druckdose messen wir in gleichen Tiefen den Druck in den verschiedenen Gefäßen.
3. Wir messen in verschiedenen Tiefen in Spiritus und Tetrachlorkohlenstoff und tragen die Werte in die Tabelle ein.

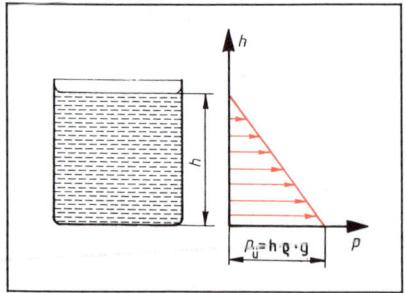

Überdruck $p_ü$ in Abhängigkeit von der Flüssigkeitstiefe

h_2 (Wasser)	40 mm	80 mm	120 mm
h_1 (Spiritus)	50 mm	100 mm	150 mm
h_1 (Tetrachlorkohlenstoff)	25 mm	50 mm	75 mm

---

[1] hydro (gr.) Wasser, statos (gr.) stehend

Versuchsergebnis:

> Der hydrostatische Druck in einer Flüssigkeit ist
> 1. **abhängig von der Eintauchtiefe.** Der Druck in einer Flüssigkeit steigt mit zunehmender Tiefe.
> 2. unabhängig von der Form und Größe der Meßflächen und Gefäße. Boden-, Seiten- und Aufdruck sind in einer Flüssigkeit an einer bestimmten Stelle gleich groß.
> 3. **abhängig von der Dichte der Flüssigkeit.**
>
> Es gilt: $p_{ü} = h \cdot \varrho \cdot g$

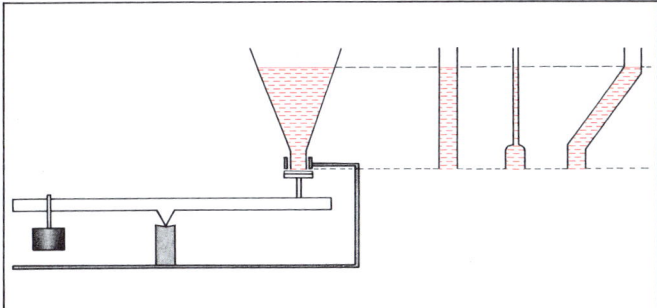

Versuch zum Nachweis der gleichbleibenden Bodendruckkraft (Hydrostatisches Paradoxon)

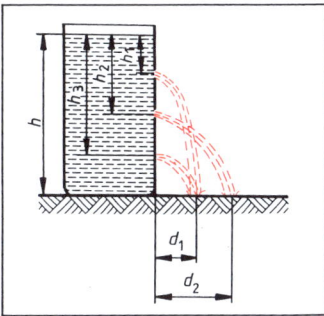

Der hydrostatische Druck ist bei gleichen Flüssigkeiten nur von der Höhe abhängig. Er bestimmt die Spritzweiten. In der Höhe h_3 ist zwar der größere Druck, aber durch die Bodennähe bedingt wird die Spritzweite nur etwa d_1.

Mit dem hydrostatischen Druck kann die Dichte der Flüssigkeiten bestimmt werden. Der Druck in der Tiefe h_1 wird durch die Höhendifferenz h_2 gemessen.

Aus $h_1 \cdot \varrho_1 \cdot g = h_2 \cdot \varrho_2 \cdot g$ ergibt sich $h_1 \cdot \varrho_1 = h_2 \cdot \varrho_2$

Damit ergibt sich z. B. für Spiritus unter Benutzung der Tabellenwerte des Versuchs:

$$\varrho_1 = \varrho_2 \cdot \frac{h_2}{h_1} \qquad \varrho_{\text{Spiritus}} = 1 \frac{\text{kg}}{\text{dm}^3} \cdot \frac{40 \text{ mm}}{50 \text{ mm}} = 0,8 \frac{\text{kg}}{\text{dm}^3}$$

Die Dichten lassen sich auch gut messen, wenn der Dreiwegehahn mit Öffnung nach oben eingestellt und ein Unterdruck erzeugt wird.

Aufgaben

1. Bis zu welcher Tiefe darf ein Unterseeboot tauchen, wenn es einem Überdruck von 5,5 bar standhält? $\varrho = 1020 \frac{\text{kg}}{\text{m}^3}$ für Salzwasser; $g = 9,81 \frac{\text{m}}{\text{s}^2}$

2. Welcher Überdruck herrscht im Marianengraben, einem Tiefseegraben im Pazifischen Ozean, mit einer Tiefe von 11 022 m? $\varrho = 1020 \frac{\text{kg}}{\text{m}^3}$ für Salzwasser; $g = 9,81 \frac{\text{m}}{\text{s}^2}$

3. Berechnen Sie aus den Versuchswerten die Dichte des Tetrachlorkohlenstoffs!

1.6.6 Der Auftrieb. Sinken – Schweben – Schwimmen

Lernziel: Das Archimedische Gesetz und die Bedingungen für Sinken, Schweben und Schwimmen kennen. Berechnungen durchführen und Anwendungsbeispiele nennen können.

Als Auftriebskraft oder kurz als Auftrieb bezeichnen wir diejenige Kraft, die einen Körper beim Eintauchen in eine Flüssigkeit leichter erscheinen läßt. Beim Schwimmen oder beim Heben eines Gegenstandes aus dem Wasser hat jeder schon die Wirkung des Auftriebs verspürt.

Versuch: *An einem Kraftmesser wird ein Hohlzylinder angehängt und der Kraftmesser mit der Hülse auf Null eingestellt. Dann wird ein Vollzylinder, dessen Volumen genau dem Hohlvolumen des Hohlzylinders entspricht, angehängt. (Der Vollzylinder paßt in den Hohlzylinder!) Der Kraftmesser zeigt die Gewichtskraft des Vollzylinders F_G.*

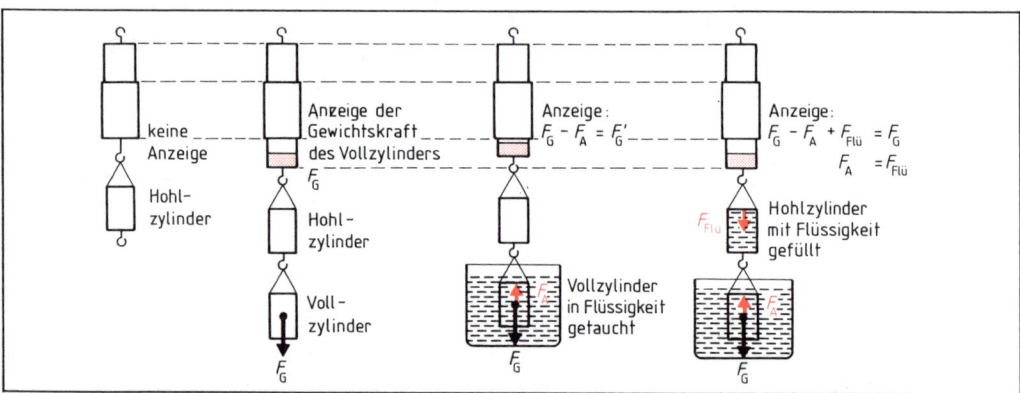

Ermittlung des Auftriebs in einer Flüssigkeit: $F_A = F_{Flü}$

Versuchsdurchführung: Der Vollzylinder wird vollständig in die verschiedenen Flüssigkeiten eingetaucht. Die Gewichtskräfte werden in die Tabelle eingetragen. Dann wird der Hohlzylinder mit der gleichen Flüssigkeit, in die der Vollzylinder eingetaucht ist, gefüllt und die Anzeige des Kraftmessers beobachtet.

Tabelle zur Versuchsdurchführung

	Wasser	Spiritus	
F_G	0,9 N	0,9 N	Versuch: Kraftmesser
F_G'	0,15 N	0,3 N	Versuch
F_A	0,75 N	0,6 N	errechnet
F_G	0,9 N	0,9 N	Versuch (nach Füllen des Hohlzylinders)
V_K	75,6 cm	75,6 cm	errechnet
$\varrho_{Flü}$	$1 \frac{g}{cm}$	$0,8 \frac{g}{cm}$	aus Tabelle
$F_{Flü}$	743 mN	595 mN	$F_{Flü} = V_K \cdot \varrho_{Flü} \cdot g$

$F_A = F_{Flü}$

Versuchsergebnis:

> Der Auftrieb F_A in einer Flüssigkeit ist so groß wie die Gewichtskraft der verdrängten Flüssigkeitsmenge $F_{Flü}$ und ihr entgegengesetzt gerichtet.
> $$F_A = F_{Flü}$$

▶ Diese Erkenntnis wird als das **Archimedische Gesetz** oder als das Archimedische Prinzip bezeichnet.[1]

Die verdrängte Flüssigkeitsmenge hat das Volumen des eingetauchten Körpers V_K. Damit ergibt sich die Gewichtskraft der verdrängten Flüssigkeit zu $F_{Flü} = V_K \cdot \varrho_{Flü} \cdot g$. Da die Gewichtskraft der verdrängten Flüssigkeit gleich dem Auftrieb F_A ist, erhalten wir:

$$F_A = V_K \cdot \varrho_{Flü} \cdot g$$
$$[F_A] = m^3 \cdot \frac{kg}{m^3} \cdot \frac{m}{s^2} = N$$

Physikalische Größen	Formelzeichen	Einheiten
Volumen des Körpers	V_K	m^3
Dichte der Flüssigkeit	$\varrho_{Flü}$	$\frac{kg}{m^3}$
Erdbeschleunigung	g	$\frac{m}{s^2}$
Auftrieb	F_A	N

Die Restgewichtskraft F_G' des eingetauchten Körpers ist dann
$$F_G' = F_G - F_A \text{ und mit } F_G = V_K \cdot \varrho_K \cdot g$$
$$F_G' = V_K \cdot \varrho_K \cdot g - V_K \cdot \varrho_{Flü} \cdot g$$

$$F_G' = V_K \cdot g \cdot (\varrho_K - \varrho_{Flü})$$
Die Dichte des Körpers ϱ_K bestimmt sich zu:
$$\varrho_K = \frac{F_G'}{V_K \cdot g} + \varrho_{Flü}$$

Physikalische Größen	Formelzeichen	Einheiten
Dichte des Körpers	ϱ_K	$\frac{kg}{m^3}$
Restgewichtskraft	F_G'	N

Versuche: *Sinken – Schweben – Schwimmen*

Durchführung: Ein Eisenkörper wird in die Schale mit Quecksilber gelegt und anschließend in das Wasserglas gegeben. Der Holzwürfel wird in das Wasserglas gelegt.

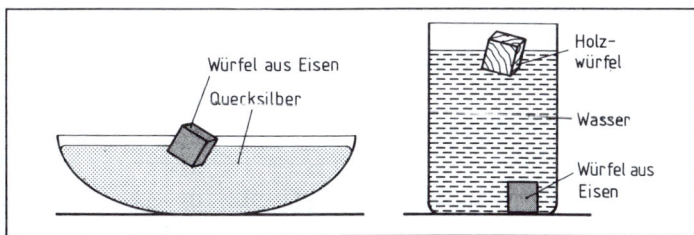

Für das Sinken, Schweben oder Schwimmen ist die Dichte des Körpers und der Flüssigkeit maßgebend.

Beobachtung: Der Eisenkörper schwimmt auf dem Quecksilber; im Wasser sinkt er unter. Der Holzkörper schwimmt auf dem Wasser.

Erklärung: Nach den Gesetzen des Auftriebs ist die am Körper nach oben gerichtete Kraft $F_A = V_K \cdot \varrho_{Flü} \cdot g$ und die Gewichtskraft, welche den Körper nach unten drückt: $F_G = V_K \cdot \varrho_K \cdot g$.

---

[1] **Archimedes,** 287–212 v. Chr., griechischer Mathematiker und Physiker, fand die Gesetze des Schwerpunkts, der schiefen Ebene, des Hebels und Auftriebs, baute Brennspiegel.

Ist nun F_G größer F_A, dann sinkt der Körper, ist F_G kleiner F_A, steigt der Körper auf. Ist $F_G = F_A$, dann tritt der Grenzfall des Schwebens ein:

Sinken	**Schweben**	**Aufsteigen** (Schwimmen)
$F_G > F_A$	$F_G = F_A$	$F_G < F_A$
$V_K \cdot \varrho_K \cdot g > V_K \cdot \varrho_{Flü} \cdot g$	$V_K \cdot \varrho_K \cdot g = V_K \cdot \varrho_{Flü} \cdot g$	$V_K \cdot \varrho_K \cdot g < V_K \cdot \varrho_{Flü} \cdot g$
$\varrho_K > \varrho_{Flü}$	$\varrho_K = \varrho_{Flü}$	$\varrho_K < \varrho_{Flü}$

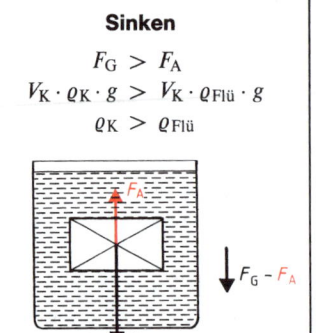
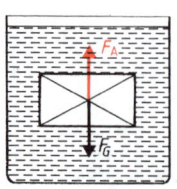
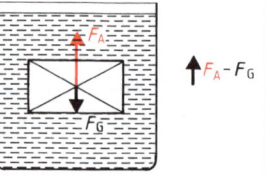

Versuchsergebnis:

> Ein Körper sinkt, wenn seine Dichte größer ist als die Dichte der Flüssigkeit; er steigt an die Oberfläche (schwimmt), wenn seine Dichte kleiner ist als die Dichte der Flüssigkeit; bei gleicher Dichte schwebt der Körper in der Flüssigkeit.

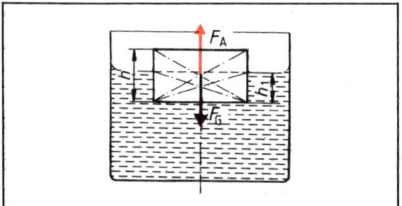

Gleichgewicht der Schwimmlage

Für **Gleichgewicht der Schwimmlage** gilt:

$$F_A = F_G$$
$$V_K' \cdot \varrho_{Flü} \cdot g = V_K \cdot \varrho_K \cdot g$$
$$A \cdot h_1 \cdot \varrho_{Flü} = A \cdot h \cdot \varrho_K$$

$$\boxed{h_1 = h \cdot \frac{\varrho_K}{\varrho_{Flü}}}$$

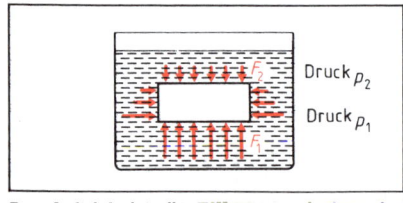

Der Auftrieb ist die Differenz zwischen den Kräften F_1 und F_2. Die Seitenkräfte heben sich auf.

V_K ... Volumen des Körpers: $V_K = A \cdot h$
V_K' ... eingetauchtes Volumen des Körpers: $V_K' = A \cdot h_1$
A ... Querschnittsfläche des Körpers
h ... Höhe des Körpers
h_1 ... Eintauchtiefe

Aufgaben

1. Welche Gewichtskraft hat ein Stein von 5 dm³ Volumen und der Dichte 2,8 $\frac{kg}{dm^3}$ (Granit)? Welchen Auftrieb erfährt er in Wasser mit der Dichte 1 $\frac{kg}{dm^3}$? Wie groß ist die Restgewichtskraft? $g = 10 \frac{m}{s^2}$

2. Die Restgewichtskraft eines Körpers beträgt 5,04 N. Im Überlaufgefäß wurde sein Volumen zu 80 cm³ bestimmt. Die Flüssigkeit ist Wasser mit 1 $\frac{kg}{dm^3}$. Wie groß ist die Dichte des Körpers? $g = 10 \frac{m}{s^2}$

3. Eine zylinderförmige Boje ist so geführt, daß sie hochkant schwimmt. Sie hat eine Masse von 12 kg und eine Querschnittsfläche von 3 dm². $\varrho_{Wasser} = 1 \frac{kg}{dm^3}$, $g = 10 \frac{m}{s^2}$. Entwickeln Sie für die Angaben eine allgemeine Formel für die Eintauchtiefe, und berechnen Sie die Eintauchtiefe!

Dichtebestimmung mit dem Auftrieb

Versuche: *Ein Reagenzglas schwimmt in einer Flüssigkeit.*

Durchführung: Das Reagenzglas ist einmal mit einer geringen, dann mit einer größeren Menge Eisenfeilspänen gefüllt. Wir lassen es nacheinander in den bekannten Flüssigkeiten Wasser, Spiritus und Tetrachlorkohlenstoff schwimmen.

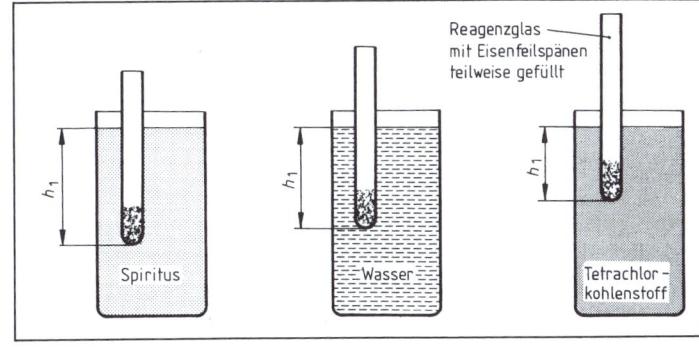

In Flüssigkeiten mit unterschiedlicher Dichte taucht das gleiche Reagenzglas bei größer werdender Dichte immer weniger tief ein: $\varrho_{Flü} \sim \dfrac{1}{h_1}$

Versuchsergebnis:

> 1. Ein in einer Flüssigkeit schwimmender Körper sinkt um so tiefer, je größer seine Gewichtskraft ist.
> 2. Ein in einer Flüssigkeit schwimmender Körper sinkt um so tiefer, je geringer die Dichte der Flüssigkeit ist.

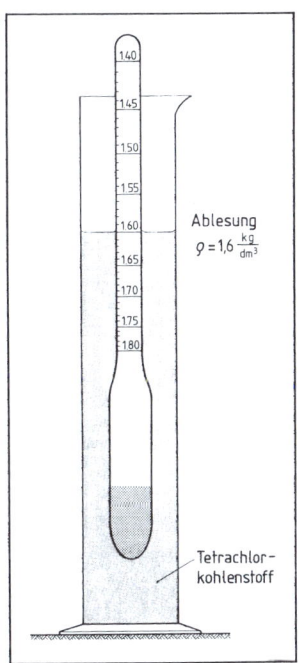

Aräometer

Ein mit einer bestimmten Masse beschwertes Reagenzglas kann damit zum Dichtevergleich von Flüssigkeiten benutzt werden, indem die Eintauchtiefen in verschieden dichten Medien markiert werden. Ein solches Gerät bezeichnet man als **Aräometer** oder Senkwaage.

Mit einem Aräometer kann z. B. der Säuregehalt (und damit der Ladezustand) eines Akkumulators, der Frostschutzmittelgehalt im Kühlwasser eines Kraftfahrzeugs, der Fettgehalt der Milch, der Zuckergehalt des Weins bestimmt werden.

Aufgabe

Ein Körper hat die Masse 584 g und die Dichte 7,3 $\dfrac{kg}{dm^3}$ (Stahlguß). In einer Flüssigkeit hat er die Restgewichtskraft 5,2 N. Wie groß ist die Dichte der Flüssigkeit?

1.6.7 Flüssigkeitspresse

> **Lernziel:** Erkennen, daß für die hydraulische Presse der Satz von der Erhaltung der Energie gilt. Kräfte- und Wegeübersetzungen kennen. Berechnungen durchführen können.

Versuch *zum Prinzip einer Flüssigkeitspresse.*

Durchführung: Die Kolbenflächen werden in die Tabelle eingetragen. Für die gewählte Kraft $F_1 = 1$ N wird die Ausgleichskraft $F_2 = 2$ N gemessen. Der Kraftkolben wird um 4 cm abwärts verschoben und der Weg des Lastkolbens mit 2 cm gemessen. Die anderen Werte werden errechnet.

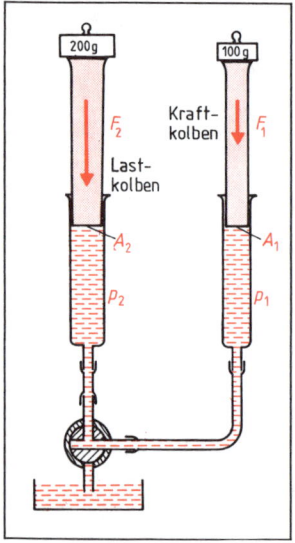

Prinzip der hydraulischen Presse

Tabelle zur Versuchsauswertung

$A_1 = 5$ cm²	$A_2 = 10$ cm²
$F_1 = 1$ N	$F_2 = 2$ N
$s_1 = 4$ cm	$s_2 = 2$ cm
$p_1 = \dfrac{F_1}{A_1} = \dfrac{1\text{ N}}{5\text{ cm}^2} = 0{,}2\,\dfrac{\text{N}}{\text{cm}^2}$	$p_2 = \dfrac{F_2}{A_2} = \dfrac{2\text{ N}}{10\text{ cm}^2} = 0{,}2\,\dfrac{\text{N}}{\text{cm}^2}$
$F_1 \cdot s_1 = 1$ N $\cdot$ 4 cm $= 4$ Ncm	$F_2 \cdot s_2 = 2$ N $\cdot$ 2 cm $= 4$ Ncm
$A_1 \cdot s_1 = 5$ cm² $\cdot$ 4 cm $= 20$ cm³	$A_2 \cdot s_2 = 10$ cm² $\cdot$ 2 cm $= 20$ cm³

Versuchsergebnis:

1. Die Flüssigkeit steht überall unter dem Druck $0{,}2\,\dfrac{\text{N}}{\text{cm}^2}$.
   Mit $p_1 = p_2$ wird $\dfrac{F_1}{A_1} = \dfrac{F_2}{A_2}$ oder $\dfrac{F_1}{F_2} = \dfrac{A_1}{A_2}$

2. Das bewegte Flüssigkeitsvolumen beträgt 20 cm³.
   Somit ist $A_1 \cdot s_1 = A_2 \cdot s_2$ oder $\dfrac{A_1}{A_2} = \dfrac{s_2}{s_1}$

3. Die Energie beträgt 4 Ncm.
   Somit ist $F_1 \cdot s_1 = F_2 \cdot s_2$

Für die Flüssigkeitspresse gilt: $p_1 = p_2$

$\dfrac{F_1}{F_2} = \dfrac{A_1}{A_2}$

$\dfrac{A_1}{A_2} = \dfrac{s_2}{s_1}$

$F_1 \cdot s_1 = F_2 \cdot s_2$

Physikalische Größen	Formelzeichen	Einheiten
Kraft	F	N
Fläche	A	cm²
Weg	s	cm

Satz von der Erhaltung der Energie.

Aufgabe Der Kraftkolben einer hydraulischen Anlage kann mit 200 N betätigt werden und hat eine Fläche von 10 cm². Welche Last kann gehoben werden, wenn der Lastkolben 10 dm² aufweist? Welche Arbeit ist erforderlich, um die größte Last 2 m emporzuheben?

1.7 Mechanik der Gase

1.7.1 Masse und Dichte der Luft

> **Lernziel:** Erkennen, daß ein bestimmtes Luftvolumen eine bestimmte Masse und Dichte hat. Wissen, daß die Dichte gasförmiger Körper auf **273 K = 0 °C** und **1013 hPa** bezogen wird und sich bei anderen Temperaturen und Drücken ändert.

Versuch: *Aus der Differenz der Massen einer mit Luft gefüllten und dann weitgehend evakuierten Glaskugel bestimmen wir die Masse der Luft und unter Berücksichtigung des Volumens die Dichte der Luft.*

Durchführung: Die Masse der luftgefüllten Kugel sei m_1. Die Kugel wird weitgehend ausgepumpt und ihre Masse m_2 bestimmt. Das Schlauchende wird in ein Glas mit Wasser gehalten und der entsprechende Hahn geöffnet. Das Wasser füllt genau so viel Volumen aus, wie an Luft abgepumpt wurde, so daß das Restvolumen wieder unter atmosphärischem Druck steht. (Wasserspiegel von Kugel und Glasgefäß müssen auf gleicher Höhe liegen.) Das Volumen des Wassers in der Kugel wird in einem Meßzylinder bestimmt: Es ist das Volumen V der abgepumpten Luft.

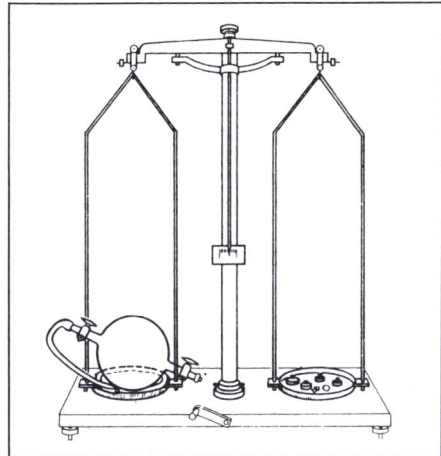

Masse und Dichte der Luft können experimentell bestimmt werden.

Tabelle zur Versuchsdurchführung

	1. Versuch	2. Versuch	3. Versuch
Masse m_1	214,57 g	214,60 g	214,58 g
Masse m_2	213,79 g	214,10 g	213,78 g
$m = m_1 - m_2$	0,78 g	0,50 g	0,80 g
V	0,645 dm³	0,42 dm³	0,66 dm³
$\varrho = \dfrac{m}{V}$	1,21 $\dfrac{g}{dm^3}$	1,19 $\dfrac{g}{dm^3}$	1,21 $\dfrac{g}{dm^3}$

Versuchsergebnis:

1. Ein bestimmtes Luftvolumen hat eine bestimmte Masse.
2. Die Dichte der Luft ergibt sich aus den Versuchen zu $\varrho_{\text{Luft}} = 1{,}2 \, \dfrac{g}{dm^3}$ bei Raumtemperatur und atmosphärischem Druck.
3. Aus den Versuchen wird deutlich, daß bei teilweise ausgepumpter Kugel die Restluft die ganze Kugel füllt. Für die Angabe der Dichte der Luft – ebenso wie für jedes Gas – ist also erforderlich, daß man sich auf einen Druck und auf eine Temperatur einigt. Die Bezugswerte sind 273 K = 0 °C (273 Kelvin = 0 Grad Celsius) und 1013 hPa. Diese Werte heißen Normbedingungen.

Für diese Bezugswerte ergibt sich eine etwas höhere Dichte der Luft:

$$\boxed{\varrho_{\text{Luft}} = 1{,}293 \, \frac{kg}{m^3}}$$ bei 273 K = 0 °C und 1013 hPa

Dichten einiger **Gase** bei **273 K** = 0 °C und **1013 hPa** in $\frac{kg}{m^3} = \frac{g}{dm^3} = \frac{mg}{cm^3}$

Luft	1,293	Erdgas	0,83
O_2	1,43	H_2	0,09
CO_2	1,977	He	0,179
SO_2	2,92	N_2	1,25

Aufgabe *Wie groß ist die Masse der Luft in einem Zimmer von 30 m³ Rauminhalt bei Normbedingungen?*

1.7.2 Kraft- und Druckeinwirkung auf Gase

> **Lernziel:** Das Verhalten und die Eigenschaften der Gase bei Kraft- und Druckeinwirkung erklären können.

Im Versuch zur Bestimmung der Dichte der Luft erkannten wir, daß die Restluft in der Glaskugel die ganze Kugel ausfüllt. Die Luft hat sich ausgedehnt, ihr Volumen hat sich wesentlich vergrößert. Mühelos läßt sich diese Luft wieder zusammendrücken auf ihr ursprüngliches Volumen oder noch weiter zusammenpressen.

▶ Ein Gas hat weder ein bestimmtes Volumen noch eine bestimmte Form.
▶ Ein Gas läßt sich zusammendrücken.

Strömt eine geringe Menge Gas aus, so verbreitet sich der Geruch rasch im ganzen Raum.

▶ Ein Gas füllt jeden Raum aus, den man ihm zur Verfügung stellt, auch dann, wenn schon andere Gase darin vorhanden sind. Die beiden Gase diffundieren, sie mischen sich. Der Vorgang heißt Diffusion.

Diese Beispiele zeigen, daß die Gasmoleküle vernachlässigbar kleine Kohäsionskräfte besitzen. Die Moleküle eines Gases sind frei beweglich, und ihre Abstände können mit wesentlich geringeren Kräften verändert werden, als das bei festen oder flüssigen Körpern möglich ist.

Über der Heizung steigt warme Luft nach oben. Kalte Luft „fällt" zu Boden. Gase mit größerer Dichte als Luft setzen sich am Boden ab, vgl. 1.7.7.

▶ Die beweglichen Gasmoleküle mit größerer Dichte füllen ein Gefäß vom Boden her auf. Die Gasmoleküle mit geringerer Dichte steigen nach oben.

Ein Gas muß also immer in einem geschlossenen Behälter aufbewahrt werden und immer unter Druck stehen.

Eine punktförmig angreifende Kraft kommt nicht zur Wirkung, da die Gasmoleküle ausweichen können. Wie bei Flüssigkeiten läßt man eine Kraft über eine Fläche auf ein Gas einwirken. Das Gas steht dann unter einem **Druck** p, der als **Quotient** aus Kraft und Fläche bestimmt wird; vgl. 1.6.2.

1.7.3 Die Messung des Luftdrucks. Barometer. Vakuummeter

> **Lernziel:** Den Versuch nach Torricelli zur Bestimmung des Luftdrucks und das danach gebaute Quecksilberbarometer beschreiben, den Normluftdruck kennen und Druckeinheiten umrechnen können.

Aus dem Versuch zur Masse und Dichte der Luft erkannten wir, daß die Luft – wie jedes Gas – eine Gewichtskraft besitzt und deshalb auch mit einem bestimmten Druck (Kraft pro Fläche) auf der Erde lastet. Wir leben auf dem Boden eines Luftmeeres von kaum vorstellbarer Tiefe. Vergleichbar dem hydrostatischen Druck in Flüssigkeiten herrscht in diesem Luftmeer ein statischer Druck, der als **Luftdruck** bezeichnet wird.

Auf eine bestimmte Fläche wirkt die Gewichtskraft einer Luftsäule, die bis in solche Höhen hinaufreicht, in denen noch eine Atmosphäre feststellbar ist.

Zum ersten Male gelang dem Italiener Torricelli[1] ein Versuch zur Bestimmung des Luftdrucks.

Versuch von Torricelli

Durchführung: Eine etwa 1 m lange, dünne, einseitig zugeschmolzene Röhre wird mit Quecksilber gefüllt und am offenen Ende mit dem Daumen verschlossen. Dieses Ende wird in die Quecksilberwanne getaucht und unter dem Quecksilberspiegel die Öffnung freigegeben.

Beobachtung: Das Quecksilber fließt zu einem geringen Teil heraus. In der Röhre bleibt eine Säule von etwa 760 mm stehen. Bei Neigung der Röhre bleibt der senkrechte Abstand zwischen den Quecksilberspiegeln in der Wanne und Röhre konstant.

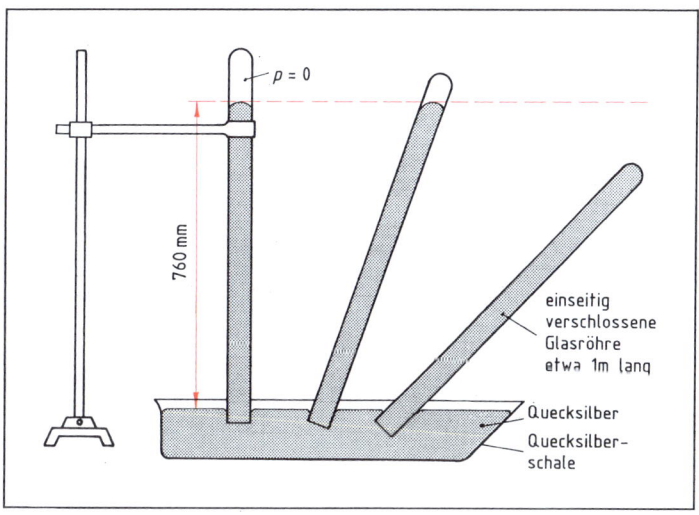

Der Torricelli-Versuch zeigt, daß der Luftdruck einer 760 mm hohen Quecksilbersäule das Gleichgewicht hält.

Versuchsergebnis: Da in den Raum über dem Quecksilber in der Röhre keine Luft eindringen kann, ist dieser Raum luftleer, deshalb wirkt hier kein Luftdruck.

Damit hält der auf dem Quecksilber in der Quecksilberwanne lastende Luftdruck einer senkrecht darüber stehenden 760 mm hohen Quecksilbersäule das Gleichgewicht.

Der Druck von 1 mm Quecksilbersäule (HgS) wurde Torricelli zu Ehren 1 Torr genannt.

Der Normluftdruck wurde mit 760 mm Quecksilbersäule (HgS) festgelegt.

---

[1] **Torricelli,** 1608–1647, Physiker in Florenz

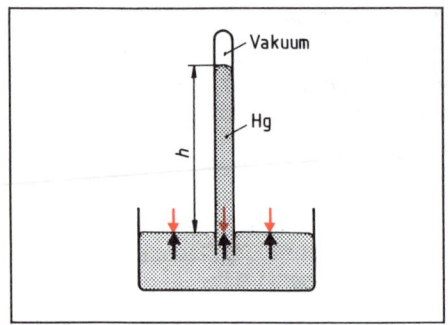

Der Luftdruck hält der Quecksilbersäule das Gleichgewicht.

Die Höhe der Hg-Säule entspricht dem Luftdruck:

$$p_L = h \cdot \varrho \cdot g \qquad h = 0{,}76 \text{ m}$$

$$p_L = 0{,}76 \text{ m} \cdot 13600 \frac{\text{kg}}{\text{m}^3} \cdot 9{,}81 \frac{\text{m}}{\text{s}^2}$$

$$p_L \approx 101\,300 \frac{\text{N}}{\text{m}^2} = 101\,300 \text{ Pa}$$

> Der Normluftdruck beträgt
> 101 300 Pa = 1013 hPa = 1,013 bar

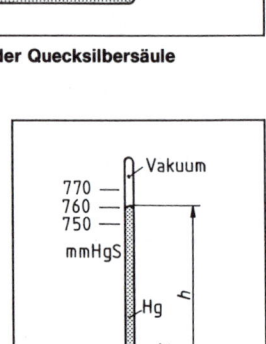

Quecksilberbarometer

Das Quecksilberbarometer besteht aus einem einseitig verschlossenen U-Rohr und dem verschiebbaren Metermaß zur Ablesung der Hg-Säule.

Die SI-Einheit für den Druck ist das Pascal. Da aber zur Druckmessung Quecksilber (Hg) benützt wird, benötigen wir eine Umrechnung.

Die Umrechnung der Druckeinheiten mmHgS (Millimeter Quecksilbersäule) in Pa oder hPa erfolgt über die in 1.6.4 errechnete Beziehung:

> 1 mm HgS ≙ 133,3 Pa

oder über eine Tabelle zur Umrechnung der Druckeinheiten.

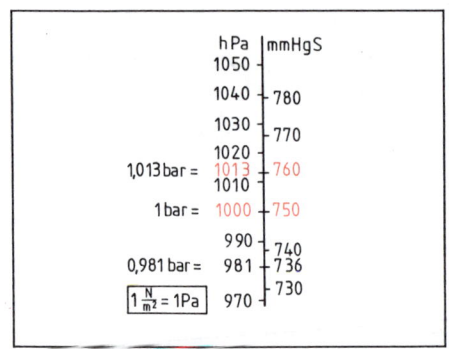

Umrechnung der Druckeinheiten

Ein Dosenbarometer muß mit einem Quecksilberbarometer geeicht werden, d. h. an einem bestimmten Ort auf den im Augenblick herrschenden Druck eingestellt werden.

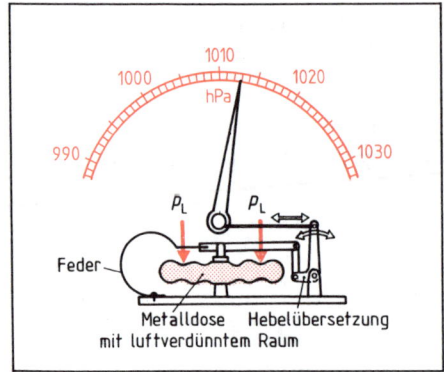

Dosenbarometer (Prinzip)

Die ausgepumpte und luftdicht verschlossene Druckdose wird beim Ansteigen des Luftdrucks etwas zusammengedrückt, beim Sinken entspannt sie sich. Die geringen Bewegungen des Dosendeckels werden über einen Hebel auf den Zeiger übertragen.

Der Normluftdruck entspricht dem Luftdruck auf Meereshöhe (Normalnull). Mit steigender Höhe nimmt der Luftdruck ab. In 2000 m Höhe beträgt er noch 792 hPa.

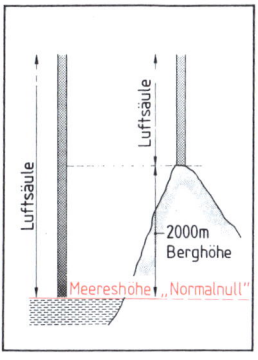

Unterschiedlicher Luftdruck auf Meereshöhe und auf einem Berg

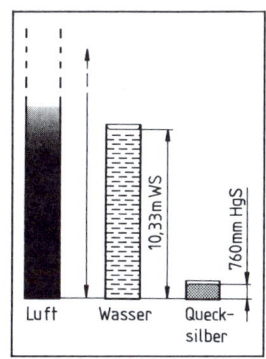

Vergleich des Luftdrucks mit dem Druck einer Wassersäule (WS) und einer Quecksilbersäule (HgS)

Das Quecksilberbarometer könnte auch zum Messen sehr niedriger Drücke benutzt werden. Der Quecksilberspiegel im verschlossenen Rohr würde dann immer tiefer sinken, während das Quecksilber im rechten Rohr hochsteigen bzw. herauslaufen würde. Um das zu vermeiden, baut man ein wesentlich kleineres Quecksilberbarometer und füllt es nur halb mit Quecksilber.

Der Luftdruck hält leicht die 120 mm hohe Quecksilbersäule, denn er würde ja bei Normluftdruck eine 760 mm-Säule gerade noch halten können.

Wenn der Druck der Luft durch Abpumpen unter der Glasglocke bis auf 120 mm HgS gefallen ist, beginnt die Anzeige des **Vakuummeters.**

Es gilt dann für jeden mm Höhendifferenz

1 mm HgS ≙ 133,3 Pa

Bei weiterem Abpumpen fällt im linken Schenkel die Quecksilbersäule und steigt im rechten.

Wie beim Barometer ist auch hier die Differenz der Hg-Spiegel ein Maß für den Druck der Luft.

Würde im Grenzfall die Differenz der Hg-Spiegel Null werden, dann gilt das Gesetz für verbundene Gefäße.

Über beiden Schenkeln herrscht gleicher Druck, wenn die Flüssigkeit gleich hoch steht. Damit wäre ein Vakuum hergestellt.

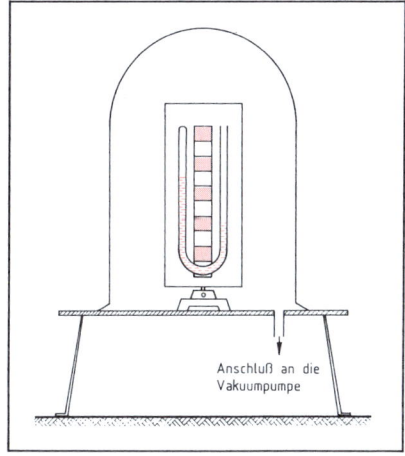

Beobachtung der Druckminderung an einem Vakuummeter

Aufgabe

Wie groß ist der Druckunterschied zwischen Normluftdruck und einer Anzeige des Quecksilberbarometers von 750 mm HgS? Ergebnis in mmHgS und hPa angeben!

1.7.4 Wirkung des Luftdrucks. Implosion – Explosion

Lernziel: Erkennen, daß der **Luftdruck** durch Einwirken auf eine Fläche eine **Kraft** darstellt. Wirkungen des Luftdrucks kennen. Berechnungen durchführen können.

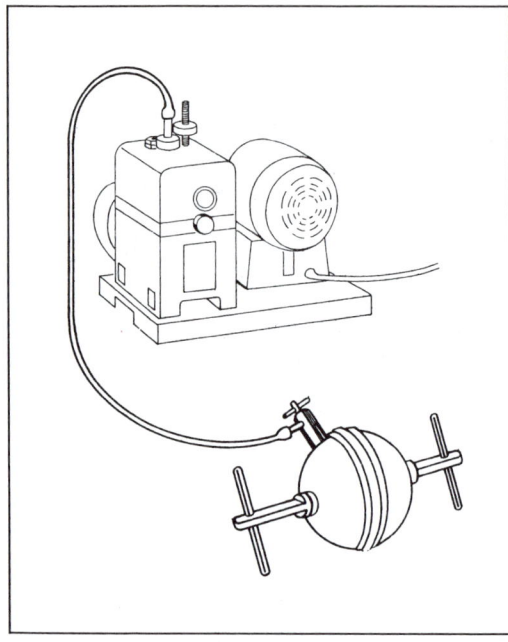

Magdeburger Halbkugeln zum Nachweis des Luftdrucks

Versuch: *Magdeburger Halbkugeln*[1]

Zwei luftdicht gegeneinander gesetzte Halbkugeln, die jedoch nicht fest miteinander verbunden sind, werden ausgepumpt.

Durchführung: Die leergepumpten Halbkugeln werden nach Schließen des Hahns von der Pumpe getrennt. Nun versuchen wir, die Halbkugeln durch kräftiges Ziehen an den Griffen auseinanderzureißen. Zweckmäßig ist es, zunächst mit Federwaagen in Parallelschaltung eine Kräftemessung durchzuführen. Anschließend lassen wir wieder Luft in die Halbkugeln strömen.

Versuchsergebnis: Die **leergepumpten** Halbkugeln lassen sich selbst mit großen Kräften nicht auseinanderziehen.

Der Differenzdruck zwischen dem äußeren Luftdruck und dem Unterdruck im Innern der Kugel stellt durch Einwirkung auf die projizierten Kugelflächen (Kreisflächen vom Durchmesser der Kugel) eine Kraft dar, die die Kugelhälften zusammenhält.
$$F = p \cdot A$$

Wird bis auf einen Restdruck von 13 hPa ausgepumpt, so ergibt sich die Druckdifferenz

$$p = 1013 \text{ hPa} - 13 \text{ hPa} = 1000 \text{ hPa} = 100\,000 \frac{\text{N}}{\text{m}^2}$$

Bei einer Fläche von $A = 100 \text{ cm}^2$ errechnet sich die Druckkraft zu:

$$F = p \cdot A = 100\,000 \frac{\text{N}}{\text{m}^2} \cdot 0{,}01 \text{ m}^2 = \underline{\underline{1000 \text{ N}}}$$

Die **luftgefüllten** Kugelhälften lassen sich ohne Kraft trennen, da kein Differenzdruck besteht: Innerer und äußerer Luftdruck sind im Gleichgewicht.

---

[1] Den historischen Versuch führte **Otto von Guericke** 1654 auf dem Reichstag zu Regensburg durch. Diese Kugeln waren größer, so daß acht Pferde sie nicht trennen konnten. Otto von Guericke, 1602–1686, Bürgermeister von Magdeburg und Physiker.

Versuch: *Implosion und Explosion werden mit Hilfe des „Membransprengers" aufgezeigt.*

Durchführung:

1. Zunächst wird der Glaszylinder einseitig mit Zellophan bespannt und mit der freien Öffnung auf die Pumpenöffnung des Luftpumpentellers gelegt. Durch Auspumpen wird im Innern des Glaszylinders ein Unterdruck erzeugt.
2. Dann wird der Glaszylinder beidseitig mit Zellophan verschlossen und die Glocke übergestülpt. Durch Auspumpen der Glocke entsteht im bespannten Glasgefäß ein Überdruck.

Versuchsergebnisse:

1. Ist der Außendruck größer als der Innendruck, so wird die Gefäßwand nach innen gedrückt: **Implosion**.
2. Ist der Außendruck geringer als der Innendruck, so wird die Gefäßwand nach außen gedrückt: **Explosion**.

Aus den Versuchen mit den Magdeburger Halbkugeln und dem Membransprenger wird deutlich, daß die Wirkungen des Luftdrucks nicht unterschätzt werden dürfen. Auf einen Menschen mit rund 1,5 m² Hautoberfläche wirkt bei einem Luftdruck von 1013 hPa = 101 300 $\frac{N}{m^2}$ eine Kraft von $F = p \cdot A = 101\,300\,\frac{N}{m^2} \cdot 1{,}5\,m^2 = 152\,000\,N = 152\,kN$.

Membransprenger

Aufgrund seines Körperbaues ist der Mensch darauf eingestellt, mit diesem Luftdruck zu leben. In geringen Grenzen darf sich der Luftdruck ändern, z. B. bei Wetteränderungen. Treten jedoch größere Druckänderungen auf, z. B. bei Flügen in großen Höhen, so wirkt dies gesundheitsschädigend. Einmal dadurch, daß der Innendruck gleichbleibt und durch Abnahme des Außendrucks nun eine Druckdifferenz vorhanden ist, die sich insbesondere am Trommelfell bemerkbar macht, zur Bewußtlosigkeit und zu Schlaganfällen führen kann. Zum anderen wird dem Körper durch Abnahme der Luftdichte bei der Atmung weniger Sauerstoff zugeführt, so daß diese geringe Menge nicht mehr ausreicht zur Aufrechterhaltung der Lebensfunktionen.

Atemgeräte und Druckkabinen schützen den Menschen bei Flügen in großen Höhen vor gesundheitlichen Schäden.

Aufgaben

1. Das ganz mit Wasser gefüllte Glas mit ebenem glattem Rand wird mit einem Pappkarton abgedeckt und umgedreht. Führen Sie diesen Versuch durch, und begründen Sie, warum kein Wasser ausfließt!

2. Welche Kraft wirkt auf den Deckel eines Einkochglases mit $d = 10\,cm$ Durchmesser, wenn der Innendruck noch 870 hPa beträgt? (Luftdruck 1013 hPa)

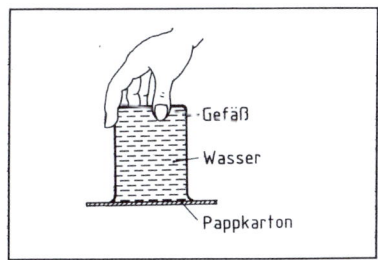
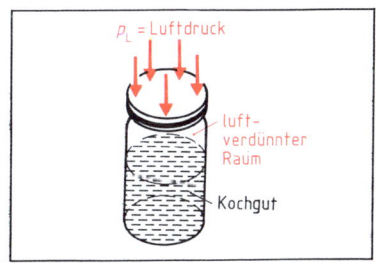

1.7.5 Anwendung des Luftdrucks

Lernziel: Anwendungen des Luftdrucks nennen und erklären können.

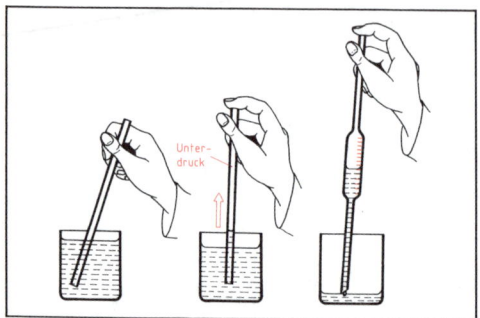

Stechheber und Pipette
Ein beidseitig offenes Glasrohr wird in Wasser getaucht, am oberen Ende mit dem Daumen verschlossen und herausgehoben. Das eingedrungene Wasser sinkt etwas, gibt der abgeschlossenen Luft mehr Volumen, so daß ihr Druck unter den äußeren Luftdruck sinkt. Die Druckdifferenz hält das Wasser im Glasrohr.

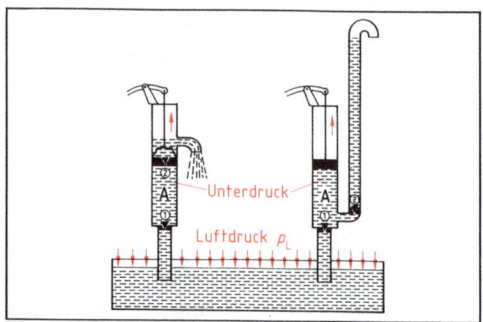

Bei einfachen Wasserpumpen wird durch Aufwärtsbewegung des Kolbens im Zylinderraum A ein Unterdruck gegenüber dem Luftdruck erzeugt. Die Druckdifferenz drückt das Wasser durch das Ventil 1 in den Raum A. Ventil 2 (im Kolben oder gesondert angeordnet) ist dabei geschlossen. Beim Abwärtsbewegen des Kolbens schließt Ventil 1 und Ventil 2 öffnet. Die maximale Saughöhe ist 10 m, da der Luftdruck einer 10 m hohen Wassersäule das Gleichgewicht halten kann (dies entspricht einer 760 mm hohen Quecksilbersäule).

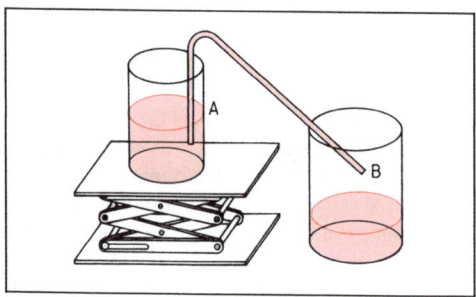

Winkelheber
Mit Hilfe eines Winkelhebers kann man Flüssigkeiten von einem Gefäß in ein anderes, tiefer stehendes fließen lassen. Dabei muß die Öffnung B tiefer liegen als der Wasserspiegel bei A. Der dadurch entstehende Überdruck bei B verhindert das Abreißen des Wasserfadens in der Röhre.

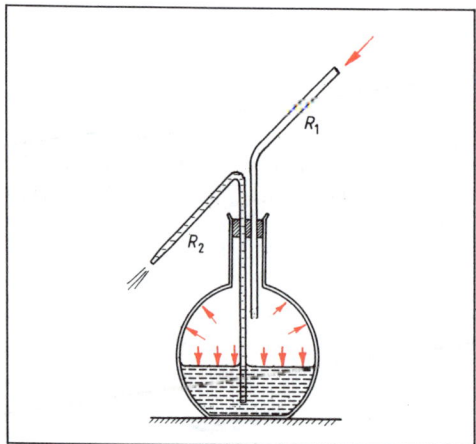

Spritzflasche
Wird durch das Rohr R_1 geblasen, so übt die zusammengepreßte Luft in der Spritzflasche nach allen Richtungen einen Druck aus, der die Flüssigkeit durch das Rohr R_2 treibt.

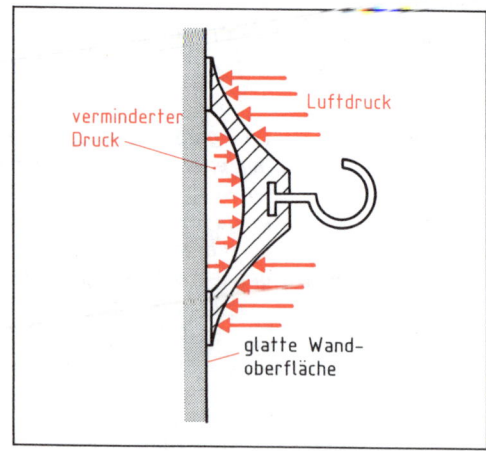

Saugnapf zum Befestigen von Haken an glatten Oberflächen

1.7.6 Das BOYLE-MARIOTTEsche Gesetz. Anwendungen

> **Lernziel:** Das BOYLE-MARIOTTEsche Gesetz und die Abhängigkeit der Dichte vom Druck des Gases erläutern können. Anwendungen des BOYLE-MARIOTTEschen Gesetzes nennen und Berechnungen durchführen können.

Versuch: *Abhängigkeit zwischen Druck und Volumen einer abgeschlossenen Gasmenge.*

In einer Glasröhre befindet sich eine genau eingepaßte Stahlkugel. Die Kugel schließt ein bestimmtes Luftvolumen ab. Da die Glasröhre überall gleichen Querschnitt $A = 1 \text{ cm}^2$ hat, ist die Länge l von der Kugel bis zum Röhrenende ein Maß für das Volumen V der abgeschlossenen Luftmenge.

$$V = A \cdot l$$

Als Druckanzeigegerät könnte das bekannte U-Rohr-Manometer dienen. Da es aber nur bis zu geringen Drücken reicht, ca. bis 250 mmHgS Überdruck, benutzen wir hier ein Metallmanometer, das im Prinzip wie das Dosenbarometer aufgebaut ist. Wir arbeiten mit dem absoluten Druck.

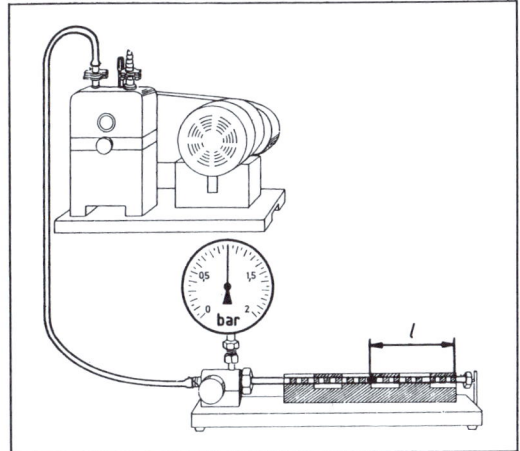

Versuch zur Bestimmung der Abhängigkeit zwischen Druck p und Volumen V einer eingeschlossenen Gasmenge

Durchführung: Die Kugel in der Glasröhre wird durch Neigen des Gerätes so eingestellt, daß sie am linken Ende der Meßstrecke steht. Dann wird der Druckschlauch von der Pumpe angeschlossen und das Dosierventil langsam zugedreht, so daß der Druck auf die Kugel immer größer wird. Druck und Volumen der eingeschlossenen Gasmenge werden notiert.

Tabelle zur Versuchsauswertung

Druck in bar	Volumen in cm³	Druck mal Volumen in bar · cm³	
1,11	27	30,0	
1,15	26	29,9	
1,20	25	30,0	
1,24	24	29,8	
1,31	23	30,1	
1,38	22	30,4	
1,44	21	30,2	= konstant
1,52	20	30,4	
1,60	19	30,4	
1,69	18	30,4	
1,78	17	30,3	
1,90	16	30,4	
2,02	15	30,3	

Trotz geringer Abweichungen können wir das Produkt aus Druck mal Volumen als konstant bezeichnen. Als Mittelwert ergibt sich 30,2 bar · cm³. Die Abweichungen ergeben sich aus Meß- und Ableseungenauigkeiten beim Druck und Volumen.

Versuchsergebnis: Mit Zunahme des Druckes wird das Volumen eines Gases geringer.

> Das Produkt aus absolutem Druck und Volumen ist für eine eingeschlossene Gasmenge bei konstanter Temperatur konstant.
> $$p \cdot V = \text{konstant, wenn } T = \text{konstant}$$

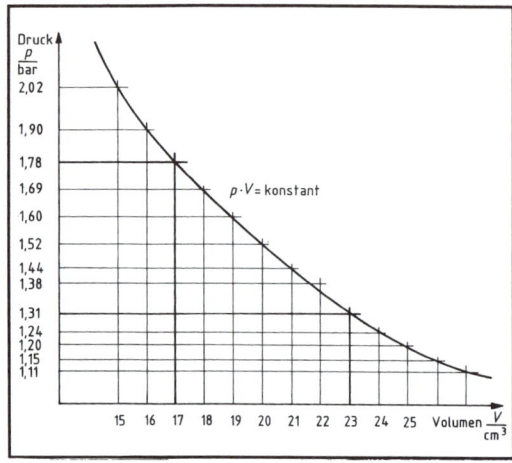

Bezeichnen wir bei zwei beliebigen Zuständen den ersten mit $p_1 \cdot V_1$, den zweiten mit $p_2 \cdot V_2$, so gilt

$$\boxed{p_1 \cdot V_1 = p_2 \cdot V_2} \qquad T = \text{konst.}$$

Nach den Entdeckern werden diese Zusammenhänge als das Gesetz von Boyle-Mariotte[1] bezeichnet.

Graphische Darstellung des Versuchsergebnisses

Die graphische Darstellung des Versuchsergebnisses ergibt eine gleichseitige Hyperbel.

Aus $p_1 \cdot V_1 = p_2 \cdot V_2$ ergibt sich für $\varrho = \dfrac{m}{V}$ und $V = \dfrac{m}{\varrho}$

$$p_1 \cdot \frac{m_1}{\varrho_1} = p_2 \cdot \frac{m_2}{\varrho_2}.$$

Bei gleichbleibender Masse $m_1 = m_2$ ergibt sich: $\dfrac{p_1}{\varrho_1} = \dfrac{p_2}{\varrho_2}$ oder $\boxed{\dfrac{p_1}{p_2} = \dfrac{\varrho_1}{\varrho_2}}$

> Bei einer eingeschlossenen Gasmenge verhalten sich die Dichten wie die Drücke.

In der Technik wird der Überdruck p_e (z. B. in Rohrleitungen, Behältern) gegenüber dem Atmosphärendruck p_{amb} angegeben. Der absolute Druck p_{abs} ist dann: $p_{abs} = p_{amb} + p_e$

Beispiel:

Das Manometer einer mit Sauerstoff gefüllten Stahlflasche zeigt einen Druck von 150 bar an. Die Flasche hat einen Rauminhalt von 50 Liter. Wieviel Liter Sauerstoff können bei 1013 hPa entnommen werden?

$p_{amb} = 1013 \text{ hPa} = 1{,}013 \text{ bar} \qquad p_1 = p_{abs\,1} = 1{,}013 \text{ bar} + 150 \text{ bar} = 151{,}013 \text{ bar}$

$p_{e\,1} = 150 \text{ bar}$

$V_1 = 50 \text{ l} \qquad\qquad\qquad\quad p_2 = p_{abs\,2} = 1{,}013 \text{ bar}$

$p_1 \cdot V_1 = p_2 \cdot V_2$ daraus: $V_2 = \dfrac{p_1 \cdot V_1}{p_2} = \dfrac{151{,}013 \text{ bar} \cdot 50 \text{ l}}{1{,}013 \text{ bar}} = 7453{,}75 \text{ l}$

Einmal 50 l bleiben in der Flasche, so daß nur 7403,75 l entnommen werden können.

---

[1] **Robert Boyle,** 1627–1691, englischer Physiker, entdeckte die Abhängigkeit des Druckes vom Volumen eines eingeschlossenen Gases bei konstanter Temperatur, fand, daß alle Atome aus der gleichen Materie bestehen.
Edme Mariotte, 1620–1684, franz. Physiker, Mitentdecker des Boyle-Mariotteschen Gesetzes.

Die Anwendungen des Boyle-Mariotteschen Gesetzes sind so vielfältig, daß hier nur wenige Beispiele gezeigt werden können.

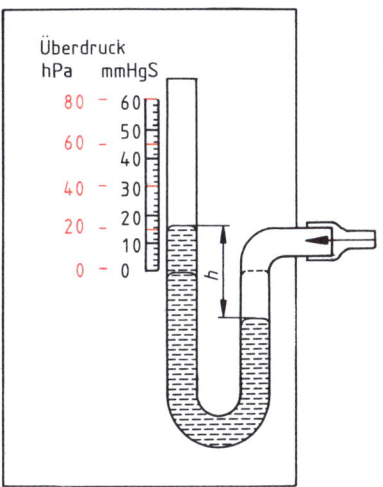

Offenes Flüssigkeitsmanometer. An der Skala sind die Werte h vermerkt, abzulesen am linken Flüssigkeitsspiegel.

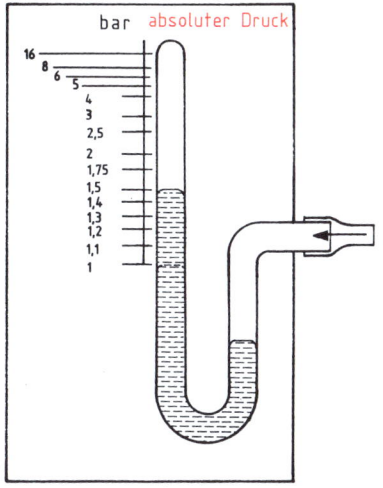

Geschlossenes Flüssigkeitsmanometer. Bei großen Drücken werden die offenen Flüssigkeitsmanometer zu groß. Wird jedoch das Steigrohr verschlossen, so wird die Teilung bei höheren Drücken immer enger. Da $p \cdot V =$ konstant, wird z. B.:

1 bar $\cdot$ 4 cm^3 = 2 bar $\cdot$ 2 cm^3 = 4 bar $\cdot$ 1 cm^3 = 8 bar $\cdot \frac{1}{2}$ cm^3 = 16 bar $\cdot \frac{1}{4}$ cm^3

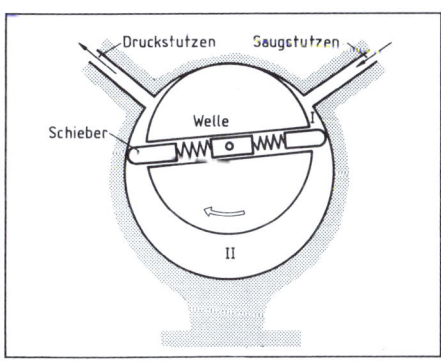

Drehschieber- oder Kapselpumpe
Ein Elektromotor dreht eine zum Gehäuse exzentrisch angeordnete Welle, in die zwei Schieber eingelassen sind, die durch eine Feder an die Gehäusewand gedrückt werden. Der Raum I ist an das auszupumpende Gefäß angeschlossen. Er vergrößert sich so lange, bis er von einem Schieber wieder abgeschlossen wird: Raum II. Bei weiterem Drehen verkleinert sich dieser Raum, der andere Schieber gibt den Auslaß frei, und das Gas wird hinausgeschoben.
Die Pumpe kann als Saug- und Druckpumpe verwendet werden.

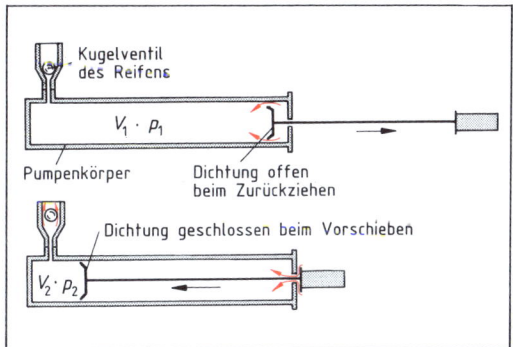

Bei der Fahrradluftpumpe wird das Volumen V_1 mit dem Druck p_1 auf das Volumen V_2 mit dem Druck p_2 zusammengepreßt. Es ist z. B. 80 cm$^3 \cdot$ 1 bar = 20 cm$^3 \cdot$ 4 bar. Bei einem bestimmten Reifeninnendruck öffnet das Kugelventil, und das zusammengepreßte Luftvolumen strömt in den Reifen.

Aufgabe *Ein Schlauch für ein Fahrrad hat ein Volumen von 1,68 l und wird auf 4,2 bar mit Luft aufgepumpt. Wieviel Luft von 1013 hPa ist dazu erforderlich? Wie groß ist die Masse dieser Luft?*

1.7.7 Der Auftrieb

> **Lernziel:** Erkennen, daß alle Körper in Luft einen Auftrieb erfahren. Den Auftrieb in Gasen – in Anlehnung an den Auftrieb in Flüssigkeiten – sowie die Steigkraft berechnen können.

Versuch: Wir füllen einen Luftballon mit Erdgas (Zwischenschalten der Pumpe), binden den Einfüllstutzen mit einem Zwirnsfaden zu und legen den Ballon auf den Tisch.

Beobachtung: Der Ballon schwebt langsam an die Zimmerdecke.

Versuchsergebnis: Ähnlich wie das Stück Hartgummi beim Eintauchen in Wasser nach oben bewegt wird, steigt auch der Ballon in der Luft aufwärts.
▶ Die Kraft, die einen Körper in einem Gas (z. B. in Luft) nach oben treibt, nennen wir Auftriebskraft oder Auftrieb.

Versuch mit der Auftriebswaage
Eine mit Luft gefüllte Glaskugel und ein kleiner Gußkörper halten sich an einer feinen Waage das Gleichgewicht.

Durchführung: Wir stülpen die Glasglocke über die Waage und pumpen die Luft aus der Glocke.

Beobachtung: Während in der Luft die Glaskugel und der Gußkörper im Gleichgewicht waren, sinkt beim Abpumpen der Luft unter der Glocke die Seite mit der Kugel ab.

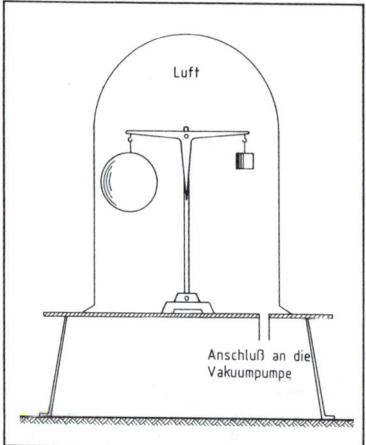

Kugel und Ausgleichsgewicht sind – zusammen mit den auf beide Körper in unterschiedlicher Größe wirkenden Auftriebskräften – im Gleichgewicht.

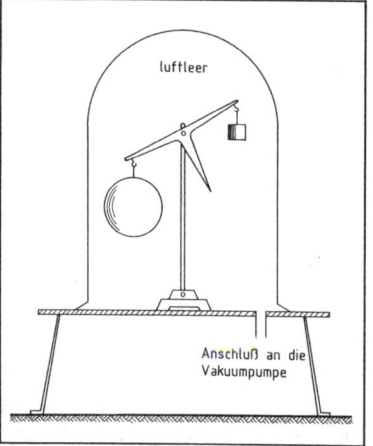

Wird unter der Glasglocke die Luft abgepumpt, so fallen die verschieden großen Auftriebskräfte auf beiden Seiten weg. Dadurch zieht die Kugel den Waagebalken nach unten.

Versuchsergebnis:
▶ Alle Körper erfahren in Luft einen Auftrieb.

Da die Glaskugel ein größeres Luftvolumen verdrängt als der Gußkörper, erfährt sie in der Luft einen größeren Auftrieb als der Gußkörper. Im luftleeren Raum erfährt weder Glaskugel noch Gußkörper einen Auftrieb. Da die Gewichtskräfte jedoch bleiben, sinkt die Glaskugel. In Anlehnung an den Auftrieb in Flüssigkeiten, der experimentell leichter nachgewiesen werden kann als der Auftrieb in Gasen, da hier zu kleine Kräfte wirken, schließen wir:

Der Auftrieb, den ein in Luft befindlicher Körper erfährt, ist gleich der Gewichtskraft der von ihm verdrängten Luftmenge und ihr entgegengesetzt gerichtet.

$F_A = V_K \cdot \varrho_{Luft} \cdot g$

$[F_A] = m^3 \cdot \dfrac{kg}{m^3} \cdot \dfrac{m}{s^2}$

$[F_A] = N$

Physikalische Größen	Formelzeichen	Einheiten
Volumen des Körpers	V_K	m^3
Dichte der Luft	ϱ	$\dfrac{kg}{m^3}$
Erdbeschleunigung	g	$\dfrac{m}{s^2}$
Auftrieb	F_A	N

Befindet sich der Körper nicht in Luft, sondern in einem anderen Gas, so ist statt ϱ_{Luft} die Dichte dieses Gases zu setzen.

In Anlehnung an den Auftrieb in Flüssigkeiten (1.6.6) schließen wir für den Auftrieb in Gasen:

$F_G' = F_G - F_A$ $\quad F_G' \ldots$ Restgewichtskraft (N)
$F_G' = V_K \cdot g \cdot (\varrho_K - \varrho_{Flü})$ $\quad$ Auftrieb in Flüssigkeiten
$F_G' = V_K \cdot g \cdot (\varrho_{Gas} - \varrho_{Luft})$ $\quad$ Auftrieb in Luft (ϱ_K entspricht ϱ_{Gas} und $\varrho_{Flü}$ entspricht ϱ_{Luft})

Wird $\varrho_{Gas} < \varrho_{Luft}$, so wird F_G' negativ. Das bedeutet, daß es keine Restgewichtskraft mehr gibt, vgl. Schwimmen in 1.6.6, sondern eine entgegengesetzt wirkende Steigkraft. Soll diese Steigkraft F_{St} positiv werden, so werden ϱ_{Gas} und ϱ_{Luft} miteinander vertauscht:

$F_{St} = V_K \cdot g \cdot (\varrho_{Luft} - \varrho_{Gas})$ $\quad F_{St} \ldots$ Steigkraft (N)
$\qquad\qquad\qquad\qquad\qquad\qquad F_{St} = -F_G'$

Bei einem Freiballon muß außerdem noch das Gewicht der Hülle sowie Ballast, Besatzung u. dgl. vom Auftrieb abgezogen werden. Da die Dichte der Luft mit zunehmender Höhe abnimmt, wird der Auftrieb und damit die Steigkraft des Ballons immer kleiner. Freiballone werden heute nur noch im Wetterdienst benutzt, wo sie Meßgeräte in große Höhen bringen, die dann über Funkeinrichtungen Meßdaten zur Erde übermitteln.

Die Auftriebskraft wirkt auch, wenn zwei Gase unterschiedlicher Dichte zusammentreffen, z. B. Luft und Erdgas oder Luft und Kohlendioxid.

Für ein bestimmtes Volumen V_K hängt die Steigkraft von der Differenz $\varrho_{Luft} - \varrho_{Gas}$ ab. Wird diese Differenz positiv, wie bei $\varrho_{Luft} - \varrho_{Erdgas}$, so ist eine Steigkraft vorhanden, die das Gas nach oben steigen läßt. Wird die Differenz negativ, wie bei $\varrho_{Luft} - \varrho_{CO_2}$, so ist die Kraft nach unten gerichtet, das Gas fällt zum Boden.

Hat ein Gas eine größere Dichte als Luft, dann setzt es sich am Boden ab, hat es eine geringere Dichte als Luft, so steigt es nach oben.

Aufgaben

1. Rauch steigt nach oben. In welchem Bereich muß seine Dichte liegen?

2. Welche Steigkraft hat ein Ballon von 10 m³ Inhalt, der mit Helium gefüllt ist?
$g = 10 \dfrac{m}{s^2}$; Dichteangaben vgl. 1.7.1.

2 Wärmelehre

2.1 Volumenänderung bei Erwärmung. Temperaturmessung

Lernziel: Wissen, daß sich feste, flüssige und gasförmige Körper bei Erwärmung ausdehnen und daß diese Ausdehnung zur Temperaturmessung herangezogen wird. Temperatureinheiten kennen und umrechnen können.

Versuche: *Die abgebildete Versuchsreihe verdeutlicht die Wirkungen von Temperaturerhöhungen bzw. -erniedrigungen.*

Durchführung: Die Kugel (ein fester Körper), das Wasser (eine Flüssigkeit) und die Luft (ein Gas) im Erlenmeyer- und Stehkolben werden erwärmt.

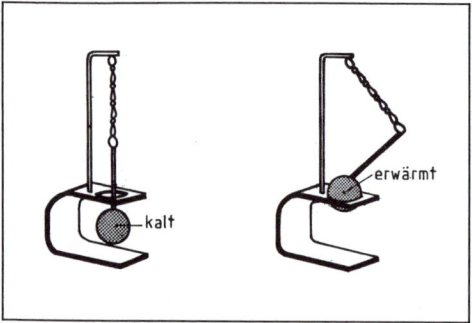

Die erwärmte Kugel paßt nicht mehr durch die Bohrung; nach Abkühlung fällt sie wieder hindurch.

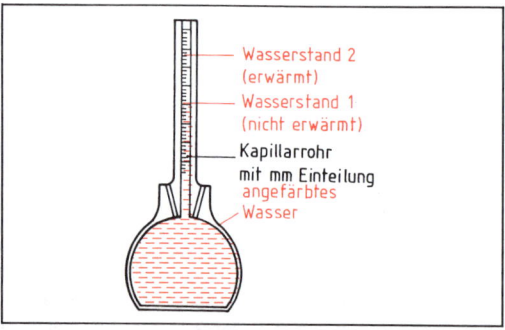

Im beobachteten Temperaturbereich steigt das Wasser bei Erwärmung in der Kapillare hoch; bei Abkühlung sinkt der Wasserstand in der Kapillare. (Erwärmung durch Umfassen des kugelförmigen Glasgefäßes mit der Hand.)

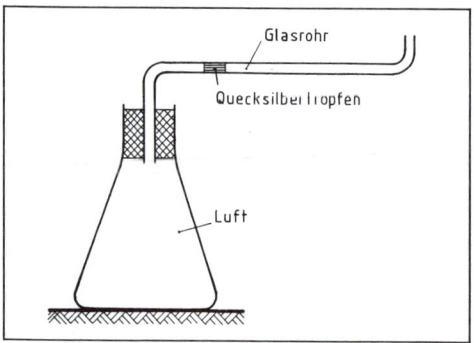

Schon das Umfassen des Erlenmeyerkolbens mit der Hand läßt den Quecksilbertropfen nach rechts wandern: Die Luft dehnt sich beim Erwärmen aus.

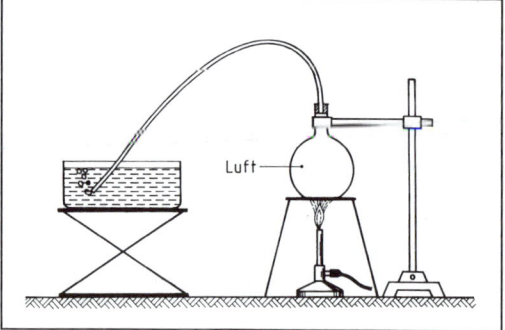

Bei Erwärmung des Stehkolbens steigen Luftblasen aus dem Wasser des Troges: Die Luft dehnt sich beim Erwärmen aus. Nach Abkühlung zieht sich die Luft wieder zusammen, es entsteht ein Unterdruck im Stehkolben, so daß das Wasser durch den äußeren Luftdruck in den Stehkolben gedrückt wird und dort den Raum der früheren Luft einnimmt.

Versuchsergebnis:

Feste, flüssige und gasförmige Körper d e h n e n sich bei Erwärmung aus, sie vergrößern ihr Volumen. – Bei Abkühlung z i e h e n sie sich z u s a m m e n.

Auf der Erkenntnis, daß Körper sich bei Erwärmung ausdehnen und beim Abkühlen zusammenziehen, also ihr Volumen ändern, beruht eine Art der **Temperaturmessung.** Andere temperaturabhängige Eigenschaften der Körper sind: die Änderung des elektrischen Widerstandes (5.3.3), das Entstehen einer Thermospannung (5.5.2) und die Wärmestrahlung (2.9.3). Die Geräte zur Temperaturmessung heißen **Thermometer**.

Versuch: *Temperaturmessung*

Zur Temperaturmessung wird meist die Ausdehnung des Quecksilbers benutzt. Ein geschlossenes enges Glasrohr, das sich unten zu einem Gefäß erweitert, ist teilweise mit Quecksilber gefüllt. Der obere Teil ist luftleer. Ein solches Gerät bezeichnet man als Quecksilberthermometer.

Durchführung:

1. Das Thermometer wird in ein Gemisch aus Eis und Wasser (gerade geschmolzenes Eis) getaucht und die Höhe der Quecksilbersäule markiert.
2. Das Thermometer wird in siedendes Wasser getaucht und diese zweite Höhe ebenfalls markiert. Wir lassen das Thermometer abkühlen und wiederholen den Versuch.

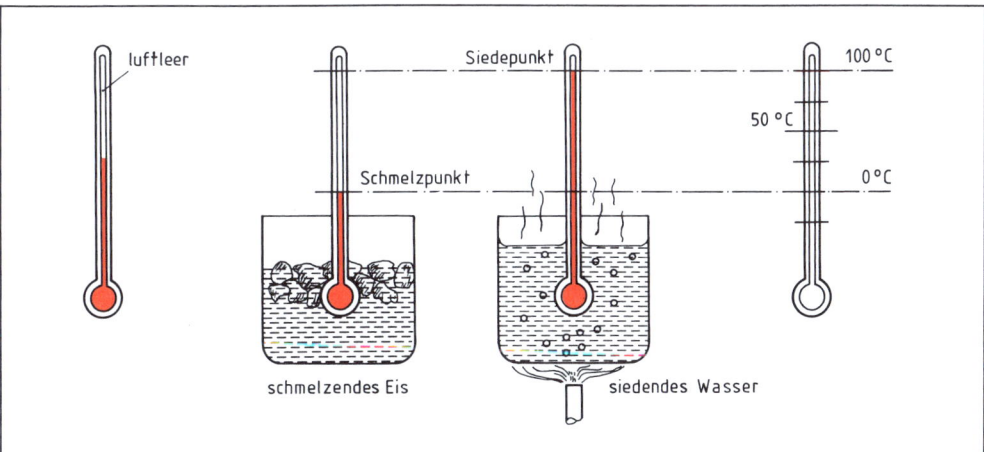

Bestimmung des Schmelz- und Siedepunktes des Wassers

Versuchsergebnis:

> In schmelzendem Eis und siedendem Wasser bleibt die Quecksilbersäule des Thermometers jeweils in ganz bestimmter Höhe stehen.

▶ **Schmelzpunkt** und **Siedepunkt** sind zwei Fixpunkte des Thermometers.
▶ Die Temperatur kann zahlenmäßig durch die Länge dieses Quecksilberfadens beschrieben werden. **Celsius**[1] teilte diesen Abstand, den sog. **Fundamentalabstand,** in 100 gleiche Teile. Nach ihm wird der hundertste Teil 1 Grad Celsius (1 °C) genannt.

> 1 °C ist der 100. Teil des Abstandes zwischen Schmelzpunkt und Siedepunkt des Wassers (bei 1013 hPa).

---

[1] **Anders Celsius,** 1701–1744; schwedischer Astronom; schloß aus Messungen auf die Abplattung der Erde an den Polen; Thermometer-Gradeinteilung

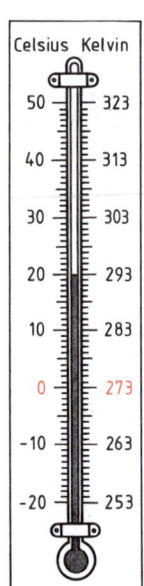

Die gebräuchlichsten Geräte zur Temperaturmessung sind Thermometer mit Quecksilber- oder Alkoholfüllung.

Die **thermodynamische Temperaturskala** oder **Kelvin-Temperaturskala** ist für den Aufbau physikalischer Gesetzmäßigkeiten wesentlich. Die Einführung und Begründung erfolgt in 2.4.1 und 2.4.2.

> Die SI-Basiseinheit für die Temperatur ist das Kelvin; Kurzzeichen K.

Formelzeichen:

T ... Thermodynamische Temperatur (Kelvin = K)
ϑ ... (Theta) Temperatur (°C)

Celsiustemperatur ϑ wird die besondere Differenz einer thermodynamischen Temperatur T gegenüber der Temperatur $T_0 = 273$ K genannt.

Umrechnung der Einheiten: $T = 273 \text{ K} + \Delta\vartheta$ ($\Delta\vartheta$ gegenüber 0 °C)
Für die Temperaturdifferenz gilt: $\Delta T = \Delta\vartheta$; $[\Delta T] = [\Delta\vartheta] = \text{K} = \text{°C}$

°C und K sind gleich große Einheiten, aber nicht gegeneinander austauschbar.

Eine Temperaturdifferenz $\Delta\vartheta$ (Delta Theta) berechnet sich aus zwei Temperaturangaben, z. B. $\Delta\vartheta = \vartheta_2 - \vartheta_1$. Ist $\vartheta_1 = 0$ °C, so wird $\Delta\vartheta = \vartheta_2$ oder allgemein ϑ.

Beispiel:

Eine bestimmte Temperatur wird z. B. mit $\vartheta = 20$ °C angegeben. Gegenüber 0 °C ist $\Delta\vartheta = 20$ °C $= 20$ K.

Hierfür ergibt sich $T = 273$ K $+ 20$ K $= 293$ K.

Aufgaben

1. *Geben Sie die Temperatur 15 °C in der Einheit Kelvin an.*

2. *Welcher Temperatur in °C entspricht die Angabe 300 K?*

3. *Welche Temperaturdifferenz in °C und Kelvin ergibt sich, wenn ein Körper von 12 °C auf 74 °C erwärmt wird?*

2.2 Längenausdehnung fester Körper

2.2.1 Längenausdehnungskoeffizient

> **Lernziel:** Wissen, wie die Längenausdehnungskoeffizienten experimentell bestimmt werden, die Einheit kennen und Berechnungen durchführen können.

Versuch: *Wasserdampf (100°C) und Wasser (60°C) durchströmen nacheinander Rohre aus verschiedenen Materialien und verschiedener Länge und erwärmen diese von Zimmertemperatur (20°C) auf die Temperatur des durchströmenden Mediums.*

Das Rohr ist auf der linken Seite eingespannt, auf der rechten Seite liegt es an einer Zahnstange an. Bei Ausdehnung des Rohres wird die Zahnstange nach rechts gedrückt und bewegt ein Zahnrad mit Zeiger. Durch die Übersetzung vom Radius des Zahnrades zur Länge des Zeigers wird die sehr geringe Längenausdehnung stark vergrößert auf einer Skala angezeigt.

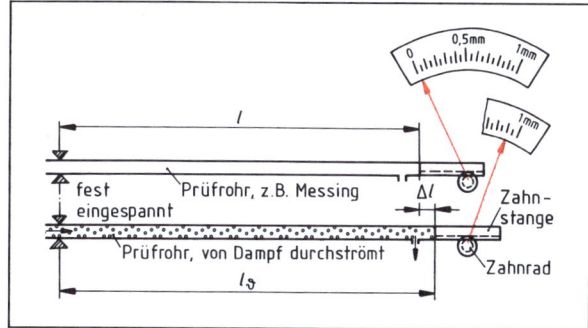

Ermittlung der Längenausdehnungskoeffizienten verschiedener fester Körper

Versuchsdurchführung: In drei Versuchsreihen werden jeweils zwei Größen konstant gehalten und die Längendifferenz in Abhängigkeit der veränderlichen Größe gemessen.

1. Material: Stahl, $\Delta\vartheta = 80$ K

Ausgangslänge	$l = 600$ mm	$l = 400$ mm	$l = 200$ mm
Längendifferenz	$\Delta l = 0{,}58$ mm	$\Delta l = 0{,}38$ mm	$\Delta l = 0{,}19$ mm

→ $\Delta l \sim l$

2. Ausgangslänge $l = 600$ mm, $\Delta\vartheta = 80$ K

Material	Stahl	Messing	Glas
Längendifferenz	$\Delta l = 0{,}58$ mm	$\Delta l = 0{,}86$ mm	$\Delta l = 0{,}38$ mm

→ $\Delta l \sim \alpha$

3. Ausgangslänge $l = 600$ mm, Material Messing

Temperaturdifferenz	$\Delta\vartheta = 80$ K	$\Delta\vartheta = 40$ K
Längendifferenz	$\Delta l = 0{,}86$ mm	$\Delta l = 0{,}43$ mm

→ $\Delta l \sim \Delta\vartheta$

Versuchsergebnis: Die Längendifferenz ist proportional
- der Ausgangslänge l $\Delta l \sim l$
- einer Materialkonstanten α $\Delta l \sim \alpha$
- der Temperaturdifferenz $\Delta\vartheta$ $\Delta l \sim \Delta\vartheta$

Aus diesen Beziehungen ergibt sich die Längendifferenz Δl zu:
$$\Delta l = l \cdot \alpha \cdot \Delta\vartheta$$

Aus dieser Gleichung und den Versuchswerten kann der Längenausdehnungskoeffizient α (die Materialkonstante) als Proportionalitätskonstante berechnet werden.

Die Längendifferenz ist von der Ausgangslänge, vom Material und von der Temperaturdifferenz abhängig.

$$\Delta l = l \cdot \alpha \cdot \Delta\vartheta$$
$$\alpha = \frac{\Delta l}{l \cdot \Delta\vartheta}$$

Die Endlänge nach der Erwärmung ergibt sich zu:
$$l_\vartheta = l + \Delta l = l + l \cdot \alpha \cdot \Delta\vartheta$$
$$l_\vartheta = l \cdot (1 + \alpha \cdot \Delta\vartheta)$$

Physikalische Größen	Formelzeichen	Einheiten
Ausgangslänge	l	m
Längenausdehnungskoeffizient	α	$\frac{1}{K}$
Temperaturdifferenz	$\Delta\vartheta$	K
Längendifferenz (Längenausdehnung)	Δl	m
Endlänge	l_ϑ	m

Beispiel für die Berechnung der α-Werte: $\alpha_{St} = \dfrac{0{,}58 \text{ mm}}{600 \text{ mm} \cdot 80 \text{ K}}$ $\alpha_{St} = 0{,}000\,012\,\dfrac{1}{K} = 12 \cdot 10^{-6}\,\dfrac{1}{K}$

Alle Ausdehnungszahlen werden experimentell ermittelt und in Tabellen zusammengefaßt:

Längenausdehnungskoeffizienten fester Stoffe zwischen 0 °C und 100 °C in $\frac{1}{K}$

Stahl	$0{,}000\,012 = 12 \cdot 10^{-6}$	Zinn	$0{,}000\,023 = 23 \cdot 10^{-6}$	Beton	$0{,}000\,013 = 13 \cdot 10^{-6}$
Kupfer	$0{,}000\,016 = 16 \cdot 10^{-6}$	Invar	$0{,}000\,002 = 2 \cdot 10^{-6}$	Porzellan	$0{,}000\,003 = 3 \cdot 10^{-6}$
Aluminium	$0{,}000\,024 = 24 \cdot 10^{-6}$	(Eisen-Nickel-Leg.)		Kunststoffe	
Messing	$0{,}000\,018 = 18 \cdot 10^{-6}$	Platin	$0{,}000\,009 = 9 \cdot 10^{-6}$	Polyäthylen	$0{,}000\,200 = 200 \cdot 10^{-6}$
Zink	$0{,}000\,030 = 30 \cdot 10^{-6}$	Quarz	$0{,}000\,001 = 1 \cdot 10^{-6}$	PVC	$0{,}000\,078 = 78 \cdot 10^{-6}$
Blei	$0{,}000\,029 = 29 \cdot 10^{-6}$	Glas	$0{,}000\,008 = 8 \cdot 10^{-6}$	Zelluloid	$0{,}000\,100 = 100 \cdot 10^{-6}$

Hochspannungsleitungen hängen im Sommer mehr durch als im Winter. Um bei den Oberleitungen der elektrischen Eisenbahnen eine gleichmäßige Spannung zu erreichen, werden die Leitungen über Rollen durch Gewichte gespannt. Bei Brückenkonstruktionen liegen die Träger auf der einen Seite auf Rollen auf, um Längenänderungen auszugleichen.

Beispiel:
Eine Eisenbahnschiene hat bei 5 °C eine Länge von 120 m. Welche Längenänderung erfährt die Schiene bei Erwärmung auf 35 °C im Sommer?

$\alpha_{St} = 12 \cdot 10^{-6}\,\dfrac{1}{K}$; $l = 120 \text{ m} = 120\,000 \text{ mm} = 0{,}12 \cdot 10^6 \text{ mm}$; $\Delta\vartheta = 30 \text{ K}$

$\Delta l = l \cdot \alpha \cdot \Delta\vartheta = 0{,}12 \cdot 10^6 \text{ mm} \cdot 12 \cdot 10^{-6}\,\dfrac{1}{K} \cdot 30 \text{ K} = \underline{43{,}2 \text{ mm}}$

Aufgaben

1. Eine Warmwasserleitung ist Temperaturschwankungen von 20 °C bis 90 °C ausgesetzt. Welche Verlängerung erfährt ein Teilstück, das bei 20 °C genau 5 m lang ist? $\alpha_{St} = 12 \cdot 10^{-6}\,\dfrac{1}{k}$

2. Welche Erwärmung darf eine Stahlbrücke, $\alpha_{St} = 12 \cdot 10^{-6}\,\dfrac{1}{K}$, maximal erfahren, wenn sie bei 15 °C 420 m lang ist und eine Ausdehnung von 100 mm zur Verfügung steht?

2.2.2 Wirkungen der Ausdehnung fester Körper. Bolzensprenger

Lernziel: Die wärmebedingten Spannungen an ihren Wirkungen erkennen.

Versuch: *Aufzeigen von Werkstoffspannungen durch Erwärmung und Abkühlung.*

Durchführung: Das Flacheisen wird erwärmt und seine Verlängerung gegenüber dem nicht erwärmten Rahmen durch den Spannkeil ausgeglichen. Dann wird die Wärmequelle entfernt.

Beobachtung: Nach kurzer Zeit bricht der eingesteckte Gußbolzen.

Versuchsergebnis:

> Die mit der Temperaturänderung auftretende Längenänderung eines eingespannten festen Körpers hat Kräfte zur Folge, die als Zug- oder Druckkräfte auf eine äußere Halterung wirken. Es treten wärmebedingte Spannungen auf, die Bauteile zerstören können.

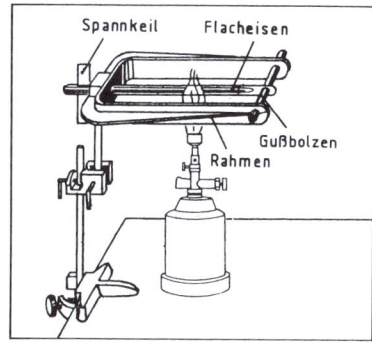

Das durch Wärmeausdehnung verlängerte Flacheisen ist in einem starken Rahmen mit einem Gußbolzen gespannt. Bei Abkühlung sprengt es den Gußbolzen (Bolzensprenger).

Die Wärmespannungen macht man sich beim Auf- oder Einschrumpfen von Bauteilen zunutze. Die Laufradkränze bei den Eisenbahnwagen der Bundesbahn werden aufgeschrumpft. Kugellager werden in Öl erwärmt und über Wellen geschoben; da sie sich beim Abkühlen zusammenziehen, sitzen sie sehr fest auf der Welle. Die gleichen Wirkungen erzielt man, wenn die Welle beim Zusammenbau unterkühlt wird.

2.2.3 Anwendung der Ausdehnung fester Körper. Bimetall

Lernziel: Wissen, daß durch die verschiedenen Längenausdehnungskoeffizienten der Metalle Temperaturänderungen gemessen werden können. Den Aufbau eines Bimetallthermometers kennen.

Werden zwei Metalle mit verschiedenen Längenausdehnungskoeffizienten zusammengenietet, so haben wir ein **Bimetall**.

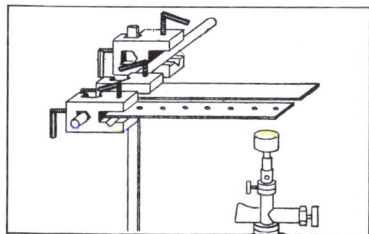

Bimetall:
Ein Bimetallstreifen krümmt sich bei Erwärmung infolge der unterschiedlichen Längenausdehnungskoeffizienten der beiden zusammengenieteten Metalle.

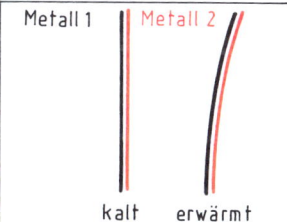

Metall 1 hat einen größeren Längenausdehnungskoeffizienten als Metall 2.
Metall 1: z. B. Zink;
Metall 2: z. B. Kupfer.

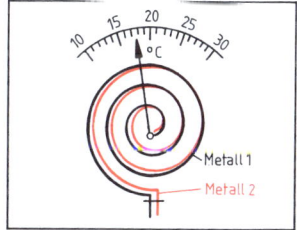

Bimetallthermometer. Bei Erwärmung verlängert sich Metall 1 mehr als Metall 2, dadurch krümmt sich die Spirale mehr und bewegt den Zeiger weiter nach rechts.

Versuch – Durchführung: Der Bimetallstreifen wird festgespannt und gleichmäßig erwärmt.

Versuchsergebnis: ▶ Bei Erwärmung krümmt sich der Bimetallstreifen. Die Krümmung erfolgt in dem Sinne, daß der Metallstreifen mit der geringeren Längenausdehnung an der Innenseite liegt.

Bimetallstreifen dienen zur Temperaturmessung (Bimetallthermometer) und zur automatischen Schaltung von Geräten: der sich krümmende Bimetallstreifen löst einen Kontakt aus. Besonders gut lassen sich Bimetallthermometer zu Thermographen ausbauen (selbständiges Aufschreiben der Temperaturen über eine gewisse Zeitspanne).

2.3 Volumenausdehnung fester und flüssiger Körper

2.3.1 Mathematische Ableitung der Volumenausdehnung

Lernziel: Die Formel für die Volumenausdehnung anwenden können.

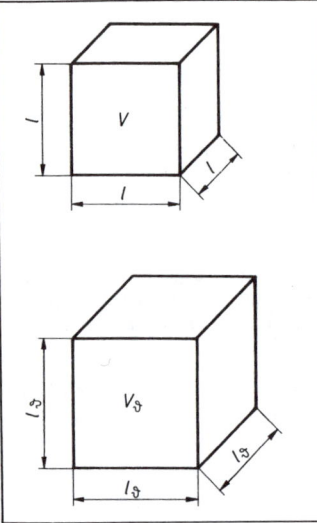

Volumenausdehnung eines Würfels bei Erwärmung

Alle Körper dehnen sich bei Temperaturerhöhung gleichmäßig in Länge, Breite und Höhe aus. Ein Würfel der Kantenlänge l hat nach Erwärmung überall die Kantenlänge l_ϑ. Damit ist sein Volumen V auf V_ϑ gewachsen.

Für $l_\vartheta = l + \Delta l = l \cdot \alpha \cdot \Delta\vartheta = l \cdot (1 + \alpha \cdot \Delta\vartheta)$ gesetzt, ergibt:

$$V_\vartheta = l_\vartheta^3 = l^3 \cdot (1 + \alpha \cdot \Delta\vartheta)^3$$
$$V_\vartheta = V \cdot (1 + \alpha \cdot \Delta\vartheta)^3$$
$$(1 + \alpha \cdot \Delta\vartheta)^3 = 1 + 3 \cdot \alpha \cdot \Delta\vartheta + 3 \cdot \alpha^2 \cdot \Delta\vartheta^2 + \alpha^3 \cdot \Delta\vartheta^3$$

Da α ein sehr kleiner Wert ist, werden α^2 und erst recht α^3 so klein, daß sie unterhalb der Meßgenauigkeit liegen. Die Glieder mit α^2 und α^3 können also entfallen: $(1 + \alpha \cdot \Delta\vartheta)^3 = 1 + 3 \cdot \alpha \cdot \Delta\vartheta$

Damit ergibt sich für V_ϑ:

$$V_\vartheta = V \cdot (1 + 3 \cdot \alpha \cdot \Delta\vartheta)$$

Für $3 \cdot \alpha$ setzt man β als **Volumenausdehnungskoeffizient**, also $3\alpha = \beta$ und erhält das Endvolumen V_ϑ:

Endvolumen:	Physikalische Größen	Formelzeichen	Einheiten
$V_\vartheta = V \cdot (1 + \beta \cdot \Delta\vartheta)$	Ausgangsvolumen	V	m^3
$\beta = 3\alpha$	Volumenausdehnungskoeffizient	β	$\dfrac{1}{K}$
Die Volumendifferenz ergibt sich zu:	Temperaturdifferenz	$\Delta\vartheta$	K
$V_\vartheta = V + V \cdot \beta \cdot \Delta\vartheta$	Endvolumen	V_ϑ	m^3
$\Delta V = V \cdot \beta \cdot \Delta\vartheta$	Volumendifferenz (Volumenausdehnung)	ΔV	m^3

▶ Die β-Werte erhält man aus der Tabelle der α-Werte in 2.2.1.

Beispiel:

Eine Glas-Backform faßt bei 20 °C 2 l. Um wieviel vergrößert sich ihr Volumen bei Erwärmung auf 220 °C?

$\alpha_{Glas} = 8 \cdot 10^{-6} \dfrac{1}{K}$; $\beta_{Glas} = 3 \cdot \alpha_{Glas} = 3 \cdot 8 \cdot 10^{-6} = 24 \cdot 10^{-6} \dfrac{1}{K}$

$V = 2\,dm^3 = 2000\,cm^3$; $\Delta\vartheta = 200\,K$

$\Delta V = V \cdot \beta \cdot \Delta\vartheta$

$\Delta V = 2000\,cm^3 \cdot 24 \cdot 10^{-6} \dfrac{1}{K} \cdot 200\,K = \underline{\underline{9{,}6\,cm^3}}$

---

1 Das Volumen eines Hohlkörpers dehnt sich in gleichem Maße aus wie das Volumen eines Vollkörpers gleicher Größe.

2.3.2 Volumenausdehnung der Flüssigkeiten

Lernziel: Den Versuch zur Volumenausdehnung von Flüssigkeiten beschreiben. Die Ausdehnung der Flüssigkeiten mit der Ausdehnung fester Körper vergleichen. Berechnungen durchführen.

Versuch zur Volumenausdehnung von Flüssigkeiten (vgl. auch Versuch unter 2.1).

Durchführung: Gleiche Glasgefäße werden mit verschiedenen Flüssigkeiten vom Volumen V gefüllt. Werden durchbohrte Stopfen mit gleichen Kapillaren auf die Gefäße gesteckt, so steigt etwas verdrängte Flüssigkeit in den Kapillaren bis zum Stand 1 bei der Temperatur ϑ_1. Das Wasserbad mit den Gefäßen wird auf ϑ_2 erwärmt und die Höhendifferenzen Δh bis zum Stand 2 gemessen.

Versuchsergebnis: Aus dem Ansteigen der Flüssigkeiten bei Erwärmung ergibt sich:

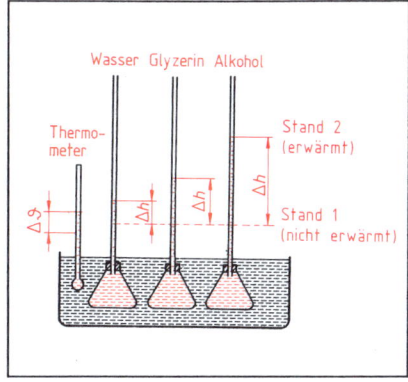

Ermittlung der Volumenausdehnung von Flüssigkeiten

> Bei gleicher Temperaturerhöhung dehnen sich Flüssigkeiten viel stärker aus als feste Körper. Verschiedene Flüssigkeiten dehnen sich verschieden stark aus.

Ein Glasgefäß dehnt sich wie ein massiver Glaskörper aus, deshalb ergibt sich eine zu kleine Volumenausdehnung ΔV. Da sich jedoch das Glas vergleichsweise zu den Flüssigkeiten sehr gering ausdehnt, kann dies zunächst vernachlässigt werden. Die Volumenausdehnung ergibt sich zu $\Delta V = A \cdot \Delta h$, wobei A der lichte Querschnitt der Kapillare ist.

Aus $\Delta V = V \cdot \beta \cdot \Delta \vartheta$ wird nach β umgestellt: $\qquad \beta = \dfrac{\Delta V}{V \cdot \Delta \vartheta}$

Beispiel für die Berechnung des Volumenausdehnungskoeffizienten:

$V = 70 \text{ cm}^3$ $\qquad \Delta V = A \cdot \Delta h$ $\qquad \beta_{\text{Wasser}} = \dfrac{\Delta V}{V \cdot \Delta \vartheta}$

$A = 12 \text{ mm}^2$ $\qquad \Delta V = 12 \text{ mm}^2 \cdot 13 \text{ mm}$

$\vartheta_1 = 22 \,°C$ $\qquad \Delta V = 156 \text{ mm}^3$ $\qquad \beta_{\text{Wasser}} = \dfrac{156 \text{ mm}^3}{70\,000 \text{ mm}^3 \cdot 8 \text{ K}}$

$\vartheta_2 = 30 \,°C$

$\Delta h = 13 \text{ mm}$ $\qquad\qquad\qquad\qquad\qquad\beta_{\text{Wasser}} = 0{,}000\,28 \dfrac{1}{K}$

$\qquad\qquad\qquad\qquad\qquad\qquad\qquad\qquad \beta_{\text{Wasser}} = 280 \cdot 10^{-6} \dfrac{1}{K}$

Bei Berücksichtigung des Glases muß der Wert $\beta_{\text{Glas}} = 3 \cdot \alpha_{\text{Glas}}$ zu β_{Wasser} hinzugezählt werden. Die Ausdehnung ΔV beträgt in Wirklichkeit:

$\Delta V = V \cdot (\beta_{\text{Wasser}} - \beta_{\text{Glas}}) \cdot \Delta \vartheta$ und $\beta_{\text{Wasser}} = \dfrac{\Delta V}{V \cdot \Delta \vartheta} + \beta_{\text{Glas}}$

Volumenausdehnungskoeffizienten flüssiger Stoffe im Bereich von etwa 20°C in $\dfrac{1}{K}$		
Quecksilber 0,00018 = 180 · 10^{-6}	Petroleum 0,00096 = 960 · 10^{-6}	Was- 20°C 0,00020 = 200 · 10^{-6}
Glyzerin 0,00050 = 500 · 10^{-6}	Alkohol 0,00110 = 1100 · 10^{-6}	ser 30°C 0,00030 = 300 · 10^{-6}
Heizöl 0,00086 = 860 · 10^{-6}	Benzin 0,00114 = 1140 · 10^{-6}	bei 70°C 0,00060 = 600 · 10^{-6}

Aufgaben

1. Der Versuchswert für Glyzerin beträgt 23 mm. Berechnen Sie den β-Wert!
2. Eine Warmwasserheizung ist mit 500 l Wasser von 20°C gefüllt. Wieviel Wasser muß das Überlaufgefäß aufnehmen, wenn das Wasser auf 70°C erwärmt wird?
$\alpha_{\text{St}} = 12 \cdot 10^{-6} \dfrac{1}{K}$; $\beta_{\text{Wasser}} = 400 \cdot 10^{-6} \dfrac{1}{K}$
(mittlere Ausdehnungszahl zwischen 20°C und 70°C).

2.3.3 Dichtemaximum und Anomalie des Wassers

Lernziel: Das Verhalten des Wassers beim Gefrieren und beim Erwärmen kennen und die Folgen dieses Verhaltens erläutern können.

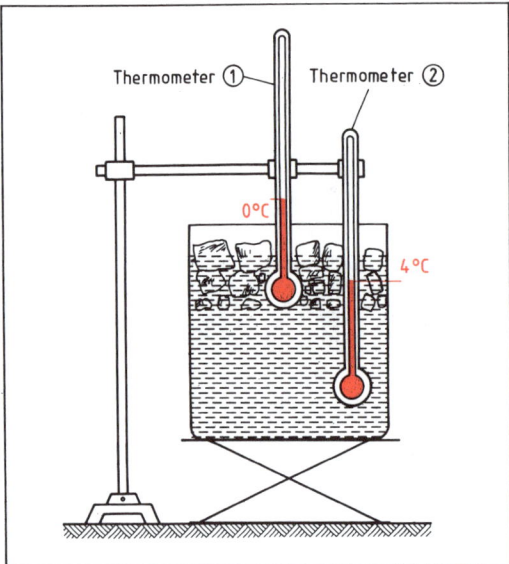

Dichtemaximum des Wassers

Versuch: *In einem Glas mit Eisstücken und etwas geschmolzenem Wasser werden zwei Thermometer befestigt, eines am Boden ②, eines im oberen Drittel ①.*

Durchführung: Die Thermometer werden abgelesen. Das obere Thermometer ① zeigt etwa 0 °C, das untere ② etwa 4 °C.

Versuchsergebnis:

> Das Wasser von 4 °C befindet sich am Boden des Gefäßes: Es hat eine größere Dichte als das Wasser von 0 °C an der Oberfläche.

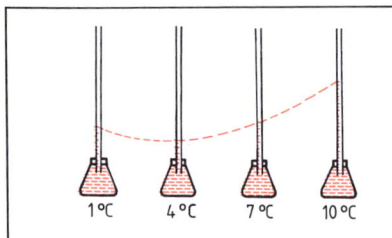

Versuche zur Ausdehnung des Wassers

Aus den Versuchen folgern wir:

Wenn bei einer Dichte $\varrho = \frac{m}{V}$ das Volumen V bei Erwärmung größer wird, dann muß ϱ kleiner werden, d. h. die Dichte nimmt ab. Das ist bei allen Stoffen der Fall, auch bei Wasser über 4 °C. Unterhalb von 4 °C wird die Dichte des Wassers jedoch ebenfalls wieder geringer, denn das kältere Wasser setzt sich über dem 4 °C warmen Wasser ab bzw. das Volumen steigt wieder an. Daraus ergibt sich, daß das Wasser unter 4 °C sein Volumen wieder vergrößert.

> Solange Wasser von 4 °C vorhanden ist, befindet es sich am Boden des Gefäßes. Kälteres und wärmeres Wasser setzen sich darüber ab. Wasser hat bei 4 °C sein Dichtemaximum.
>
> Dieses außergewöhnliche Verhalten des Wassers bezeichnet man als Anomalie des Wassers.

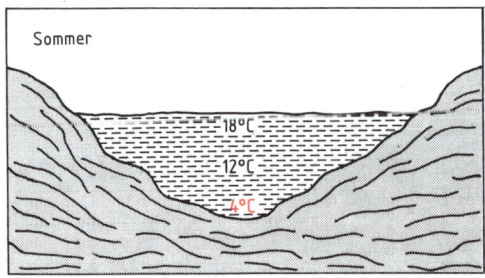 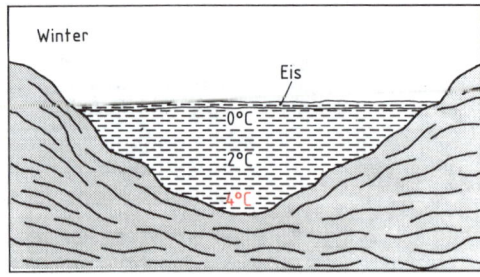

Senkrechter Schnitt durch ein stehendes Gewässer (See oder Teich).

Die Temperatur in Seen und Teichen nimmt im Sommer von oben nach unten ab. Beim Tauchen im Frühsommer gelangt man schnell in kältere Wasserschichten.

Im Winter kühlt die kalte Luft das Wasser an der Oberfläche ab.

Durch die Anomalie des Wassers bleiben die kälteren Wasserschichten oben: Stehende Gewässer frieren stets von oben und vom kälteren Land her zu und behalten in Bodennähe, wenn sie genügend tief sind, wärmeres Wasser von etwa 4 °C für die darin lebenden Tiere.

In Flüssen werden die Wasserschichten durch die Strömung gemischt, so daß sich auch das Flußbett auf 0 °C abkühlt. Am Ufer, an Pfählen und an Steinen beginnt dann die Eisbildung; jedoch gibt es selten eine feste Eisdecke über einen rasch strömenden Fluß.

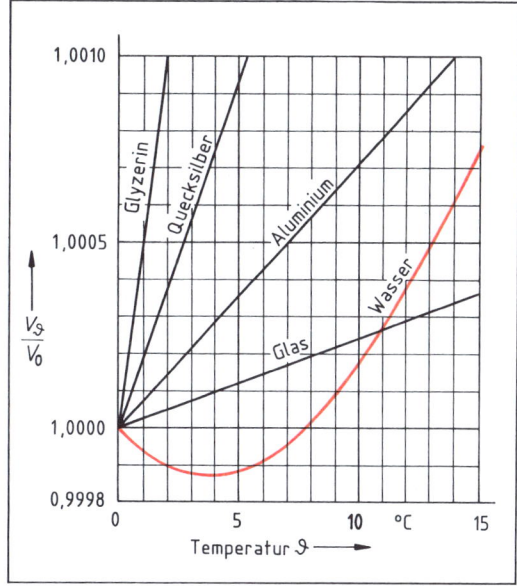

Das Schaubild verdeutlicht die unterschiedliche Wärmeausdehnung fester und flüssiger Stoffe und zeigt die Anomalie des Wassers.

Anomalie des Wassers

Versuch: *Nachweis der Volumenvergrößerung des Wassers beim Gefrieren.*

Durchführung: *Ein Reagenzglas wird ganz mit Wasser gefüllt, fest verschlossen und in eine Schale mit Trockeneis gestellt.*

Versuchsergebnis: *Das Reagenzglas platzt sofort beim Gefrieren des Wassers.*

> Beim Gefrieren des Wassers, also beim Übergang des Wassers von 0 °C in Eis von 0 °C, erfolgt eine zusätzliche Volumenvergrößerung. Diese Volumenvergrößerung beträgt etwa 9 %.

Durch diese Volumenvergrößerung ist es zu erklären, daß Eis auf Wasser schwimmt: Eis hat eine geringere Dichte als Wasser (vgl. 1.6.6 und 2.8.4). Eine ungeschützt verlegte Wasserleitung, die Temperaturen unter 0 °C ausgesetzt ist, kann einfrieren. Das Eis zersprengt die Leitung. In der Natur fördert diese Eigenschaft des Wassers die Verwitterung. In Felsspalten eingedrungenes Wasser gefriert im Winter zu Eis und sprengt das Gestein auseinander.

Aufgaben

1. *Was geschieht, wenn Sie Wasser von 4 °C in eine Flasche füllen und*
   a) *die Flasche abkühlen lassen unter 0 °C?*
   b) *die randvoll gefüllte und verschlossene Flasche erwärmen?*

2. *Wie würde die Skalenteilung eines Thermometers mit Wasserfüllung im Bereich zwischen 5 °C und 15 °C aussehen?*

2.4 Volumenausdehnung der Gase

2.4.1 Ermittlung des Volumenausdehnungskoeffizienten

Lernziel: Den Versuch beschreiben können und den Volumenausdehnungskoeffizienten für Luft mit den Werten für Flüssigkeiten vergleichen. Die Festlegung des absoluten Nullpunktes kennen.

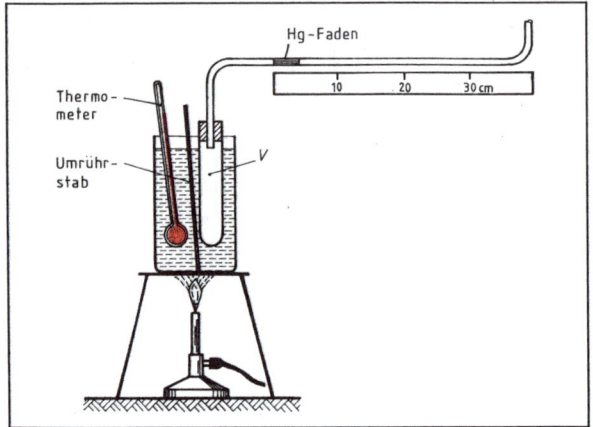

Die Volumenänderung ΔV wird in Abhängigkeit der Temperaturdifferenz $\Delta \vartheta$ gemessen. Daraus läßt sich der Raumausdehnungskoeffizient des Gases bestimmen.

Versuch: *Das Volumen V der eingeschlossenen Gasmenge im Reagenzglas wird bestimmt (Meßglas). Die zugehörige Temperatur kann am Thermometer abgelesen werden:* ϑ_1

Durchführung: Das Wasserbad wird langsam erwärmt und in bestimmten Abständen die Temperatur ϑ_2 und die Ausdehnung Δl abgelesen.

Nach $\Delta V = V \cdot \beta \cdot \Delta \vartheta$ ergibt sich für $\beta = \dfrac{\Delta V}{V \cdot \Delta \vartheta}$, wobei $\Delta \vartheta = \vartheta_2 - \vartheta_1$ ist.
$V = 28{,}7\ cm^3$, Querschnitt der Kapillare $A = 0{,}07\ cm^2$, $\Delta V = A \cdot \Delta l$

Temperaturdifferenz $\Delta \vartheta$	6 K	12 K	18 K	24 K
Weg des Hg-Fadens Δl	9,1 cm	18,0 cm	26,7 cm	35,9 cm
$\Delta V = A \cdot \Delta l$	0,64 cm³	1,26 cm³	1,87 cm³	2,51 cm³
$\beta = \dfrac{\Delta V}{V \cdot \Delta \vartheta}$	$0{,}00372\ \dfrac{1}{K}$ $= \dfrac{1}{269\ K}$	$0{,}00366\ \dfrac{1}{K}$ $= \dfrac{1}{273\ K}$	$0{,}00362\ \dfrac{1}{K}$ $= \dfrac{1}{276\ K}$	$0{,}00364\ \dfrac{1}{K}$ $= \dfrac{1}{275\ K}$

Versuchsergebnis: Im beobachteten Temperaturbereich dehnt sich das Luftvolumen proportional zur Temperaturzunahme aus.

Der räumliche Ausdehnungskoeffizient ist für Luft: $\beta = \dfrac{1}{273\ K}$

Genaue Versuche mit Luft und anderen Gasen ergeben:

> Bei konstantem Druck p dehnen sich alle Gase bei Erwärmung um 1 K um $\dfrac{1}{273}$ ihres Volumens aus, das sie bei 0 °C besitzen.

Gase dehnen sich im Vergleich zu Flüssigkeiten (vgl. 2.3.2) und festen Körpern (vgl. 2.2.1, $\beta = 3 \cdot \alpha$) wesentlich stärker aus.

Stellen wir uns modellhaft vor, wir würden das Gas von 0 °C um 273 °C abkühlen, so wäre von dem ursprünglichen Volumen nichts mehr vorhanden, bzw. das Gas hätte sein Volumen bis auf das Eigenvolumen seiner Gasmoleküle verringert, da die Wärmebewegung der Moleküle zum Stillstand gekommen ist (vgl. 2.5). $-273\ °C$ (genau: $-273{,}15\ °C$) ist damit die denkbar tiefste Temperatur. Dieser Punkt wird als **absoluter Nullpunkt** bezeichnet und die von dort gezählte Temperatur als **absolute Temperatur, thermodynamische Temperatur** oder **Kelvintemperatur**.

2.4.2 Das GAY-LUSSACsche Gesetz. Die KELVIN-Temperatureinheit

Lernziel: Das GAY-LUSSACsche Gesetz[1] kennen und anwenden können. Die Basiseinheit der Temperatur im Internationalen Einheitensystem (SI) kennen.

In der Formel für die Volumenausdehnung
$V_\vartheta = V \cdot (1 + \beta \cdot \Delta\vartheta)$
kann durch Einführung der Kelvin-Temperatureinheit für $\Delta\vartheta = T - T_0$ gesetzt werden, wobei anstelle des V das Volumen V_0 bei T_0 tritt.

$V_T = V_0 \cdot [1 + \beta \cdot (T - T_0)]$

$T_0 = 273$ K und $\beta = \dfrac{1}{273\,\text{K}}$ für Gase

bei V_0 ergibt für $\beta = \dfrac{1}{T_0}$

$V_T = V_0 \cdot \left[1 + \dfrac{T}{T_0} - \dfrac{T_0}{T_0}\right]$

$V_T = V_0 \cdot \dfrac{T}{T_0}$

$\dfrac{V_T}{T} = \dfrac{V_0}{T_0}$

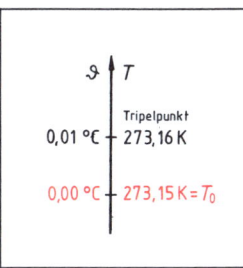

Tripelpunkt des Wassers bei 6,46 hPa

Für die Umrechnung der Skalen gilt:
$T = T_0 + \Delta\vartheta$
($\Delta\vartheta$ gegenüber 0 °C)

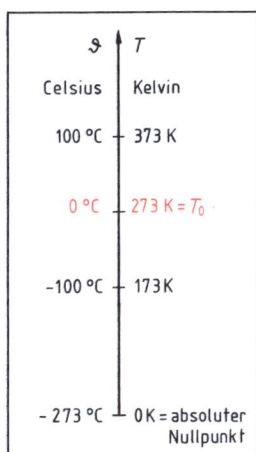

Bei konstantem Druck ist der Quotient von Volumen und absoluter Temperatur eines abgeschlossenen Gases konstant.

Gesetz von GAY-LUSSAC:

Für $p =$ konstant ist:
$\dfrac{V}{T} =$ konstant
$\dfrac{V_1}{T_1} = \dfrac{V_2}{T_2} =$ konstant

Physikalische Größen	Formelzeichen	Einheiten
Volumen	V	m^3
Temperaturen	T	K

Als Basiseinheit des Internationalen Einheitensystems (SI) wurde für die Temperatur festgelegt:

Die SI-Basiseinheit für die Temperatur ist das Kelvin; Kurzzeichen K. 1 Kelvin ist der 273,16te Teil der thermodynamischen Temperatur des Tripelpunktes[3] des Wassers.

▶ Umrechnung der Temperaturen: $T = 273$ K $+ \Delta\vartheta$ ($\Delta\vartheta$ gegenüber 0 °C)
▶ Für die Temperaturdifferenz gilt: $\Delta T = \Delta\vartheta$; $[\Delta T] = [\Delta\vartheta] =$ K

Beispiel:
Die Luft in einem Zimmer von 16 m² Fläche und 2,5 m Deckenhöhe wird von 5 °C auf 22 °C erwärmt. Wieviel Luft muß entweichen, damit der Druck im Zimmer gleich bleibt?

Gegeben: $V_1 = 40$ m³, $\quad \dfrac{V_1}{T_1} = \dfrac{V_2}{T_2} \quad V_2 = \dfrac{40\,\text{m}^3 \cdot 295\,\text{K}}{278\,\text{K}} \quad \Delta V = V_2 - V_1$
$T_1 = 278$ K,
$T_2 = 295$ K; $\quad\quad\quad\quad\quad\quad V_2 = \dfrac{V_1 \cdot T_2}{T_1} \quad \underline{\underline{V_2 = 42{,}45\,\text{m}^3}} \quad \underline{\underline{\Delta V = 2{,}45\,\text{m}^3}}$
gesucht: $V_2, \Delta V$

---

[1] **Gay-Lussac, Louis Joseph,** 1778–1850, Prof. der Chemie in Paris, fand 1816 die Gesetzmäßigkeiten zwischen Temperatur und Druck und zwischen Temperatur und Volumen der Gase.
[2] **Kelvin,** 1824–1907, engl. Physiker, kinetische Theorie der Wärme.
[3] Tripelpunkt (tri = drei); für verschiedene Stoffe können bei bestimmten Drücken und Temperaturen alle drei Zustandsformen gleichzeitig stabil bestehen. Für Wasser ist dies bei 6,46 hPa und 273,16 K der Fall.

2.4.3 Die Zustandsgleichung der Gase

Lernziel: Die Ableitung der Zustandsgleichung der Gase verstehen. Im Versuch die Gasgleichung überprüfen und bestätigen. Die Gleichung anwenden können. Wissen, daß die Temperatur in Kelvingraden eingesetzt werden muß.

Geht ein Gas vom Zustand p_1, V_1, T_1 in den Zustand p_2, V_2, T_2 über, so läßt sich dieser Übergang in zwei Teilschritte zerlegen. Beim ersten Teilschritt ist T = konstant, und es entsteht aus dem Volumen V_1 das Zwischenvolumen V'. Beim zweiten Teilschritt ist p = konstant, wobei das Zwischenvolumen V' in das Endvolumen V_2 übergeht.

BOYLE-MARIOTTE	GAY-LUSSAC
T = konstant	p = konstant
$p_1 \cdot V_1 = p_2 \cdot V'$	$\dfrac{V'}{T_1} = \dfrac{V_2}{T_2}$
$V' = \dfrac{p_1 \cdot V_1}{p_2}$	$V' = \dfrac{T_1 \cdot V_2}{T_2}$

$$\frac{p_1 \cdot V_1}{p_2} = \frac{T_1 \cdot V_2}{T_2}$$

$$\frac{p_1 \cdot V_1}{T_1} = \frac{p_2 \cdot V_2}{T_2}$$

Die Verknüpfung des BOYLE-MARIOTTEschen Gesetzes und des GAY-LUSSACschen Gesetzes führt zur Zustandsgleichung der Gase.

Der gesetzmäßige Zusammenhang zwischen den drei **Zustandsgrößen** eines Gases, **Druck**, **Volumen** und **Temperatur** wird als die **Zustandsgleichung** der Gase oder als **Gasgleichung** bezeichnet.

$$\frac{p_1 \cdot V_1}{T_1} = \frac{p_2 \cdot V_2}{T_2}$$

Physikalische Größen	Formelzeichen	Einheiten
Druck	p	bar; Pa
Volumen	V	m³
Temperatur	T	K

Versuch: *Bestätigung der Gasgleichung.*

Durchführung: Volumen und Temperatur der eingeschlossenen Luft werden bestimmt: V_1, T_1. Der Druck p_1 ergibt sich durch Ablesen des Quecksilberbarometers. Da die Quecksilberspiegel vor Beginn des Versuchs gleich hoch stehen, ist $p_1 = p_L$ (verbundene Gefäße). Durch die Ummantelung lassen wir Wasserdampf strömen, der das Volumen V_1 vergrößert und die eingeschlossene Luft unter einen höheren Druck setzt. An einer Skala kann das neue Luftvolumen V_2 abgelesen werden, und mit einem Lineal wird der Druck Δp in mm HgS abgelesen. T_2 ist im abströmenden Wasserdampf 373 K.

Experimentelle Bestätigung der Zustandsgleichung der Gase

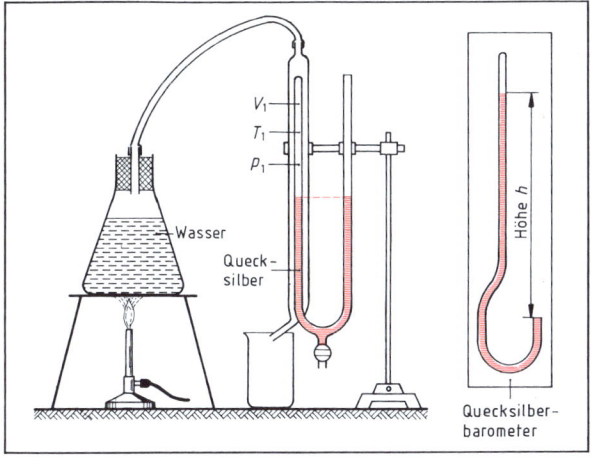

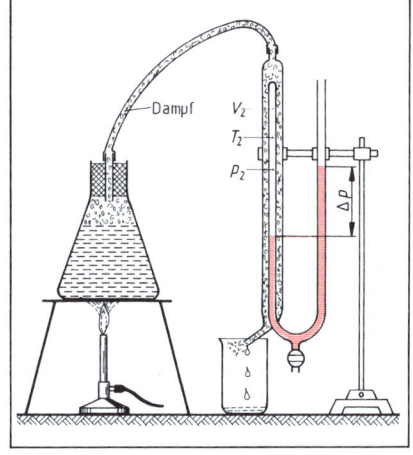

p_1, V_1, T_1 **vor der Erwärmung** $\qquad\qquad\qquad$ p_2, V_2, T_2 **nach der Erwärmung**

Versuchsauswertung:

$$\frac{p_1 \cdot V_1}{T_1} = \frac{760 \text{ mm HgS} \cdot 46{,}5 \text{ cm}^3}{295{,}5 \text{ K}} = 119 \frac{\text{mm HgS} \cdot \text{cm}^3}{\text{K}}$$

$$p_2 = p_L + \Delta p$$

$$\frac{p_2 \cdot V_2}{T_2} = \frac{781 \text{ mm HgS} \cdot 57 \text{ cm}^3}{373 \text{ K}} = 119 \frac{\text{mm HgS} \cdot \text{cm}^3}{\text{K}}$$

mmHgS (mm Quecksilbersäule) ist keine SI-Einheit, sie bietet sich aber hier als direkte Vergleichsmöglichkeit für die Drücke an. Für die Umrechnung vgl. 1.7.3.

Versuchsergebnis:

▶ Ändern sich bei einer eingeschlossenen Gasmenge Temperatur, Volumen und Druck, so behält der Bruch stets den gleichen Wert.

$$\frac{p \cdot V}{T} = \text{konstant}$$

Änderung der Dichte bei Druck- und Temperaturänderung:

In 1.7.1 haben wir die Dichten der Gase auf 1013 hPa und 273 K bezogen. Steht das Gas unter einem anderen Druck und unter anderer Temperatur, so ändert sich auch seine Dichte. Die Normbedingungen sind: $p_0 = 1013$ hPa und $T_0 = 273$ K. Hierbei hat das Gas die angegebene Dichte ϱ_0. Bei dem Druck p_1 und der Temperatur T_1 hat das Gas die Dichte ϱ_1.

$\varrho_0 = \dfrac{m}{V_0} \qquad V_0 = \dfrac{m}{\varrho_0} \qquad \varrho_1 = \dfrac{m}{V_1} \qquad V_1 = \dfrac{m}{\varrho_1}$

$\dfrac{p_0 \cdot V_0}{T_0} = \dfrac{p_1 \cdot V_1}{T_1} \qquad$ Gasgleichung

$\dfrac{p_0 \cdot m}{\varrho_0 \cdot T_0} = \dfrac{p_1 \cdot m}{\varrho_1 \cdot T_1} \qquad V_0$ und V_1 eingesetzt

$\dfrac{p_0}{\varrho_0 \cdot T_0} = \dfrac{p_1}{\varrho_1 \cdot T_1} \qquad \dfrac{\varrho_1}{\varrho_0} = \dfrac{p_1 \cdot T_0}{p_0 \cdot T_1} \qquad \boxed{\varrho_1 = \varrho_0 \cdot \dfrac{p_1 \cdot T_0}{p_0 \cdot T_1}}$

Beispiele:

1. Wie groß ist die Masse der Luft in einer Preßluft-Taucherflasche von 10 l Inhalt, die bei 27 °C unter einem Druck von 200 bar steht?

$\varrho_0 = 1{,}293 \frac{kg}{m^3}$ für Luft bei 273 K und 1013 hPa = 1,013 bar

$V_1 = 10 \text{ dm}^3$; $T_1 = 300$ K; $p_1 = 200$ bar; $T_0 = 273$ K; $p_0 = 1{,}013$ bar

$\varrho_0 = \frac{m}{V_0} \to m = \varrho_0 \cdot V_0$	$\varrho_1 = \frac{m}{V_1} \to m = \varrho_1 \cdot V_1$
Entweder muß das Volumen auf die Bedingungen von ϱ_0 umgerechnet werden,	oder die Dichte auf die Bedingungen des Volumens V_1
$\frac{p_0 \cdot V_0}{T_0} = \frac{p_1 \cdot V_1}{T_1}$	$\varrho_1 = \varrho_0 \cdot \frac{p_1 \cdot T_0}{p_0 \cdot T_1}$
$V_0 = \frac{p_1 \cdot V_1 \cdot T_0}{T_1 \cdot p_0}$	$\varrho_1 = 1{,}293 \frac{kg}{m^3} \cdot \frac{200 \text{ bar} \cdot 273 \text{ K}}{1{,}013 \text{ bar} \cdot 300 \text{ K}}$
$V_0 = \frac{200 \text{ bar} \cdot 10 \text{ dm}^3 \cdot 273 \text{ K}}{300 \text{ K} \cdot 1{,}013 \text{ bar}}$	$\varrho_1 = 233 \frac{kg}{m^3}$
$V_0 = 1800 \text{ dm}^3$	
$m = 1{,}293 \frac{kg}{m^3} \cdot 1{,}8 \text{ m}^3$	$m = 233 \frac{kg}{m^3} \cdot 0{,}01 \text{ m}^3$
$\underline{\underline{m = 2{,}33 \text{ kg}}}$	$\underline{\underline{m = 2{,}33 \text{ kg}}}$

2. Eine Stahlflasche hat ein Volumen von 40 Liter und ist mit Sauerstoff gefüllt. Das Manometer zeigt morgens einen Druck von 1,7 bar bei einer Temperatur von 12 °C an. Nachmittags herrscht bei einer Temperatur von 20 °C ein Druck von 1,55 bar. Welche Sauerstoffmasse ist entnommen worden?

$\varrho_0 = 1{,}43 \frac{kg}{m^3}$ für Sauerstoff bei 273 K und 1013 hPa

$V_1 = 40 \text{ dm}^3$; $p_1 = 1{,}7$ bar; $T_1 = 285$ K; $p_2 = 1{,}55$ bar; $T_2 = 293$ K

$\frac{V_1 \cdot p_1}{T_1} = \frac{V_2 \cdot p_2}{T_2}$	$V_0 = \frac{\Delta V_2 \cdot p_2 \cdot T_0}{T_2 \cdot p_0}$
$V_2 = \frac{V_1 \cdot p_1 \cdot T_2}{T_1 \cdot p_2}$	$V_0 = \frac{5{,}1 \text{ dm}^3 \cdot 1550 \text{ hPa} \cdot 273 \text{ K}}{293 \text{ K} \cdot 1013 \text{ hPa}}$
$V_2 = \frac{40 \text{ dm}^3 \cdot 1{,}7 \text{ bar} \cdot 293 \text{ K}}{285 \text{ K} \cdot 1{,}55 \text{ bar}} = 45{,}1 \text{ dm}^3$	$V_0 = 7{,}27 \text{ dm}^3$
$\Delta V_2 = 5{,}1 \text{ dm}^3$ bei T_2, p_2 entnommen	$\varrho_0 = \frac{m}{V_0} \to m = \varrho_0 \cdot V_0$
	$m = 1{,}43 \frac{g}{dm^3} \cdot 7{,}27 \text{ dm}^3$
	$\underline{\underline{m = 10{,}4 \text{ g}}}$

Aufgaben

1. In einer Stahlflasche befinden sich 40 Liter Sauerstoff bei einer Temperatur von 20 °C und einem Druck von 150 bar. Wie groß ist das Volumen des Sauerstoffs bei Normbedingungen? Wie groß ist die Masse des Sauerstoffs?

2. Wie groß ist die Masse der Luft in einem Zimmer von 50 m³ Rauminhalt bei 22 °C und 1050 hPa?

3. Ein Kraftwagenreifen wird auf ein Volumen von 30 dm³ und einen Druck von 3,5 bar mit Luft aufgepumpt. Durch das Zusammenpressen (Komprimieren) der Luft steigt ihre Temperatur auf 38 °C. Auf welchen Druck verringert sich die Luft im Reifen, wenn sie sich nach einigen Minuten auf 20 °C abgekühlt hat (Annahme: gleichbleibendes Volumen)? Welche Masse hat die Luft im Reifen?
(Für Luft gilt bei 273 K und 1013 hPa: $\varrho_0 = 1{,}293 \frac{kg}{m^3}$.)

2.5 Kinetische Wärmetheorie

Lernziel: Über die „Brownsche" Wärmebewegung die kinetische Wärmetheorie als gedanklich abstraktes Modell der Natur und ihrer Geschehnisse verstehen. Wärme als eine innere Energieform erkennen.

Versuch: In das mit Wasser gefüllte Becherglas geben wir eine Messerspitze Silberbronze (feines Aluminiumpulver). Die Lampe ist so eingestellt, daß nahezu paralleles Licht in das Wasser fällt.

Durchführung: Wir warten, bis das Wasser bei Zimmertemperatur völlig ruhig im Becherglas steht und beobachten die Bewegungen der Aluminiumteilchen. Dann wird das Wasser kurz erwärmt. Nachdem die Wärmeströmung aufgehört hat, beobachten wir die Aluminiumteilchen wieder.

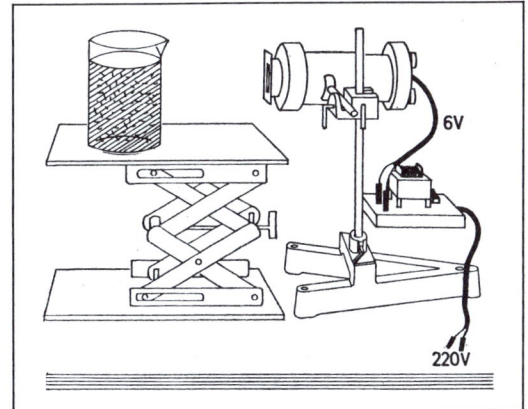

Im Wasser schwebende Aluminiumflitter bewegen sich mehr oder weniger heftig im ruhigen Wasser. (Ähnliche Beobachtungen lassen sich z. B. mit Tabakrauch im Sonnenlicht durchführen.)

Beobachtung: Es ist zunächst ein schwaches Flimmern des Aluminiumpulvers zu sehen. Dann – nach kurzzeitiger Erwärmung – werden die Bewegungen heftiger. Die Aluminiumflitter bewegen sich um kleine Wegstücke auf- und abwärts. (Die Gesamtströmung ist dabei nicht zu berücksichtigen; sie kommt durch Dichteunterschiede zustande, vgl. 1.6.6.)

Erklärung: Der Botaniker **BROWN** erkannte als erster diese Erscheinung. Unter dem Mikroskop sah er, daß kleinste Teilchen eine zuckende Bewegung ausführen, so als würden sie ständig von allen Seiten sehr viele unregelmäßige Stöße erhalten.

▶ Diese **BROWNsche Bewegung** bildet die Grundlage für eine Vorstellung von der Wärme, die als **Kinetische Molekulartheorie** oder **Wärmetheorie** bezeichnet wird.

Der Physiker versucht, anhand von Modellvorstellungen, Einsichten zu gewinnen. Eine Reihe von Annahmen, ein Gedankengebäude, ermöglicht uns, Vorgänge zu beschreiben, deren genauen Ablauf wir nicht kennen, deren Wirkungen aber bekannt sind.

Die Molekulartheorie geht von folgenden Annahmen aus:

▶ Jeder Körper besteht aus kleinsten Teilchen, die wir Moleküle und Atome nennen. Diese Teilchen können wir nicht direkt wahrnehmen.

▶ Diese kleinsten Teilchen sind in dauernder Bewegung mit unterschiedlicher Geschwindigkeit.

▶ Wenn diese kleinsten Teilchen aufeinanderstoßen, prallen sie ohne Energieverlust zurück. Der Gesamtbetrag der kinetischen Energie ändert sich nicht.

Die kleinsten Teilchen sind nicht nur bei Flüssigkeiten in Bewegung, sondern bei gasförmigen Körpern noch in weit größerem Maße. Bei festen Körpern besteht die Bewegung in einem Hin- und Herschwingen um einen festen Ort.

> Bei Wärmezufuhr erhöht sich die mittlere Geschwindigkeit der bewegten Teilchen.
>
> Die Wärme – und damit auch die Temperatur eines Körpers – beruht auf der ungeordneten Bewegung seiner Moleküle und Atome.

Mit dieser **Energievorstellung** lassen sich alle Erscheinungen der Wärmelehre mühelos erklären. Deshalb fand dieses Gedankenmodell allgemeine Bestätigung.

Zur Modellvorstellung der Wärmebewegung vgl. 2.8.1.

Beispiel 1:

Ausdehnung fester Stoffe bei Erwärmung.

Sehr schnell bewegte Teilchen stoßen sich häufig und versuchen daher einen größeren Raum einzunehmen als weniger schnell bewegte.

Beispiel 2:

Zustandsgleichung der Gase $\dfrac{p \cdot V}{T} =$ konstant.

Wird das Volumen eines eingeschlossenen Gases verkleinert, so stoßen die Moleküle häufiger an die Begrenzungswand: Der Druck erhöht sich.

Wird die Temperatur des eingeschlossenen Gases bei gleichbleibendem Volumen erhöht, so vergrößert sich der Druck, da die Teilchen mit größerer Geschwindigkeit an die Begrenzungswände treffen.

An diesen Beispielen wird deutlich:

▶ Die zugeführte Wärmeenergie erhöht die **Bewegungsenergie** der Teilchen.

▶ Die zugeführte mechanische Energie (Vergrößerung des Drucks) führt zur Erhöhung der Bewegungsenergie der Teilchen und dadurch zur **Zunahme der Wärmeenergie.**

Damit kann die Wärme selbst nur eine Form von Energie sein:

> Die Wärme ist eine Energieform.

▶ Temperatur und Energie eines Körpers sind proportional.

2.6 Die Wärmeenergie

2.6.1 Abhängigkeit der Wärmeenergie von Masse und Temperaturdifferenz

Lernziel: Erkennen, daß bei Körpern aus gleichen Werkstoffen die Wärmeenergie von Masse und Temperaturdifferenz abhängig ist. Die **Wärmeenergie** W als eine Form der Energie bewerten und ihre Einheiten nennen können.

Versuch: *Zwei Tauchsieder mit gleicher Leistung befinden sich gleich tief in Bodennähe der Bechergläser, ohne diese zu berühren.*

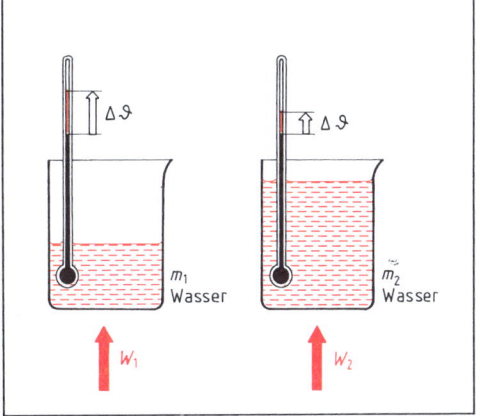

Durchführung: Das kleine Becherglas beinhaltet $m_1 = 300$ g, das große $m_2 = 600$ g **Wasser.** Nach Messung der Wassertemperatur ϑ_1 zu Beginn des Versuchs werden die Wassermassen gleich lange erwärmt. Vor jeder Temperaturmessung ist die Flüssigkeit mit dem Thermometer oder einem Glasstab umzurühren.

Die Temperaturen ϑ_2 werden in die Tabelle eingetragen, $\Delta\vartheta = \vartheta_2 - \vartheta_1$ und $m_1 \cdot \Delta\vartheta$ bzw. $m_2 \cdot \Delta\vartheta$ errechnet.

Wird verschiedenen Wassermassen die gleiche Wärmeenergie zugeführt, so erfährt die kleinere Masse die größere Temperaturerhöhung.

Zeiten	Anfangstemperatur $\vartheta_1 = 19{,}8\,°C$ $m_1 = 300$ g			Anfangstemperatur $\vartheta_1 = 19{,}8\,°C$ $m_2 = 600$ g		
	ϑ_2	$\Delta\vartheta$	$m_1 \cdot \Delta\vartheta$	ϑ_2	$\Delta\vartheta$	$m_2 \cdot \Delta\vartheta$
30 s	43 °C	23,2 °C	6960	30 °C	10,2 °C	6120
60 s	65 °C	22,0 °C	6600	41 °C	11,0 °C	6600
90 s	88 °C	23,0 °C	6900	52 °C	11,0 °C	6600

Versuchsergebnis:

Körper aus gleichen Werkstoffen mit verschiedenen Massen erhöhen bei gleicher Wärmeenergiezufuhr ihre Temperatur so, daß der Körper mit der geringeren Masse die größere Temperaturerhöhung erfährt bzw., daß das Produkt aus Masse m und Temperaturdifferenz $\Delta\vartheta$ gleich ist.

Bei Körpern aus gleichen Werkstoffen ist $m \cdot \Delta\vartheta$ proportional der zugeführten Wärmeenergie.

▶ Da die Wärme eine Energieform ist, erhält sie das gleiche **Formelzeichen** W wie die mechanische Energie und auch die bereits bekannten **Einheiten Nm = J = Ws** (Newtonmeter = Joule = Wattsekunde).

Die SI-Einheit für die Wärmeenergie ist 1 J = 1 Nm = 1 Ws.

2.6.2 Spezifische Wärmekapazität und Wärmeenergie

Lernziel: Die Abhängigkeit der Wärmeenergie von der spezifischen Wärmekapazität erkennen. Die spezifische Wärmekapazität als Materialkonstante deuten und ihre Definition und Einheit kennen. Berechnungen durchführen können.

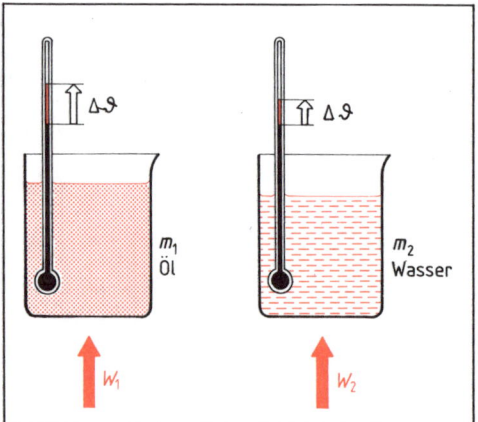

Die Temperaturerhöhung ist von der spezifischen Wärmekapazität c des Körpers abhängig. Die Masse des Wassers ist gleich der Masse des Öls, die Volumen sind ungleich.

Versuch: *Zwei Tauchsieder mit gleicher Leistung von $P = 1000$ W befinden sich gleich tief in Bodennähe der Bechergläser, ohne diese zu berühren.*

Durchführung: Im linken Becherglas befinden sich $m_{Öl} = 200$ g **Öl**, im rechten Becherglas $m_W = 200$ g **Wasser**. Nach Messung der Wassertemperatur und Öltemperatur ϑ_1 zu Beginn des Versuchs werden die beiden Flüssigkeiten gleicher Masse gleich lang erwärmt. Vor jeder Temperaturmessung ist die Flüssigkeit mit dem Thermometer oder einem Glasstab umzurühren.

Zeiten	$m_{Öl} = 200$ g (Öl)			$m_W = 200$ g (Wasser)		
	Anfangstemperatur $\vartheta_1 = 20\,°C$			Anfangstemperatur $\vartheta_1 = 20\,°C$		
	ϑ_2	$\Delta\vartheta$	$m_{Öl} \cdot \Delta\vartheta$	ϑ_2	$\Delta\vartheta$	$m_W \cdot \Delta\vartheta$
10 s	42,5 °C	22,5 °C	4500	31,5 °C	11,5 °C	2300
20 s	64,5 °C	22,0 °C	4400	43,0 °C	11,5 °C	2300

Versuchsergebnis:

Körper aus verschiedenartigen Werkstoffen mit gleicher Masse erhöhen bei gleicher Wärmezufuhr ihre Temperatur um unterschiedliche Beträge.

Aus dem Versuchsergebnis folgt außerdem, daß für gleiche Temperaturerhöhung verschiedener Körper gleicher Masse verschiedene Wärmemengen erforderlich sind.

Damit muß in die Proportion $W \sim m \cdot \Delta\vartheta$ noch eine Materialkonstante, eine Stoffeigenschaft, hinzukommen, die wir zahlenmäßig mit dem Begriff der **spezifischen Wärmekapazität** c erfassen:

Dann wird: $W = m \cdot c \cdot \Delta\vartheta$

Aus dieser Gleichung und den Versuchswerten kann die spezifische Wärmekapazität c als Proportionalitätskonstante berechnet werden.

Für die spezifische Wärmekapazität erhalten wir durch Formelumstellung:

$$c = \frac{W}{m \cdot \Delta \vartheta}$$

$$[c] = \frac{kJ}{kg \cdot K} = \frac{J}{g \cdot K}$$

Die spezifische Wärmekapazität ist eine Materialkonstante und wird wie folgt definiert:
▶ Die spezifische Wärmekapazität ist der Quotient aus der Wärmeenergie und dem Produkt aus Masse und Temperaturdifferenz.

Aus $c = \frac{W}{m \cdot \Delta \vartheta}$ erhalten wir $c \sim \frac{1}{\Delta \vartheta}$. Daraus ergibt sich: $\Delta \vartheta \sim \frac{1}{c}$

▶ Der Körper mit der geringeren spezifischen Wärmekapazität erfährt bei gleicher Wärmezufuhr eine größere Temperaturerhöhung.

Die Wärmeenergie ist gleich dem Produkt aus Masse m, spezifischer Wärmekapazität c und Temperaturdifferenz $\Delta \vartheta$.

$W = m \cdot c \cdot \Delta \vartheta$

$[W] = \text{kg} \cdot \frac{kJ}{kg \cdot K} \cdot K$

Physikalische Größen	Formelzeichen	Einheiten
Masse	m	kg
Spezifische Wärmekapazität	c	$\frac{kJ}{kg \cdot K}$
Temperaturdifferenz	$\Delta \vartheta$	K
Wärmeenergie	W	kJ

Auswertung der Versuche:

Da $P = \frac{W}{t}$ ist (vgl. 1.4.3), ergibt sich für die zugeführte Wärmeenergie $W = P \cdot t$

Wasser

$W = 1000 \text{ W} \cdot 10 \text{ s}$
$W = 10\,000 \text{ Ws} = 10\,000 \text{ J}$
$c_{\text{Wasser}} = \frac{W}{m \cdot \Delta \vartheta} = \frac{10\,000 \text{ J}}{2300 \text{ g} \cdot \text{K}}$
$c_{\text{Wasser}} = 4{,}35 \frac{J}{g \cdot K}$

Öl

$W = 1000 \text{ W} \cdot 10 \text{ s}$
$W = 10\,000 \text{ Ws} = 10\,000 \text{ J}$
$c_{\text{Öl}} = \frac{W}{m \cdot \Delta \vartheta} = \frac{10\,000 \text{ J}}{4500 \text{ g} \cdot \text{K}}$
$c_{\text{Öl}} = 2{,}22 \frac{J}{g \cdot K}$

Durch die Wärmeabgabe an das Gefäß sind die ermittelten Werte etwas zu hoch. Genaue Messungen ergeben:

$c_{\text{Wasser}} = 4{,}19 \frac{J}{g \cdot K} = 4{,}19 \frac{kJ}{kg \cdot K}$

$c_{\text{Öl}} = 2{,}1 \frac{J}{g \cdot K} = 2{,}1 \frac{kJ}{kg \cdot K}$

Um 1 kg Wasser um 1 K zu erwärmen, werden 4,19 kJ Wärmeenergie benötigt.

Spezifische Wärmekapazitäten fester, flüssiger und gasförmiger Körper in $\frac{J}{g \cdot K} = \frac{kJ}{kg \cdot K}$ zwischen 273 K und 373 K (0 °C und 100 °C)

Metalle			andere feste Körper		
	Stahl	0,50		Erde	1,3 ... 2,5
	Aluminium	0,90		Holz	1,0 ... 1,6
	Nickel	0,44		Porzellan	0,92
	Messing	0,39		Glas	0,80
	Kupfer	0,38		Gummi	1,4 ... 2,1
	Silber	0,23		Eis	2,10
	Platin	0,13		Mauerwerk	0,8 ... 2,0
	Blei	0,13			

Flüssigkeiten			Gase, bei p = konstant		
	Wasser	4,19		Luft	1,01
	Petroleum	2,14		Wasserstoff	14,30
	Öl	2,10		Sauerstoff	0,92
	Quecksilber	0,14		Kohlendioxid	0,84
	Alkohol	2,43		Helium	5,23
	Glycerin	2,39		Wasserdampf	1,89
	Aceton	2,18		Stickstoff	1,05
	Benzol	1,72		Chlor	0,50

Die größere Einheit für die Energie ist die kWh (Kilowattstunde):
1 kWh = 1000 W · 3600 s = 3 600 000 Ws = 3 600 000 J
1 kWh = 3600 kJ

(Energieeinheiten[1] vgl. 1.4.1, 5.2.4, 5.5.1 und s. S. 2)

Beispiel:

Ein Stahltopf mit der Masse 0,9 kg kann 2 Liter Wasser aufnehmen. Berechnen Sie die notwendige Wärmeenergie, um Topf und Inhalt von 10 °C auf 100 °C zu erwärmen!

$c_{St} = 0{,}5 \frac{kJ}{kg \cdot K}$ $\qquad c_W = 4{,}19 \frac{kJ}{kg \cdot K}$

Topf $\quad m_{St} = 0{,}9 \text{ kg} \qquad \Delta\vartheta = 90 \text{ K}$ $\qquad$ **Wasser** $\quad m_W = 2 \text{ kg} \qquad \Delta\vartheta = 90 \text{ K}$

$W_{St} = m_{St} \cdot c_{St} \cdot \Delta\vartheta \qquad\qquad\qquad\qquad W_W = m_W \cdot c_W \cdot \Delta\vartheta$

$W_{St} = 0{,}9 \text{ kg} \cdot 0{,}5 \frac{kJ}{kg \cdot K} \cdot 90 \text{ K} \qquad\qquad W_W = 2 \text{ kg} \cdot 4{,}19 \frac{kJ}{kg \cdot K} \cdot 90 \text{ K}$

$W_{St} = 40{,}5 \text{ kJ} \qquad\qquad\qquad\qquad\qquad\quad W_W = 754{,}2 \text{ kJ}$

$$W = 794{,}7 \text{ kJ}$$

Aufgaben

1. Welche Wärmeenergie ist erforderlich, um einen Stahlkörper von 4 kg Masse zum Schmieden von 20 °C auf 1100 °C zu erwärmen?

   $c_{St} = 0{,}7 \frac{kJ}{kg \cdot K}$ zwischen 0 °C und 1100 °C

2. Verschiedene Körper erfahren gleiche Wärmezufuhr je kg Masse. Ordnen Sie die Körper nach steigender Erwärmung: Erde, Stahl, Mauerwerk, Wasser.

3. Eine Wärmeenergie erwärmt einen Messingkörper von 5 kg Masse um 30 °C. Um welche Temperaturdifferenz würde diese Wärmeenergie eine Wassermenge von gleicher Masse erwärmen?

---

[1] Wie das Wasser dazu diente, die Masse 1 kg festzulegen, wurde auch das Wasser dazu benutzt, die Einheit Kilokalorie (kcal) der Wärmeenergie zu bestimmen: 1 kcal ist die Wärmeenergie, die 1 kg Wasser um 1 K erwärmt. Damit ergibt sich für die Umrechnung der Einheiten: 1 kcal = 4,19 kJ

2.6.3 Mischungsgesetz. Wärmewert

Lernziel: Wärmeenergieausgleich beim Mischen von Körpern unterschiedlicher Temperatur über die kinetische Wärmetheorie erklären können. Das Mischungsgesetz kennen und Berechnungen durchführen können.

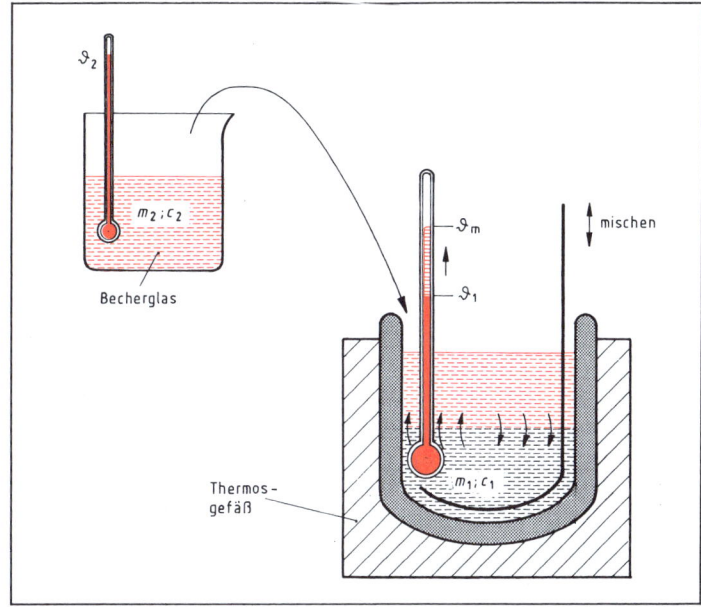

Wärmeenergieaustausch

Versuch: Im **Thermosgefäß** befinden sich 100 g Wasser von 20,2 °C und in einem Becherglas 100 g Wasser von 78 °C.

Durchführung: Nach Mischen der beiden Wassermassen ergibt sich eine Mischungstemperatur von 46,4 °C.

Versuchsergebnis: Das Wasser aus dem Becherglas kühlt sich ab und gibt Wärmeenergie ab. Das Wasser im Thermosgefäß und das Gefäß selbst erwärmen sich und nehmen somit Wärme auf.

> Der wärmere Körper gibt an den kälteren Wärmeenergie ab, bis beide gleiche Temperatur haben.

Diese Temperatur nennen wir Mischungstemperatur ϑ_m.

Nach der kinetischen Wärmetheorie nehmen wir an, daß beim Mischen Wassermoleküle mit hoher und solche mit geringer Geschwindigkeit zusammentreffen. Die Geschwindigkeiten gleichen sich nach geringer Zeit aus, und es entsteht eine mittlere Geschwindigkeit, die eine bestimmte Mischungstemperatur bedingt.

Der Wärmeaustausch zwischen den Körpern erfolgt in einem Thermosgefäß, damit möglichst wenig Wärme nach außen abgegeben wird. Ein **Thermosgefäß** ist ein doppelwandiges Glasgefäß mit Silberbelag. Zwischen den Doppelwänden ist die Luft abgepumpt, da luftverdünnter Raum die Wärme schlechter leitet als luftgefüllter. Die geringe Wärmeaufnahme oder -abgabe des Thermosgefäßes bei Mischungsversuchen wird durch den Wärmewert berücksichtigt.

Das Wasser und das Thermosgefäß selbst erwärmen sich von ϑ_1 auf ϑ_m, also um den Betrag $\vartheta_m - \vartheta_1$.

Für das Thermosgefäß werden die Werte $m \cdot c$ im Wärmewert C zusammengefaßt.

Damit beträgt die aufgenommene Wärmeenergie:

▶ $W_{auf} = m_1 \cdot c_1 \cdot (\vartheta_m - \vartheta_1) + C \cdot (\vartheta_m - \vartheta_1)$

Diese Wärmeenergie hat das Wasser aus dem Becherglas abgegeben, da es sich von ϑ_2 auf ϑ_m abkühlt, also um den Betrag $\vartheta_2 - \vartheta_m$:

▶ $W_{ab} = m_2 \cdot c_2 \cdot (\vartheta_2 - \vartheta_m)$

Unter der Annahme, daß während des Mischens keine Wärmeenergie nach außen abgegeben oder von außen zugeführt wird, gilt das **Mischungsgesetz**:

> Die vom kälteren Körper aufgenommene Wärmeenergie W_{auf} ist gleich der vom wärmeren Körper abgegebenen Wärmeenergie W_{ab}.
> $$W_{auf} = W_{ab}$$
> $$m_1 \cdot c_1 \cdot (\vartheta_m - \vartheta_1) + C \cdot (\vartheta_m - \vartheta_1) = m_2 \cdot c_2 \cdot (\vartheta_2 - \vartheta_m)$$
> Ohne Berücksichtigung des Wärmewertes
> $$m_1 \cdot c_1 \cdot (\vartheta_m - \vartheta_1) = m_2 \cdot c_2 \cdot (\vartheta_2 - \vartheta_m)$$

Nach dem Mischungsgesetz kann der Wärmewert des Gefäßes bestimmt werden.

$$C = \frac{m_2 \cdot c_2 \cdot (\vartheta_2 - \vartheta_m) - m_1 \cdot c_1 \cdot (\vartheta_m - \vartheta_1)}{\vartheta_m - \vartheta_1}$$

Der Wärmewert eines Gefäßes gibt an, wieviel Wärmeenergie notwendig ist, um das Gefäß um 1 K zu erwärmen.

Aus den Meßwerten des Versuchs ergibt sich hier: $C = 86 \, \frac{J}{K}$

Aufgaben

1. Prüfen Sie die Berechnung des Wärmewertes aus den Meßwerten des Versuchs nach!

2. In dem Thermosgefäß des Versuchs befinden sich 150 g Wasser von 19 °C. Wieviel Wasser von 40 °C muß hinzugefügt werden, wenn die Mischungstemperatur 23 °C betragen soll?

3. Stellen Sie das Mischungsgesetz ohne Berücksichtigung des Wärmewertes nach ϑ_m um! Wie vereinfacht sich diese Gleichung, wenn Wassermassen miteinander gemischt werden?

4. Für ein Bad werden 20 Liter heißes Wasser von 90 °C und 60 Liter kaltes Wasser von 12 °C gemischt. Welche Mischungstemperatur ergibt sich ohne Berücksichtigung der Wärmeverluste? Warum stimmt das Ergebnis nicht mit der Wirklichkeit überein? Welche Wärmeenergie ist notwendig, um das Bad herzurichten, wenn das Wasser von 12 °C auf 90 °C erwärmt wird?

5. In der vorherigen Aufgabe wird eine tatsächliche Mischungstemperatur von 28 °C gemessen. Wie groß ist der Wärmewert der Badewanne?

2.6.4 Bestimmung der spezifischen Wärmekapazität fester Körper

Lernziel: Wissen, daß mit Hilfe des Mischungsgesetzes die spezifische Wärmekapazität **fester Körper** bestimmt werden kann. Das Mischungsgesetz anwenden können.

Versuch: Der feste Körper muß trocken erwärmt werden, da anhaftende Wasserteilchen das Ergebnis verfälschen würden. Am besten eignet sich ein Granulat, das in einem Reagenzglas mit Thermometer im Wasserbad gleichmäßig erwärmt wird.

Durchführung: Das Kupfergranulat mit der Masse m_{Cu} wird im Wasserbad auf ϑ_{Cu} erwärmt. Dann schütten wir es in ein bereitgestelltes Thermosgefäß, in dem sich Wasser mit der Masse m_W und der Temperatur ϑ_W befindet.

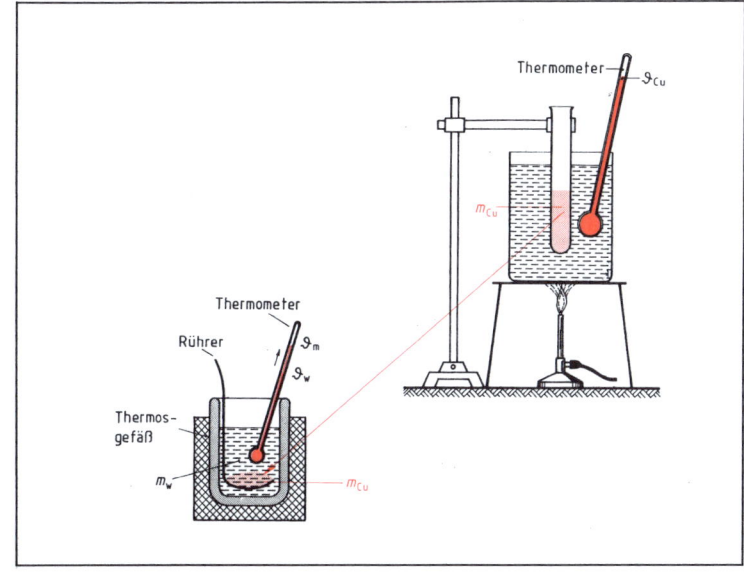

Wärmeenergieaustausch: Das Kupfer gibt Wärmeenergie an das Wasser und an das Thermosgefäß ab.

Versuchsergebnis: Das Kupfergranulat kühlt sich ab, und das Thermosgefäß mit dem Wasser erwärmt sich.

$$W_{auf} = W_{ab}$$

Der kältere Körper nimmt Wärme auf:
$W_{auf} = m_W \cdot c_W \cdot (\vartheta_m - \vartheta_W) + C \cdot (\vartheta_m - \vartheta_W)$

Der wärmere Körper gibt Wärme ab:
$W_{ab} = m_{Cu} \cdot c_{Cu} \cdot (\vartheta_{Cu} - \vartheta_m)$

$m_W = 200\,g$ $\qquad$ $\vartheta_W = 19{,}6\,°C$ $\qquad$ $m_{Cu} = 61{,}1\,g$ $\qquad$ $\vartheta_m = 20{,}8\,°C$

$c_W = 4{,}19\,\dfrac{J}{g \cdot K}$ $\qquad$ $C = 86\,\dfrac{J}{K}$ $\qquad$ $\vartheta_{Cu} = 68{,}5\,°C$

Nach dem Mischungsgesetz $m_W \cdot c_W \cdot (\vartheta_m - \vartheta_W) + C \cdot (\vartheta_m - \vartheta_W) = m_{Cu} \cdot c_{Cu} \cdot (\vartheta_{Cu} - \vartheta_m)$ kann aus dieser Gleichung die spezifische Wärmekapazität des Kupfers errechnet werden. Aus den Meßwerten des Versuchs ergibt sich $c_{Cu} = 0{,}38\,\dfrac{J}{g \cdot K}$.

Aufgaben

1. Stellen Sie das Mischungsgesetz nach c_{Cu} und nach ϑ_{Cu} um!

2. Prüfen Sie die Berechnung der spezifischen Wärmekapazität des Kupfers aus den Meßwerten des Versuchs nach!

3. Welche Mischungstemperatur ergibt sich, wenn in das Thermosgefäß ($C = 86\,\dfrac{J}{K}$), in dem sich 200 g Wasser von 18 °C befinden, 50 g Glasgranulat von 72 °C gegeben werden? Schreiben Sie die allgemeine Formel für die Mischungstemperatur mit den Indices dieser Aufgabe!

2.6.5 Wärmequellen. Brennwerte

> **Lernziel:** Wärmequellen nennen. Begrenzte und unbegrenzte Energievorkommen unterscheiden. Nutzung der auf Sonnenenergie bezogenen Energieträger beschreiben. Den Begriff des Brennwertes kennen und damit Berechnungen durchführen können.

Die Sonne ist eine natürliche und für das Leben auf der Erde die wichtigste Wärmequelle. Sonnenwärme ist für alle Lebewesen (Menschen, Tiere, Pflanzen) unentbehrlich. Sie wird direkt genutzt, ist in Holz, Kohle, Erdöl, Erdgas, Torf und im Erdreich gespeichert, steckt aber auch in der Wasserkraft, den Gezeitenbewegungen und im Wind. Wir sprechen hier von Primärenergien oder Primärenergieträgern. Hierzu gehören noch Vulkane und heiße Quellen, die Wärmeenergie aus dem Erdinnern an die Oberfläche bringen (geothermische Energien), die Radionuklide (unter Wärmeabgabe von selbst zerfallende Atome), die Kernbrennstoffe und die Kernfusion.

Wärmeenergie entsteht auch bei Lebensvorgängen im menschlichen und tierischen Körper und bei Fäulnis- und Gärungsprozessen.

Können die Primärenergieträger als Wärmequellen nicht direkt genutzt werden, wie z. B. das Erdöl, die Braunkohle, die Wasserkraft, so werden sie durch technische Vorrichtungen in Sekundärenergieträger umgewandelt, z. B. in Heizöl, Fernwärme, elektrische Energie.

Die Verbraucher wandeln in ihren Geräten und Anlagen die in Primär- oder Sekundärenergieträgern gespeicherte Energie in Nutzenergie um. Nutzenergien sind Wärmeenergie (als Heiz- oder Prozeßwärme, z. B. als Schmelzwärme in der Stahlproduktion), Lichtenergie und Bewegungsenergie (als mechanische Energie in Motoren).

Der Primärenergiebedarf der Bundesrepublik Deutschland wird heute etwa zu 40 % durch Kohle gedeckt. Erdöl hat einen Anteil von etwa 30 %, Erdgas 10 %, Kernenergie 10 %, Wasserkraft 5 % und erzeugte Gase, Müll, Holz u. a. 5 %.

Alle fossilen[1] Energieträger (Erdöl, Kohle, Gas), aber auch Holz, Torf und Kernbrennstoffe (Rohstoffe für die Kernspaltung in Reaktoren), sind in ihrem **Vorkommen begrenzt.** Belastend kommt die Umweltverschmutzung durch Gewinnung, Transport, Umwandlung und Nutzung hinzu.

Erdöl gehört zu den fossilen Energieträgern, bei denen am ehesten mit einer Erschöpfung der verfügbaren Vorräte zu rechnen ist. Außerdem sind wir beim Erdöl importabhängig.

Das notwendig werdende Energiesparen kann einmal bei der Energieverwendung erfolgen, zum anderen durch teilweisen Austausch der begrenzt vorkommenden Energieträger durch **unbegrenzte Energievorkommen,** wie z. B. Sonne, Wind, Wasserkraft, Kernfusion, geothermische Energie. Zur Energieeinsparung werden heute Maßnahmen der Wärmeisolierung und der Wirkungsgradverbesserung der technischen Anlagen unterstützt. Zum Austausch der Energieträger werden Vorhaben zur **Nutzung der Sonnenenergie** durch Sonnenkollektoren und Wärmepumpen, der **Wasserkraft** durch Gezeitenkraftwerke und der **Windenergie** durch Windräder und Generatoren gefördert. Die Nutzung der Erdkernwärme und die Kernfusion bereiten noch große technische Schwierigkeiten.

Die bisherige Bevorzugung der Nutzung des Holzes und der fossilen Energieträger gegenüber Wasserkraft, Wind und Sonne ist in der historischen Entwicklung, leichteren Verfügbarkeit, Speicherbarkeit und Anwendbarkeit begründet und einem vergleichsweise niedrigen Preis.

Die Umwandlung in Wärmeenergie erfolgt durch Verbrennung, einem chemischen Prozeß, bei dem sich der Brennstoff mit dem Sauerstoff der Luft verbindet.

In Versuchen wird die frei werdende Wärmeenergie gemessen und bei festen und flüssigen Brennstoffen auf die Masse des verbrannten Stoffes und bei gasförmigen auf das Volumen (bei 273 K und 1013 hPa) bezogen. Diese **Brennwerte** (Heizwerte) sind ein Vergleichsmaß für die Güte des Brennstoffes.

---

[1] fossil = aus den Resten eines Organismus vergangener Erdzeitalter entstanden.

$$\text{Brennwert} = \frac{\text{Wärmeenergie}}{\text{Masse oder Volumen}}$$

$H = \dfrac{W}{m}$ $\qquad H = \dfrac{W}{V_0}$

$[H] = \dfrac{\text{kJ}}{\text{kg}}$ $\qquad [H] = \dfrac{\text{kJ}}{\text{m}^3}$

Physikalische Größen	Formelzeichen	Einheiten
Wärmeenergie	W	kJ
Masse	m	kg
Volumen bei $T_0 = 273$ K und $p_0 = 1013$ hPa	V_0	m³
Brennwert	H	$\dfrac{\text{kJ}}{\text{kg}}$; $\dfrac{\text{kJ}}{\text{m}^3}$

Brennwerte in $\dfrac{\text{kJ}}{\text{kg}}$ bzw. $\dfrac{\text{kJ}}{\text{m}^3}$ bei 273 K und 1013 hPa

Feste Brennstoffe	kJ/kg	Flüssige Brennstoffe	kJ/kg
Holz (trocken)	14 000	Spiritus	27 000
Torf (trocken)	15 000	Heizöl	40 000
Braunkohle	20 000	Benzol	41 000
Steinkohle	33 000	Petroleum	42 000
Anthrazit	35 000	Benzin	43 000

Gasförmige Brennstoffe	kJ/m³	Nährstoffe	kJ/kg
Propan	95 000	Fett	38 100
Acetylen	57 000	Eiweiß	17 200
Erdgas	35 000	Kohlenhydrate	17 200
Wasserstoff	11 000		

Beispiel:

Für ein Einfamilienhaus wird eine Heizleistung von 70 000 kJ pro Stunde benötigt. Wieviel m³ Erdgas werden bei 20 °C Raumtemperatur und 1020 hPa Druck stündlich verbrannt?

$W = 70\,000$ kJ $\qquad p_1 = 1020$ hPa $\qquad T_1 = 293$ K $\qquad H = 35\,000 \dfrac{\text{kJ}}{\text{m}^3}$

$W = V_0 \cdot H \qquad V_0 = \dfrac{W}{H} = \dfrac{70\,000 \text{ kJ} \cdot \text{m}^3}{35\,000 \text{ kJ}} = 2 \text{ m}^3$

$V_1 = \dfrac{p_0 \cdot V_0 \cdot T_1}{T_0 \cdot p_1} = \dfrac{1013 \text{ hPa} \cdot 2 \text{ m}^3 \cdot 293 \text{ K}}{273 \text{ K} \cdot 1020 \text{ hPa}} = \underline{\underline{2{,}13 \text{ m}^3}}$

Aufgaben

1. Wieviel kg Anthrazit oder Heizöl werden stündlich benötigt, um obiges Haus zu heizen?

2. Welche Energie nimmt ein Mensch zu sich, wenn er im Durchschnitt täglich 60 g Eiweiß, 50 g Fett und 420 g Kohlenhydrate ißt?

2.7 Erster und zweiter Hauptsatz der Wärmelehre

> **Lernziel:** Den 1. und 2. Hauptsatz der Wärmelehre kennen. Energieumwandlungen beschreiben können.

Bei unseren Versuchen benutzten wir den Bunsenbrenner zur Umwandlung der Energie des Gases in Wärmeenergie oder den Tauchsieder zur Umwandlung elektrischer Energie in Wärmeenergie.

Auch mechanische Energie läßt sich in Wärmeenergie umwandeln. Beim Reiben der Hände und erst recht beim Herabrutschen an einem Seil wird das deutlich spürbar. Wird ein Lager nicht geschmiert, so kann durch Reibung die Wärme so groß werden, daß sie das Lagermaterial bis zur Rotglut erhitzt.

Der Arzt Julius Robert Mayer konnte 1842 auf theoretischem Wege nachweisen, daß mechanische Energie und Wärmeenergie gleichwertig (äquivalent) sind, und die eine Form der Energie in die andere umgewandelt werden kann. Joule gelang es 1843 durch Versuche, das mechanische Wärmeäquivalent sehr genau zu bestimmen.

Die Forschungsergebnisse von Mayer und Joule führten von der Energieerhaltung in der Mechanik zum **ersten Hauptsatz der Wärmelehre:**

> Mechanische Energie kann in Wärmeenergie umgewandelt werden und umgekehrt. Die Umwandlung erfolgt in einem bestimmten Verhältnis.

Die Energieumwandlung folgt auch aus der kinetischen Wärmetheorie: Die Energie der Atome und Moleküle wird als innere Energie eines Körpers bezeichnet. Damit bedeuten Wärmezufuhr und Temperaturerhöhung eine Erhöhung der inneren Energie eines Körpers.

Mayer und der Physiker Hermann von Helmholtz erkannten, daß dies nur eine Teilerscheinung eines viel umfassenderen Erfahrungssatzes ist und formulierten das **Prinzip von der Erhaltung der Energie:**

> Energie kann nicht gewonnen werden und nicht verloren gehen. Energie kann nur von einer Form in eine andere umgewandelt werden. Die Gesamtenergie in einem abgeschlossenen System bleibt unverändert.

Dies bedeutet, daß keine Maschine eine Arbeit verrichten kann, ohne daß ihr ein gleichwertiger Energiebetrag zugeführt wird.

Bei unseren Versuchen zum Mischungsgesetz (vgl. 2.6.3 u. 2.6.4) stellten wir fest, daß sich in kurzer Zeit die Temperaturen angeglichen hatten. Nach dem Energiesatz gibt der wärmere Körper genau so viel Energie ab wie der kältere aufnimmt. Ebenso wäre es nach dem Energiesatz möglich, daß sich der kältere Körper immer weiter abkühlt und der wärmere immer weiter erwärmt. Doch konnte noch nie jemand eine solche Beobachtung machen.

Diese Erfahrung formulierte Rudolf Clausius im **zweiten Hauptsatz der Wärmelehre:**

> Wärmeenergie geht von selbst, also ohne weiteren Energieaufwand, nur vom wärmeren auf den kälteren Körper über.

Alle Vorgänge, die nur in einer Richtung ablaufen, heißen nicht umkehrbar oder irreversibel.

In der Natur verlaufen alle Vorgänge irreversibel. Energie und Masse verteilen sich möglichst gleichmäßig über den zur Verfügung stehenden Raum, d. h. Unterschiede der Temperatur, des Druckes und der Konzentration gleichen sich aus.

Die Luft eines Fahrradreifens entweicht so lange, bis Innendruck und Luftdruck gleich sind.

Bei einem Kühlschrank und einer Wärmepumpe muß Energie zugeführt werden, um die Temperatur im Innern unter die Umgebungstemperatur abzusenken.

In **Wärmekraftmaschinen** wird Wärmeenergie in mechanische Energie umgewandelt.

Die erste Wärmekraftmaschine, eine Kolbendampfmaschine, konstruierte James Watt 1769. Nikolaus August Otto baute 1867 den ersten Verbrennungsmotor und 1894 Rudolf Diesel den nach ihm benannten Dieselmotor.

Die wichtigste mit Wasserdampf betriebene Wärmekraftmaschine ist heute die Dampfturbine, die in allen Wärmekraftwerken zum Antrieb der Generatoren eingesetzt wird (vgl. unten).

Der französische Physiker und Ingenieur Sadi Carnot fand 1824, daß immer ein Teil der Wärmeenergie, die bei der höheren Anfangstemperatur T_1 entstanden ist, wieder als Wärmeenergie bei der niedrigeren Endtemperatur T_2 abgegeben wird und sich nicht in mechanische Arbeit umwandeln läßt.

Dies läßt sich mit der kinetischen Wärmetheorie (vgl. 2.5) begründen: Da die Geschwindigkeit der Moleküle bei hoher Temperatur zwar groß, aber die Richtungen regellos sind, kann die Energie dieser Einzelbewegungen nicht vollständig auf einen benachbarten festen Körper übertragen werden.

Deshalb kann der **zweite Hauptsatz der Wärmelehre** auch so formuliert werden:

> Wärmeenergie kann immer nur zum Teil in mechanische Energie umgewandelt werden. Eine Restwärmeenergie bleibt erhalten.

Dies bedeutet, daß auch eine ideale Maschine (eine gedankliche Vorstellung) nicht alle zugeführte Wärmeenergie in Arbeit umwandeln kann. Bei ihr treten keine Wärmeverluste und keine Reibung auf, also alle Vorgänge verlaufen umkehrbar (reversibel).

Der thermodynamische Wirkungsgrad einer idealen Maschine ist der Quotient aus der mechanischen Arbeit $W_1 - W_2$ und der zugeführten Wärmeenergie W_1. Die Restwärmeenergie ist W_2. Wird durch die konstanten Größen $m \cdot c$ gekürzt ($W = m \cdot c \cdot T$), so ergibt sich:

$$\eta_{therm} = \frac{W_1 - W_2}{W_1} = \frac{T_1 - T_2}{T_1}$$

η (eta), griech., Formelzeichen für den Wirkungsgrad

Der thermodynamische Wirkungsgrad ist um so größer, je tiefer die Abgas- bzw. Abdampftemperatur T_2 und je höher die Anfangstemperatur T_1 ist.

Beispiel:

Bei einer Dampfturbine mit 500 °C Anfangstemperatur des Dampfes ($T_1 = 773$ K) und 120 °C Endtemperatur ($T_2 = 393$ K) ist der thermodynamische Wirkungsgrad:

$$\eta_{therm} = \frac{773\,\text{K} - 393\,\text{K}}{773\,\text{K}} = 0{,}49 = 49\,\%$$

Da die Anfangstemperatur T_1 wegen der Festigkeit der Werkstoffe nicht beliebig erhöht werden kann, sind dem thermodynamischen Wirkungsgrad enge Grenzen gesetzt.

Der tatsächliche Wirkungsgrad liegt noch wesentlich unter dem thermodynamischen Wirkungsgrad, da die Wärmeverluste und die Reibung nicht ausgeschaltet werden können.

Bei der Dampfturbine sitzt das Laufrad auf einer Welle, die unmittelbar den Generator antreibt. Der Wasserdampf strömt mit großer Geschwindigkeit aus Düsen auf die vielen schräg gestellten Schaufeln des Laufrades und versetzt dieses in Drehung. Das Leitrad ist fest mit dem Turbinengehäuse verbunden. Die auf ihm sitzenden Leitschaufeln sind entgegengesetzt zu den Schaufeln des Laufrades gekrümmt. Dadurch wird der Dampfstrahl wieder in die ursprüngliche Richtung gelenkt, wo er auf ein zweites mit der gleichen Welle verbundenes Laufrad trifft. Durch wiederholte Umlenkung des Dampfstrahles entsteht eine mehrstufige Dampfturbine.

Montage des Leitradkranzes einer mehrstufigen Dampfturbine

2.8 Wärmeenergie und Zustandsänderungen

2.8.1 Die Zustandsformen der Körper

> **Lernziel:** Die drei Zustandsformen der Körper kennen. Wissen, daß die Änderung der Zustandsform mit Wärmezufuhr oder -abfuhr verbunden ist. Die Modellvorstellungen zu den Zustandsformen erläutern können.

Alle Körper sind aus kleinen Teilchen (Atomen, Molekülen) aufgebaut. Nach der Größe ihrer Kohäsionskräfte werden drei Zustandsformen (Aggregatzustände) unterschieden:
fest, flüssig und gasförmig.

Bei festen Körpern schwingen die Atome und Moleküle um eine feste Ruhelage etwa so, als wären sie durch ihre Kohäsionskräfte wie durch eine Feder mit dem Nachbarn verbunden. Die Wärmebewegung der Teilchen ist begrenzt, sie können die feste Ordnung nicht verlassen.

Bei Flüssigkeiten können die Teilchen außer ihrer Wärmebewegung auch ihre Plätze verlassen, da die Kohäsionskräfte weitaus geringer sind als bei festen Körpern. Deshalb ist ein Gefäß notwendig. Es verlassen immer einzelne Teilchen die Flüssigkeit an der Oberfläche. Werden die Wärmebewegungen heftiger, verlassen um so mehr Teilchen die Flüssigkeit.

Bei Gasen sind die Kohäsionskräfte verschwindend klein, und die Gasteilchen haben deshalb das Bestreben, jeden zur Verfügung stehenden Raum auszufüllen. Zur Aufbewahrung ist deshalb ein geschlossenes Gefäß notwendig.

Je heftiger die Wärmebewegung wird, desto größer wird der Druck auf die Gefäßwände.

> Durch Temperaturänderung, also durch Zufuhr oder Abfuhr von Wärmeenergie, können Körper von einem Aggregatzustand in einen anderen übergehen.

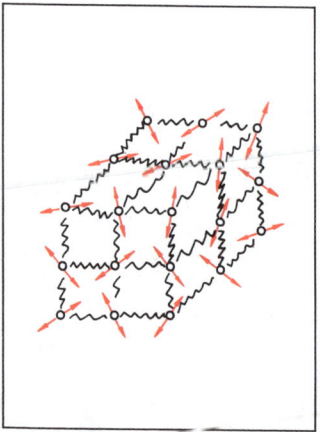
Fester Körper

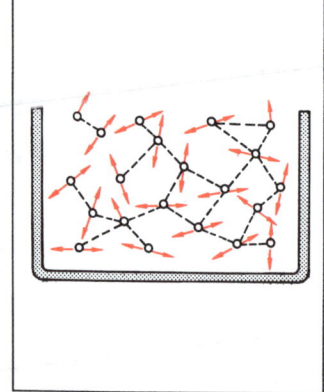
Flüssigkeit

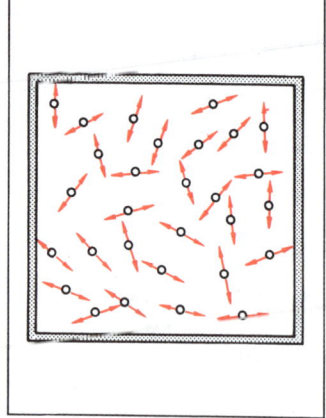
Gas

Die Modellvorstellung der Wärmebewegung der Atome und Moleküle soll in den Abbildungen durch die roten Pfeile veranschaulicht werden. Die schwarzen Verbindungen stellen die Kohäsionskräfte dar: bei festen Körpern elastisch wie Federverbindungen, bei Flüssigkeiten sehr locker und bei Gasen kaum feststellbar.

2.8.2 Schmelzen und Erstarren

> **Lernziel:** Wissen, daß jeder Stoff einen bestimmten Schmelzpunkt (Erstarrungspunkt) und eine spezifische Schmelzwärme (Erstarrungswärme) besitzt. Die Änderung der Zustandsformen anhand des ϑ-W-Schaubildes beschreiben können. Den Versuch zur Bestimmung der spezifischen Schmelzwärme von Wasser erklären und Berechnungen durchführen können.

An dieser Stelle kann zunächst der Versuch zur Temperaturmessung aus 2.1 wiederholt werden. Wir fassen die Ergebnisse zusammen:

▶ Beim Übergang vom festen zum flüssigen Zustand steigt die Temperatur eines Körpers trotz Wärmezufuhr nicht an.

> Die Temperatur, bei der ein Körper vom festen zum flüssigen Zustand übergeht, heißt **Schmelztemperatur** (Schmelzpunkt).
> Der Übergang vom festen zum flüssigen Zustand wird als **Schmelzen** bezeichnet.

Bei der Eichung der Quecksilberthermometer haben wir den unveränderlichen Schmelzpunkt des Eises bei 1013 hPa Druck als Nullpunkt der Celsius-Skala verwendet.

▶ Die meisten Stoffe haben einen bestimmten Schmelzpunkt.

In der Tabelle sind die Schmelzpunkte verschiedener Stoffe aufgeführt. Etliche Stoffe zeigen keinen ausgeprägten Schmelzpunkt, sie gehen vom festen in den teigigen, zähflüssigen und dann in den dünnflüssigen Zustand allmählich über (z. B. Glas, Paraffin).

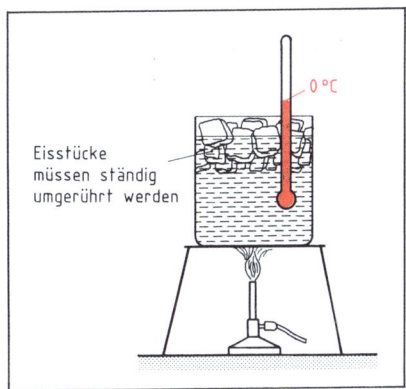

Bestimmen des Schmelzpunktes des Eises

Bei Wärmeentzug kühlt sich der flüssige Körper ab, bis bei einer bestimmten Temperatur die Flüssigkeit erstarrt. Während des Erstarrens bleibt – wie beim Schmelzen – die Temperatur konstant.

> **Erstarrungstemperatur** und **Schmelztemperatur** haben denselben Wert. Der Übergang vom flüssigen in den festen Zustand heißt **Erstarren.**

▶ Da während des Schmelzens die Temperatur trotz Wärmezufuhr nicht ansteigt, stellt man sich vor, daß diese **Schmelzwärme** dazu dient, den Molekularverband des festen Körpers aufzureißen.

▶ Jeder Körper benötigt eine spezifische Schmelzwärme.

> Die Schmelzwärme ist das Produkt aus der **spezifischen Schmelzwärme** q und der zu schmelzenden Masse m.
> $$W = q \cdot m \qquad [W] = \frac{kJ}{kg} \cdot kg = kJ$$

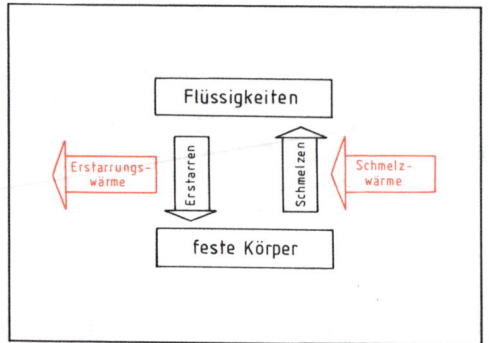

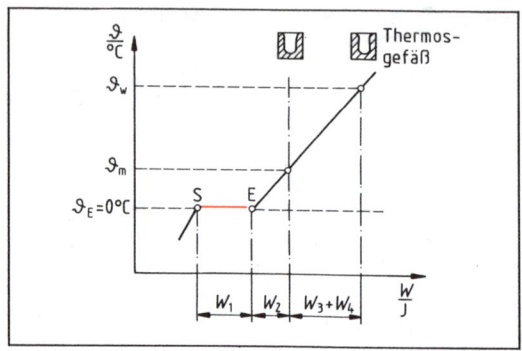

Zuführung von Schmelzwärme führt feste Körper in flüssige über. Abführung von Erstarrungswärme führt flüssige Körper in feste über.

Temperatur-Wärmeenergie-Schaubild (ϑ-W-Schaubild)

$W_1 = m_E \cdot q$
$W_2 = m_E \cdot c_W \cdot (\vartheta_m - \vartheta_E)$ } $= W_{auf}$ S ... **Schmelzpunkt**
$W_3 = m_W \cdot c_W \cdot (\vartheta_W - \vartheta_m)$
$W_4 = C \cdot (\vartheta_W - \vartheta_m)$ } $= W_{ab}$ E ... **Erstarrungspunkt**

Versuch zur Bestimmung der spezifischen Schmelzwärme von Wasser.

Durchführung: In einem Thermosgefäß befindet sich Wasser (m_W; ϑ_W). Hinzu kommen kleine, abgetrocknete Eisstückchen (m_E; $\vartheta_E = 0\,°C$). Die Mischungstemperatur nach Schmelzen der Eisstückchen wird gemessen. Die Masse des Eises finden wir erst durch Messen der Zunahme von m_W nach dem Versuch.

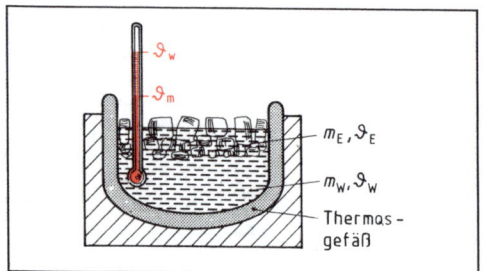

Das Eis nimmt die Wärmeenergie auf, die vom Wasser und Thermosgefäß abgegeben wurde.

Meßwerte:

$m_W = 200\,g$ $m_E = 37\,g$ $\vartheta_m = 34\,°C$
$\vartheta_W = 54\,°C$ $\vartheta_E = 0\,°C$ $C = 86\,\dfrac{J}{K}$
$c_W = 4{,}19\,\dfrac{J}{g \cdot K}$

Nach der Mischungsregel ist: $W_{ab} = W_{auf}$

Das heiße Wasser und das Thermosgefäß geben Wärme ab:

$W_{ab} = m_W \cdot c_W (\vartheta_W - \vartheta_m) + C \cdot (\vartheta_W - \vartheta_m)$
$W_{ab} = (m_W \cdot c_W + C) \cdot (\vartheta_W - \vartheta_m)$

Das Eis nimmt die Schmelzwärme und die zur Erwärmung auf ϑ_m notwendige Wärme auf:

$W_{auf} = m_E \cdot q + m_E \cdot c_W \cdot (\vartheta_m - \vartheta_E)$

Hieraus läßt sich die spezifische Schmelzwärme q berechnen zu $q = 357\,\dfrac{kJ}{kg}$

Versuchsergebnis: Die spezifische Schmelzwärme des Wassers liegt im Versuch durch Wärmeabgabe an die Umgebung etwas über dem genauen Wert:

$q_{Wasser} = 335\,\dfrac{kJ}{kg}$

> Die **spezifische Schmelzwärme** eines Stoffes gibt die Wärmeenergie in kJ an, die ein Kilogramm des Stoffes vom festen in den flüssigen Zustand überführt. Sie ist zahlenmäßig gleich der **spezifischen Erstarrungswärme**.
> Beim Schmelzen eines Stoffes muß die Schmelzwärme zugeführt werden; beim Erstarren wird diese Wärme als Erstarrungswärme wieder frei.

Schmelz- und Erstarrungstemperaturen in 0 °C bei 1013 hPa					
Sauerstoff	−219	Wasser	0	Aluminium	658
Äther	−118	Benzol	5,5	Silber	960
Quecksilber	−39	Stearin	53	Kupfer	1083
Glycerin	−19	Zinn	232	Eisen	1535
Seewasser	−2	Blei	327	Kohlenstoff	3540

Spezifische Schmelz- und Erstarrungswärme in $\frac{kJ}{kg}$ bei 1013 hPa					
Wasser (Eis)	335	Zinn	59	Eisen	272
Stearin	147	Blei	25	Quecksilber	12

Aufgaben

1. Welche Wärmeenergie ist notwendig, um 1 kg Eisen von 20 °C vollständig zu schmelzen?

   $c_{\text{Eisen}} = 0{,}7 \frac{kJ}{kg \cdot K}$ zwischen 0 °C und dem Schmelzpunkt

2. Prüfen Sie die Berechnung der spezifischen Schmelzwärme des Versuchs!

3. 15 g Eis von −6 °C werden mit 100 g Wasser von 20 °C, das sich in einem Glas von 200 g Masse und 20 °C befindet, gemischt. Wie hoch ist die Mischungstemperatur?

2.8.3 Schmelzpunkt und Druck

Lernziel: Im Versuch erkennen, daß der Schmelzpunkt in geringem Maße vom Druck abhängig ist. Beispiele nennen können.

Versuch *zur Schmelzpunkterniedrigung durch Druck.*

Durchführung: Der Eiswürfel wird durch das 2-kg-Massestück, das auf den Draht mit seiner Gewichtskraft einwirkt, belastet. Da der Draht sehr dünn ist, ist seine Auflagefläche gering und sein Druck dadurch groß.

Beobachtung: Der Draht „wandert" langsam durch den Eiswürfel hindurch.

Erklärung: Das Eis von 0 °C schmilzt, da sein Schmelzpunkt durch Druckeinwirkung unter 0 °C liegt, und entzieht seiner Umgebung Wärme. Das Schmelzwasser sammelt sich über dem Draht und gefriert wieder, da es durch Wärmeentzug unter 0 °C abgekühlt ist und nicht mehr unter erhöhtem Druck steht.

Versuchsergebnis:
▶ Der Schmelzpunkt ist in geringem Maße druckabhängig.
▶ Der Schmelzpunkt steigt mit zunehmendem Druck bei Stoffen, die beim Schmelzen ihr Volumen vergrößern; er sinkt mit zunehmendem Druck bei Stoffen, die beim Schmelzen ihr Volumen verkleinern (Wasser).

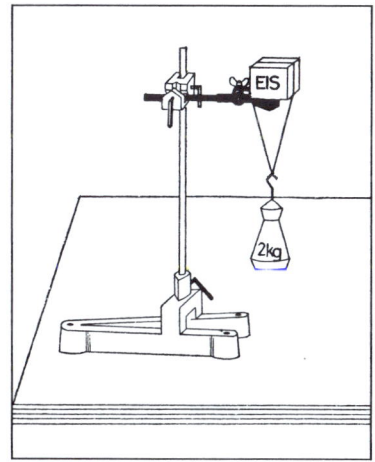

Ein Eiswürfel von 0 °C wird durch einen belasteten Draht zerschnitten, die Schnittfläche friert wieder zu.

Auf diesen Vorgängen beruht das Schlittenfahren und Schlittschuhlaufen. Das durch den Druck sich bildende Schmelzwasser begründet die guten Gleiteigenschaften. Gletschereis schmilzt am Boden durch den Druck seines eigenen Gewichts und „wandert" (fließt) dadurch langsam talwärts.

2.8.4 Volumenänderung beim Schmelzen und Erstarren

> **Lernziel:** Das Verhalten fester Stoffe beim Schmelzen mit dem Verhalten von Eis beim Schmelzen vergleichen.

Versuche: *Festes Paraffin wird in eine Paraffinschmelze gegeben. Eisstücke legen wir in Wasser.*

Beobachtung:

Das Paraffinstück geht unter: Die Dichte des festen Paraffin muß größer sein als die Dichte des flüssigen.

$\varrho_{fest} > \varrho_{flüssig}$

$\dfrac{m}{V_{fest}} > \dfrac{m}{V_{flüssig}}$

$V_{flüssig} > V_{fest}$

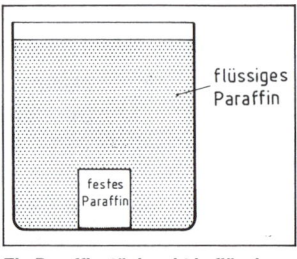

Ein Paraffinstück geht in flüssigem Paraffin (Schmelze) unter.

Die Eisstücke schwimmen auf dem Wasser: Die Dichte des Eises ist geringer als die Dichte des Wassers.

$\varrho_{Eis} < \varrho_{Wasser}$

$\dfrac{m}{V_{Eis}} < \dfrac{m}{V_{Wasser}}$

$V_{Wasser} < V_{Eis}$

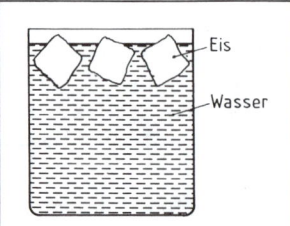

Eisstücke schwimmen auf Wasser.

Versuchsergebnisse:

> Alle Stoffe, die in ihrer Schmelze untergehen, dehnen sich bei Erwärmung aus und ziehen sich bei Abkühlung zusammen. Hierzu gehören alle Stoffe außer Wasser.

> Eis vergrößert beim Gefrieren (Erstarren) sein Volumen, vgl. Anomalie des Wassers.

Die Vergrößerung des Volumens ist so stark, daß ein mit Wasser gefülltes Gefäß bei Gefrieren des Wassers gesprengt wird.

2.8.5 Lösungswärme und Gefrierpunkterniedrigung

> **Lernziel:** Den Schmelzpunkt reiner Stoffe mit dem ihrer Lösungen vergleichen und die Gefrierpunkterniedrigung erklären können.

Versuch: *Eisstückchen und Kochsalz werden im Verhältnis 3 zu 1 gemischt.*

Versuchsergebnis: Die Temperatur der Lösung sinkt bis auf etwa $-20\,°C$. Die Lösung bleibt flüssig, weil ihr Erstarrungspunkt noch tiefer liegt.

> Eine Lösung hat einen niedrigeren Schmelz- und Erstarrungspunkt als die reinen Stoffe.

Beim Übergang vom festen in den flüssigen Zustand (Lösen) braucht der sich lösende Stoff Wärme, die **Lösungswärme,** um seinen festen Zustand zu verlassen. Er nimmt sie sich aus der Umgebung, also vom Lösungsmittel, das dadurch seine Temperatur erniedrigt.

> Das Lösen eines festen Stoffes führt durch die erforderliche Lösungswärme zu einer **Gefrierpunkterniedrigung** der Lösung.

Die Lösungswärme steht nur in bedingtem Zusammenhang mit der Schmelzwärme, weil Lösungsvorgänge bei jeder Temperatur ablaufen.

Anwendung: Kältemischungen; Salzstreuen bewirkt Herabsetzung des Schmelzpunktes der Lösung Eis-Salz, dadurch bleibt das Salzwasser unter $0\,°C$ flüssig.

2.8.6 Verdampfen und Kondensieren

Lernziel: Wissen, daß jeder Stoff einen bestimmten Siedepunkt (Kondensationspunkt) und eine spezifische Verdampfungswärme (Kondensationswärme) besitzt. Die Änderung der Zustandsformen anhand des ϑ-W-Schaubildes beschreiben können. Den Versuch erklären und Berechnungen durchführen können.

An dieser Stelle kann zunächst der Versuch zur Temperaturmessung aus 2.1 wiederholt werden. Wir fassen die Ergebnisse zusammen:
► Beim Übergang vom flüssigen zum gasförmigen Zustand steigt die Temperatur eines Körpers trotz Wärmezufuhr nicht an.

Die Übergangstemperatur eines Körpers vom flüssigen zum gasförmigen Zustand heißt **Siedetemperatur** (Siedepunkt).
Der Übergang vom flüssigen in den gasförmigen Zustand wird als **Sieden** oder **Verdampfen** bezeichnet.

Bei der Eichung der Quecksilberthermometer haben wir den unveränderlichen Siedepunkt des Wassers bei 1013 hPa Druck als 100° der Celsius-Skala festgesetzt.
► Jeder Stoff hat einen bestimmten Siedepunkt.

In der Tabelle sind die Siedepunkte verschiedener Stoffe bei 1013 hPa aufgeführt.

Wird der Wasserdampf wieder abgekühlt, so bleibt während des Überganges Dampf – Wasser die Temperatur konstant in gleicher Höhe wie die Siedetemperatur.

Die **Kondensationstemperatur** ist zahlenmäßig gleich der Siedetemperatur. Der Übergang vom dampfförmigen in den flüssigen Zustand heißt **Kondensieren**.

Versuch zur Bestimmung der spezifischen Verdampfungswärme des Wassers.

Durchführung: Die Masse des Stehkolbens und des darin befindlichen Wassers wird bestimmt und der Stehkolben gleichmäßig erwärmt. Dabei wird in einer Tabelle die Temperaturerhöhung pro Zeit eingetragen, um daraus die zugeführte Wärmeenergie zu bestimmen. Nach dem Versuch wird erneut die Masse bestimmt.

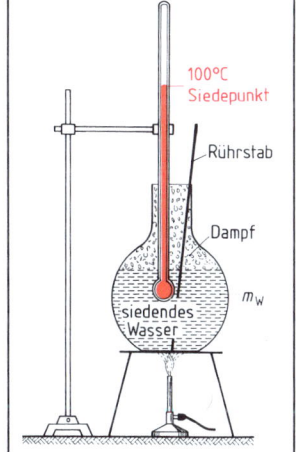

Bestimmung der spezifischen Verdampfungswärme des Wassers

Stehkolben	187 g	Vor dem Verdampfen:	687 g
+ Wassermasse	500 g	– Nach dem Verdampfen:	648 g
Vor dem Verdampfen:	687 g	Verdampfte Wassermasse:	39 g

Zeit (s)	0	20	40	60	80	100	120
ϑ (°C)	90	92	95	97	99	100	120

← sieden

Zeit (min)	3	4	5	6	7	8
ϑ (°C)	100	100	100	100	100	100

sieden →

Beobachtung: Zunächst steigen einzelne Bläschen aus dem Wasser, dann beginnt die ganze Wassermenge zu wallen. Nebel aus winzigen Wassertropfen steigt hoch, dazwischen befindet sich unsichtbarer Wasserdampf, die Flüssigkeit **siedet.**

Die Temperatur des Wassers steigt nicht mehr höher. Der Dampf hat die gleiche Temperatur wie das Wasser (mit zweitem Thermometer gemessen).

▶ Da während des Siedens die Temperatur trotz Wärmezufuhr nicht ansteigt, stellt man sich vor, daß diese **Verdampfungswärme** dazu dient, die zwischen den Flüssigkeitsmolekülen wirkenden Kräfte zu überwinden.

▶ Jeder Körper benötigt eine spezifische Verdampfungswärme.

Die Verdampfungswärme ist das Produkt aus der **spezifischen Verdampfungswärme** r und der zu verdampfenden Masse m: $\quad W = r \cdot m \quad\quad [W] = \dfrac{kJ}{kg} \cdot kg = kJ$

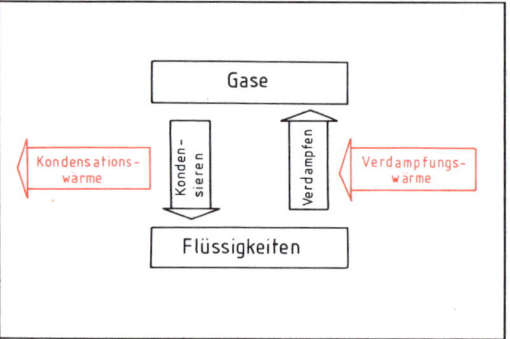

Zuführung von Verdampfungswärme führt flüssige Körper in gasförmige über. Abführung von Kondensationswärme führt gasförmige Körper in flüssige über.

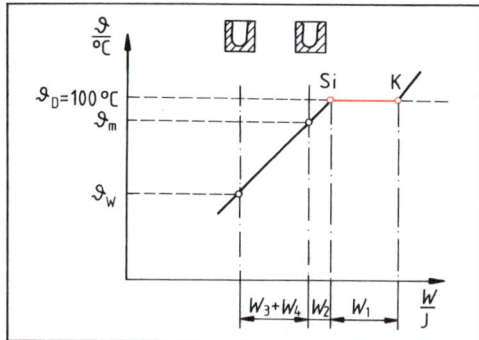

Temperatur-Wärmeenergie-Schaubild (ϑ-W-Schaubild)
Si ... **Siedepunkt**
K ... **Kondensationspunkt**

$W_1 = m \cdot r$
$W_2 = m \cdot c \cdot (\vartheta_D - \vartheta_m)$ $\Big\} = W_{ab}$
$W_3 = m_W \cdot c \cdot (\vartheta_m - \vartheta_W)$
$W_4 = C \cdot (\vartheta_m - \vartheta_W)$ $\Big\} = W_{auf}$

Versuchsauswertung:

Leistung des Brenners: $P = \dfrac{m \cdot c \cdot \Delta\vartheta}{t} = \dfrac{0{,}5 \text{ kg} \cdot 4{,}19 \text{ kJ} \cdot 2 \text{ K}}{\text{kg} \cdot \text{K} \cdot 20 \text{ s}}$

$\quad\quad\quad\quad\quad\quad\quad\quad P = 0{,}21 \dfrac{\text{kJ}}{\text{s}}$

Siedezeit $t = 380$ s (6 min + 20 s)

Während des Siedevorganges zugeführte Wärmeenergie:

$W = P \cdot t = 0{,}21 \dfrac{\text{kJ}}{\text{s}} \cdot 380 \text{ s} = 80 \text{ kJ}$

$W = r \cdot m$

$r = \dfrac{W}{m} = \dfrac{80\,000 \text{ J}}{39 \text{ g}} = 2050 \dfrac{\text{J}}{\text{g}} = 2050 \dfrac{\text{kJ}}{\text{kg}}$

Versuchsergebnis: Die spezifische Verdampfungswärme des Wassers liegt im Versuch etwas unter dem genauen Wert, da schon vor dem Sieden Wasser verdampft.

Genauer Wert bei 1013 hPa: $r_\text{Wasser} = 2260 \, \frac{\text{kJ}}{\text{kg}}$

> Die **spezifische Verdampfungswärme** eines Stoffes gibt die Wärmeenergie in kJ an, die ein kg des Stoffes beim Siedepunkt vom flüssigen in den gasförmigen Zustand überführt bei 1013 hPa Luftdruck.

Die spezifischen Verdampfungswärmen werden in Versuchen ermittelt und in Tabellen zusammengefaßt.

Der entstehende Wasserdampf nimmt bei einem Luftdruck von 1013 hPa etwa den 1700fachen Raum der Wassermasse ein, aus der er entstanden ist. Wird der Wasserdampf an seiner Ausbreitung gehindert, so steigt der Druck sehr stark an und kann ein verschlossenes Gefäß zum Platzen bringen. Bei allen Versuchen ist deshalb für ausreichende Abströmungsmöglichkeiten des Dampfes zu sorgen.

> Die spezifische Kondensationswärme ist zahlenmäßig gleich der spezifischen Verdampfungswärme.
> Beim Kondensieren wird die Verdampfungswärme als Kondensationswärme wieder frei.

Siede- und Kondensationstemperaturen in °C bei 1013 hPa					
Helium	−269	Alkohol	78	Quecksilber	357
Sauerstoff	−183	Wasser	100	Blei	1750
Äther	35	Glycerin	290	Eisen	2880

Spezifische Verdampfungs- und Kondensationswärmen in $\frac{\text{kJ}}{\text{kg}}$ bei 1013 hPa					
Wasser	2260	Quecksilber	285	Stickstoff	200
Äther	378	Alkohol	855	Helium	25,2

Beispiel:

Welche Wärmeenergie ist notwendig, um 1,5 kg Wasser von 20 °C bei 1013 hPa vollständig zu verdampfen? Wo liegt der größte Energieanteil?

$m_W = 1{,}5 \text{ kg}$, $\Delta\vartheta_W = 80 \text{ K}$, $r = 2260 \, \frac{\text{kJ}}{\text{kg}}$ (vgl. ϑ-W-Schaubild: $W = W_2 + W_1$)

$W = m_W \cdot c_W \cdot \Delta\vartheta_W + m_W \cdot r$

$W = 1{,}5 \cdot 4{,}19 \, \frac{\text{kJ}}{\text{kg} \cdot \text{K}} \cdot 80 \text{ K} + 1{,}5 \text{ kg} \cdot 2260 \, \frac{\text{kJ}}{\text{kg}} = 503 \text{ kJ} + 3390 \text{ kJ}$

$\underline{\underline{W = 3893 \text{ kJ}}}$ Der größte Energieanteil wird zum Verdampfen benötigt.

Aufgaben

1. In einem Zimmer wird eine Heizleistung von 14 000 kJ pro Stunde benötigt. Wieviel kg Dampf müssen stündlich durch die Heizkörper der Dampfheizung strömen, wenn sich der Dampf von 100 °C in Wasser von 100 °C umwandelt?

2. Welche Mischungstemperatur ergibt sich, wenn in 200 g Wasser von 20 °C 10 g Dampf von 100 °C eingeleitet werden? Das Thermosgefäß wird nicht berücksichtigt (vgl. ϑ-W-Schaubild: $W_3 = W_2 + W_1$; nach ϑ_m umstellen).

3. Welche Mischungstemperatur ergibt sich bei Aufgabe 2 bei Berücksichtigung des Thermosgefäßes?

2.8.7 Siedetemperatur und Dampfdruck (Luftdruck)

Lernziel: Die Abhängigkeit zwischen Siedetemperatur und Dampfdruck (Luftdruck) erkennen.

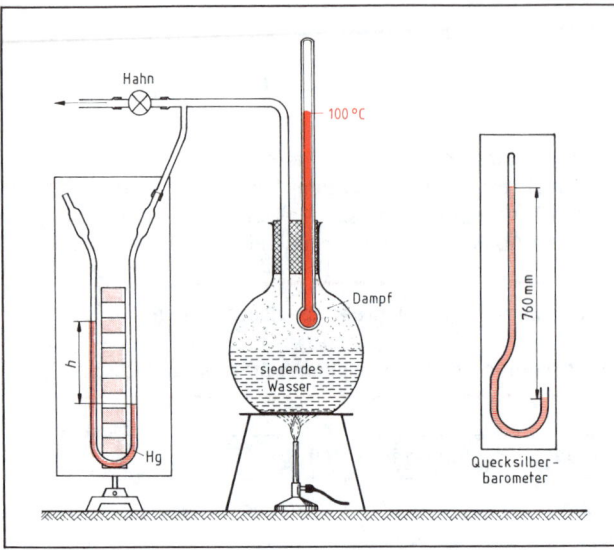

Versuch zur Bestimmung der Abhängigkeit zwischen Siedetemperatur und Luftdruck

Versuch: *Ein Stehkolben ist mit einem U-Rohr-Manometer zur Druckmessung verbunden.*

Durchführung: Das Wasser im Stehkolben wird erwärmt, bis es siedet. Dann wird die Wärmequelle entfernt und hinter dem geöffneten Hahn eine Vakuumpumpe zur Druckverminderung angeschlossen.

Bei langsamer Abkühlung ergibt sich im U-Rohr-Manometer ein Druckunterschied zum Luftdruck. Das Wasser im Stehkolben siedet bei verminderter Temperatur weiter: erste Tabelle.

Nun wird die Vakuumpumpe entfernt und das Wasser wieder erhitzt bis zum Sieden. Dann wird vorsichtig weiter erhitzt, die Wärmequelle gedrosselt und der Hahn kurzzeitig geschlossen. Das Wasser im Stehkolben siedet bei höherer Temperatur als 100 °C: zweite Tabelle.

In die Tabelle werden die absoluten Drücke eingetragen.

Druck	760 mm HgS 1013 hPa	700 mm HgS 933 hPa	600 mm HgS 800 hPa	500 mm HgS 667 hPa
Siedetemperatur	100 °C	98 °C	94 °C	89 °C

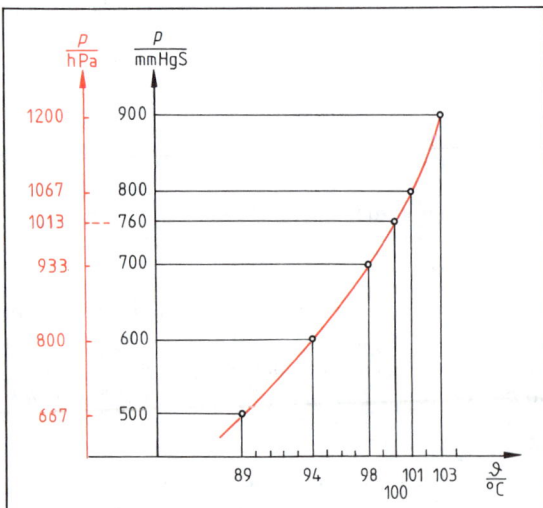

Druck	760 mm HgS 1013 hPa	800 mm HgS 1067 hPa	900 mm HgS 1200 hPa
Siedetemperatur	100 °C	101 °C	103 °C

Die Werte der Tabelle lassen sich graphisch darstellen.

Dampfdruckkurve: Die Kurve zeigt die Abhängigkeit der Siedetemperatur des Wassers vom Druck.

Versuchsergebnis:

> Bei 1013 hPa (Normluftdruck) siedet Wasser bei 100 °C. Diese Temperatur wird allgemein als Siedepunkt bezeichnet.
>
> Die Siedetemperatur ist vom Luftdruck abhängig:
> Wird der Druck über einer Flüssigkeit verringert, so sinkt ihre Siedetemperatur.
> Wird der Druck über einer Flüssigkeit erhöht, so steigt der Siedepunkt.

Erklärung: Beim Sieden entstehen Gasblasen, die sich jedoch nur bilden können, wenn die Moleküle den äußeren Druck überwinden. Dieser Druck der Moleküle wird als **Dampfdruck** bezeichnet. Bei Wärmezufuhr steigt der Dampfdruck, da die kinetische Energie der Moleküle größer wird und immer mehr Moleküle die Flüssigkeit an der Oberfläche verlassen. Ist der Dampfdruck im Innern der Flüssigkeit so groß wie der äußere Druck, dann setzt die Dampfbildung in der ganzen Flüssigkeit ein, die Flüssigkeit siedet.

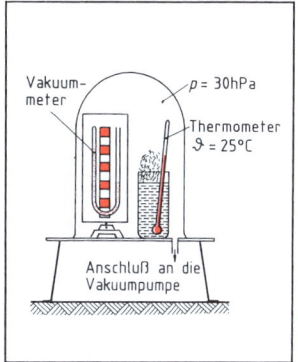

> Beim Sieden ist der Dampfdruck der Flüssigkeit gleich dem äußeren Luftdruck.

Durch Druckerniedrigung siedet Wasser auch unter 100 °C

Da der Luftdruck mit der Höhenlage abnimmt, siedet Wasser auf der Zugspitze (2964 m) mit einem Luftdruck von etwa 667 hPa bei 89 °C.

Soll Wasser erst bei höheren Temperaturen sieden, dann muß der Siederaum verschlossen werden. Im Dampfdrucktopf siedet Wasser erst bei Temperaturen über 100 °C. Ein Sicherheitsventil sorgt dafür, daß der Druck nicht zu groß wird.

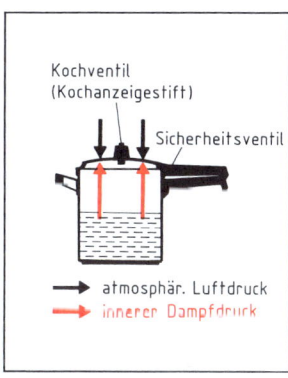

Gesättigte und ungesättigte Dämpfe

Der Versuch von Torricelli (vgl. 1.7.3) wird so verändert, daß das Glasrohr nur bis auf wenige mm mit Hg angefüllt und darüber Wasser bzw. Alkohol gegossen wird. Nach dem Umdrehen und Eintauchen des Glasrohres in das Quecksilberbad steigt die leichtere Flüssigkeit nach oben, die Hg-Säule sinkt ab, und wir können den Druck der gesättigten Dämpfe bei Zimmertemperatur ablesen:

Wasserdampf: 24 hPa
Alkohol: 59 hPa

Dampfdrucktopf

Dämpfe, die noch mit ihrer Flüssigkeit in Berührung stehen, ohne daß weitere Flüssigkeit verdampft, heißen gesättigt. Ungesättigte Dämpfe entstehen entweder durch Vergrößern des Volumens, so daß die ganze Flüssigkeit verdampft, oder durch weiteres Erhitzen des Dampfes, wobei der Druck stark ansteigt.

Temperatur °C	Druck in hPa	Temperatur °C	Druck in bar
−25	0,6	100	1,013
0	6,6	119	2
25	30	200	20

Sättigungsdampfdruck von Wasser (1 bar = 1000 hPa)

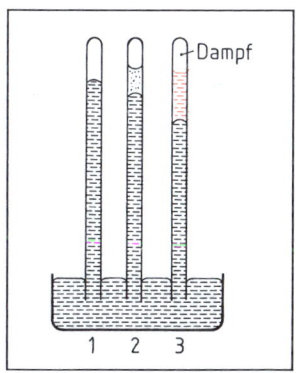

Versuche zum Sättigungsdampfdruck: Torricelli-Versuch (1), Wasser (2), Alkohol (3)

2.8.8 Verdunsten. Verdunstungswärme

> **Lernziel:** Die Definition für Verdunsten kennen. Die Bedingungen für schnelles Verdunsten aufzählen, das Entstehen der Verdunstungswärme erklären und Beispiele dazu nennen können.

Da auch bei Zimmertemperatur ein geringer Dampfdruck herrscht, vgl. 2.8.7, können Moleküle an der Flüssigkeitsoberfläche die Flüssigkeit verlassen.

▶ Der bei jeder Temperatur an der Oberfläche einer Flüssigkeit stattfindende Übergang vom flüssigen in den gasförmigen Zustand heißt **Verdunstung**.

▶ Eine Flüssigkeit **v e r d u n s t e t   u m   s o   s c h n e l l e r**, je größer die **Temperatur** und die **Oberfläche** der Flüssigkeit und je niedriger der **äußere Druck** ist.

Bei sonst gleichen Bedingungen verdunstet eine Flüssigkeit um so **s c h n e l l e r**, je niedriger ihr **Siedepunkt** ist.

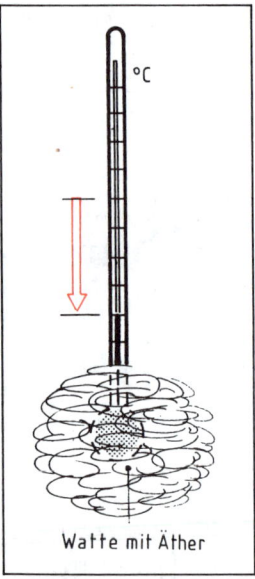

Demonstration der
Verdunstungswärme

Beim Trocknen der Wäsche wird diese Erscheinung genutzt. Aufhängen der Wäsche: Vergrößern der Oberfläche; in der Sonne: Erhöhung der Temperatur; im Wind: Abführen des Wasserdampfes.

Versuch: *Das Demonstrationsthermometer wird am unteren Ende in einen Wattebausch gesteckt.*

Durchführung: Nachdem keine Temperaturänderung mehr auftritt, wird der Wattebausch mit Äther getränkt und das Thermometer beobachtet.

Versuchsergebnis: Der Äther verdunstet. Die Temperatur sinkt.

> Zum Verdunsten einer Flüssigkeit ist – wie zum Verdampfen – Wärme erforderlich, die die verdunstende Flüssigkeit der Umgebung entzieht. Diese Wärmeenergie wird als **Verdunstungswärme** bezeichnet.

Von der Kühlwirkung verdunstender Flüssigkeiten wurde vor Erfindung des Kühlschranks vielfach Gebrauch gemacht. Gefäße aus feinporigen Stoffen (z. B. Ton) werden befeuchtet. Die Verdunstung des Wassers aus den Poren bewirkt eine Abkühlung der Gefäßwände und somit auch des Innern des Gefäßes. Die Kühlwirkung verdunstender Flüssigkeiten wird am Körper spürbar, wenn man sich nach dem Baden nicht abtrocknet.

2.8.9 Übersicht: Wärmeenergie und Zustandsänderungen

S ... Schmelzpunkt
E ... Erstarrungspunkt
W_1 ... Erwärmung des Eises
W_2 ... Schmelzwärme
    (Erstarrungswärme)
$W_2 = m \cdot q$
S_i ... Siedepunkt
K ... Kondensationspunkt
W_3 ... Erwärmung des Wassers
W_4 ... Verdampfungswärme
    (Kondensationswärme)
W_5 ... Erwärmung des Dampfes
$W_4 = m \cdot r$

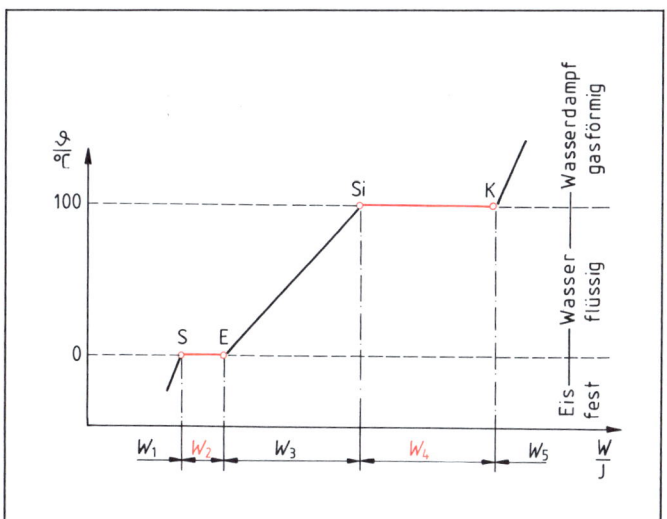

Temperatur-Wärmeenergie-Schaubild für Wasser

Eis verdunstet auch bei Temperaturen unter 0 °C. Gefrorene Wäsche trocknet. Diese Vorgänge nennt man **Sublimieren**. Sie überspringen den flüssigen Zustand. – Joddampf wird beim Abkühlen sofort fest. Auch zu diesem umgekehrten Vorgang sagt man Sublimieren.

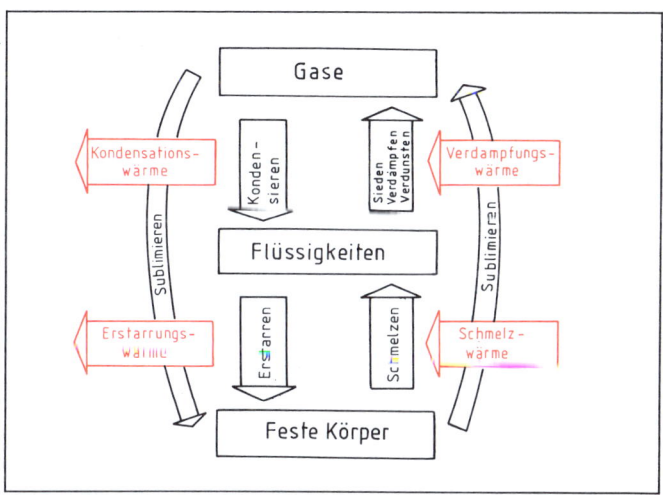

Wärmeenergie und Zustandsänderung

Aufgabe *Welche Wärmeenergie ist notwendig, um 1 kg Eis von −10 °C in Dampf von 100 °C überzuführen?*

2.9 Die Wärmeübertragung

Aus unserem Erfahrungsbereich wissen wir, daß Wärme von einer Stelle eines Körpers an eine andere gelangen kann. Eine Heizung überträgt Wärme an die Zimmerluft, im Zimmer selbst verbreitet sich die Wärme, ein in heißen Kaffee eingetauchter Löffel wird auch am anderen Ende heiß, die Sonne wirkt mit großer Wärme auf uns ein.

Die Wärmeübertragung kann nach drei, physikalisch voneinander abgrenzbaren, Vorgängen erfolgen durch:

Wärmeströmung **Wärmeleitung** **Wärmestrahlung**

Meist erfolgt die Wärmeübertragung jedoch in M i s c h f o r m aus zwei oder sogar allen drei der genannten Möglichkeiten.

2.9.1 Wärmeströmung oder Konvektion

Lernziel: Die Wärmestömung an Versuchen und Beispielen beschreiben und erklären können.

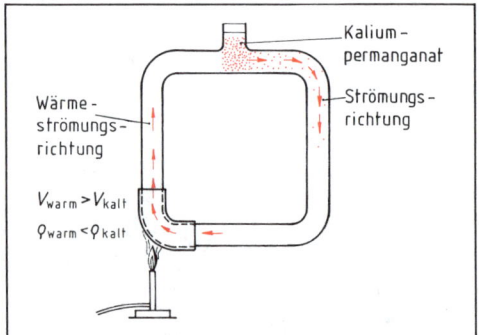

Veranschaulichung der Wärmeströmung in Flüssigkeiten. Das erwärmte Wasser setzt sich über dem kälteren ab, so daß durch Auftrieb die Wärmeströmung entsteht.

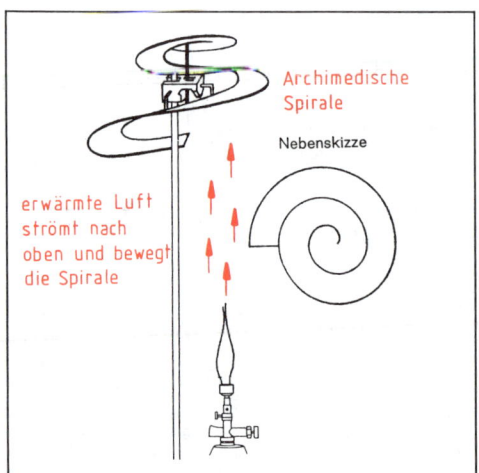

Veranschaulichung der Wärmeströmung in Gasen

Versuch: Das Glasrohr wird ganz mit Wasser gefüllt. Dann werden ein paar Körnchen Kaliumpermanganat in die Öffnung gegeben.

Durchführung: Mit dem Bunsenbrenner erwärmen wir vorsichtig die mit Draht umwickelte Stelle des Glasrohrs.

Das zunächst ruhig stehende Wasser beginnt nun einen Kreislauf in eingezeichneter Richtung, vgl. Abb.

Erklärung: Durch die Erwärmung dehnt sich das Wasser aus. Das Volumen V wird größer, dadurch wird die Dichte geringer ($\varrho = \frac{m}{V}$). Flüssigkeiten mit geringerer Dichte setzen sich über solchen mit größerer Dichte ab (vgl. 1.6.6). Das Wasser steigt über der Erwärmungsstelle nach oben, kühlt sich ab und fällt auf der anderen Seite nach unten. Dadurch entsteht ein Wärmekreislauf.

Versuch: Eine Archimedische Spirale wird über einer Wärmequelle drehbar (auf einer Nadelspitze) gelagert.

Durchführung: Mit dem Bunsenbrenner erwärmen wir sehr vorsichtig die Luft unter der Spirale (mindestens 40 cm Abstand zwischen Brenner und Spirale). – Die Spirale beginnt sich zu drehen.

Erklärung: Wie im ersten Versuch das Wasser dehnt sich hier die Luft aus und steigt infolge ihrer geringer werdenden Dichte nach oben. Dadurch entsteht eine Luftbewegung, die durch Drehen der Spirale deutlich gemacht werden soll.

Ergebnis der Versuche:

> Wärmeenergie kann durch strömende Flüssigkeiten und Gase übertragen werden, da eine Umschichtung infolge verschiedener Dichten nur bei diesen Körpern möglich ist. Diese Wärmeübertragung nennen wir **Wärmeströmung.**
>
> Mit der strömenden Flüssigkeit oder dem Gas strömt auch die darin enthaltene Wärmeenergie.

Das bekannteste Beispiel für Wärmeströmung in der Natur ist der Golfstrom, der Wärmeenergie aus der Äquatorzone bis an die Küsten West- und Nordeuropas transportiert.

Witterungserscheinungen und Klima werden weitgehend durch Wärmeströmungen bestimmt. So entstehen z. B. Landwind und Seewind dadurch, daß Wasser sich wegen seiner höheren spezifischen Wärmekapazität ($c = 4{,}19 \frac{kJ}{kg \cdot K}$) bei gleicher Sonneneinwirkung weniger erwärmt als das Land ($c = 1{,}3$ bis $2{,}5 \frac{kJ}{kg \cdot K}$). Die über dem Land befindliche Luft wird damit höher erwärmt, dehnt sich aus, vermindert daher ihre Dichte, steigt hoch, und kühlere Meeresluft strömt nach (Seewind). In der Nacht kühlt sich das Land stärker ab als das Wasser, die Luft fällt. Über dem Wasser erwärmt sich die Luft, steigt hoch, und die abgekühlte Luft dringt nach (Landwind).

Ein Beispiel für die Anwendung der Wärmeströmung bilden unsere Heizanlagen. Eine Warmwasserheizung ist im Prinzip durch den ersten Versuch zu erklären. Die Richtung der Wärmeströmung bei der Raumheizung läßt sich aus dem zweiten Versuch erklären.

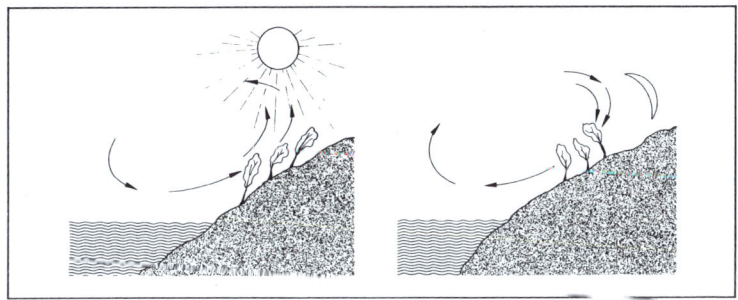

Seewind (tags) und Landwind (nachts) ergeben das ausgeglichene Seeklima.

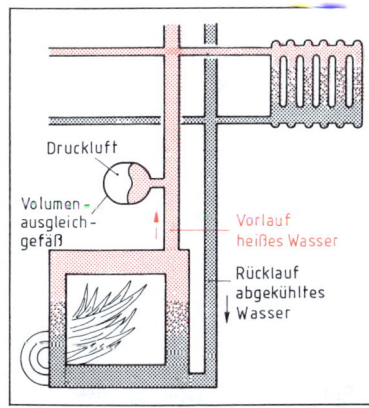

Wärmeströmung bei der Warmwasserheizung

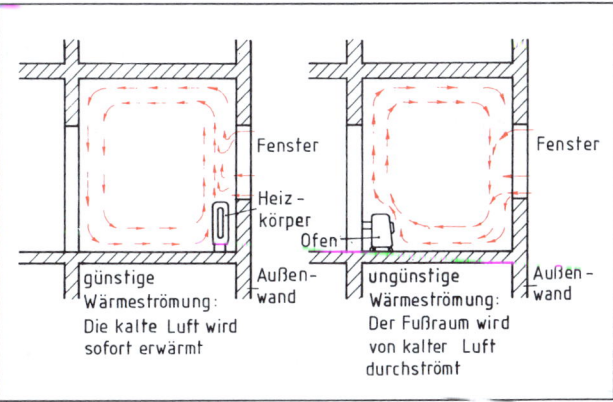

Wärmeströmung im Zimmer

2.9.2 Wärmeleitung

Lernziel: Die Wärmeleitung über die kinetische Wärmetheorie erklären, die verschiedenen Stoffe anhand ihrer Wärmeleitfähigkeit vergleichen und Berechnungen durchführen können.

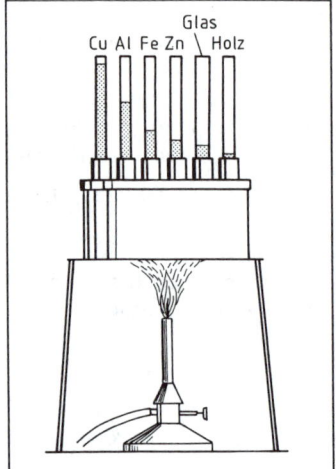

Bestimmung der unterschiedlichen Wärmeleitfähigkeit verschiedener fester Körper

Versuch: *In einem Wasserbad von etwa 70°C Wassertemperatur werden gleich große, mit Quecksilberjodid bestrichene Stäbe aus verschiedenen Stoffen an einem Ende erwärmt.*

Beobachtung: Das Fortschreiten der Erwärmung kann am Umschlagen der Farbe des Anstrichs von gelb nach braun erkannt werden. Am schnellsten färbt sich der Anstrich des Kupferstabes, danach Aluminium, Eisen, Zink, Glas. Holz färbt sich nur ganz gering am unteren Ende.

Versuchsergebnis:

▶ Feste Körper leiten die Wärme unterschiedlich rasch weiter.

▶ Die Wärme geht selbständig von heißen Teilen eines Körpers auf benachbarte kältere Teile über.

▶ Den Übergang der Wärme von heißen Stellen eines Körpers auf benachbarte kältere Stellen des Körpers nennt man **Wärmeleitung**.

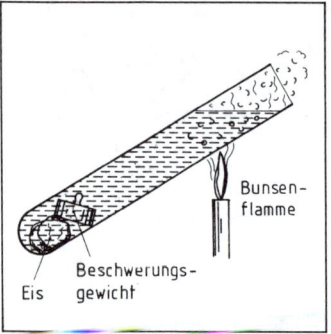

Wasser leitet die Wärme nur sehr schlecht. Während im oberen Teil des Reagenzglases das Wasser bereits verdampft, befindet sich im unteren Teil noch Eis.

Erklärung: Die Moleküle beginnen sich bei Erwärmung sehr rasch zu bewegen, stoßen dabei benachbarte Moleküle und geben damit die molekulare Wärmebewegung von Molekül zu Molekül weiter, ohne sich selbst von ihrem Platz fortzubewegen.

Die Wärmeleitung beruht damit auf der Wärmebewegung der Moleküle.

Gute Wärmeleiter sind Metalle und ihre Schmelzen, schlechte sind Holz, Porzellan, Glas, Kunststoffe. Sehr schlecht leiten Gase die Wärme. Deshalb wird Luft (bei Doppelfenstern, in Styropor) als Wärmeisolator benutzt. Da Vakuum keine Wärmeleitung aufweist, wird der Zwischenraum im Thermosgefäß bzw. in der Thermosflasche luftleer gepumpt.

Die Wärmeleitfähigkeit λ eines Stoffes ist eine Materialkonstante. Sie gibt an, wieviel Wärmeenergie in einer Sekunde durch eine Wand von $1\,m^2$ Fläche und $1\,m$ Dicke bei $1\,K$ Temperaturdifferenz hindurchgeht.

Die Wärmeenergie, die durch eine Wand hindurchgeht, bestimmt sich zu:

$$W = \lambda \cdot \frac{A \cdot t \cdot \Delta\vartheta}{d}$$

$$\lambda = \frac{W \cdot d}{A \cdot t \cdot \Delta\vartheta}$$

Physikalische Größen	Formelzeichen	Einheiten
Wandfläche	A	m^2
Zeit	t	s
Temperaturdifferenz	$\Delta\vartheta$	K
Wanddicke	d	m
Wärmeleitfähigkeit	λ	$\dfrac{W}{m \cdot K}$
Wärmeenergie	W	J

$[\lambda] = \dfrac{J \cdot m}{m^2 \cdot s \cdot K}$ mit 1 J = 1 Ws ergibt sich: $[\lambda] = \dfrac{W}{m \cdot K}$

Wärmeleitfähigkeit λ bei 20 °C in $\dfrac{W}{m \cdot K}$					
Silber	410	Naturstein	2,5	Wollstoff, Holz	0,05
Kupfer	390	Beton	1,5	Schnee	0,05
Aluminium	220	Ziegelstein	0,8	Glaswolle	0,04
Messing	100	Glas	0,8	Styropor	0,04
Eisen	53	Wasser	0,5	Luft	0,02

Beispiel:

Wieviel Wärmeenergie geht in ½ Stunde durch eine 30 cm starke Ziegelsteinwand, wenn eine Temperaturdifferenz von 24 K herrscht und die Wandfläche 12 m² groß ist?

$$W = \lambda \cdot \frac{A \cdot t \cdot \Delta\vartheta}{d} = 0{,}8 \, \frac{W}{m \cdot K} \cdot \frac{12 \, m^2 \cdot 1800 \, s \cdot 24 \, K}{0{,}3 \, m} = 1\,380\,000 \, Ws = \underline{\underline{1380 \, kJ}}$$

Wie dick müßte eine Styroporwand sein, um nicht mehr Wärmeenergie durchgehen zu lassen als die Ziegelsteinwand?

Bei sonst gleichen Bedingungen ergibt sich: $\dfrac{\lambda_{Ziegelstein}}{d_{Ziegelstein}} = \dfrac{\lambda_{Styropor}}{d_{Styropor}}$

Daraus errechnet sich: $d_{Styropor} = 0{,}015 \, m = \underline{\underline{1{,}5 \, cm}}$

Aufgaben

1. Wieviel Wärmeenergie geht durch eine einfache Fensterscheibe von 8 mm Dicke und 1,2 m² Größe in einer Stunde bei einer Temperaturdifferenz von 18 K?

2. Weshalb haben Bügeleisen, Tauchsieder, Kochtöpfe Griffe aus Holz oder Kunststoff?

3. Weshalb werden Doppelfenster verwendet?

4. Warum werden Außenwände mit Styropor verkleidet? Warum werden die Heizungsrohre im Keller mit Glaswolle umwickelt?

2.9.3 Wärmestrahlung

Lernziel: Die Wirkung der Wärmestrahlung auf unterschiedliche Oberflächen beschreiben. Die Wärmeübertragungsmöglichkeiten an Beispielen darstellen können.

Die **Sonnenwärme** gelangt nicht durch Strömung und nicht durch Leitung, sondern durch **Strahlung** zur Erde. Die Übertragung der Sonnenwärme kann nicht durch einen Körper bedingt sein, denn zwischen Sonne und Erdatmosphäre ist Vakuum. Durchsichtige Stoffe, z. B. Luft, Fensterglas, werden durch Sonnenstrahlen nicht erwärmt, sie lassen die Wärmeenergie hindurch. Schwarze Körper werden sehr stark erwärmt, sie absorbieren die Wärmeenergie. Helle Körper werden wenig erwärmt, sie reflektieren einen Teil der Strahlungsenergie.

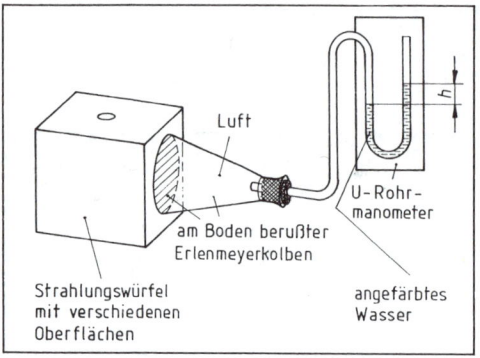

Die Wärmestrahlung ist von der Oberflächenbeschaffenheit abhängig.

Versuch: Ein Strahlungswürfel wird mit heißem Wasser gefüllt. Ein am Boden berußter Erlenmeyerkolben in Verbindung mit einem U-Rohr-Manometer dient als Temperaturvergleichsgerät.

Durchführung: Der Boden des Erlenmeyerkolbens wird in etwa 1 cm Entfernung von der Würfelfläche gebracht und die Höhendifferenz am U-Rohr-Manometer abgelesen.

▶ Je größer die Höhendifferenz, je größer ist die Volumenausdehnung der Luft im Erlenmeyerkolben und je größer ist die Wärmestrahlung der Würfeloberfläche.

Tabelle zur Versuchsauswertung:

Oberfläche	verspiegelt	weiß	matt	schwarz
Höhendifferenz (cm)	4	6	7	11

Wassertemperatur im Würfel: 85 °C

Versuchsergebnis: Wärme kann durch Strahlung übertragen werden, ohne Vermittlung eines Körpers. Schwarze rauhe Flächen strahlen mehr Wärme ab als helle glatte Flächen.

Allgemein gilt:

> **Schwarze rauhe** Flächen strahlen Wärme gut ab und nehmen selbst viel Wärme auf: Absorbierende Flächen.
>
> **Helle glatte** Flächen strahlen Wärme schlecht ab und nehmen selbst wenig Wärme auf: Reflektierende Flächen.

Bei **niedrigen** Temperaturen herrscht Wärmeübertragung durch Strömung und Leitung vor. Deshalb spielt es keine Rolle, ob ein Heizkörper schwarz oder weiß gestrichen ist. Erst bei höheren Temperaturen steigt und übertrifft die Wärmeübertragung durch Strahlung die beiden anderen Übertragungsmöglichkeiten.

Aufgaben

1. Weshalb haben elektrische Heizstrahler blanke Metallspiegel?
2. Weshalb trägt man im Sommer lieber helle Kleidung?
3. Beim Bau der Kalorimetergefäße oder Thermosgefäße versucht man die Wärmeübertragung sowohl als Strömung wie auch als Leitung und Strahlung zu verhindern. Erklären Sie, welche Vorkehrung jeweils der einzelnen Wärmeübertragung entgegenwirken soll!
4. Wie erfolgt die Abkühlung sehr heißen Tees in einem Glas?

3 Schwingungen. Wellen. Akustik

3.1 Schwingungen

3.1.1 Harmonische Schwingungen. Feder- und Fadenpendel

> **Lernziel:** Eine harmonische Schwingung beschreiben und Berechnungen durchführen können.

Versuch zum Federpendel: *Eine Schraubenfeder wird durch einen Körper mit der Masse m und damit der Gewichtskraft $F_G = m \cdot g$ ausgelenkt. Diese Lage wird als Ruhelage bezeichnet.*

Durchführung: Durch die Handkraft F erfolgt die Auslenkung Δs. Die rücktreibende Kraft ist von der Federkonstanten D und von der Auslenkung Δs abhängig (vgl. 1.3.5).

$$F_{\text{Rück}} = D \cdot \Delta s \quad \text{oder} \quad F_{\text{Rück}} \sim \Delta s$$

Wir lassen nun die Feder schwingen und bewegen das Brett seitlich weg.

Versuchsergebnis: Auf dem Brett entsteht eine Sinuskurve.
▶ Jeder elastische Körper führt nach Anstoß Schwingungen aus, wenn auf ihn eine rücktreibende Kraft wirkt.

Versuch zum Fadenpendel: *Eine Tüte mit Quarzsand dient als Pendel. Eine Klemme verschließt zunächst die untere Öffnung.*

Durchführung: Das Pendel wird ausgelenkt und gleichzeitig zieht eine zweite Person mit möglichst gleichbleibender Geschwindigkeit den mit Samt belegten Karton weg.

Versuchsergebnis: Auf dem Karton entsteht eine Sinuskurve.
▶ Jeder freihängende Körper führt nach Anstoß Schwingungen aus, da auf ihn eine rücktreibende Kraft wirkt.

Aus der Ähnlichkeit der Dreiecke in der Abbildung folgt:

$$\frac{F_{\text{Rück}}}{F_G} = \frac{s}{l} \quad \text{bzw.} \quad F_{\text{Rück}} = \frac{F_G}{l} \cdot s \quad \text{oder} \quad F_{\text{Rück}} \sim s$$

Die wirkliche Auslenkung ist nicht die Sehne s, sondern der zugehörige Bogen. Für kleine Winkel ist jedoch die Sehne annähernd gleich dem Bogen.

Für **Feder- und Fadenpendel** ergibt sich somit:

> Jeder elastische oder freihängende Körper führt nach Anstoß Schwingungen aus, da auf ihn eine rücktreibende Kraft wirkt. Ist die rücktreibende Kraft proportional zur Auslenkung, so spricht man von einer **harmonischen Schwingung**.

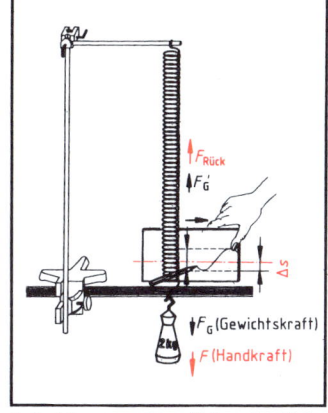

Aufzeichnung einer Schraubenfederschwingung.
Harmonische Schwingung: $F \sim \Delta s$

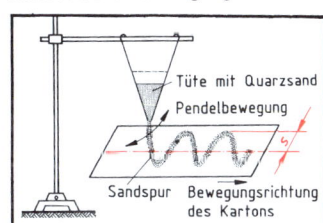

Aufzeichnung einer Pendelschwingung.
Harmonische Schwingung: $F \sim x$

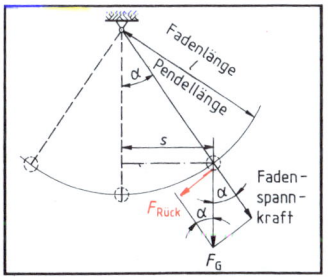

Kräfteverhältnis beim Fadenpendel

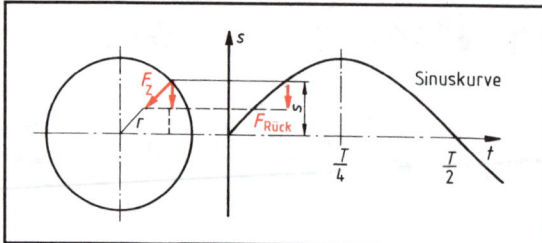

Schwingung als Projektion einer gleichförmigen Kreisbewegung

Eine harmonische Schwingung kann als Projektion einer gleichförmigen Kreisbewegung aufgefaßt werden, da beide in ihrer Aufzeichnung eine Sinuskurve ergeben.

Die Zentripetalkraft F_Z entspricht dann der Kraft $F_{Rück}$.

Aus dem Strahlensatz ergibt sich

$$\frac{F_{Rück}}{s} = \frac{F_Z}{r}$$

Aus 1.5.1 $F_Z = m \cdot r \cdot \omega^2$ eingesetzt: $F_{Rück} = m \cdot r \cdot \omega^2 \cdot \frac{s}{r}$ $F_{Rück} = m \cdot \omega^2 \cdot s$

Mit dieser Gleichung bringen wir die Ergebnisse aus den Versuchen zum Feder- und Fadenpendel in Beziehung und erhalten mit $T = 2\pi \cdot \frac{1}{\omega}$ (vgl. 1.2.5) die **Schwingungsdauer** T.

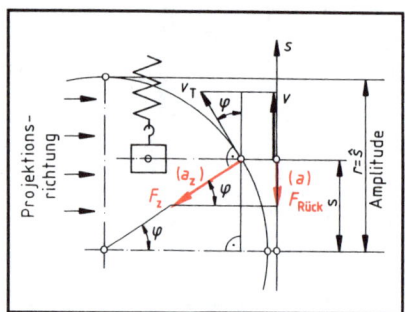

Beziehungen zwischen Kreisbewegung und Schwingung

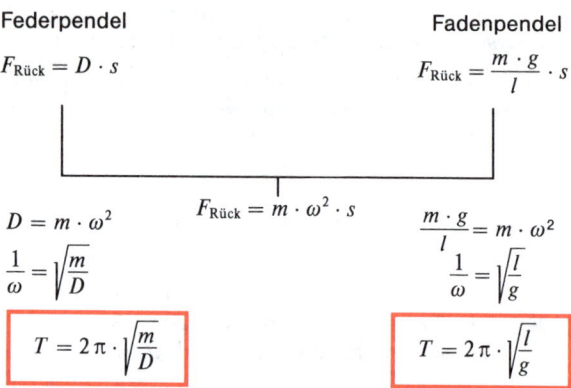

Federpendel

$F_{Rück} = D \cdot s$

$F_{Rück} = m \cdot \omega^2 \cdot s$

$D = m \cdot \omega^2$

$\frac{1}{\omega} = \sqrt{\frac{m}{D}}$

$$\boxed{T = 2\pi \cdot \sqrt{\frac{m}{D}}}$$

Fadenpendel

$F_{Rück} = \frac{m \cdot g}{l} \cdot s$

$\frac{m \cdot g}{l} = m \cdot \omega^2$

$\frac{1}{\omega} = \sqrt{\frac{l}{g}}$

$$\boxed{T = 2\pi \cdot \sqrt{\frac{l}{g}}}$$

Für eine Schwingung mit der Schwingungsweite (Amplitude) $\hat{s}$ ergibt sich die Auslenkung (Elongation) s zu einer bestimmten Zeit t aus der Funktion $\sin\varphi = \frac{s}{\hat{s}}$.

Nach 1.2.5 setzen wir für $\varphi = \omega \cdot t$ ein und erhalten das

Weg-Zeit-Gesetz: $\boxed{s = \hat{s} \cdot \sin\omega t}$

Bei der gleichförmigen Kreisbewegung (vgl. 1.2.5: $v = r \cdot \omega$) ist mit $r = \hat{s}$ die Tangentialgeschwindigkeit $v_T = \hat{s} \cdot \omega$. Für die Projektion auf die Ordinate erhalten wir mit $\cos\varphi = \frac{v}{v_T}$ das

Geschwindigkeits-Zeit-Gesetz: $\boxed{v = \hat{s} \cdot \omega \cdot \cos\omega t}$

Mit $F_Z = m \cdot r \cdot \omega^2$ ergibt sich mit $r = \hat{s}$ die Zentripetalbeschleunigung zu $a_Z = -\hat{s} \cdot \omega^2$. Das Minuszeichen bedeutet, daß die Beschleunigung entgegengesetzt zur Auslenkrichtung gerichtet ist. Für die Projektion auf die Ordinate erhalten wir mit $\sin\varphi = \frac{a}{a_Z}$ das

Bewegungsgesetze der harmonischen Schwingungen

Beschleunigungs-Zeit-Gesetz: $\boxed{a = -\hat{s} \cdot \omega^2 \cdot \sin\omega t}$

Beispiel:

Die Last am Seil eines Kranes schwingt mit einer Amplitude von 1,2 Meter und einer Schwingungsdauer von 4,8 Sekunden.
a) Berechnen Sie die Länge des Seils!   b) Wie weit ist der Körper nach 0,5 Sekunden von der Gleichgewichtslage entfernt?

$\hat{s} = 1{,}2$ m; $T = 4{,}8$ s

a) $T = 2\pi \cdot \sqrt{\dfrac{l}{g}}$; $l = \dfrac{T^2 \cdot g}{4\pi^2}$; $l = \dfrac{4{,}8^2 \text{ s}^2 \cdot 9{,}81 \text{ m}}{\text{s}^2 \cdot 4\pi^2}$; $\underline{\underline{l = 5{,}73 \text{ m}}}$

b) $t = 0{,}5$ s $\qquad \omega \cdot t = 0{,}654$ (rad) $\qquad s = \hat{s} \cdot \sin \omega t$

$\omega = \dfrac{2\pi}{T} = 1{,}31 \dfrac{1}{\text{s}}$ $\qquad \sin \omega t = 0{,}609$ $\qquad s = 1{,}2$ m $\cdot 0{,}609$

$\qquad\qquad\qquad\qquad\qquad\qquad\qquad\qquad\qquad\qquad \underline{\underline{s = 0{,}731 \text{ m}}}$

Aufgaben

1. Bei einem Versuch zur Ermittlung der Erdbeschleunigung mit einem Fadenpendel wird bei einer Fadenlänge von 8,1 m für 10 Schwingungen eine Zeit von 57,2 s gemessen. Wie groß ist die ermittelte Erdbeschleunigung?

2. Der an einer Schraubenfeder (2,7 $\frac{N}{m}$) schwingende Körper (0,1 kg) hat eine Amplitude von 12 cm. Wie groß ist die Schwingungsdauer und die maximale Geschwindigkeit ($\cos \omega t = 1$) in der Gleichgewichtslage?

3.1.2 Gedämpfte Schwingungen. Resonanz

> **Lernziel:** Wissen, daß jede Schwingung eine Dämpfung erfährt, d. h. eine Abnahme an Energie. Die Resonanz erklären können.

Beim Anstoß des Feder- und Fadenpendels wird Energie aufgewendet. In der kleiner werdenden Amplitude der Schwingungen zeigt sich das Abnehmen der Energie der Schwingung.

Durch die Übertragung der Energie des schwingenden Körpers auf die umgebende Luft erhalten wir ohne ständige Energiezufuhr eine abklingende, eine **gedämpfte Schwingung.** Die Dämpfung kann zusätzlich zu dieser als Luftreibung bezeichneten Dämpfung auch noch durch mechanische Reibung erfolgen. Bei großen Geschwindigkeiten erfolgt zu Beginn der Schwingungen erhöhte Dämpfung durch Luftreibung. Man spricht hier von Geschwindigkeitsdämpfung.

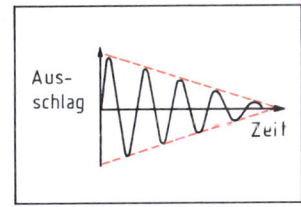

Gedämpfte Schwingung: Reibungsdämpfung

Wird nach jeder Schwingung die durch die Dämpfung abgegebene Energie wieder zugeführt, so entsteht eine ungedämpfte Schwingung. Dazu muß jedoch die Frequenz der Energiezufuhr mit der Frequenz der Schwingung übereinstimmen. Das Übereinstimmen der Frequenzen zwischen Schwingung und Anregung wird als Resonanz bezeichnet.

Ohne Dämpfung würde sich im Resonanzfall die Amplitude und damit die Energie der Schwingung immer mehr vergrößern.

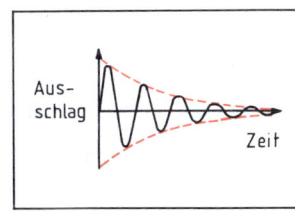

Geschwindigkeitsdämpfung

Im Hochbau und insbesondere im Brückenbau können durch Resonanz so große Schwingungen entstehen, daß die Bauwerke zerstört werden. Stimmt bei umlaufenden Maschinenteilen z. B. die Drehfrequenz einer Welle mit der elastischen Eigenschwingung dieser Welle überein, so kann durch Resonanz die Amplitude so groß werden, daß die Welle zerstört wird. Diese kritischen Drehfrequenzen müssen vermieden werden.

3.2 Wellen

3.2.1 Querwellen. Längswellen. Fortpflanzungsgeschwindigkeit

Lernziel: Erkennen, daß bei Quer- und Längswellen die Teilchen unterschiedlich zur Ausbreitungsrichtung schwingen. Berechnungen zur Wellengleichung durchführen können.

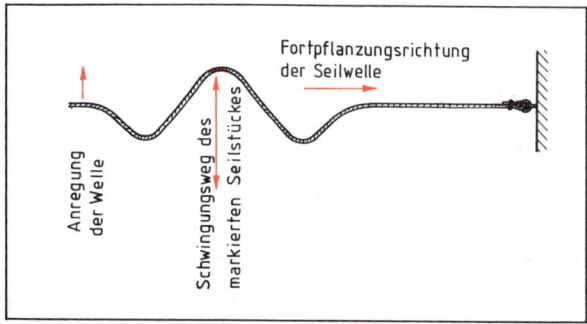

Modellversuch zur Querwelle:
Fortpflanzung der Welle in einem Seil.

Versuch zur Querwelle als Modell für Wasser- und Lichtwellen.

Durchführung: Ein Seil ist an einem Ende fest eingespannt. Das andere Ende wird durch einen Schwung mit der Hand zur Wellenbewegung angeregt.

Versuchsergebnis: Die Wellenbewegung wandert rasch über das Seil hinweg.

▶ Alle Teilchen schwingen senkrecht zur Ausbreitungsrichtung um eine Ruhelage. Deshalb spricht man hier von einer **Querwelle**.

Die Querwelle (Transversalwelle) eines Seiles ist ein Modell zur Veranschaulichung der Wasser- und Lichtwellen, sowie teilweise der Schallwellen in festen Körpern.

Im Gegensatz jedoch zu den linearen Wellen an einem Seil oder einer Feder sind die Wasserwellen Oberflächenwellen.

Versuch zur Längswelle als Modell der Schallausbreitung.

Durchführung: Eine Schraubenfeder ist an beiden Enden eingespannt. An einem Ende werden ein paar Windungen der Feder in Längsrichtung mit der Hand zusammengedrückt und dann losgelassen.

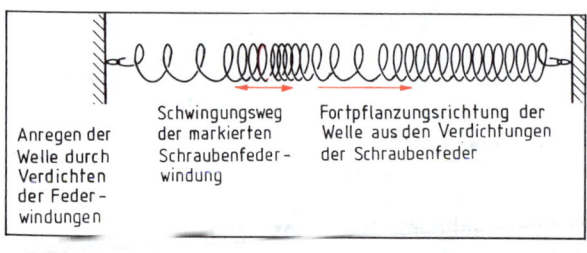

Modellversuch zur Längswelle:
Fortpflanzung der Verdichtung in einer Schraubenfeder.

Versuchsergebnis: Die Verdichtung läuft rasch über die Schraubenfeder – einen elastischen Körper – hinweg.

▶ Alle Teilchen der Feder schwingen in Ausbreitungsrichtung um eine Ruhelage. Deshalb spricht man hier von einer elastischen **Längswelle**.

Da Längswellen mit der Ausbreitung von Verdichtungen verbunden sind, können sie sich durch alle Stoffe ausbreiten, in denen Dichteänderungen möglich sind. Vor allem treten solche elastischen Längswellen in Luft auf.

Die Luftteilchen als Schallträger schwingen in Ausbreitungsrichtung wie die markierte Schraubenfederwindung.

Die Längswelle (Longitudinalwelle) einer Schraubenfeder ist ein Modell für die Schalleitung in Luft, in Flüssigkeiten und festen Körpern.

Die elastischen Längswellen breiten sich nach allen Richtungen aus; sie sind räumliche elastische Längswellen, Kugelwellen.

Bei der Wellenausbreitung werden jeweils benachbarte Teilchen zum Mitschwingen angeregt.

> Während der Ausbreitung der Quer- oder Längswelle schwingen die einzelnen Teilchen um eine Ruhelage, nehmen also selbst nicht an der Wellenausbreitung teil. Nur die Energie der Schwingung wird bei der Ausbreitung einer Welle übertragen.

In festen Körpern treten Quer- und Längswellen auf. Im Innern von Flüssigkeiten und Gasen gibt es nur Längswellen.

Außer den auch bei Schwingungen auftretenden Begriffen treten bei Wellen noch weitere physikalische Größen auf:

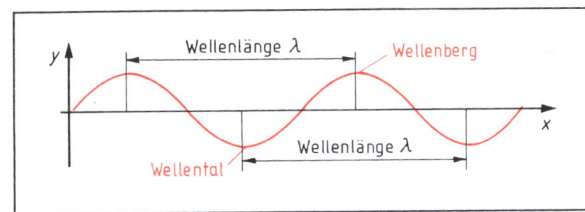

Physikalische Größen bei einer Welle

Wellenberg ist der äußerste Punkt beim Ausschlag nach der einen Richtung, **Wellental** der äußerste Punkt beim Ausschlag in der entgegengesetzten Richtung.

Die Wellenberge und Wellentäler stellen bei Querwellen Teilchenbewegungen quer zur Ausbreitungsrichtung dar. Bei Längswellen verkörpern sie die Teilchenbewegungen in Ausbreitungsrichtung, also Verdichtungen und Verdünnungen des Mediums.

Wellenlänge λ ist die Entfernung zweier aufeinanderfolgender Wellenberge oder Wellentäler. Fortpflanzungsgeschwindigkeit c ist die Geschwindigkeit, mit der sich z. B. ein Wellenberg ausbreitet. Aus Wellenlänge und Frequenz kann sie berechnet werden.

Um die Wellenlänge λ zurückzulegen, braucht die Welle die Periodendauer T. Entsprechend $v = \frac{s}{t}$ erhalten wir $c = \frac{\lambda}{T}$ und mit $T = \frac{1}{f}$ ergibt sich $c = \lambda \cdot f$.

Wellengleichung:
$$c = \frac{\lambda}{T}$$
$$c = \lambda \cdot f$$

Physikalische Größen	Formelzeichen	Einheiten
Wellenlänge	λ	m
Periodendauer	T	s
Frequenz	f	$Hz = \frac{1}{s}$
Fortpflanzungsgeschwindigkeit	c	$\frac{m}{s}$

Aufgaben

1. Erklären Sie den Unterschied zwischen Längs- und Querwellen!

2. Welche Geschwindigkeit hat eine Welle, wenn ihre Wellenlänge 36 cm und ihre Frequenz 940 Hz betragen?

3.2.2 Stehende Wellen

Lernziel: Die Entstehung stehender Wellen erklären.

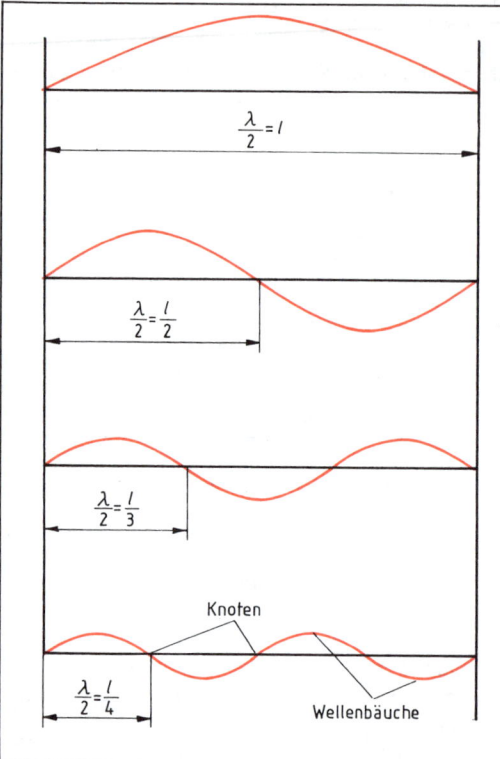

Stehende Wellen verschiedener Wellenlängen

Versuch: *Erzeugung stehender Wellen mit einer Schraubenfeder.*

Durchführung: Eine lange Schraubenfeder ist an einem Ende fest eingespannt. Das andere Ende regen wir längere Zeit zu gleichmäßigen Querschwingungen an, so daß Querwellen über die Schraubenfeder hinlaufen.

Versuchsergebnis: Am Befestigungspunkt werden die Wellen **reflektiert.** Es überlagern sich hinlaufende und reflektierte Welle.

Die Frequenz der in der Feder entstehenden Schwingung ist gleich der Frequenz der Anregung. Es entsteht eine Welle, die sich nicht ausbreitet. Wellenberge bzw. Wellentäler bleiben unverändert an gleicher Stelle.

Verdoppeln bzw. verdreifachen wir die Anregungsfrequenz, so bleiben auch diese Wellen stehen, jedoch haben sie auf gleicher Länge die doppelte bzw. dreifache Anzahl an Wellenbergen und Wellentälern. An den Enden und in der Mitte zwischen Wellenbergen und Wellentälern ergeben sich Punkte, die in Ruhe bleiben.

> Überlagert sich eine Welle mit einer ihr entgegen laufenden Welle gleicher Frequenz, z. B. mit ihrer reflektierten Welle, so bildet sich eine **stehende Welle.** Die Stellen der Wellenberge bzw. -täler heißen **Bäuche,** die der ruhenden Punkte **Knoten.**

Stehende Wellen sind auch ein Beispiel für Interferenzerscheinungen, gegenseitige Verstärkung bzw. Schwächung durch Überlagerung, die allgemein auftreten, wenn zwei Wellen mit parallelen Schwingungsrichtungen und gleichen Frequenzen aufeinandertreffen.

Die Feder ist an beiden Enden fest eingespannt, so daß sich hier Knoten bilden müssen. Daher stehen Länge l der Feder und Wellenlänge λ in bestimmtem Verhältnis:

$$\frac{\lambda}{2} = l; \frac{l}{2}; \frac{l}{3}; \frac{l}{4}; \ldots \quad \text{bzw.} \quad \lambda = \frac{2l}{1}; \frac{2l}{2}; \frac{2l}{3}; \frac{2l}{4}; \ldots$$

Aus der Beziehung $c = \lambda \cdot f$ ergibt sich für die Frequenz $f = \frac{c}{\lambda}$

$$f = \frac{c}{2l}; \frac{c}{\frac{2l}{2}}; \frac{c}{\frac{2l}{3}}; \frac{c}{\frac{2l}{4}}; \ldots \quad \text{bzw.} f = \frac{c}{2l}; \frac{2c}{2l}; \frac{3c}{2l}; \frac{4c}{2l}; \ldots$$

Daraus ist ersichtlich, daß die höheren Frequenzen ganzzahlige Vielfache der Grundfrequenz sind.

Die Schwingung mit der ersten Frequenz wird als **Grundschwingung,** die Schwingungen mit den höheren Frequenzen werden als **Oberschwingungen** bezeichnet.

Mit Hilfe stehender Wellen wird in 3.3.4 die Schallgeschwindigkeit experimentell ermittelt.

3.3 Akustik

3.3.1 Schallerzeugung. Stimmorgan

Als Schall wird herkömmlich alles das bezeichnet, was mit dem Ohr wahrgenommen werden kann. Die Lehre vom Schall heißt **Akustik**. Sie umfaßt auch den Schall, der mit dem Ohr nicht wahrgenommen werden kann.

> **Lernziel:** Die Schallentstehung am Versuch und beim menschlichen Stimmorgan erklären können. Die Voraussetzungen für die Schallerzeugung nennen.

Versuch: Aufzeichnung einer Stimmgabelschwingung.

Durchführung: Die angeschlagene Schreibstimmgabel wird mit konstanter Geschwindigkeit von etwa $0{,}5\,\frac{m}{s}$ über die berußte Glasplatte gezogen.

Versuchsergebnis: Die tönende Stimmgabel schwingt. Auf der Glasplatte erscheinen ihre Schwingungen als eine regelmäßige Linie, die in der Mathematik Sinuskurve genannt wird.

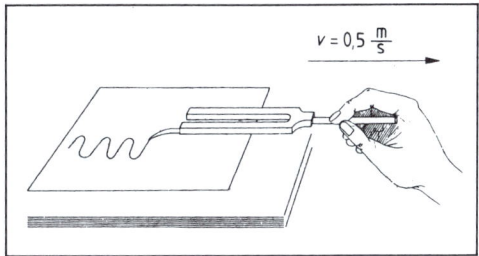

Die Stimmgabel zeichnet ihre Schwingungen auf die berußte Glasplatte.

> Schall entsteht durch Schwingungen eines Körpers.

Die Stimmgabel ist ein elastischer Körper (Stahl). Die von einem elastischen Körper ausgehenden Schwingungen werden deshalb auch als elastische Schwingungen bezeichnet.

Zur Schallerzeugung muß ein Körper (fest, flüssig oder gasförmig) zu elastischen Schwingungen angeregt werden, die dann auf die Luft übertragen werden. Fast jedes Auftreffen eines bewegten Körpers auf einen anderen ist mit einer Schallerzeugung verbunden, sofern auch nur geringste Schwingungen hervorgerufen werden können.

Beim **menschlichen Stimmorgan** schließen die beiden **Stimmbänder** eine Luftsäule ab und lassen einen Spalt, die **Stimmritze**, frei. Beim Sprechen und Singen bläst ein Luftstrom durch die Stimmritze, die Stimmbänder schwingen und übertragen ihre Schwingungen auf die Luftsäule. Die **Höhe** des Tones wird durch die unterschiedlichen Spannungen der Stimmbänder, die **Stärke** des Tones durch die Stärke des Luftstromes geregelt. Die **Klangfarbe** der Stimme wird durch Luftschwingungen in Mund- und Nasenhöhle, die Stellung der Zunge, der Lippen und Zähne bedingt.

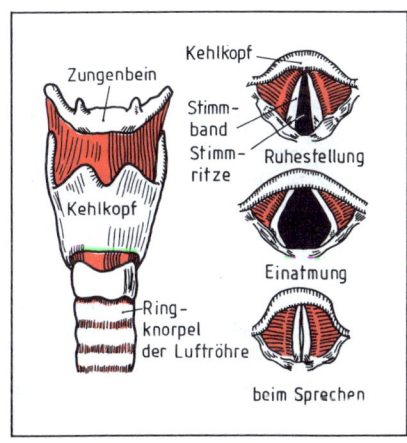

Kehlkopf mit Stimmritzen

> Körper, die eine schwingende Bewegung ausführen und dadurch Schall erzeugen, werden Schallerreger oder Schallquellen genannt.

3.3.2 Schallwahrnehmung. Das Ohr

Lernziel: Die Schallwahrnehmung, den Aufbau des Ohres und das Richtungshören verstehen.

An der Schallquelle werden die Schwingungen des elastischen Körpers (z. B. Stimmgabel) in **elastische Längswellen** des übertragenden Mediums (z. B. der Luft) umgesetzt. In unserem Ohr werden vom **Trommelfell** die ankommenden Schallwellen der Luft wieder in Schwingungen verwandelt.

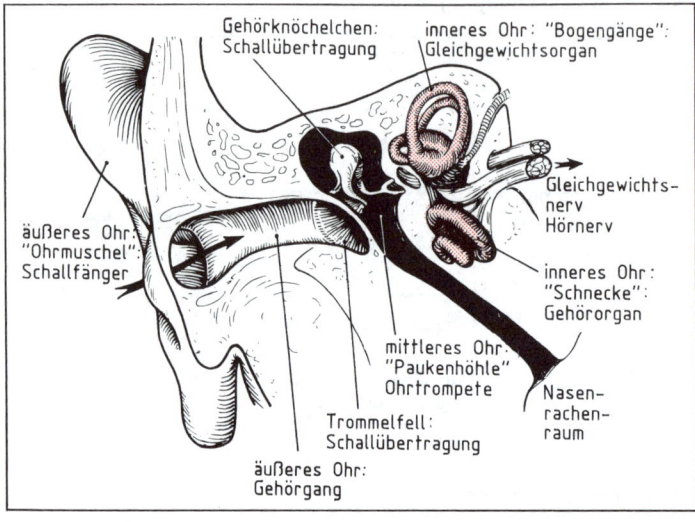

Aufbau des Ohres

Diese Schwingungen werden von den **Gehörknöchelchen** (Hammer, Amboß, Steigbügel) auf das **Innenohr** übertragen, wo sie von dem eigentlichen Gehörorgan, der **Schnecke,** aufgenommen werden. Die etwa 20 000 Hörfasern im häutigen Schneckenkanal sind auf bestimmte Schwingungen abgestimmt, so daß bei jedem Ton eine Faser durch **Resonanz** mitschwingt[1]. Der dadurch erzeugte Reiz erregt den **Hörnerv,** der diese Erregung zum **Hörzentrum** der Hirnrinde weiterleitet, wo wir den Ton wahrnehmen.

Das Ohr dient außer zur Schallwahrnehmung auch zur Orientierung im Schallraum. Ein von rechts kommender Schall erreicht zuerst das rechte und dann erst das linke Ohr. Dieser geringe Zeitunterschied genügt, um die Richtung der Schallquelle feststellen zu können. Zum **Richtungshören** sind daher beide Ohren notwendig, wobei noch ein Laufzeitunterschied von $\frac{1}{100\,000}$ Sekunde wahrgenommen werden kann.

3.3.3 Schallwellen. Tonhöhe und Frequenz

Lernziel: Die Schallausbreitung erklären, den Zusammenhang zwischen Tonhöhe und Frequenz sowie den Frequenzbereich des menschlichen Hörens angeben.

Versuch: *Der Luftstrahl wird auf einen Bohrungskranz der Lochscheibe gerichtet und dahinter die Sonde des Flüssigkeitsmanometers aufgestellt.*

Durchführung: *Die Lochscheibe wird zunächst langsam, dann immer schneller gedreht.*

---

1 „Resonanztheorie von Helmholtz": **Hermann von Helmholtz,** 1821–1894, deutscher Physiker und Psychologe.

Versuchsergebnis: Bei langsamer Drehung hören wir periodisch das Vorbeilaufen jedes einzelnen Loches vor der Düse und erhalten hinter der Lochscheibe einen periodisch zerfallenden und wieder entstehenden Luftstrom.

Die **Druckschwankungen** werden durch das Flüssigkeitsmanometer sichtbar.

Bei schnellerem Drehen der Lochscheibe kann die Flüssigkeitssäule infolge der Trägheit den Druckschwankungen nicht mehr folgen. Es erfolgt keine Einzelwahrnehmung mehr, sondern wir hören zunächst einen tiefen Ton, der mit zunehmender Drehgeschwindigkeit immer höher wird.

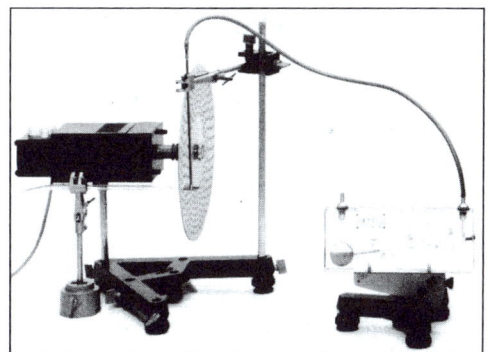

Nachweis des Schallwechseldrucks.

> Unter Schall versteht man sich ausbreitende Druckschwankungen bzw. Dichteschwankungen der Luft, die als Schallwellen bezeichnet werden. Diese Wellen sind räumliche elastische Längswellen (Kugelwellen). Mit der Ausbreitung der Schallwellen ist ein Energietransport verbunden.

Aus der Umdrehungszahl n der Scheibe je Sekunde und der Anzahl der Löcher z am Kreisumfang läßt sich berechnen, daß mindestens 16 Löcher je Sekunde an der Düse vorbeilaufen müssen, damit die Einzelgeräusche zu einem **tiefen Ton** verschmelzen. Bei n Umdrehungen der Scheibe je Sekunde und z Löchern am Umfang, laufen $n \cdot z$ Löcher je Sekunde am Luftstrom vorbei. Da jedes Loch eine Druckschwankung hervorruft, wird die **Frequenz** f der Druckschwankungen:

▶ $f = n \cdot z \quad [f] = \frac{1}{s} = Hz$

Je schneller die Scheibe gedreht wird, desto höher wird die Frequenz der Druckschwankungen hinter der Scheibe und desto mehr steigt die Tonhöhe:

> Tonhöhe und Frequenz der Druckschwankungen sind proportional.

Die **Frequenz** f gibt an, wie viele Druckschwankungen in der Zeit 1 Sekunde erfolgen.

> Im Bereich von etwa 16 Hz bis 20 000 Hz empfinden Menschen Druckschwankungen als **Schall.**

Die Sprache liegt zwischen 250 und 1500 Hz. Frequenzen unter 16 Hz werden als Infraschall und solche über 20 000 Hz als Ultraschall bezeichnet.

Besteht der Schall aus Druckschwankungen nur einer Frequenz, so wird er als **Ton** bezeichnet. Treten mehrere Töne auf, so spricht man von einem **Klang** (Musik). **Geräusche** (Straßenlärm) entstehen durch vielfache unregelmäßige Druckschwankungen verschiedener Stärke. Beim **Knall** (Schuß, Hammerschlag) erfolgt eine starke, kurze Druckschwankung.

Beispiel:

Mit welcher Drehzahl n muß die Lochscheibe laufen, wenn die Frequenz der Druckschwankungen 300 Hz betragen soll und die Lochscheibe 40 Bohrungen am Umfang hat?

$f = 300\ Hz \qquad n = \frac{f}{z} \qquad n = \frac{300}{s \cdot 40} \qquad \underline{\underline{n = 7{,}5\ \frac{1}{s}}}$
$z = 40$

Aufgaben

1. Aus dem täglichen Leben ist der Ton einer Kreissäge als Beispiel für einen Zahnradsirenenton bekannt. Welcher Ton (in Hertz) wird hörbar, wenn die Kreissäge 42 Zähne besitzt und mit 3000 Umdrehungen pro Minute läuft?

2. Warum hören wir Bienen fliegen, Schmetterlinge jedoch nicht?

3.3.4 Schallgeschwindigkeit

> **Lernziel:** Den Versuch zur Ermittlung der Schallgeschwindigkeit verstehen. Die Größe der Schallgeschwindigkeit in Luft wissen und Berechnungen durchführen können.

Versuch: *Messung der Schallgeschwindigkeit in Luft mit Hilfe stehender Wellen (vgl. 3.2.2).*[1]

Das Glasrohr ist an einem Ende durch einen verschiebbaren Stempel abgeschlossen, am anderen Ende ist der Lautsprecher nahe an die Öffnung herangerückt.

Durchführung: Die Frequenz am Tongenerator (Oszillator) läßt sich in weiten Grenzen verändern und wird so eingestellt, daß gut sichtbare Staubfiguren erscheinen. Bei den Resonanzfrequenzen der Luftsäule werden die Wellenlängen abgemessen.

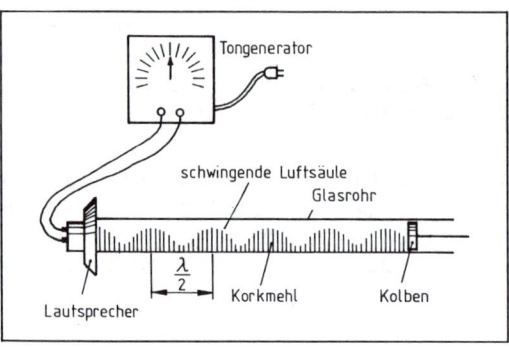

Ermittlung der Wellenlänge der schwingenden Luftsäule

Tabelle zur Versuchsdurchführung:

f in $\frac{1}{s}$	λ in m	$c = f \cdot \lambda$ in $\frac{m}{s}$
940	0,36	338
1270	0,27	343
3000	0,11	330

Versuchsergebnis: In dem Glasrohr bilden sich durch Resonanz der reflektierten mit der angeregten Welle stehende Längswellen. An den Stellen der Knoten bleibt das Korkmehl in Ruhe; an den Stellen der Wellenbäuche gerät es in starke Bewegung. Der Abstand von Schwingungsbauch zu Schwingungsbauch beträgt die halbe Wellenlänge. Aus der Beziehung $c = f \cdot \lambda$ läßt sich somit die Schallgeschwindigkeit berechnen.

Da sich der Schall als elastische Welle ausbreitet, ist seine **Geschwindigkeit** von der **Dichte** und den **elastischen Eigenschaften** des Ausbreitungsmediums abhängig.

Schallgeschwindigkeit in $\frac{m}{s}$ bei 15 °C					
Luft 0 °C	333	Eisen	5170	Süßwasser	1440
Luft 20 °C	345	Holz	5000	Salzwasser	1500
Stadtgas	450	Glas	5100	Benzin	1170

Aufgaben

1. Wie weit ist ein Gewitter entfernt, wenn der Donner 3 Sekunden nach Aufleuchten des Blitzes gehört wird? (20 °C Lufttemperatur)

2. Wie groß muß der **unterschiedliche Abstand** der beiden Ohren von einer Schallquelle mindestens sein, damit die Richtung erkannt werden kann, aus der er kommt? (20 °C Lufttemperatur, Laufzeitunterschied $t = \frac{1}{100\,000}$ s noch wahrnehmbar)

---

[1] Anstelle der hier beschriebenen Kundtschen Röhre kann auch, bei sonst gleichem Versuchsaufbau, eine Glühdrahtröhre verwendet werden. In der Röhre befindet sich ein beheizter Draht, der an den Stellen der Wellenbäuche, durch die dort herrschende Luftbewegung, schwächer glüht als an den Stellen der Wellenknoten.

3.3.5 Schallausbreitung. Leitfähigkeit und Dämmung des Schalls

Lernziel: Die Schallausbreitung beschreiben sowie verschiedene Körper nach ihrer Leitfähigkeit klassifizieren können.

Versuch zur Ausbreitung von Schall in Luft und Vakuum.

Durchführung: Nachdem die Klingel eingeschaltet und nach allen Richtungen und in gleicher Entfernung gleich gut zu hören ist, wird die Glasglocke evakuiert.

Versuchsergebnis:
▶ Schall breitet sich nach allen Richtungen gleichmäßig aus. Im luftverdünnten Raum erfolgt nur geringe, im luftleeren Raum erfolgt keine Schallausbreitung.

Schall braucht zur Ausbreitung einen **Schallträger,** einen Körper, der ihn weiter**leitet.**

Unter der evakuierten Glasglocke hören wir die Klingel nicht mehr.

Versuch zur Leitfähigkeit des Schalls in festen Körpern.

Durchführung: Wir überbrücken die Strecke von der Stoppuhr zu unserem Ohr mit einer 1 m langen Stativstange und achten auf das Ticken der Uhr. Dann legen wir in 1 m Abstand von der Stoppuhr das Ohr auf den Tisch. Anschließend bringen wir unter die Stoppuhr nacheinander Watte, einen Radiergummi, Filz u. dgl.

Versuchsergebnis:

Verschiedene feste Körper leiten den Schall besser als Luft, z. B. Stahl und Holz. Sie sind gute Schallträger.
Watte, Gummi und Filz leiten den Schall schlecht; sie werden als Schallisolatoren bezeichnet.

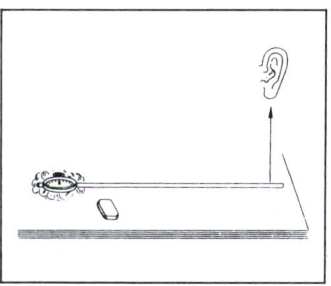
Verschiedene feste Körper werden auf ihre Fähigkeit, den Schall zu leiten, untersucht.

Versuch zur Leitfähigkeit des Schalls in Flüssigkeiten.

Durchführung: In ein Becherglas legen wir die Stoppuhr und stellen ein 0,5-kg-Wägestück aus unserem Wägesatz oben auf. Dieses Becherglas lassen wir im Wassertrog schwimmen und halten das Ohr an die Seitenwand des Troges.

Versuchsergebnis:

Flüssigkeiten leiten den Schall besser als Luft.

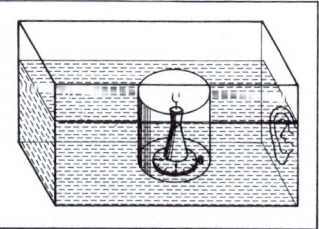
Untersuchen der Leitfähigkeit von Flüssigkeiten

Diese Erfahrung machen wir auch, wenn wir beim Tauchen unter Wasser zwei Steine aneinanderschlagen: Der Knall ist deutlich und laut zu hören.

Anwendung: Körper, in denen sich der Schall schlecht ausbreitet, die den Schall schlecht leiten, werden im Wohnungsbau als Schalldämmstoffe verwendet. **Schalldämmung** soll vor Straßenlärm schützen und die Hellhörigkeit insbesondere bei Neubauwohnungen herabsetzen. Zu den **Dämmstoffen** gehören weiche, lockere oder porige Stoffe, wie Watte, Wolle, Gewebe, Lochplatten, Glaswolle, Styropor u. dgl.

3.3.6 Resonanz und erzwungenes Mitschwingen

Lernziel: Bedingungen und Beispiele für Resonanz nennen. Die Resonanz und das erzwungene Mitschwingen unterscheiden.

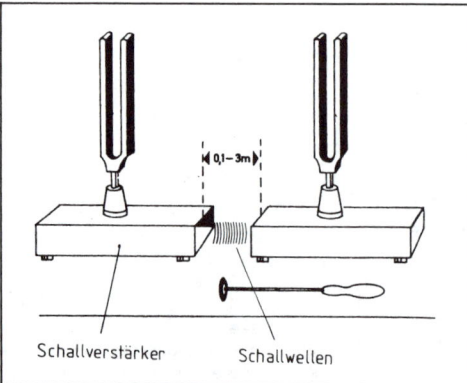

Resonanzversuch mit zwei Stimmgabeln gleicher Eigenfrequenz

Versuche *zur Resonanz.*

Durchführung:

a) Eine Stimmgabel wird mit dem Hämmerchen angeschlagen. Sie erzeugt einen bestimmten Ton, der nach kurzer Zeit durch Berühren der Zinken mit der Hand unterdrückt wird.

b) Die eine Stimmgabel wird durch Aufsetzen eines Reiters verstimmt und der gleiche Versuch durchgeführt.

Versuchsergebnis:

Zu a) Die zweite, nicht angeschlagene Stimmgabel schwingt ebenfalls. Es erfolgt eine Energieübertragung.

> Die von den Schwingungen einer Stimmgabel (Schallquelle) ausgehenden Schallwellen können einen anderen Körper gleicher Eigenschwingung über die Luft als Träger der Schallwellen zum Mitschwingen anregen.
> Diese Erscheinung wird **Resonanz** genannt.

Zu b) Zwischen den beiden Stimmgabeln, von denen eine verstimmt wurde, tritt keine Resonanz auf, sondern eine Schwebung.

> Resonanz tritt nur zwischen zwei schwingungsfähigen Körpern gleicher Frequenz auf.

Jeder elastische Körper hat eine bestimmte E i g e n s c h w i n g u n g. Wird durch einen Ton gerade diese Eigenschwingung erreicht, so schwingt der Körper mit, es tritt R e s o n a n z ein.

Durch immer größere Schallintensität des Erregertons kann der Körper in immer größere Eigenschwingungen versetzt werden, bis er berstet. Das Mitschwingen von Fensterscheiben und das „Zersingen" von Gläsern sind Beispiele hierfür.

Versuch *zum erzwungenen Mitschwingen.*

Durchführung: Eine Stimmgabel wird angeschlagen: Sie ist kaum zu hören. Die angeschlagene Stimmgabel wird auf den Tisch aufgesetzt: Der Ton wird laut und deutlich hörbar.

Versuchsergebnis: Die Stimmgabel zwingt die Platte des Tisches zum Mitschwingen.

Die schwingende Plattenfläche des Tisches kann die Luft zu stärkeren Schallwellen anregen als die Stimmgabel allein.

> Erzwungenes Mitschwingen wird zur Schallverstärkung benutzt.

Musikinstrumente, wie die Geige, das Klavier u. dgl., nutzen diese Schallverstärkung aus.

3.3.7 Reflexion des Schalls

> **Lernziel:** Das Reflexionsgesetz kennen. Echo und Echolot erklären.

Versuch: Die tickende Taschenstoppuhr wird auf Watte in ein Becherglas gelegt, so daß das Ticken kaum hörbar durch die Seitenwände dringt.

Durchführung: Die Neigung der Glasscheibe über der Becherglasöffnung wird so lange verändert, bis das Ticken der Uhr gut hörbar wird.
In dieser Stellung werden Schalleinfalls- und Schallausfallswinkel gemessen und verglichen.

Versuchsergebnis: Der Schall wird an der Glasscheibe reflektiert.

> Aus genaueren Versuchen ergibt sich das Reflexionsgesetz:
>
> **Reflexionsgesetz:**
>
> Einfallswinkel = Ausfallswinkel
> $$\alpha = \beta$$

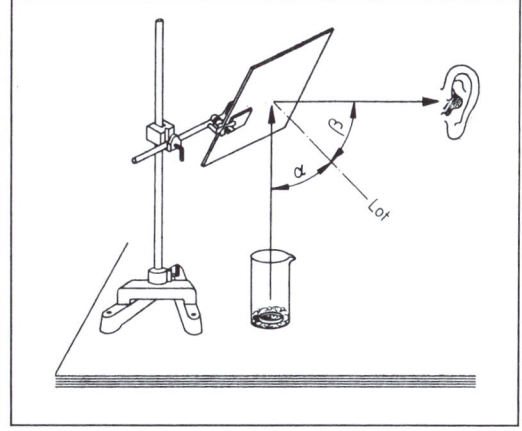

Reflexion des Schalls an einer Glasplatte

Trifft der Schall auf ein Hindernis, so wird er z. T. **zurückgeworfen (reflektiert).** Glatte Steinwände werfen mehr als 90 % der Schallenergie zurück, Stoffvorhänge nur etwa 20 %. An Felswänden, Waldrändern oder an Häusern kann durch Reflexion ein **Echo** entstehen. Die Fledermaus stößt beim Fliegen fortwährend für uns unhörbare Ultraschalltöne (vgl. 3.3.3) aus, die von den Gegenständen, die sich im Flugweg der Fledermaus befinden, zurückgeworfen und von den großen Ohrmuscheln aufgefangen werden. Ihr Gehör ist so fein, daß sie selbst kleinste Gegenstände auf diese Weise erkennt und noch Echolaute auswerten kann, die aus wenigen Zentimetern Entfernung zurückkommen. Damit erkennt das Tier bei Nacht Hindernisse und Beutetiere in der Luft.

Zur Messung von **Wassertiefen** senden Schiffe **Ultraschallwellen** aus, die am Meeresboden reflektiert und in Empfängern wieder aufgenommen werden. Aus der Laufzeitmessung läßt sich die Wassertiefe bestimmen. Dieses Verfahren wird **Echolot** genannt.

Bei Schneefall und im Nebel klingen Geräusche **gedämpft.** Durch vielfache Reflexion in verschiedenen Richtungen an den Schneekristallen und Wassertropfen verläuft sich der Schall. Man spricht von **Schallabsorption** oder **Schallverschluckung.**

Auch Schaumstoffplatten wirken wie Schneekristalle und schlucken den Schall. Um in großen Räumen (z. B. im Theater, Kino, Hörsaal, Konzertsaal) den **Nachhall** (das Echo) herabzusetzen, werden Decken und Wände mit Textilfasern bespannt oder mit Holzleisten aufgeteilt. Auch Teppiche wirken schalldämpfend.

Aufgaben

1. Beim Loten der Meerestiefe braucht das Schallsignal 1,3 s. Berechnen Sie die Meerestiefe!

2. Erklären Sie die Wirkungsweise des Stethoskops des Arztes! Experimentieren Sie mit einer Nachbildung aus einem Stück Schlauch!

3.3.8 Schallintensität und Lautstärke

Lernziel: Schallintensität und Lautstärke unterscheiden.

Wird im Versuch nach 3.3.3 die Lochscheibe stärker angeblasen, der Druck also vergrößert, so wird der Ton lauter. Der vom Ohr wahrnehmbare Schalldruck liegt in den Grenzen von $2 \cdot 10^{-5}$ Pa bis 10 Pa.

Unter der **Schallintensität** versteht man den Quotienten aus der sich mit der Welle ausbreitenden **Energie**, die mit dem Druck zunimmt, und dem Produkt aus der **Zeit** und der **Fläche**, die von der Schallenergie durchströmt wird.

$$\text{Schallintensität} = \frac{\text{Energie}}{\text{Zeit} \cdot \text{Fläche}} \text{ in } \frac{Ws}{s \cdot m^2} = \frac{W}{m^2}$$

Das Ohr kann Schallintensitäten von $10^{-12} \frac{W}{m^2}$ bis $1 \frac{W}{m^2}$ wahrnehmen, aber nur 120 Intensitätsstufen unterscheiden. Deshalb wurde der Abstand der Schallintensitäten in 120 Stufen unterteilt, wobei **eine** Stufe die Einheit **1 Dezi-Bel** (dB) erhielt.

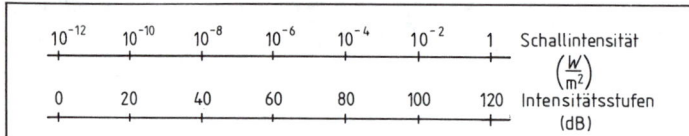

Schallintensität und Intensitätsstufen

Da die Wahrnehmung der Stärke eines Tones auch von seiner Frequenz abhängig ist, gibt es keinen exakten und allgemeingültigen mathematischen Zusammenhang zwischen der Schallintensität und der Lautstärkeempfindung. Deshalb muß für die physiologische Schallempfindung ein anderes Maß eingeführt werden. Entsprechend den 120 unterscheidbaren Intensitätsstufen umfaßt die Skala der Lautstärke 120 Stufen. Die **Einheit der Lautstärke** ist das **Dezi-Bel-A** (dBA), das ziemlich mit der früheren Einheit **Phon** übereinstimmt.

Die Hörschwelle liegt bei 0 dBA, die Schmerzempfindung bei 120 dBA. Ein Lautstärkeunterschied von 1 dBA kann gerade noch empfunden werden.

Zum Vergleich der Lautstärke dient die Tabelle.

Lautstärken in dBA					
Taschenuhrticken	10	Straßenlärm Eisenbahn	70	Beatkapelle in 5 m Abstand	100
Flüstern	30				
Umgangssprache Schreibmaschine	50	Kompressor Walzwerk	90	Düsenflugzeug in 10 m Abstand	120

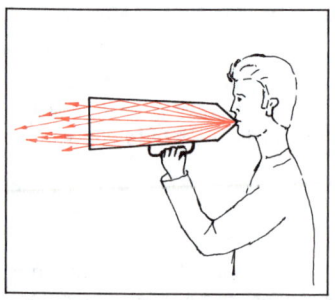

Durch Reflexion wird der Schall im Sprachrohr gebündelt und damit der Schallverdünnung entgegengewirkt.

Die Schallintensität (-stärke) wird mit zunehmender Entfernung von der Schallquelle geringer. Die Schallwellen (räumliche elastische Längswellen) breiten sich wie **Kugelschalen** mit größer werdendem Druchmesser im Raum aus. Damit verteilt sich die Schallenergie auf immer größere Bereiche, je weiter der Schall von der Schallquelle wegläuft.

Der Schallverdünnung (Abnahme der Schallintensität) kann mit Hilfe des Sprachrohres entgegengewirkt werden.

Aufgabe *Warum formen Sie die Hände zu einem Trichter, wenn Sie jemandem in der Ferne etwas zurufen wollen?*

3.3.9 Dopplereffekt

Lernziel: Dopplereffekt und Überschallknall erklären können.

Wir schlagen eine Stimmgabel an und bewegen sie schnell an unserem Ohr vorbei. Bei Annäherung hören wir den Ton etwas höher, beim Entfernen etwas tiefer werdend.

Ähnliche Erfahrungen machen wir im täglichen Leben. Fährt eine pfeifende Lokomotive oder ein hupendes Auto schnell an uns vorüber, so hören wir bei Annäherung den Ton höher und bei Entfernung tiefer werdend. Auch wenn wir uns, im fahrenden Zug oder Auto, schnell an einer Schallquelle, z. B. einer Baustelle, vorbeibewegen, machen wir die gleichen Erfahrungen.

Dies können wir uns aus der Wellennatur des Schalls erklären. Zunächst erfolgt die Wellenausbreitung von einer in Ruhe befindlichen Schallquelle S (einem Wellenerreger) gleichförmig nach allen Seiten mit der Schallgeschwindigkeit v_S (Abb. a).

Bewegt sich die Schallquelle mit v_1 auf uns zu, so werden die Schallwellen jeweils von einer etwas näher bei uns (bzw. dem Beobachter B) liegenden Stelle ausgesandt (Abb. b). Die Wellenlänge wird für uns kürzer, die Frequenz größer, der Ton höher. Entfernt sich die Schallquelle, dann wird die Wellenlänge größer, die Frequenz kleiner, der Ton tiefer. Bewegen wir uns auf die in Ruhe befindliche Schallquelle zu oder von ihr weg, so hat das etwa die gleiche Wirkung wie die Bewegung der Schallquelle. Dies gilt jedoch nur, wenn die Bewegungsgeschwindigkeit klein ist im Verhältnis zur Schallgeschwindigkeit.

Nach dem österreichischen Mathematiker Christian Doppler wird diese Erscheinung **Dopplereffekt** genannt.

> Wird der Abstand vom Wellenerreger zum Beobachter verkleinert (vergrößert), dann ergibt sich für den Beobachter eine größere (kleinere) Frequenz als im Ruhezustand.

Erreicht die Bewegung der Schallquelle die Schallgeschwindigkeit v_S (Abb. c), so kann die Luft nicht mehr rasch genug ausweichen. Die stark zusammengepreßte Luft setzt jeder Bewegung einen sehr hohen Widerstand entgegen. Flugzeuge müssen diesen als „Schallmauer" bezeichneten Widerstand überwinden, wenn sie Überschallgeschwindigkeit fliegen sollen. Dies ist mit einem scharfen Knall, dem Überschallknall, verbunden.

Wird die Geschwindigkeit der Schallquelle größer als die Schallgeschwindigkeit (Abb. d), so überschneiden sich die kugelförmigen Wellenfronten. Es entsteht ein Schallkegel.

Dieser Kegel wird als Stoßwelle hinter dem Flugzeug mitgeführt. Wir hören die Flugzeugmotoren erst, wenn uns der Schallkegel erreicht.

Der Dopplereffekt kann bei jeder Art von Wellenbewegung festgestellt werden. Bei Wasserwellen kann er besonders gut beobachtet werden, z. B. bei der Bugwelle eines Schiffes.

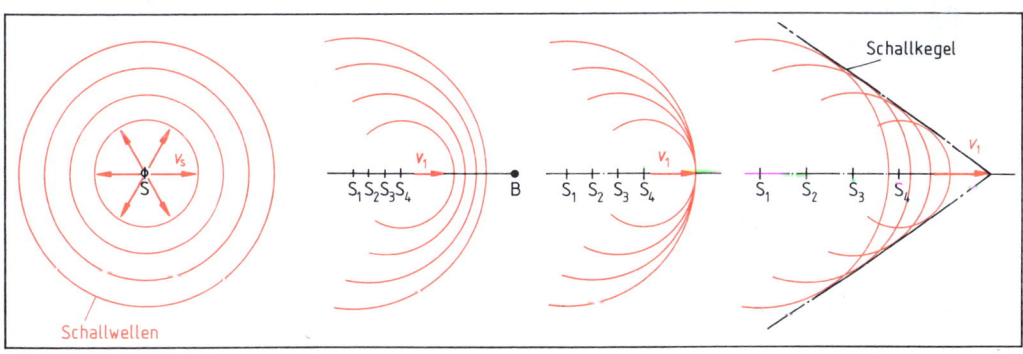

a) **Ruhende Schallquelle S**   b) **Bewegte Schallquelle:** $v_1 < v_S$ c) $v_1 = v_S$ d) $v_1 > v_S$

4 Optik

Die Lehre vom Licht und seinen Ausbreitungsgesetzen wird als Optik bezeichnet.

4.1 Licht

4.1.1 Lichtquellen und beleuchtete Körper

> **Lernziel:** Die Ausbreitung des Lichtes und den Zusammenhang zwischen Temperatur und Licht im Versuch erkennen. Selbstleuchtende und beleuchtete Körper unterscheiden. Absorption, Reflexion und Durchlässigkeit erklären.

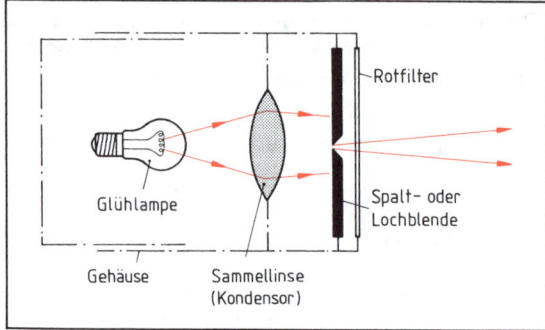

Experimentierlampe: Lichtquelle für Versuche

Versuch: Im verdunkelten Raum bringen wir eine Kerze, eine Glühlampe, eine Experimentierlampe und einen Eisendraht zum Leuchten.

Durchführung: Wir beobachten die **Lichtquellen** und den umgebenden Raum. Die Stromstärke, die durch den Eisendraht fließt, wird gleichmäßig gesteigert und das Glühen des Drahtes beobachtet. Mit der Hand fühlen wir die Wärme der Lichtquellen.

Versuchsergebnis: Das Licht der Kerze ist schwach und flackert. Das Licht der Glühbirne ist gleichmäßig. Kerze und Glühbirne strahlen nach allen Seiten.

▶ **Licht breitet sich nach allen Seiten aus.**

Die Experimentierlampe ist lichtstark und besitzt durch das Lampengehäuse eine Richtwirkung. Um die Richtwirkung zu erhöhen, wird ein kreisförmiges Loch oder ein gerader Spalt vor die Lampe gesetzt und zwischen dieser Öffnung und der Lampe noch eine Sammellinse kurzer Brennweite (Kondensor) angeordnet (Begriffe Sammellinse, Brennweite vgl. 4.2.3 und 4.3.5).

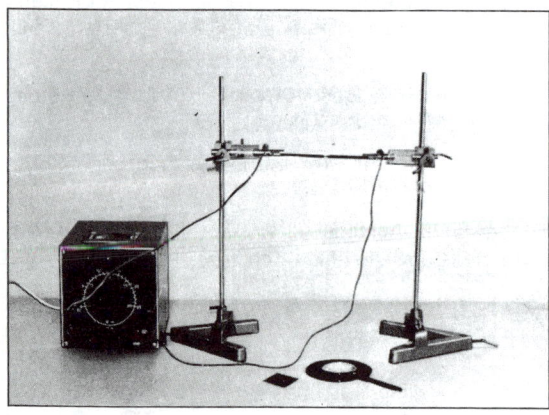

Prinzip einer Bogenlampe

Der Kohlenkrater einer Bogenlampe ist als Lichtquelle von kleinem Durchmesser und großer Leuchtdichte für die Darstellung vieler optischer Erscheinungen erforderlich.

Bei dem glühenden Eisendraht spüren wir noch deutlicher als bei anderen Lichtquellen:
▶ **Temperatur und Licht stehen im Zusammenhang.**

Körper von hoher Temperatur heißen Temperaturstrahler. Sie senden Wärme und Licht aus.

Die Farbe und die Helligkeit des Lichtes sind von der Temperatur des strahlenden Körpers abhängig, nicht vom Material des Körpers.

Dieser Zusammenhang bildet die Grundlage für die Festlegung der Lichtstärke (vgl. 4.1.4). In der Tabelle sind die Temperaturen einiger Lichtquellen angegeben.

Kerzenflamme	800 °C	Eisen, dunkelrot	700 °C
Bunsenbrennerflamme	1100 °C	hellrot	850 °C
Wolframfaden in Lampe	2500 °C	gelb	1100 °C
Sonnenoberfläche	6000 °C	weiß	1300 °C

Betrachten wir den verdunkelten Raum, so stellen wir fest:

▶ Körper, die nicht selbst leuchten, können wir nur dann sehen, wenn sie das von einer Lichtquelle ausgehende Licht zurückwerfen (reflektieren).

▶ **Lichtquellen** werden als **selbstleuchtende Körper** bezeichnet. Alle anderen sind **beleuchtete Körper**. Licht von selbstleuchtenden Körpern heißt direktes Licht, von beleuchteten Körpern indirektes Licht. Sonne und Mond sind die besten Beispiele für einen selbstleuchtenden und für einen beleuchteten Körper.

Wie bei der Wärme sprechen wir auch beim Licht von Strahlung:

▶ Von Lichtquellen oder beleuchteten Körpern gelangt Strahlung in unser Auge, die die Empfindung „Licht" (Helligkeit) bewirkt. Licht ist eine Energieform, die sich als Welle ausbreitet (vgl. 4.6.2).

Das Wort Licht wird im Sinne von Strahlung auch dann noch beibehalten, wenn die Strahlung unsichtbar wird, z. B. **Ultraviolett-Strahlung (UV-Licht)** – entsprechend dem Sprachgebrauch der Akustik, die auch unhörbare Schwingungen als Schall bezeichnet, z. B. Ultraschall.

Die beleuchteten Körper reflektieren nur einen Teil der auftreffenden Strahlen.

Lassen sie den überwiegenden Teil der Strahlen hindurchtreten, so nennen wir sie **durchsichtige Körper** (Glas, Wasser). Verschlucken (absorbieren) sie einen großen Teil und lassen nur geringfügig Licht durch, so heißen sie **durchscheinend** (mattiertes Glas, Wasser in größeren Tiefen). Lassen sie kein Licht durch, sondern verschlucken (absorbieren) oder reflektieren es, so heißen sie **undurchsichtige Körper** (schwarzes Papier, Spiegel).

Eine genaue Trennung ist sinnlos. Bei ausreichender Dicke sind alle Körper lichtundurchlässig, und dünn zu Folien ausgewalzt, sind alle Körper lichtdurchlässig.

4.1.2 Lichtausbreitung. Lichtstrahlen

Lernziel: Sichtbarkeit und Ausbreitung des Lichtes an Versuchen und Beispielen erklären können.

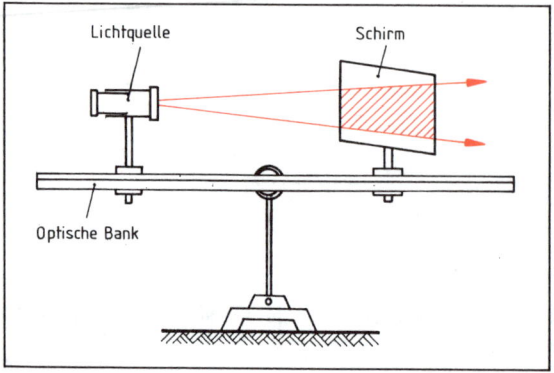

Das von einer Lichtquelle ausgehende Lichtbündel wird in staubhaltiger Luft und auf einem Schirm sichtbar.

Versuch: *Wir beobachten das von einer Lichtquelle ausgehende Lichtbündel.*

Durchführung:

a) Wir beobachten das Licht ohne Schirm und ohne Luftverunreinigung.

b) Wir bringen Kreidestaub in den Weg der Lichtstrahlen.

c) Wir spannen den Schirm so ein, daß das Licht streifend über die ganze Fläche fällt.

Versuchsergebnis:

zu a)   In klarer Luft ist der Weg des Lichtes kaum zu sehen.

> Vorbeiflutendes Licht ist nicht sichtbar.

Bei Nacht erscheint uns der Weltraum dunkel, obwohl er gleichbleibend vom Sonnenlicht durchflutet wird. Wir erkennen nur die vom Sonnenlicht beleuchteten Körper, wie Mond, Sterne, Raumkapseln u. dgl.

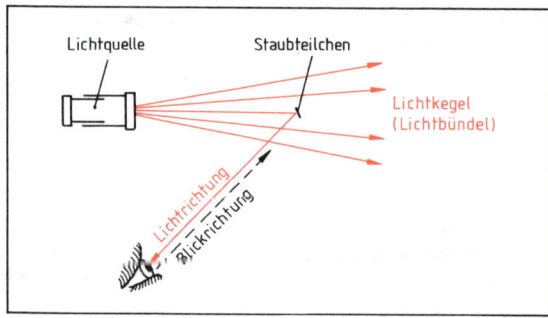

Wir sehen die Staubteilchen auf dem Weg des Lichtes. Durch Reflexion fällt Licht in unser Auge (Lichtrichtung). Ausbreitungsrichtung des Lichtes und Blickrichtung sind entgegengesetzt verlaufende Strahlen.

zu b)   In einem trüben Mittel, hier der durch Staub verunreinigten Luft, zeigt sich die sichtbare Spur des Lichtes. Die vom Licht getroffenen Staubteilchen zerstreuen (reflektieren) einen kleinen Bruchteil des Lichtes nach allen Seiten. Etwas von diesem zerstreuten Licht gelangt in unser Auge. Damit zeigen die Staubteilchen als beleuchtete Körper den Weg des Lichtes:

▶ **Das Licht breitet sich innerhalb eines geradlinig begrenzten Kegels aus. Wir sprechen von einem Lichtkegel oder Lichtbündel.**

zu c)   Auf dem Schirm entsteht eine trapezförmige Spur des Lichtes in blendender Helligkeit. Die Abgrenzung Licht—Dunkelheit ist geradlinig:

> Das Licht breitet sich geradlinig aus.

Durch Änderung des Abstandes zwischen Glühlampe und Kondensorlinse kann fast parallel begrenztes Licht, ein Parallellichtbündel, erreicht werden. Zeichnerisch geben wir ein solches Lichtbündel durch einen die Bündelachse darstellenden **Strahl** (Kreide- oder Bleistiftstrich) an. Beobachten können wir immer nur Lichtbündel; **Lichtstrahlen** sind für uns Hilfsvorstellungen.

4.1.3 Schattenbildung

Lernziel: Unterschied zwischen Kern- und Halbschatten erklären. Den Strahlensatz auf die Schattenbildung anwenden können.

Versuch zum Kernschatten: Ein undurchsichtiger Körper wird in den Strahlengang einer Lichtquelle gebracht.

Durchführung: Wir verschieben den Schirm in gezeichneter Richtung und beobachten die Schattengröße.

Kernschattenbildung bei einer einzigen Lichtquelle

G ... Gegenstandsgröße
B ... Schatten-Bildgröße
g ... Gegenstandsweite
b ... Bildweite

Versuchsergebnis: Eine einzige Lichtquelle erzeugt hinter einem undurchsichtigen Körper einen scharf abgegrenzten Dunkelraum, einen Schatten, der als **Kernschatten** bezeichnet wird. In das Kernschattengebiet fällt kein direktes Licht.

Aus Messungen und dem Strahlensatz ergibt sich:
$$\frac{G}{g} = \frac{B}{b}$$

Die Schattenbildung ist eine Folge der geradlinigen Ausbreitung der Lichtstrahlen.

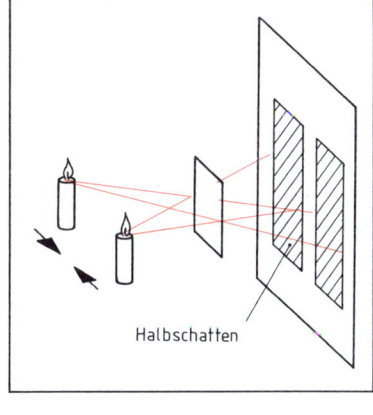

Wir beobachten zwei Halbschatten, da keine völlig unbeleuchtete Fläche vorhanden ist.

Halbschatten

Dort, wo sich die beiden Halbschatten überdecken, entsteht das Kernschattenfeld.

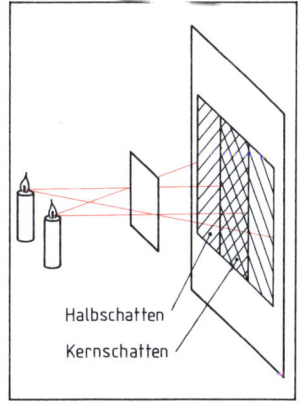

Halbschatten
Kernschatten

Aufgaben

1. Erklären Sie eine Sonnenuhr, und skizzieren Sie ihr Zifferblatt.

2. Welche Jahreszeit und welche Tageszeit zeigen die kürzesten Sonnenschatten? Welche Zeiten zeigen die längsten Schatten?

4.1.4 Lichtstärke

> **Lernziel:** Die Basiseinheit der Lichtstärke im Internationalen Einheitensystem (SI) kennen.

Die Lichtmessung kann auf zwei Arten erfolgen:
- Wir messen die Strahlungsleistung einer Lichtquelle.
- Wir bewerten die Strahlungsleistung nach ihrer Wirkung auf den Lichtsinn, das Auge.

Alle von Strahlungen getroffenen Körper erhalten eine Energiezufuhr, sie werden erwärmt.

Die Sonne ist nicht nur unsere bedeutendste Wärmequelle, sondern auch die wesentlichste Lichtquelle. Mit der Sonnenstrahlung erreichen uns Wärme und Licht.

> Mit der Ausbreitung des Lichtes ist ein Energietransport verbunden.

Für unseren Lichtsinn hat die objektive Strahlungsstärke bzw. Strahlungsleistung nur geringe Bedeutung. Das Auge kann die Strahlungsleistung nur in einem engen Bereich des Spektrums (vgl. 4.6.1) bewerten. Deshalb wurde eine Strahlungsmessung entwickelt, die die Strahlungsleistung nur nach ihrer Wirkung auf das Auge bewertet.

Als Basiseinheit des Internationalen Einheitensystems (SI) wurde für die Lichtstärke festgelegt:

> Die SI-Basiseinheit der Lichtstärke ist das Candela; Kurzzeichen cd. 1 Candela ist die Lichtstärke, mit der $\frac{1}{60}$ cm² der Oberfläche eines schwarzen Strahlers bei der Temperatur 1774 °C (Erstarrungstemperatur des Platins) senkrecht zu seiner Oberfläche leuchtet.

Diese schwierige Festlegung wurde gewählt, weil die Herstellung genormter Flammen, z. B. Kerzenflammen, schwierig und ungenau ist. Die Strahlung aus kleinen Bohrungen glühender Körper läßt sich aber immer wieder in gleicher Stärke herstellen. Die Helligkeit der Strahlung ist nur von der Temperatur abhängig, nicht vom verwendeten Material. Die Bohrung ist in kaltem Zustand des Körpers schwarz (absolut schwarzer Körper), weil einfallendes Licht mehrfach reflektiert und dabei vollständig verschluckt wird. In glühendem Zustand sendet die Bohrung eine größere Lichtstärke aus als der Körper, weil nicht nur direktes, sondern auch reflektiertes Licht austritt.

1 cd entspricht etwa der Lichtstärke, die eine Stearinkerze mit 3 cm hoher Flamme ausstrahlt. Die Lichtstärken gebräuchlicher **Lichtquellen** betragen:

Kerze	1 cd
Glühbirne 220 V, 60 W	65 cd
Kohlebogenlampe	1 600 cd
Leuchtturm	500 000 cd

4.1.5 Beleuchtungsstärke. Abstandsgesetz

Lernziel: Die Beleuchtungsstärke E von der Lichtstärke I unterscheiden und das Abstandsgesetz kennen. Berechnungen durchführen können.

Versuch: *Wir bestimmen die Abhängigkeit der Beleuchtungsstärke E vom Abstand r zwischen Lichtquelle und Schirm.*

Durchführung: Das schwach kegelige Lichtbündel wird senkrecht auf den Schirm gelenkt und der Abstand der Lichtquelle vom Schirm stufenweise vergrößert. Abstände und Milliamperewerte werden in die Tabelle eingetragen.

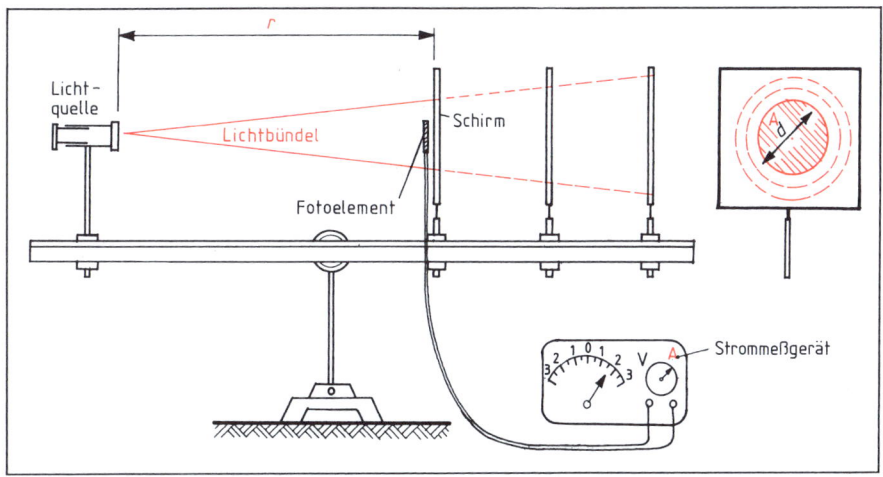

Der im Silicium-Fotoelement entstehende Strom ist ein Maß für die Beleuchtungsstärke am Schirm, die umgekehrt proportional dem Quadrat des Abstandes von der Lichtquelle ist.

Abstände r in m	Abstände, bezogen auf den ersten Abstand	Reziproke Abstände $\frac{1}{r}$	Quadrate $\frac{1}{r^2}$	Stromstärken in mA	Stromstärken, bezogen auf die erste Stromstärke
0,1	1	1	1 = 1	2	1
0,2	2	$\frac{1}{2}$	$\frac{1}{4}$ = 0,25	0,5	0,25
0,3	3	$\frac{1}{3}$	$\frac{1}{9}$ = 0,111	0,23	0,115
0,4	4	$\frac{1}{4}$	$\frac{1}{16}$ = 0,0625	0,13	0,065

$$\frac{1}{r^2} \sim E$$

Versuchsergebnis: Die beleuchtete Fläche wird mit **wachsendem** Abstand von der Lichtquelle lichtschwächer.

Die Beleuchtungsstärke E ist umgekehrt proportional dem Quadrat des Abstandes r: $E \sim \frac{1}{r^2}$

Wird der Versuch mit einer lichtschwächeren Lampe (z. B. Experimentierlampe mit 4 V Spannung betrieben) wiederholt, so ergibt sich die direkte Proportionalität der Beleuchtungsstärke zur Lichtstärke: $E \sim I$.

Abstandsgesetz:

Beleuchtungsstärke $= \dfrac{\text{Lichtstärke}}{\text{Quadrat des Abstandes}}$

$E = \dfrac{I}{r^2}$

$[E] = \dfrac{\text{cd}}{\text{m}^2} = \text{lx}$

Physikalische Größen	Formelzeichen	Einheiten
Lichtstärke	I	cd
Abstand	r	m
Beleuchtungsstärke	E	lx

Die Einheit der Beleuchtungsstärke ist 1 Lux $\left(\text{lx} = \dfrac{\text{lm}}{\text{m}^2};\ \text{bei Raumwinkel 1 ist lx} = \dfrac{\text{cd}}{\text{m}^2}\right)$[1]

Der Lichtstrom hat die Einheit Lumen (lm) und ist das Produkt aus Lichtstärke und Raumwinkel der Abstrahlung. Wird der Raumwinkel 1, so kann anstelle des Lichtstromes die Lichtstärke gesetzt werden.

Da die beleuchtete Fläche proportional zum Quadrat des Abstandes der Lichtquelle wächst, kann die geringer werdende Beleuchtungsstärke auch dadurch erklärt werden, daß die von der Lampe ausgehende Lichtstärke auf eine immer größere Fläche verteilt wird.

4.1.6 Neigungsgesetz

Lernziel: Das Neigungsgesetz kennen und Berechnungen durchführen können.

Versuch: *Die Abhängigkeit der Beleuchtungsstärke von der Neigung der beleuchteten Fläche bestimmen.*

Durchführung: Der Schirm wird um seine vertikale Achse gedreht und die sich ändernde Beleuchtungsstärke beobachtet.

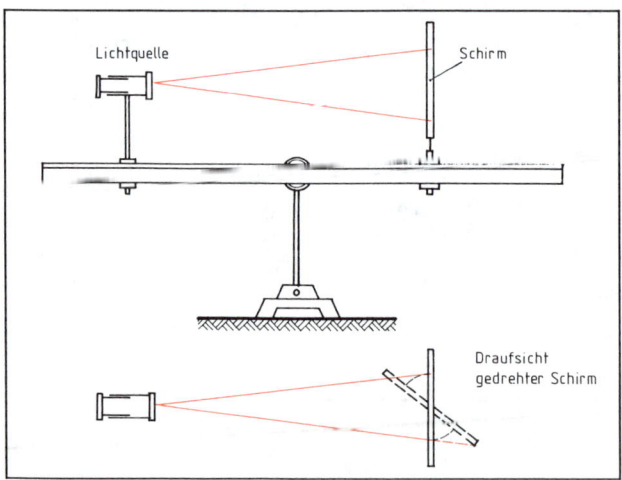

Bei geneigter Fläche – durch Drehung des Schirmes – verringert sich die Beleuchtungsstärke.

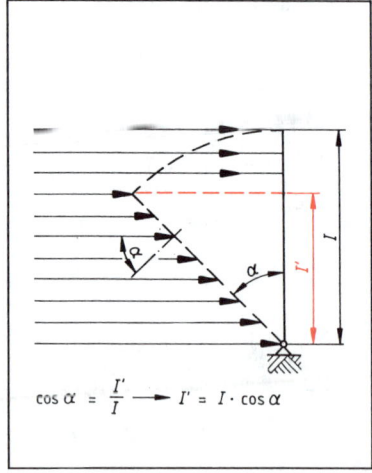

Beleuchtungsstärke bei schräger Einstrahlung

---

[1] Der Raumwinkel ist der Quotient aus einer Kugeloberfläche und dem Radiusquadrat der Kugel, in deren Mittelpunkt sich die Lichtquelle befindet.

Versuchsergebnis: Die Beleuchtungsstärke ist bei senkrecht auftreffenden Strahlen am größten. Wird der Einfallswinkel (Winkel zwischen einfallenden Lichtstrahlen und Lot auf die Fläche) vergrößert, so nimmt die Beleuchtungsstärke ab.

Für den senkrechten Einfall gilt: $E = \dfrac{I}{r^2}$ (vgl. 4.1.5)

Für den schrägen Einfall gilt: $E = \dfrac{I'}{r^2}$

Da aber $I' = I \cdot \cos \alpha$ ist, ergibt sich das Neigungsgesetz:

Neigungsgesetz: $E = \dfrac{I \cdot \cos \alpha}{r^2}$ $\quad \alpha \ldots$ Winkel zwischen einfallenden Lichtstrahlen und Lot auf die Fläche

Beispiel für senkrechten Lichteinfall:

Eine Glühbirne (220 V / 60 W) hat eine Lichtstärke von 65 cd und befindet sich in einer Schreibtischlampe 30 cm über der Arbeitsfläche. Wie groß ist die Beleuchtungsstärke auf der Arbeitsfläche?

$I = 65 \text{ cd} \qquad r = 30 \text{ cm} = 0{,}3 \text{ m} \qquad r^2 = 0{,}09 \text{ m}^2 \qquad E = \dfrac{I}{r^2} = \dfrac{65 \text{ cd}}{0{,}09 \text{ m}^2} = \underline{\underline{722 \text{ lx}}}$

Beispiel für schrägen Lichteinfall:

Eine Glühbirne (220 V / 60 W) hat eine Lichtstärke von 65 cd und befindet sich 50 cm seitlich der Arbeitsfläche in einer Schreibtischlampe 30 cm über der Arbeitsfläche. Wie groß ist die Beleuchtungsstärke auf der Arbeitsfläche?

$I = 65 \text{ cd}$

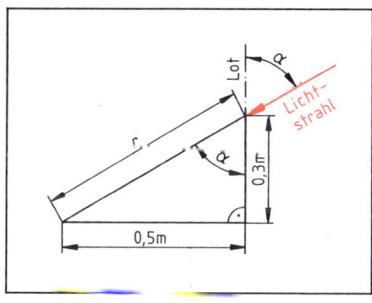

$\tan \alpha = \dfrac{0{,}5 \text{ m}}{0{,}3 \text{ m}} = 1{,}67$

$\alpha = 59{,}1°$

$\cos \alpha = 0{,}514$

$E = \dfrac{I \cdot \cos \alpha}{r^2}$

$r^2 = 0{,}5^2 \text{ m}^2 + 0{,}3^2 \text{ m}^2$

$E = \dfrac{65 \text{ cd} \cdot 0{,}514}{0{,}34 \ m^2}$

$r^2 = 0{,}34 \text{ m}^2$

$\underline{\underline{E = 98{,}5 \text{ lx}}}$ Vergleichen Sie dieses Ergebnis mit dem ersten Beispiel!

Aufgaben

1. Wie groß muß die Lichtstärke einer Deckenlampe (Deckenhöhe vom Fußboden 2,5 m) sein, damit an einem Arbeitsplatz auf einem Tisch (Höhe 75 cm) eine Beleuchtungsstärke von 500 lx zur Verfügung steht?

2. Wie groß muß die Lichtstärke der Lampe in Aufgabe 1 sein, wenn sie sich in gleicher Höhe, aber 2 m seitlich befindet?

4.1.7 Die Lichtstärkemessung

> **Lernziel:** Fettfleckfotometer und Flächen- oder Keilfotometer als experimentell vergleichende Lichtstärkemessung kennen.

Aus den ersten Mechanik-Kapiteln ist uns bekannt: **Messen ist ein Vergleichen mit einer Einheit.**

Auch bei den Versuchen zur Lichtstärkemessung vergleichen wir die zu messende Lichtstärke einer Lichtquelle mit der bekannten Lichtstärke einer Lampe. Die Geräte zur Lichtstärkemessung werden **Fotometer** genannt. Die beiden bekanntesten sind das **Fettfleckfotometer** und das **Flächen- oder Keilfotometer**.

Versuch: *Wir bestimmen mit einem Fettfleckfotometer[1] die Lichtstärke verschiedener Glühbirnen. Dabei gehen wir davon aus, daß eine normale 60-Watt-Mattglasglühbirne für 220 V eine Lichtstärke von 60 bis 70 cd hat. Als Mittelwert nehmen wir 65 cd.*

Der Fettfleck kann mit zwei Spiegeln gleichzeitig von beiden Seiten betrachtet werden. Der Fettfleck ist teilweise lichtdurchlässig, während das Papier Licht reflektiert. Ist z. B. I_2 stärker als I_1, so erscheint bei mittig eingestelltem Fotometer der Fettfleck von I_2 aus gesehen dunkler als das umliegende Papier.

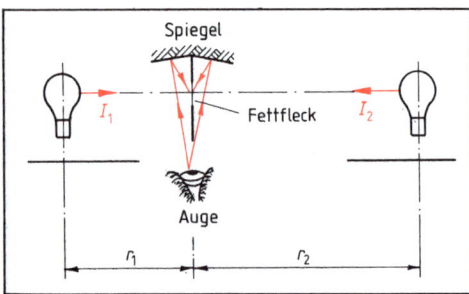

Fettfleckfotometer

Durchführung: Das Fotometer wird so lange verschoben, bis der Fettfleck scheinbar verschwindet. Dann herrscht auf beiden Seiten des Fettflecks gleiche Beleuchtungsstärke: $E_1 = E_2$. Für Glühbirnen von 15 W, 40 W und 100 W bestimmen wir die Lichtstärke durch Messung der Abstände r_1 (zu $I_1 = 65$ cd) und r_2 (zu $I_2 =$ unbekannt).

	15 W	40 W	100 W
Abstand r_1	55 cm	57 cm	50 cm
Abstand r_2	20 cm	46 cm	65 cm

Versuchsergebnis: Wenn der Fettfleck nicht mehr sichtbar ist, gilt:

$E_1 = E_2$ und mit $E = \dfrac{I}{r^2}$ bzw. $E_1 = \dfrac{I_1}{r_1^2}$ und $E_2 = \dfrac{I_2}{r_2^2}$

$$\dfrac{I_1}{r_1^2} = \dfrac{I_2}{r_2^2}$$

Ist I_1 die bekannte Lichtstärke (im Versuch $I_1 = 65$ cd) und r_1, r_2 die gemessenen Abstände, so ist $I_2 = I_1 \cdot \left(\dfrac{r_2}{r_1}\right)^2$

	15 W	40 W	100 W
$\dfrac{r_2}{r_1}$	0,36	0,81	1,30
$\left(\dfrac{r_2}{r_1}\right)^2$	0,13	0,65	1,69
I_2	8,5 cd	42 cd	110 cd

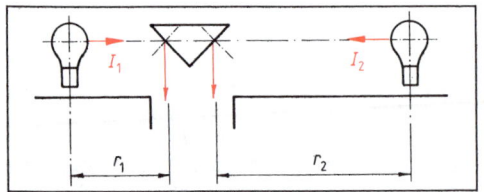

Flächen- oder Keilfotometer

Die Versuche können auch mit einem Keilfotometer durchgeführt werden. Beide Lichtquellen beleuchten den Keil unter gleichem Winkel, so daß das Neigungsgesetz entfällt. Das Fotometer wird so lange verschoben, bis die zuerst verschieden hellen Seiten des Keils gleich hell erscheinen. Dann ist $E_1 = E_2$. Die weitere Berechnung erfolgt wie beim Fettfleckfotometer.

---

[1] Ein Fettfleckfotometer kann selbst hergestellt werden, indem auf einem Bogen Papier ein kleiner Tropfen Öl gleichmäßig verrieben und das Papier auf einen Stativring geklebt wird.

4.2 Spiegelung (Reflexion)

4.2.1 Das Reflexionsgesetz. Strahlenverlauf am ebenen Spiegel

> **Lernziel:** Das Reflexionsgesetz kennen und den Strahlenverlauf am ebenen Spiegel aufzeichnen können.

Versuch: *Wir beobachten die Reflexion am ebenen Spiegel und weißen Karton. Vor der Experimentierlampe werden die Spaltblende mit einem Schlitz und das Rotfilter angebracht. Die Lichtquelle wird so eingestellt, daß ein paralleles Lichtbündel – ein Lichtstrahl – entsteht.*

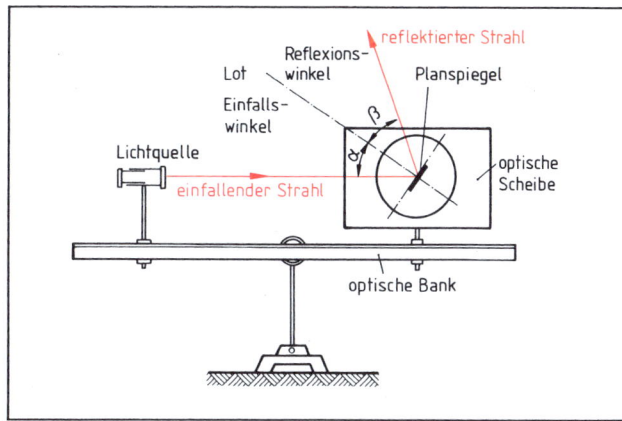

Strahlenverlauf am ebenen Spiegel (Planspiegel)

Auf die optische Bank ist eine **optische Scheibe** mit Gradeinteilung aufgesetzt, auf der Spiegel und Linsen leicht befestigt und schnell in einem bestimmten Winkel gedreht und wieder festgestellt werden können. Der Planspiegel ist so in der Mitte der optischen Scheibe befestigt, daß die reflektierende Fläche einen der gezeichneten Durchmesser der Scheibe enthält. Der andere gezeichnete Durchmesser ist dann das Lot auf den Spiegel.

Durchführung:

1. Die optische Scheibe wird gedreht und der Zusammenhang zwischen Einfallswinkel, Lot und Reflexionswinkel festgestellt.
2. Die Spaltblende mit einem Schlitz wird durch eine Spaltblende mit fünf Schlitzen ausgewechselt. Die Lichtquelle wird so eingestellt, daß die Lichtstrahlen parallel verlaufen.
3. Über den Spiegel wird ein Stück weißer Karton geschoben.

Versuchsergebnis:

1.
> Der einfallende Strahl, das Lot und der reflektierte Strahl liegen in einer Ebene, die senkrecht auf der Spiegelebene steht.
>
> Der Einfallswinkel α ist gleich dem Reflexionswinkel β
> $$\alpha = \beta$$
> Dieser Zusammenhang heißt **Reflexionsgesetz.**

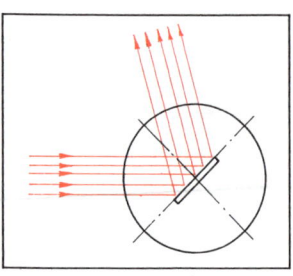

Spiegelung paralleler Strahlen am ebenen Spiegel

Die Drehung der optischen Scheibe zeigt:

▶ **Der Strahlengang ist umkehrbar.**

Wird der Spiegel um $\Delta\alpha$ gedreht, so ändern sich Einfalls- und Reflexionswinkel um $\Delta\alpha$, also wächst der Gesamtwinkel zwischen den Strahlen $(\alpha + \beta)$ um den Wert $2 \cdot \Delta\alpha$.

2. Durch die Spiegelung werden die parallelen Strahlen vertauscht.

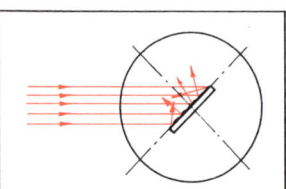

Streureflexion

3. An rauhen Flächen wird ein auftreffendes paralleles Lichtbündel an vielen kleinen regellos orientierten Flächenstückchen reflektiert und dadurch in verschiedene Richtungen gelenkt. Diese Art der Lichtreflexion wird **Streureflexion** oder d i f f u s e Reflexion genannt. Das reflektierte Licht heißt Streulicht.

Spiegel, weiße Wand	90–95 %
weißes Papier	70–80 %
farbige Tapete	20–40 %
schwarzer Samt	5 %

Reflexionsvermögen

Streulicht entsteht nicht nur an rauhen Flächen, sondern auch an Spiegeln und Glasscheiben durch Unvollkommenheiten der glatten Oberfläche, durch Polierfehler und Staubteilchen. Ohne Streulicht würden wir gegen jede Spiegelglasscheibe laufen, da sie unsichtbar wäre, vgl. Lichtausbreitung.

Aufgabe Halten Sie in einem Zimmer, das nur durch eine Schreibtischlampe erhellt wird, ein Blatt Kohlepapier oder ein Stück schwarzen Samt und danach ein Blatt weißes Papier unter die Lampe, und vergleichen Sie jeweils die Helligkeit im Zimmer.

4.2.2 Abbildung mit ebenen Spiegeln

Lernziel: Die Lage von Spiegelbild und Gegenstand beim ebenen Spiegel kennen. Virtuelle Bilder zeichnen können.

Versuch: Wir stellen eine brennende Kerze vor eine Glasscheibe.

Durchführung: Hinter der Glasscheibe verschieben wir eine zweite, nicht brennende Kerze so lange, bis die Flamme auf ihr zu brennen scheint. Dann wechseln wir die Glasscheibe durch einen Spiegel aus.

Gegenstand und Spiegelbild beim ebenen Spiegel. Das scheinbare (virtuelle) Bild des Gegenstandes kann nicht mit einem Schirm aufgefangen werden.

Versuchsergebnis: Es scheint, als sei eine Kerze hinter der Glasscheibe in gleicher Entfernung wie die Kerze davor noch einmal vorhanden. Die vor der Glasscheibe stehende Kerze bezeichnen wir als **Gegenstand**, die hinter der Glasscheibe sichtbar werdende Kerze als **Spiegelbild**.

Gegenstand und Spiegelbild sind gleich groß und liegen von der Spiegelfläche gleich weit entfernt.

$B = G$ $\quad G \ldots$ Gegenstandsgröße $\quad g \ldots$ Gegenstandsweite

$b = g$ $\quad B \ldots$ Bildgröße $\quad b \ldots$ Bildweite

Gegenstand und Spiegelbild sind symmetrisch: Die Spiegelebene ist Symmetrieebene.

Aus den Versuchen und der Symmetrie folgt: Die Verbindungslinie entsprechender Gegenstands- und Bildpunkte steht senkrecht auf der Spiegelfläche. Das Spiegelbild ist zum Gegenstand seitenverkehrt.

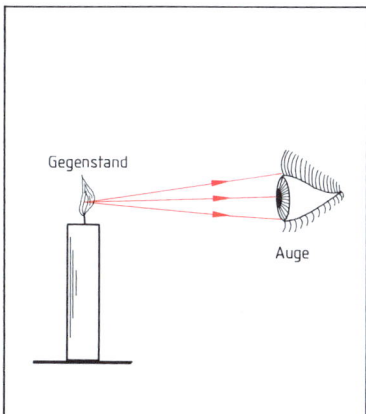

Die Strahlen gelangen vom Gegenstand direkt in unser Auge.

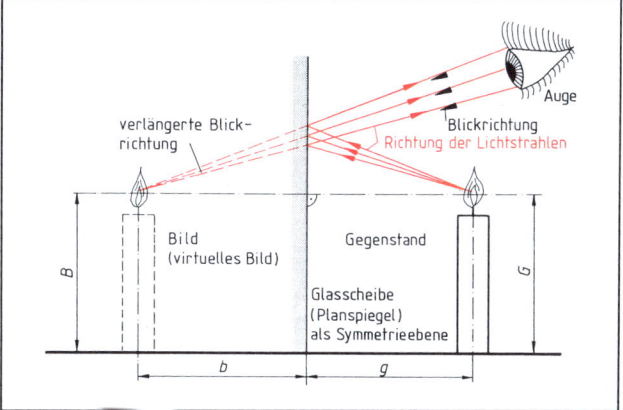

Die Strahlen gelangen vom Gegenstand durch Spiegelung in unser Auge. Wir sehen sie jedoch von einem Bild des Gegenstandes hinter dem Spiegel ausgehend. Das Bild entsteht im Schnittpunkt der verlängerten Blickrichtung. Dieses scheinbare oder virtuelle Bild ist eine Täuschung des Auges, die nur bemerkt wird, wenn gleichzeitig mit dem Bild der Rand des Spiegels oder der zum Bild gehörende Gegenstand erkennbar ist.

Unser Auge erkennt einen selbstleuchtenden oder beleuchteten Gegenstand da, wo die Strahlen herkommen oder herzukommen scheinen.

Wenn sich die Strahlen nicht wirklich schneiden, sondern nur ihre Verlängerungen hinter dem Spiegel, so nennt man das entstehende Bild ein **scheinbares** oder **virtuelles Bild**.

Ein ebener Spiegel erzeugt ein virtuelles Bild.

Aufgabe Wie hoch muß ein Spiegel sein, und welchen Abstand muß der untere Rand des Spiegels vom Boden haben, wenn sich eine Person von 1,82 m Größe und 1,70 m Augenhöhe ganz darin betrachten will?

4.2.3 Strahlenverlauf an gekrümmten Spiegeln

Lernziel: Den Strahlenverlauf beim Parabolspiegel kennen und zeichnen können. Brennpunkt und Brennweite erklären können.

Versuch: *Vor der Experimentierlampe befindet sich die Spaltblende mit 5 Schlitzen und das Rotfilter. Die Lichtquelle wird so eingestellt, daß die Lichtstrahlen parallel verlaufen.*

Durchführung: Auf der optischen Scheibe wird zuerst ein nach i n n e n, dann ein nach a u ß e n gewölbter Spiegel angebracht und die Spiegelung der parallel einfallenden Lichtstrahlen beobachtet.

Die im Versuch benutzen Spiegel sind Ausschnitte eines Zylindermantels. Sie geben einen Querschnitt durch einen **Kugelhohlspiegel** oder **sphärischen Hohlspiegel.**

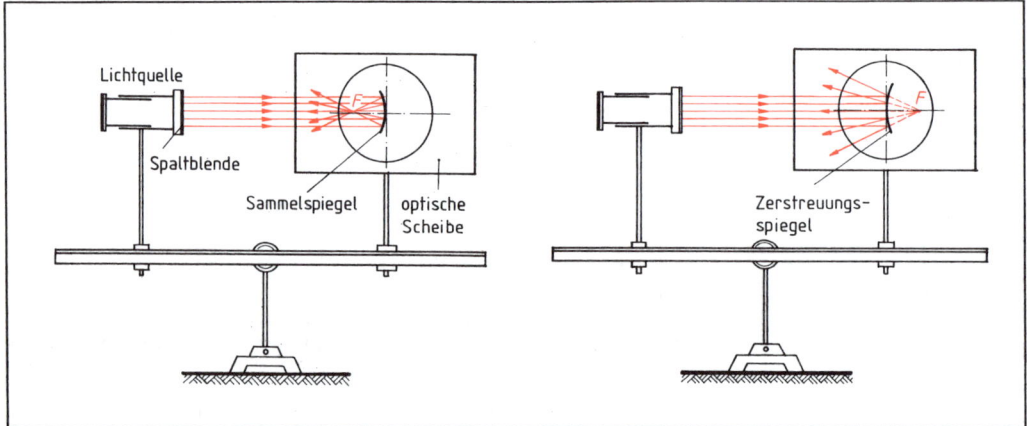

Strahlenverlauf beim Sammelspiegel und Zerstreuungsspiegel. Die optische Achse der Spiegel fällt mit einem der gezeichneten Durchmesser der optischen Scheibe zusammen. Der Brennpunkt liegt auf der optischen Achse.

Versuchsergebnis:

▶ Bei Reflexion am nach innen gewölbten Spiegel werden parallele Lichtstrahlen in einem Punkt vereinigt.

▶ Dieser Spiegel wird **Sammelspiegel** oder **Hohlspiegel** genannt.

▶ Bei Reflexion am nach außen gewölbten Spiegel werden parallele Lichtstrahlen zerstreut und scheinen von einem Punkt hinter dem Spiegel zu kommen.

▶ Dieser Spiegel wird **Zerstreuungsspiegel** genannt.

Der Mittelpunkt eines Hohlspiegels wird als Scheitelpunkt S, der Mittelpunkt der Kugel, von der der Hohlspiegel ein Ausschnitt ist, wird mit M bezeichnet. Die Strecke MS heißt **optische Achse.**

▶ Strahlen, die parallel zur optischen Achse verlaufen, heißen **achsenparallele** Strahlen.

Lassen wir Sonnenstrahlen achsenparallel in einen Hohlspiegel einfallen, so vereinigen sie sich – wie bei unserem Versuch – in einem Punkt. Die Licht- und Wärmewirkung ist in diesem Punkt so groß, daß sich dort ein Streichholz entflammen läßt oder ein Stück schwarzes Papier zu glimmen anfängt. Deshalb wird dieser Punkt **Brennpunkt** F genannt und der Abstand vom Spiegelscheitel S **Brennweite** f.

▶ Strahlen, die durch den Brennpunkt gehen, heißen **Brennstrahlen**.

Bringen wir in den Brennpunkt eines Kugelhohlspiegels eine Lichtquelle, so wird nur ein Teil der Strahlen achsenparallel. Für Fern- und Suchscheinwerfer und zur Konzentration des Sonnenlichtes werden Spiegel benötigt, die alle Brennstrahlen zu achsenparallelen Strahlen werden lassen und umgekehrt. Diese Bedingung erfüllt der Parabolspiegel.

Für einen **Parabolspiegel** gilt das folgende Gesetz genau, das für den **Kugelhohlspiegel** annähernd gilt:

> Achsenparallel ankommende Strahlen werden Brennstrahlen, Brennstrahlen werden achsenparallel.

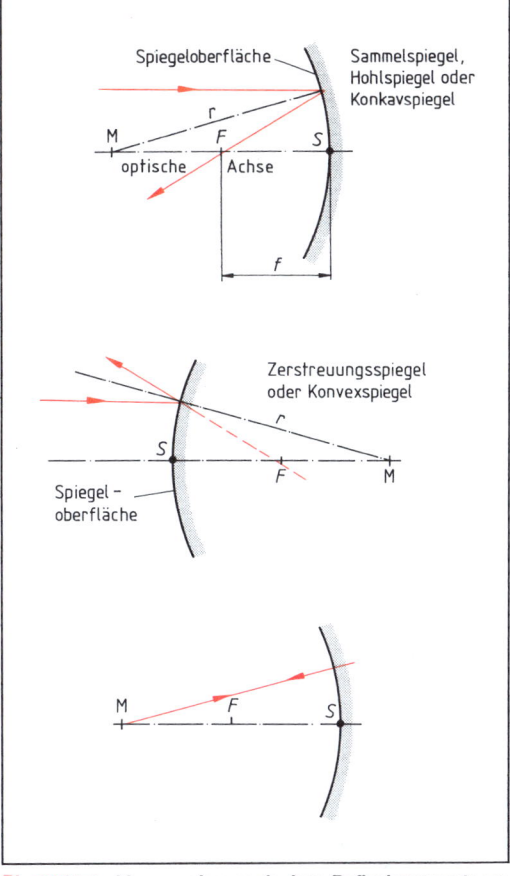

Die Lichtstrahlen werden nach dem Reflexionsgesetz zurückgeworfen, wobei der entsprechende Kugelradius r das Lot auf die Spiegeloberfläche bildet (oberes und mittleres Bild). Da Strahlen durch den Mittelpunkt (Mittelpunktsstrahlen) bereits im Lot ankommen, werden sie in sich selbst zurückgeworfen (unteres Bild).

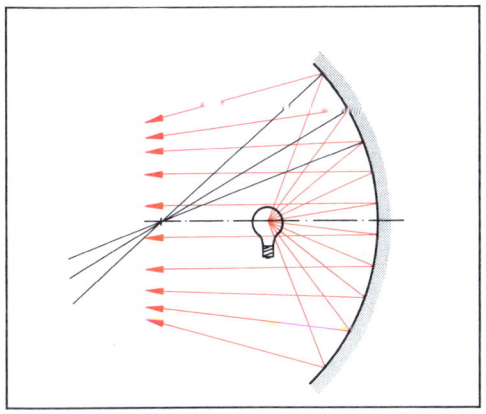

Die Randstrahlen werden beim Kugelhohlspiegel nicht mehr achsenparallel. Der Rand müßte etwas aufgebogen werden. Dann erhalten wir den Parabolspiegel. Sein Querschnitt ist eine Parabel.

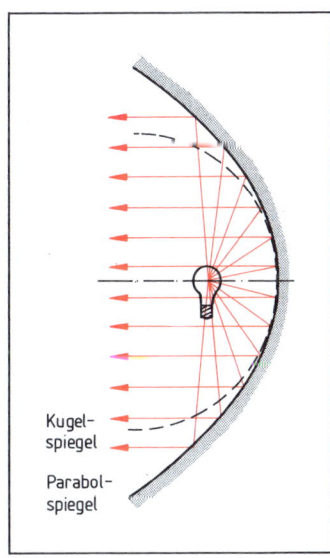

In einem Parabolspiegel werden alle Brennstrahlen genau zu Parallelstrahlen: Scheinwerferprinzip. Im Vergleich ist der Kugelhohlspiegel gestrichelt eingezeichnet.

4.3 Brechung (Refraktion)

4.3.1 Das Brechungsgesetz

> **Lernziel:** Das Brechungsgesetz kennen und den Strahlenverlauf beim Übergang eines Strahles vom optisch dünneren in optisch dichteres Medium und umgekehrt zeichnen können. Erkennen, daß mit jeder Brechung eine Spiegelung verbunden ist.

Versuch: Wir beobachten die Reflexion und Brechung beim Übergang eines Lichtstrahles von einem zum anderen Medium (Wechsel des Mediums).[1]

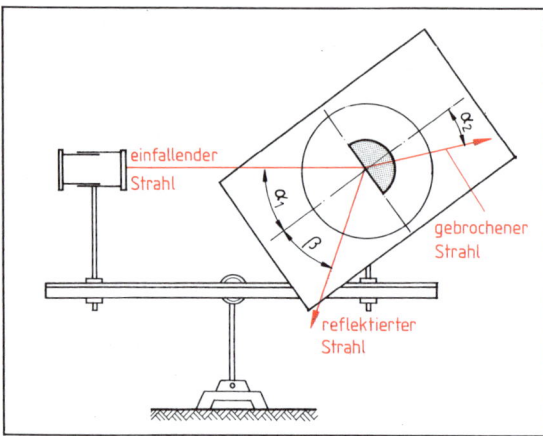

Strahlenverlauf vom optisch dünneren in optisch dichteres Medium (Luft in Glas): Brechung zum Lot hin.
α_1 = **Einfallswinkel** α_2 = **Brechungswinkel**
β = **Reflexionswinkel**

Vor der Experimentierlampe ist die Spaltblende mit einem Schlitz angebracht und das Rotfilter. Die Lichtquelle wird so eingestellt, daß ein paralleles Lichtbündel – ein Lichtstrahl – entsteht.

Der Kunstglaskörper mit halbkreisförmigem Querschnitt wird so auf der optischen Scheibe befestigt, daß die gerade Kante mit einem der gezeichneten Durchmesser der Scheibe zusammenfällt und der Kreismittelpunkt des Glaskörpers im Mittelpunkt der Scheibe liegt. Der andere gezeichnete Durchmesser ist dann das Lot auf den Spiegel.

Durchführung: Zunächst fällt der Lichtstrahl im Lot zur geraden Kante des Glaskörpers ein. Dann wird die Scheibe gedreht, so daß sich der Einfallswinkel vergrößert. Zu jedem Einfallswinkel wird der Brechungswinkel in die Tabelle eingetragen.

α_1	α_2	$\sin \alpha_1$	$\sin \alpha_2$	$\dfrac{\sin \alpha_1}{\sin \alpha_2}$ = konstant
10°	0,5°	0,174	0,113	1,53
20°	13°	0,342	0,225	1,52
30°	19,5°	0,500	0,334	1,50
50°	30°	0,766	0,500	1,53
70°	38°	0,940	0,616	1,53

Versuchsergebnis:

a) Ein Strahl, der im Lot auf die Übergangsfläche Luft/Glas trifft, setzt seinen Weg geradlinig fort.

b) Ein im Winkel α_1 auf die Oberfläche des Glaskörpers – Übergangsfläche der Medien Luft und Glas – auftreffendes Lichtbündel wird in z w e i Teilbündel aufgespalten. Das eine wird r e f l e k - t i e r t, das andere tritt in den Glaskörper ein und ändert seine Richtung, es wird **gebrochen**.

---

[1] Der Begriff **Medium** wird vielfach anstelle von Materie, Stoff, Mittel benutzt.

Beim Austritt des Strahles aus dem Glaskörper tritt keine neue Richtungsänderung mehr auf, weil der Strahl den Glaskörper senkrecht zu seiner Grenzfläche verläßt – im Radius! Deshalb kann der Winkel α_2 außerhalb des Glaskörpers gemessen werden.

Für den reflektierten Strahl gilt das Reflexionsgesetz. Für den gebrochenen Strahl werten wir die Tabelle aus (letzte Spalte):

Die Quotienten der Sinuswerte der Winkel sind etwa konstant. Die geringen Abweichungen ergeben sich aus Meßungenauigkeiten. Als Mittelwert ergibt sich 1,52.

Im unteren Bereich, bis etwa 30°, sind auch die Quotienten der Winkel konstant. Darüber allerdings trifft dies nicht mehr zu.

▶ Beim Übergang eines Strahles von Luft in ein anderes Medium ist der Quotient aus dem Sinus des Einfallswinkels und dem Sinus des Brechungswinkels konstant.

▶ Diese Konstante wird **Brechungszahl** n des Mediums genannt.

$\dfrac{\sin \alpha_1}{\sin \alpha_2} = n$ vereinfachtes Brechungsgesetz

α_1 ... Winkel in Luft
α_2 ... Winkel in dem anderen Medium

Genauer müßte das Brechungsgesetz lauten:

$\dfrac{\sin \alpha_1}{\sin \alpha_2} = n_2$ n_2 ... Brechungszahl des Mediums, in dem der Winkel α_2 gemessen wird.
Dann ergibt sich für Luft $n_1 = 1$

Erfolgt der Übergang nicht **von** Luft oder **in** Luft, so muß n_1 berücksichtigt werden, da es nicht mehr 1 ist.

Damit erhalten wir das allgemeine Brechungsgesetz:

$$\boxed{\dfrac{\sin \alpha_1}{\sin \alpha_2} = \dfrac{n_2}{n_1}}$$ **Allgemeines Brechungsgesetz**

Hier ist zu beachten, daß zu α_1 die Brechungszahl n_1 und zu α_2 die Brechungszahl n_2 gehört.

Die Tabelle gibt einige Brechungszahlen.

Luft	Wasser	Kronglas	Flintglas	Diamant
1	1,33	1,51	1,74	2,5

Brechungszahlen für Rotfilterlicht

Beim Vergleich zweier Stoffe wird derjenige mit der höheren Brechungszahl der **optisch dichtere** genannt.

Für die Verwendung des vereinfachten Brechungsgesetzes muß α_1 der Winkel in Luft sein und α_2 der Winkel in dem anderen Medium. Da der Strahl vom anderen Medium in Luft fällt, muß der Einfallswinkel hier α_2 heißen.

Wird das allgemeine Brechungsgesetz verwendet, so ist die Bezeichnung der Winkel gleichgültig, es muß nur auf die Zuordnung der Brechungszahlen zu den Winkeln geachtet werden.

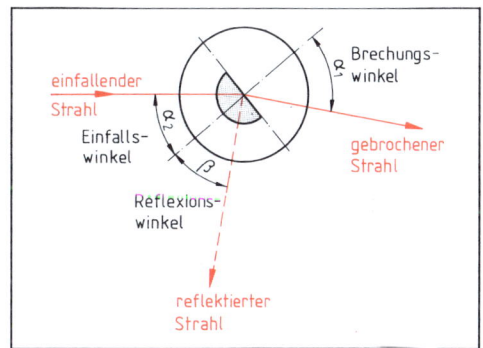

Strahlenverlauf vom optisch dichteren ins optisch dünnere Medium: Brechung vom Lot weg.

Das Brechungsgesetz kann allgemein formuliert werden:

> Geht ein Lichtstrahl von einem optisch dünneren Medium in ein optisch dichteres über, so wird er zum Lot hin gebrochen.
> Bei umgekehrter Richtung findet eine Brechung vom Lot weg statt.
> Einfallender Strahl, gebrochener Strahl und Lot liegen in einer Ebene.

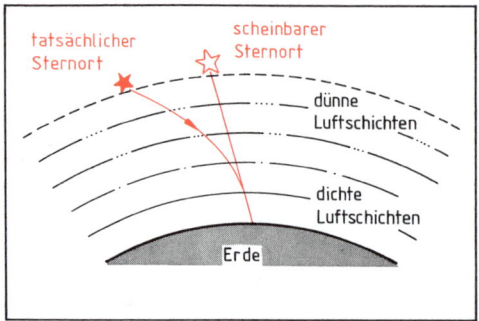

Mehrfache Brechung bei unterschiedlich dichten Medien

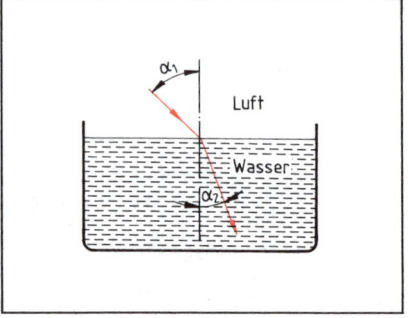

Einfache Brechung an der Grenze zweier Medien

Beispiel:

Berechnen Sie den Winkel zwischen Lot und gebrochenem Strahl, wenn Licht aus Luft in Glas fällt. Brechungszahl für Kronglas 1,51. Einfallswinkel in Luft 60° zum Lot.

$\alpha_1 = 60°$ $\qquad n_1 = 1 \qquad n_2 = 1,51$

$$\frac{\sin \alpha_1}{\sin \alpha_2} = \frac{n_2}{n_1} \qquad \sin \alpha_2 = \sin \alpha_1 \cdot \frac{n_1}{n_2} = 0{,}866 \cdot \frac{1}{1{,}51} = 0{,}574 \qquad \underline{\underline{\alpha_2 = 35°}}$$

Aufgaben

1. Wie groß ist die Brechungszahl einer Glassorte, wenn beim Übergang des Lichtstrahls von Luft in Glas ein Einfallswinkel von 70° zum Lot in Luft und ein Brechungswinkel von 36° zum Lot in Glas gemessen wird? Fertigen Sie eine Skizze!

2. Schätzen wir beim Blick in ein Schwimmbecken die Wassertiefe zu niedrig oder zu hoch? Begründen Sie Ihre Antwort mit einer Skizze!

3. Am Boden eines Wasserbeckens ($n_{\text{Wasser}} = 1{,}33$) ist ein Scheinwerfer angebracht, der das Licht unter 30° zum Lot gegen die Wasseroberfläche sendet. Unter welchem Winkel verläßt das Licht die Wasseroberfläche? Fertigen Sie eine Skizze!

4.3.2 Brechung und Totalreflexion

> **Lernziel:** Brechung und Totalreflexion im Zusammenhang mit dem Einfallswinkel erklären können.

Wir führen zunächst den Versuch nach 4.3.1, zweite Abb. nochmals durch. Dabei vergrößern wir den Einfallswinkel immer mehr und beobachten den Brechungswinkel. Diese Beobachtungen vergleichen wir mit dem folgenden Versuch.

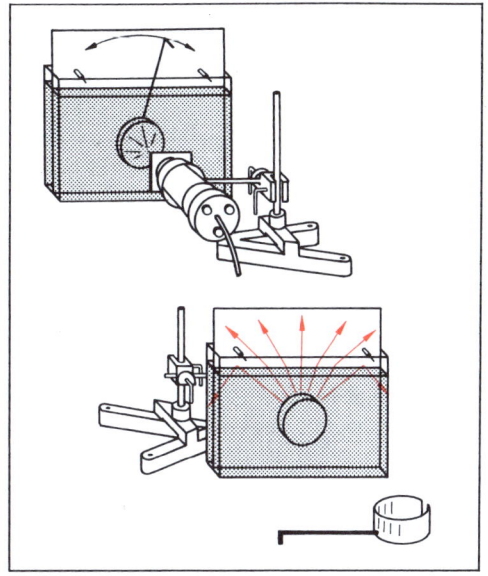

Versuch: *In einem Glastrog befindet sich mit Fluoreszein-Natrium versetztes Wasser und eine Schlitzblende, die über einen konischen Spiegel geschoben ist. Der konische Spiegel wird mit der Experimentierleuchte gut ausgeleuchtet.*

Durchführung: Die Schlitzblende wird so eingestellt, daß der Strahl im Lot vom Wasser in Luft übergeht. Dann wird die Schlitzblende langsam gedreht und der Strahlengang verfolgt.

Darstellung der Reflexion, Brechung und Totalreflexion des Lichtes an der Grenzfläche Wasser/Luft.

Versuchsergebnis: Es treten nacheinander folgende Fälle auf:

a) Der Strahl, der im Lot auf die Übergangsfläche Wasser/Luft (oder Glas/Luft) trifft, tritt ungebrochen von einem ins andere Medium über.

b) Ein im Winkel α_1 auf die Übergangsfläche des optisch dichteren zum optisch dünneren Medium auftreffender Lichtstrahl wird teils reflektiert, $\alpha_1 = \beta$, teils nach dem Brechungsgesetz **vom Lot weg gebrochen,** $\alpha_1 < \alpha_2$.

c) > Für große Einfallswinkel α_1 fehlt der gebrochene Strahl. Trifft ein Lichtstrahl im **Grenzwinkel der Totalreflexion** oder in einem größeren Winkel vom optisch dichteren auf ein optisch dünneres Medium (Wasser/Luft oder Glas/Luft), so fehlt der gebrochene Strahl, und es tritt **Totalreflexion** auf.

Der Winkel α_2 kann für einen Strahl nicht größer als 90° werden. Der zugehörige Winkel α_1 wird als Grenzwinkel der Totalreflexion α_{1T} bezeichnet. Er kann für die verschiedenen Medien berechnet werden:

$$\frac{\sin \alpha_{1T}}{\sin \alpha_2} = \frac{n_2}{n_1}$$

$n_1 = 1{,}33$ für Wasser

$\alpha_2 = 90°$ in Luft

$$\sin \alpha_{1T} = \sin \alpha_2 \cdot \frac{n_2}{n_1}$$

$n_2 = 1$ für Luft

$\sin \alpha_{1T} = \sin 90° \cdot \frac{1}{1{,}33}$ $\quad \sin \alpha_{1T} = 1 \cdot \frac{1}{1{,}33}$ $\quad \sin \alpha_{1T} = 0{,}752$

$\alpha_{1T} = 48{,}8°$ Grenzwinkel der Totalreflexion für einen Strahl beim Übergang von Wasser in Luft.

Bei diesem Grenzwinkel α_{1T} verläuft noch ein streifender, zur Grenzfläche paralleler Strahl im optisch dünneren Medium.

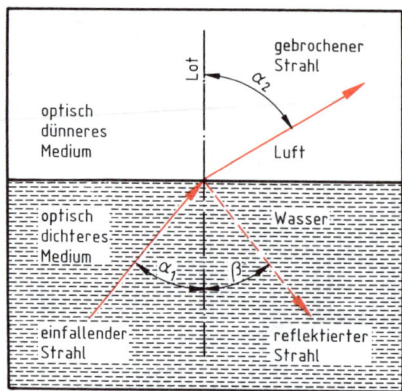

Reflexion und Brechung eines Lichtstrahles beim Übergang von einem optisch dichteren in ein optisch dünneres Medium.

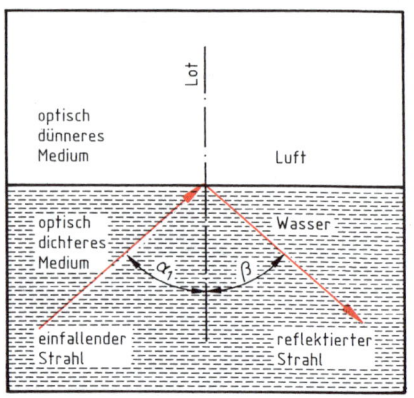

Der Einfallswinkel α_1 wird stetig vergrößert bis zu α_{1T}, dem Grenzwinkel der Totalreflexion.

Die Weiterleitung des Lichtes in Wasserstrahlen und Glasstäben ist eine Folge der Totalreflexion. Totalreflexion tritt auch an der Grenzschicht zwischen warmer und kühler Luft auf. Eine heiße Landstraße erhitzt die darüberliegende Luftschicht. Wir sehen bei flacher Aufsicht die totalreflektierende Grenzschicht wie eine Wasserfläche. Warme und kalte Luft sind unterschiedlich dichte Medien.

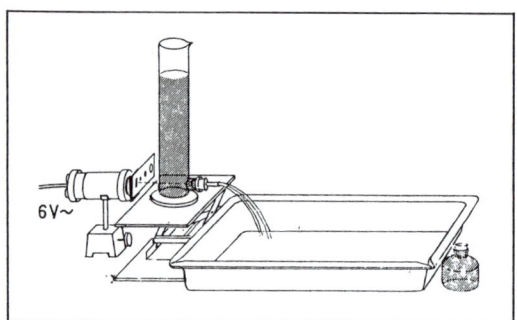

Prinzip der Leuchtfontänen: Das Licht breitet sich hinter der Ausflußöffnung nicht mehr geradlinig aus. Durch wiederholte Totalreflexion verläuft der Lichtstrahl innerhalb des Wasserstrahles, so daß dieser hell aufleuchtet.

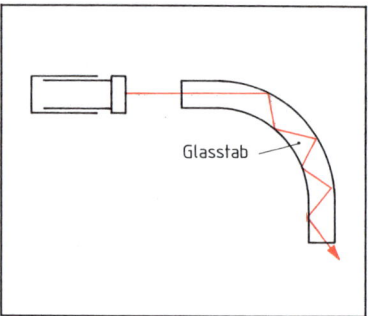

Durch wiederholte Totalreflexion verläuft der Lichtstrahl im gebogenen Glasstab.

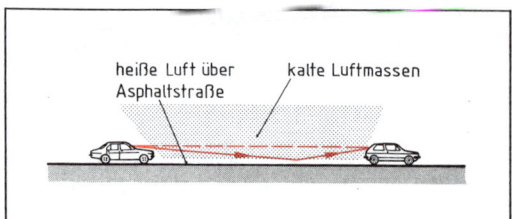

Totalreflexion über einer Landstraße

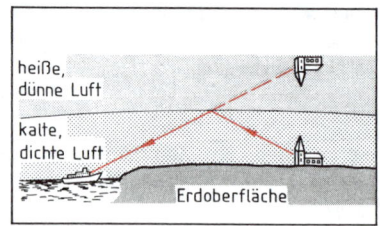

Totalreflexion in Polar- und Äquatorgebieten

Aufgaben

1. Berechnen Sie den Grenzwinkel der Totalreflexion für Glas und Luft. Brechungszahl $n = 1{,}51$ für Glas.

2. Ein Lichtstrahl fällt aus der Luft in ein 30 cm tiefes Aquarium. Einfallswinkel 60°. Wie groß ist die Abweichung des Lichtstrahles am Boden des Aquariums gegenüber einem gedachten geradlinig verlaufenden Strahl?

4.3.3 Strahlenverlauf durch eine planparallele Platte

Lernziel: Den Strahlenverlauf durch eine planparallele Platte im Versuch erkennen und aufzeichnen können.

Versuch: *Ein Lichtstrahl fällt durch eine planparallele Glasplatte.*

Durchführung: Der Einfallswinkel kann durch Drehen der optischen Scheibe verändert werden. Wir vergleichen den einfallenden mit dem gebrochenen Strahl.

Versuchsergebnis: Bei einer planparallelen Platte wird die Ablenkung des Strahles zum Lot beim Eintritt in das dichtere Medium durch eine Ablenkung vom Lot beim Wiedereintritt in das dünnere Medium ausgeglichen.

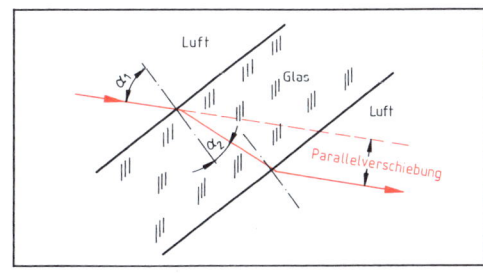

Ein Lichtstrahl erfährt in einer planparallelen Glasplatte eine Parallelverschiebung durch Doppelbrechung beim Ein- und Austritt.

> Lichtstrahlen, die nicht im Lot durch eine planparallele Platte fallen, werden nur parallel verschoben, sie erfahren keine Winkelablenkung. – Lichtstrahlen, die im Lot auf eine planparallele Platte fallen, gehen ungebrochen durch sie hindurch.

4.3.4 Strahlenverlauf durch ein Prisma

Lernziel: Den Strahlenverlauf durch ein Prisma im Versuch erkennen und aufzeichnen können. Reflexionsprismen kennen.

Versuch: *Ein einfarbiger Lichtstrahl (Rotfilterlicht) fällt durch ein Glasprisma.*

Durchführung: Die Einfallswinkel werden geändert und die Flächen, auf die der Strahl auftrifft, gewechselt.

Versuchsergebnis: Bei einem Prisma addiert sich zur Ablenkung des Strahles zum Lot hin beim Eintritt in das dichtere Medium die Ablenkung vom Lot weg beim Wiedereintritt in das dünnere Medium.

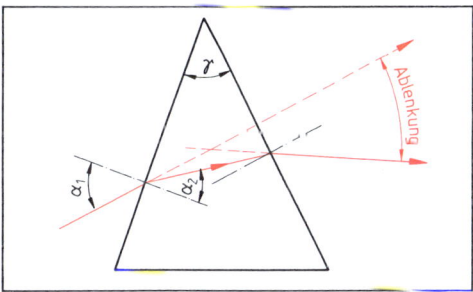

Ein Lichtstrahl erfährt in einem prismatischen Glaskörper eine Richtungsänderung durch Brechung beim Ein- und Austritt (γ = Prismenwinkel).

> Durch Prismen wird ein Lichtstrahl aus seiner Richtung abgelenkt.

Der Strahl kann durch Totalreflexion (vgl. 4.3.2) einmal oder zweimal im rechten Winkel abgelenkt werden. Man spricht dann von Reflexionsprismen.

Reflexionsprismen werden inFerngläsern verwendet.

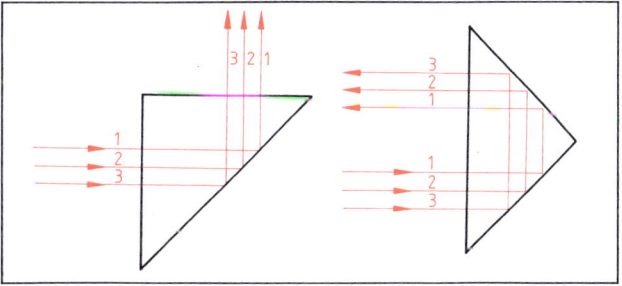

Strahlengang durch Reflexionsprismen (Umkehrprismen)

4.3.5 Strahlenverlauf durch Linsen

Lernziel: Den Strahlenverlauf bei Sammel- und Zerstreuungslinsen kennen und zeichnen können. Die Brennweite im Versuch bestimmen sowie ihre Bedeutung für den Strahlenverlauf erklären können.

Im Versuch zum Brechungsgesetz (vgl. 4.3.1) wurde deutlich, daß Lichtstrahlen beim Übergang von optisch dünneren in optisch dichtere Medien (und umgekehrt) gebrochen werden. In optischen Instrumenten werden **Linsen** zur Lichtbrechung verwendet. Linsen sind Glaskörper, die von zwei gekrümmten Flächen, meist **Kugelflächen,** begrenzt werden. Diese Linsen nennt man **sphärische Linsen.**

In unseren Versuchen benutzen wir Glaskörper, die von zwei Zylinderflächen begrenzt werden. Sie haben für die Versuche die gleiche Wirkung wie Linsen und werden auch als solche angesprochen. Sie geben einen Querschnitt durch sphärische Linsen.

Versuch: *Wir benutzen wieder die Spaltblende mit 5 Schlitzen und das Rotfilter und stellen die Lampe so ein, daß die Lichtstrahlen parallel verlaufen.*

Durchführung: Auf der optischen Scheibe wird zunächst eine beidseitig nach außen, dann eine nach innen gewölbte Linse aufgesetzt und jeweils der Strahlengang der parallel einfallenden Lichtstrahlen beobachtet.

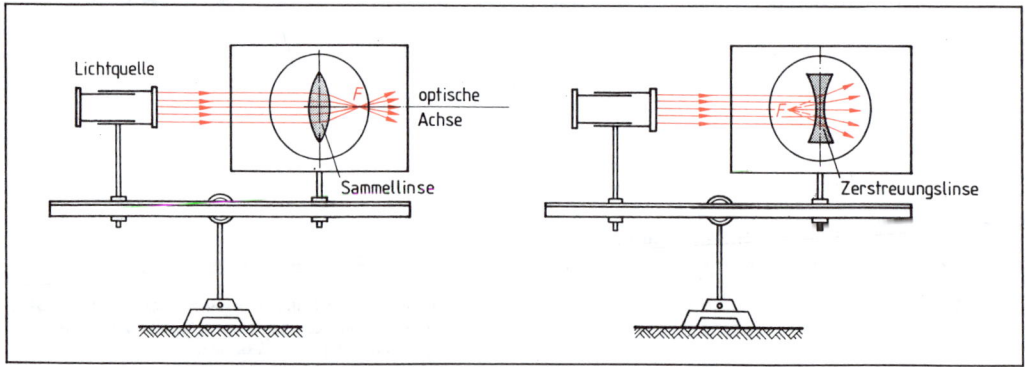

Strahlenverlauf bei Sammel- und Zerstreuungslinsen

Versuchsergebnis:

▶ Die achsenparallelen Strahlen werden bei der nach außen gewölbten Linse annähernd in einem Punkt gesammelt.
▶ Eine solche Linse heißt **Sammellinse.**
▶ Bei der nach innen gewölbten Linse werden die Strahlen zerstreut und scheinen von einem Punkt vor der Linse auszugehen.
▶ Sie heißt **Zerstreuungslinse.**

Da sich die parallelen Sonnenstrahlen durch eine Sammellinse genau so in einem Punkt vereinigen lassen wie durch einen Hohlspiegel, nennen wir auch hier den Vereinigungspunkt **Brennpunkt** F.

Die Verbindungslinie zwischen den Kugelmittelpunkten (Kreismittelpunkten) der Linsen wird als **optische Achse** bezeichnet – wie bei den Spiegeln. Strahlen, die parallel zur optischen Achse verlaufen, heißen **achsenparallele** Strahlen. Die optische Achse der Linsen fällt mit einem der gezeichneten Durchmesser der optischen Scheibe zusammen. **Der Brennpunkt liegt auf der optischen Achse.**

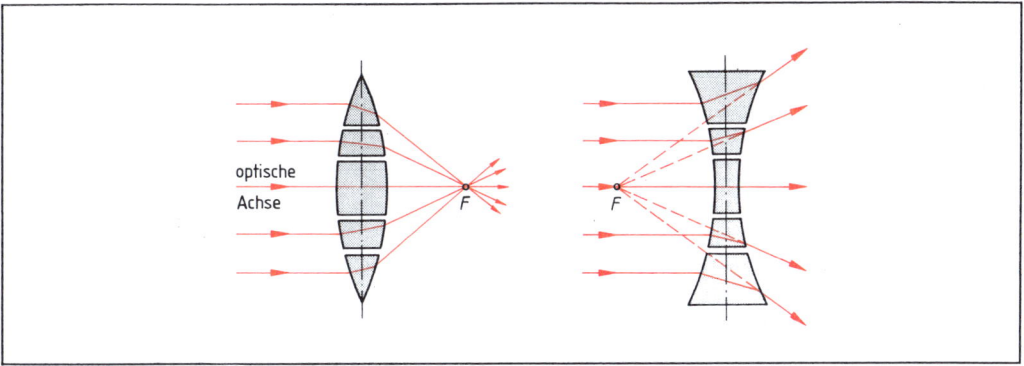

Sammel- und Zerstreuungslinsen können wir uns aus Prismen aufgebaut denken.

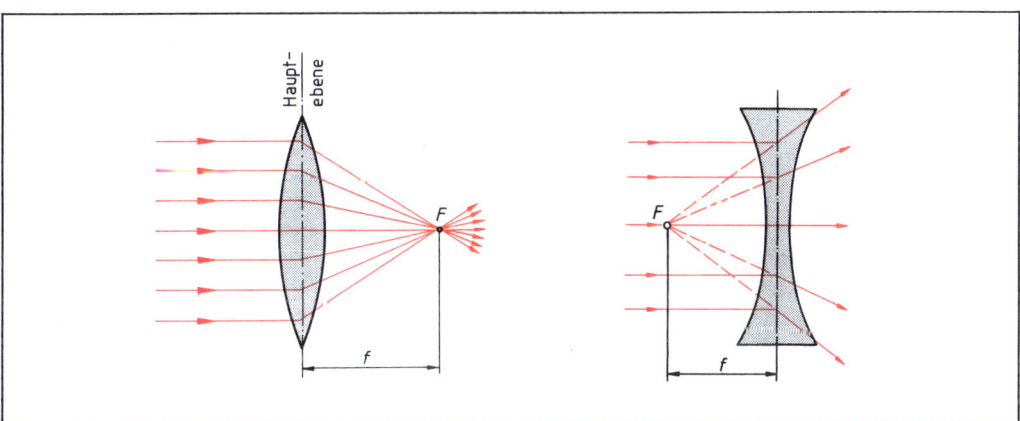

Vereinfacht gezeichneter Strahlengang durch eine Sammellinse und eine Zerstreuungslinse.

Wie bei den Prismen tritt beim Durchgang der Lichtstrahlen durch Linsen beim Übergang von Luft in Glas **eine** Brechung auf und beim Übergang von Glas in Luft eine **zweite**. Beim Zeichnen der Strahlen wird der Einfachheit halber nur eine Brechung in der Hauptebene der Linse gezeichnet. Für dünne Linsen werden die Randfehler gering, und wir können solche Linsen durch ihre Hauptebenen ersetzt denken.

Für dünne Linsen gilt:

> Die Brennweite f ist der Abstand des Brennpunktes von der Hauptebene.

Im **Versuch** setzen wir eine Spaltblende mit einem Schlitz vor die Experimentierlampe und richten die optische Scheibe so, daß der einfallende Strahl nacheinander Parallelstrahl, Brennstrahl und Mittelpunktstrahl (durch den Linsenmittelpunkt gehend) wird.

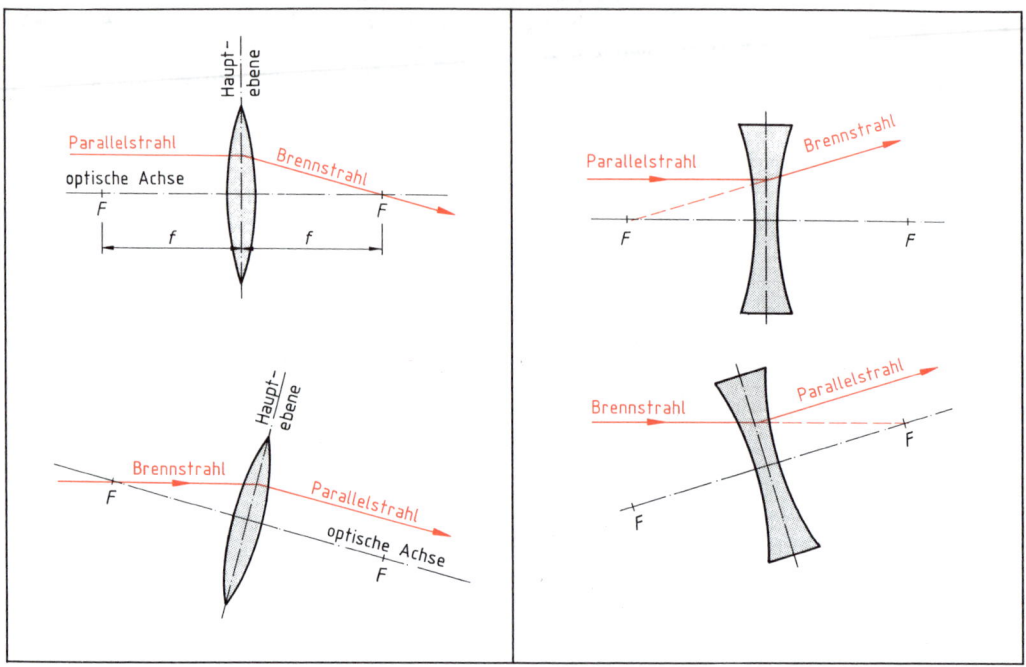

Verlauf von Parallel- und Brennstrahlen bei Sammel- und Zerstreuungslinsen

Für dünne Linsen gilt:

> Achsenparallel ankommende Strahlen werden Brennstrahlen, Brennstrahlen werden achsenparallele Strahlen. Mittelpunktstrahlen gehen ungebrochen durch die Linse.

Die brechenden Flächen der Linsen werden für die verschiedenen Erfordernisse der optischen Instrumente zusammengestellt. Für solche unsymmetrischen Linsen gilt: Die Brennweiten sind auf beiden Seiten der Linse immer gleich.

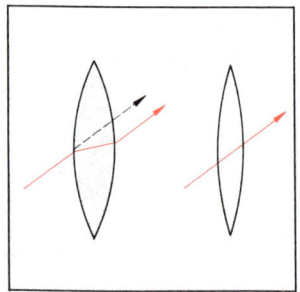

Parallelverschiebung eines Mittelpunktstrahls bei dicker Linse. Bei dünnen Linsen kann der Mittelpunktstrahl als ungebrochen durchgehend betrachtet werden.

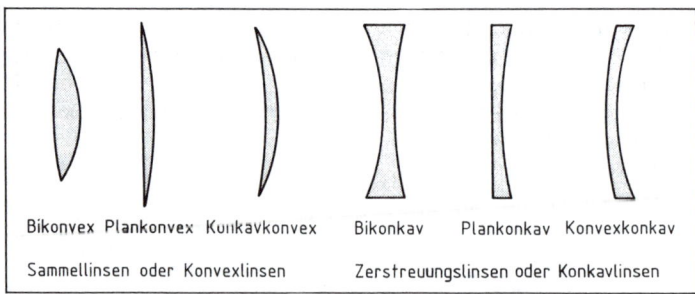

Verschiedene Sammel- und Zerstreuungslinsen
bi = zwei; bikonvex = zwei nach außen gewölbte brechende Flächen

4.4 Abbildung mit Linsen und gekrümmten Spiegeln

4.4.1 Bildgrößen- und Abbildungsgleichung

Lernziel: Aus den Versuchsergebnissen die Bildgrößen- und Abbildungsgleichung ableiten. Die mathematische Ableitung verstehen. Wissen, daß diese Gleichungen für Linsen und Spiegel gelten. Berechnungen und Konstruktionen durchführen können.

Versuch: Wir bestimmen die Abhängigkeit zwischen Gegenstandsgröße G, Gegenstandsweite g, Bildgröße B, Bildweite b und Brennweite f. Die Spaltblende wird durch eine Pfeilblende ausgetauscht. Die Pfeilblende stellt den Gegenstand in seiner Gegenstandsgröße G dar.

Durchführung: Für drei verschiedene Sammellinsen bekannter Brennweiten werden verschiedene Gegenstandsweiten g eingestellt und für scharfe Bilder die Bildweiten b und Bildgrößen B bestimmt.

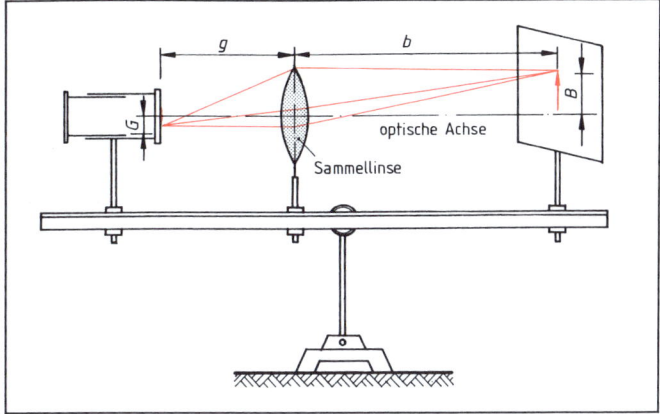

Versuchsaufbau zur Bildgrößen- und Abbildungsgleichung

Tabelle zur Versuchsauswertung: Alle Maße in cm.

G	g	B	b	f	$\dfrac{G}{g}$	$\dfrac{B}{b}$	$\dfrac{1}{g}$	$\dfrac{1}{b}$	$\dfrac{1}{g}+\dfrac{1}{b}$	$\dfrac{1}{f}$
3,4	16,0	4,3	20,0	10	0,212	0,215	0,0625	0,0500	0,1125	0,1
3,4	20,0	3,1	19,0	10	0,170	0,163	0,0500	0,0527	0,1027	0,1
3,4	24,5	2,3	16,5	10	0,139	0,139	0,0408	0,0607	0,1015	0,1
3,4	27,5	3,3	29,0	15	0,124	0,114	0,0364	0,0345	0,0709	0,0667
3,4	35,0	2,5	25,5	15	0,097	0,098	0,0286	0,0392	0,0678	0,0667
3,4	39,0	2,2	24,5	15	0,087	0,090	0,0256	0,0408	0,0664	0,0667
3,4	27,5	9,0	73,0	20	0,124	0,123	0,0364	0,0137	0,0501	0,05
3,4	39,5	3,6	40,0	20	0,086	0,090	0,0253	0,0250	0,0503	0,05
3,4	55,0	2,0	31,0	20	0,062	0,064	0,0182	0,0323	0,0505	0,05
festes Maß	frei gewählt	im Versuch abgelesen	im Versuch abgelesen	bekannt	errechnet	errechnet	errechnet	errechnet	errechnet	errechnet

$$\dfrac{G}{g}=\dfrac{B}{b} \qquad \dfrac{1}{g}+\dfrac{1}{b}=\dfrac{1}{f}$$

Versuchsergebnis: Vergleichen wir die Spalten $\frac{G}{g}$ und $\frac{B}{b}$, so ergibt sich die **Bildgrößengleichung:**

$$\frac{\text{Gegenstandsgröße}}{\text{Gegenstandsweite}} = \frac{\text{Bildgröße}}{\text{Bildweite}} \qquad \frac{G}{g} = \frac{B}{b}$$

Vergleichen wir die Spalten $\frac{1}{g} + \frac{1}{b}$ und $\frac{1}{f}$, so ergibt sich die **Abbildungsgleichung:**

$$\frac{1}{\text{Gegenstandsweite}} + \frac{1}{\text{Bildweite}} = \frac{1}{\text{Brennweite}} \qquad \frac{1}{g} + \frac{1}{b} = \frac{1}{f}$$

▶ Bildgrößengleichung und Abbildungsgleichung gelten für Sammel- und Zerstreuungslinsen sowie für Spiegel.

Bei Sammellinsen ist die Brennweite positiv (Brennpunkt hinter der Linse), bei Zerstreuungslinsen negativ (Brennpunkt vor der Linse).

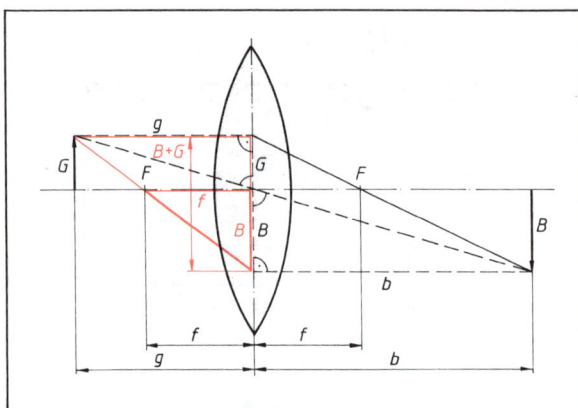

Geometrie des Strahlenverlaufs

Die Bildgrößen- und Abbildungsgleichung finden wir auch mit Hilfe mathematischer Überlegungen beim Strahlenverlauf.

Aus der Ähnlichkeit der schwarz strichlierten Dreiecke erhalten wir die Bildgrößengleichung: $\frac{G}{g} = \frac{B}{b}$ (1.)

Aus der Ähnlichkeit der roten Dreiecke ergibt sich: $\frac{B+G}{g} = \frac{B}{f}$ (2.)

Aus (1.) folgt: $G = B \cdot \frac{g}{b}$ (3.)

(3.) in (2.) eingesetzt: $\dfrac{B + B \cdot \frac{g}{b}}{g} = \dfrac{B}{f}$

ausklammern und kürzen: $B \cdot \left(\frac{1}{g} + \frac{g}{g \cdot b}\right) = B \cdot \frac{1}{f}$

Wir erhalten die **Abbildungsgleichung:** $\quad \dfrac{1}{g} + \dfrac{1}{b} = \dfrac{1}{f}$

Oft wird nicht die Brennweite einer Linse angegeben, sondern ihre **Brechkraft** D in Dioptrien (dpt):

$\text{Brechkraft} = \dfrac{1}{\text{Brennweite}}$

$D = \dfrac{1}{f}$

Physikalische Größen	Formelzeichen	Einheiten
Brennweite	f	m
Brechkraft	D	$\frac{1}{m} = $ dpt

Bei Abbildung durch nur eine Linse ist das Bild teilweise verzerrt, unscharf und zeigt farbige Ränder. Diese Fehler können nur durch mehrere Linsen aus verschiedenen Glassorten ausgeglichen werden. Bei zwei dünnen Linsen verläuft ein Brennstrahl von F_1 als Parallelstrahl zwischen den Linsen zum Brennpunkt F_2. Nach der Abbildungsgleichung für $g = f_1$ und $b = f_2$ eingesetzt, ergibt sich für die Brennweite des Linsensystems $\frac{1}{f} = \frac{1}{f_1} + \frac{1}{f_2}$ und für die Brechkraft $D = D_1 + D_2$. Bei Zerstreuungslinsen wird f und D negativ.

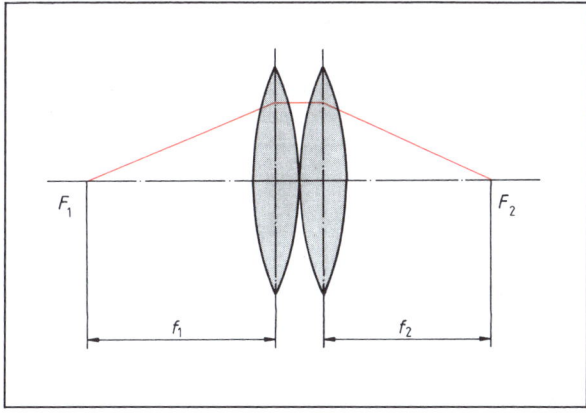

Linsensystem aus zwei Sammellinsen

Beispiel:

Ein Fotoapparat für Kleinbildfilme vom Format 24 mm · 36 mm hat eine Brennweite von 50 mm und ist auf eine Bildweite von 52 mm eingestellt. In welcher Entfernung muß sich der Gegenstand befinden, und welche maximale Breite darf er bei Querformat (36 mm) des Filmes haben?

$f = 50$ mm $b = 52$ mm $B = 36$ mm

$\frac{1}{f} = \frac{1}{g} + \frac{1}{b}$ $\frac{1}{g} = \frac{1}{f} - \frac{1}{b}$ $g = \frac{50 \text{ mm} \cdot 52 \text{ mm}}{52 \text{ mm} - 50 \text{ mm}}$ $\frac{G}{g} = \frac{B}{b}$ $G = g \cdot \frac{B}{b}$

$\frac{1}{g} = \frac{b-f}{f \cdot b}$ $g = 1300$ mm $G = 1300 \text{ mm} \cdot \frac{36 \text{ mm}}{52 \text{ mm}}$

$g = \frac{f \cdot b}{b - f}$ $\underline{\underline{g = 1{,}3 \text{ m}}}$ $G = 900$ mm

$\underline{\underline{G = 90 \text{ cm}}}$

Aufgaben

1. Wie muß bei einer Kamera von 50 mm Brennweite die Bildweite verändert werden, wenn die Entfernung des Gegenstandes von 1 m auf 10 m wächst?

2. Welche Strahlen werden für die Konstruktion von Bildern bei Linsen und Spiegeln benutzt?

3. Konstruieren Sie das Bild hinter einer Sammellinse, wenn die Brennweite 25 mm, die Gegenstandsweite 40 mm und die Größe des Gegenstandes 10 mm betragen! Berechnen Sie Bildweite und Bildgröße!

4. Wie läßt sich experimentell bei Sonnenlicht der Brennpunkt einer Sammellinse bestimmen? Was versteht man unter dem Brennpunkt? Welche Bedeutung hat der Brennpunkt für die Konstruktion eines Bildes?

5. Berechnen Sie Bildgröße und Bildweite für eine Sammellinse von 20 cm Brennweite, wenn der Gegenstand 3,4 cm hoch und 27,5 cm von der Linse entfernt ist!

6. Eine Sammellinse soll einen Gegenstand in 4facher Vergrößerung auf einem Schirm abbilden. Welche Brennweite muß die Sammellinse haben, wenn das Bild 1,25 m vom Gegenstand entfernt ist?

7. Bei der Aufgabe 6 soll ein Linsensystem benutzt werden, wobei eine Linse von 2 dpt vorhanden ist. Wie groß muß die Brechkraft und Brennweite der zweiten dünnen Linse sein?

4.4.2 Bildkonstruktion bei Linsen und gekrümmten Spiegeln

Lernziel: Bilder bei Linsen und Spiegeln konstruieren können. Beispiele zu Abbildungen mit Linsen und gekrümmten Spiegeln nennen können.

Je nach Gegenstandsweite

verkleinerte, umgekehrte, reelle Bilder   vergrößerte, umgekehrte, reelle Bilder

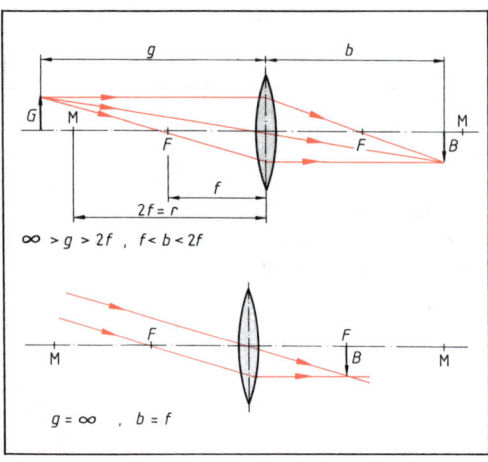

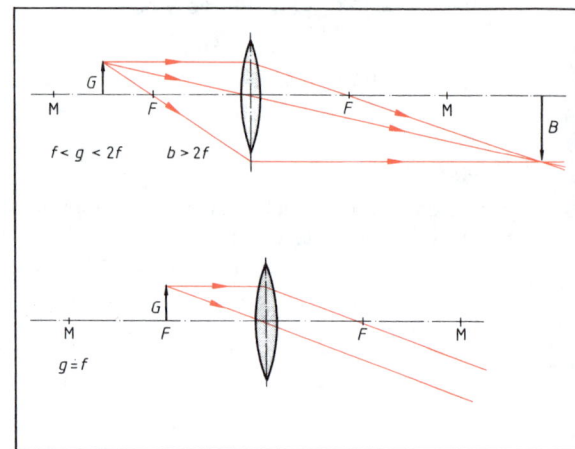

Sammellinse
Anwendung ($\infty \geq g > 2f$): **Fernrohr, Fotoapparat**

Sammellinse
Anwendung ($f \leq g < 2f$): **Mikroskop, Projektion**
($f = g$): **Scheinwerfer**

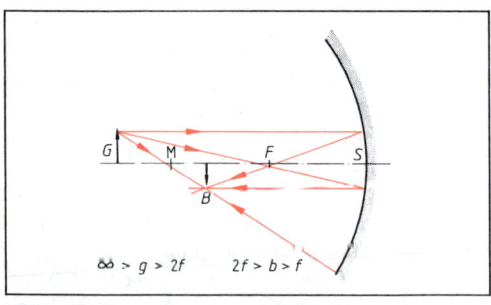

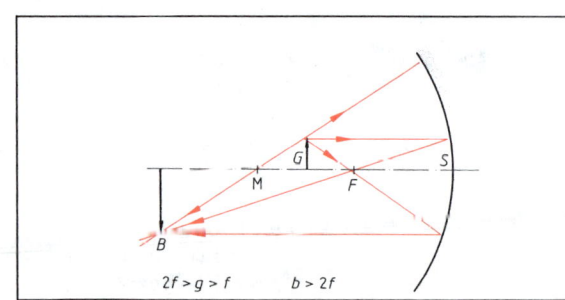

Hohlspiegel   **Hohlspiegel**

Mit Hilfe von drei Strahlen („ausgezeichnete" Strahlen), dem Parallelstrahl, Brennstrahl und Mittelpunktstrahl, läßt sich das Bild bei Linsen und Spiegeln konstruieren. Die Übersicht zeigt die Bildentstehung bei Sammellinsen und Hohlspiegeln. Bei Zerstreuungslinsen und erhabenen Spiegeln ergeben sich nur scheinbare (virtuelle) Bilder, die sich nicht auf einem Schirm auffangen lassen.

ergeben sich verschiedene Bilder:

vergrößerte, aufrechte, virtuelle Bilder

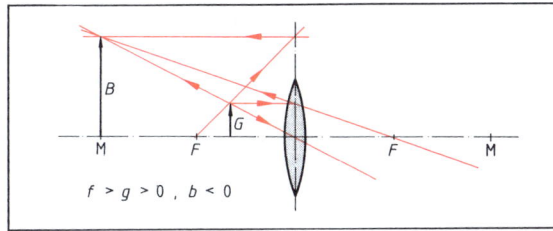

Sammellinse
Anwendung: Lupe

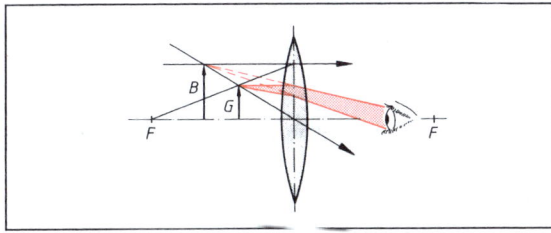

Lupe: Wir sehen den Gegenstand G dort, wo sich die verlängerten Sehstrahlen schneiden (B).

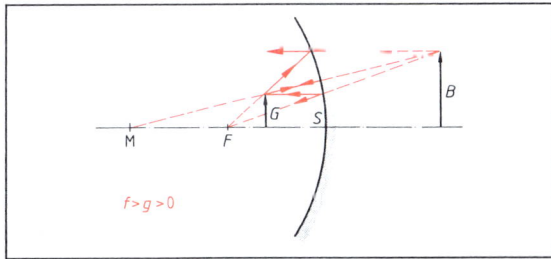

Hohlspiegel
Anwendung: Make-up-Spiegel

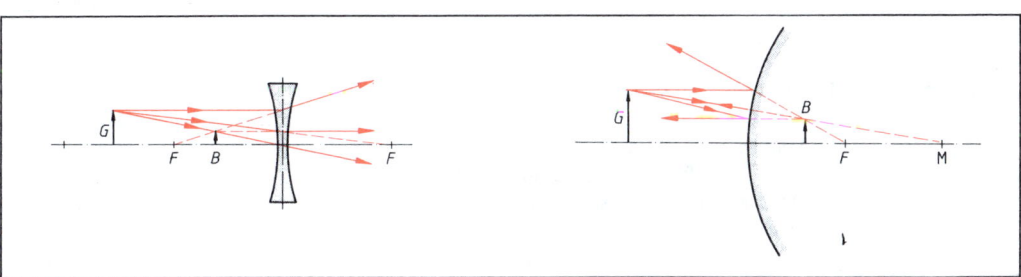

Bei Zerstreuungslinsen und erhabenen Spiegeln ergeben sich für alle Gegenstandsweiten verkleinerte, aufrechte, virtuelle Bilder.

4.5 Lichtgeschwindigkeit

Lernziel: Eine Möglichkeit der Lichtgeschwindigkeitsmessung kennenlernen. Den Betrag der Lichtgeschwindigkeit kennen und Berechnungen durchführen können.

Wir beschreiben einen Versuch zur Messung der Lichtgeschwindigkeit nach dem Verfahren von Foucault[1] (1850), das Michelson[2] (1878) vereinfachte.

Versuchsbeschreibung: Das Licht durchläuft einen Weg bekannter Länge. Die Laufzeit wird mit Hilfe der gleichförmigen Rotation des Drehspiegels gemessen.

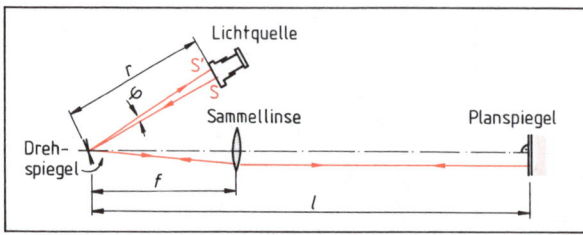

Messung der Lichtgeschwindigkeit nach dem Verfahren von Foucault-Michelson: Ablenkung $x = \overline{SS'}$

Die von der Lichtquelle (Spalt S) ausgehenden Lichtstrahlen werden am Drehspiegel reflektiert, laufen als Brennstrahlen zur Sammellinse, als Parallelstrahlen zum Planspiegel und den gleichen Weg zurück zum Drehspiegel. Bei langsamer Drehung finden sie den Drehspiegel noch in der gleichen Lage und werden in S reflektiert. Bei hoher Frequenz der Spiegeldrehung treffen sie in S' neben S auf.

Der Drehspiegel befindet sich genau in der Brennweite der Sammellinse, so daß jeder Strahl zum Planspiegel wieder denselben Weg bis zum Drehspiegel zurückläuft.

Aus dem Versuchsaufbau werden die Maße r und l gemessen.

Dann wird die Winkelgeschwindigkeit ω des Drehspiegels bestimmt und die Ablenkung x des Spaltbildes gemessen.

Für die Lichtgeschwindigkeit gilt $c = \dfrac{2 \cdot l}{t}$ und mit $\omega = \dfrac{\varphi}{t}$, wobei $\varphi = \dfrac{x}{r}$ ist, ergibt sich $t = \dfrac{x}{r \cdot \omega}$.

Durch Einsetzen erhalten wir für $c = \dfrac{2 \cdot l \cdot r \cdot \omega}{x}$.

Die Messungen führen zu folgendem Ergebnis:

> Die Geschwindigkeit des Lichtes beträgt rund $c = 300\,000 \,\dfrac{km}{s}$

Die Lichtgeschwindigkeit ist im Vakuum am größten. In Luft ist sie annähernd so groß wie im Vakuum. In Glas oder Wasser ist die Lichtgeschwindigkeit wesentlich geringer.

Beispiel:

Die Entfernung Erde–Sonne beträgt im Mittel (Elliptische Umlaufbahn) 150 000 000 km. Wie lange benötigt das Licht, um diesen Weg von der Sonne zur Erde zurückzulegen?

$c = 300\,000 \,\dfrac{km}{s} \quad s = 150\,000\,000 \text{ km} \quad c = \dfrac{s}{t} \quad t = \dfrac{s}{c} = \dfrac{150\,000\,000 \text{ km} \cdot s}{300\,000 \text{ km}} = 500 \text{ s} = \underline{\underline{8 \text{ min und } 20 \text{ s}}}$

Aufgaben

1. Als Längenmaß wird in der Astronomie das Lichtjahr benützt. Es ist die Entfernung, die das Licht in einem Jahr (365 Tage) zurücklegen würde. Welche Strecke in km ist ein Lichtjahr?

2. Wie lange braucht das reflektierte Licht vom Mond zur Erde? (380 000 km)

---

[1] **L. Foucault,** 1819–1868, franz. Physiker, Pendel zum Nachweis der Erdrotation.
[2] **A. Michelson,** 1852–1931, amerik. Physiker.

4.6 Spektralfarben. Dispersion

4.6.1 Brechung weißen Glühlichtes. Spektralfarben. Farben

Lernziel: Erkennen, daß sich weißes Licht beim Durchgang durch ein Prisma in Spektralfarben zerlegen läßt. Die Spektralfarben kennen. Die Entstehung der Farben erklären können.

Versuch: *Wir lassen gewöhnliches Glühlicht durch das Prisma hindurchtreten. Den gebrochenen Strahl fangen wir auf einem schräggestellten Schirm auf.*

Durchführung: Wir beobachten den Strahl auf dem Schirm. Dann bringen wir anstelle des Schirmes eine Sammellinse an, verschieben den Schirm nach rechts und beobachten das Bild. Nun schieben wir vorsichtig ein zweites Prisma vor der Sammellinse in den Strahlengang.

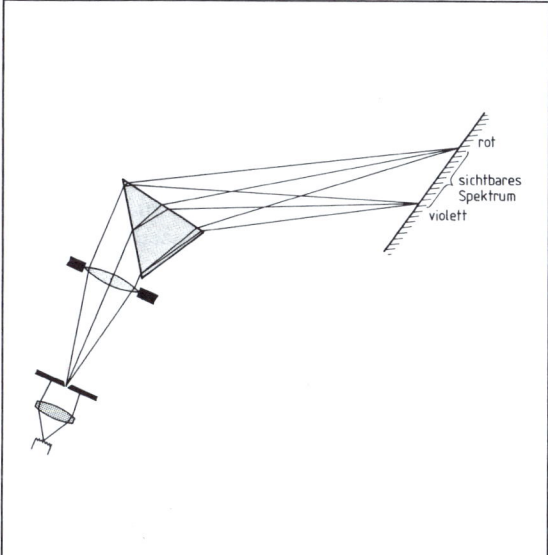

Zerlegung weißen Glühlichtes in Spektralfarben. Es sind nur die das Spektrum begrenzenden Farben Rot und Violett eingezeichnet. Rot erfährt die geringste, Violett die stärkste Brechung. Dazwischen liegen Orange, Gelb, Grün und Blau.

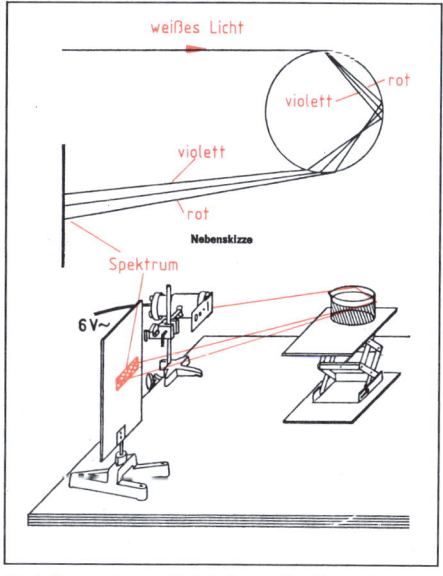

Modellversuch zur Entstehung des Regenbogens: Das weiße Sonnenlicht wird beim Übergang Luft/Wasser und Wasser/Luft gebrochen und in Spektralfarben zerlegt.

Versuchsergebnis: Auf dem Schirm bildet sich ein leuchtend buntes Band ab: Weißes Licht läßt sich in verschiedene Farben zerlegen. Dieses Farbband wird **Spektrum** genannt und die einzelnen Farben **Spektralfarben** (Farbtafel 1).

Die Spektralfarben lassen sich durch eine Sammellinse wieder zu weißem Licht vereinigen. Weißes Licht setzt sich aus verschiedenen Farben, den Spektralfarben, zusammen.

Das zweite Prisma blendet eine Spektralfarbe aus: Eine Spektralfarbe läßt sich nicht mehr in weitere Farben zerlegen.

Das vereinigte Restspektrum bleibt ohne den ausgeblendeten Teil des Spektrums farbig. Man nennt diese Farben eine Mischfarbe. Vereinigt man das Restspektrum mit der vorher ausgeblendeten Spektralfarbe, so ergibt sich wieder weißes Licht.

Zwei Farben, die sich wie die ausgeblendete Farbe und das vereinigte Restsprektrum zu weiß ergänzen, heißen **Komplementärfarben**.

Ausgeblendete Spektralfarbe	Rot	Orange	Gelb	Grün	Blau	Violett
Farbe des vereinigten Restspektrums	Grün	Blaugrün	Blau	Rot	Gelb	Gelbgrün

Eine Farbe kann reine Spektralfarbe oder Mischfarbe sein.

Ein roter Gegenstand sendet in unser Auge rote Strahlen. Von dem auffallenden weißen Licht absorbiert er die Komplementärfarbe zu rot, also grün.

Für eine **Körperfarbe** gilt: Ein farbiger Körper absorbiert die Komplementärfarbe zu seiner Körperfarbe.

Der Körper kann das Licht entweder spektralrein reflektieren, dann absorbiert er die Mischfarbe des Restspektrums, oder er kann die Mischfarbe reflektieren, dann absorbiert er die Spektralfarbe. Werden alle Farben des Spektrums gleichermaßen reflektiert, so erscheint der Körper weiß, werden alle Farben absorbiert, schwarz.

Unser bisher benutztes Rotfilter zeigt, daß auch durchsichtige Körper, z. B. farbige Gläser – Farbfilter – bestimmte Farben absorbieren können. Läßt ein Filter nur eine Farbe durch, so heißt es spektralrein. Viele Farbgläser lassen jedoch mehrere Farben des Spektrums durch, so daß wir hinter diesen Filtern Mischfarben erhalten.

Wird eine kreisrunde Farbenscheibe mit den Spektralfarben – Sektorenbreite entsprechend der Farbenbreite des Spektrums – in rasche Drehung versetzt, so kann das Auge dem raschen Farbwechsel nicht folgen. Die Farbeindrücke werden **addiert** zu einer Mischfarbe. Es erscheint grauweiß.

Die additive Farbmischung tritt auch auf, wenn verschiedenfarbige Lichtstrahlen auf dieselbe Stelle einer weißen Wand treffen oder wenn sehr kleine, verschiedenfarbige Punkte so dicht beieinander liegen, daß wir sie aus einiger Entfernung nicht getrennt wahrnehmen können. Beim Farbfernsehen entstehen alle Farben, indem jeweils drei winzige kleine Punkte in den drei Grundfarben rot, grün und blau aufleuchten können (Farbtafel 2).

Beim Ausblenden von Rot aus dem Spektrum bleibt die Farbe des vereinigten Restspektrums Grün. Grün ist jedoch in diesem Fall nicht Spektralfarbe, sondern sie ist eine Mischfarbe aus Orange, Gelb, Grün, Blau und Violett: also durch **Subtraktion** einer Farbe aus dem Spektrum entstanden (Farbtafel 3). Die subtraktive Farbmischung tritt beim Mischen von Malfarben auf.

Die Vielfalt der in der Natur vorkommenden oder künstlich erzeugten Farben sind weder reine Spektralfarben noch Mischfarben; sie haben jedoch einen Grundton, z. B. Rot. Zu diesem Ton kann eine Überdeckung, eine „Verhüllung" hinzukommen, die weiß, schwarz oder grau ist. So entsteht z. B. aus Rot durch Weißverhüllung Rosa und durch Schwarzverhüllung Braun (Farbtafel 4).

Im Farbdreieck (Farbtafel 5) sind die Spektralfarben so angeordnet, daß Farbmischung, Weißverhüllung und Komplementärfarben abgelesen werden können.

① Kontinuierliches Spektrum eines glühenden festen Körpers

② Additive Farbmischung    ③ Subtraktive Farbmischung

④ Verhüllungsdreieck

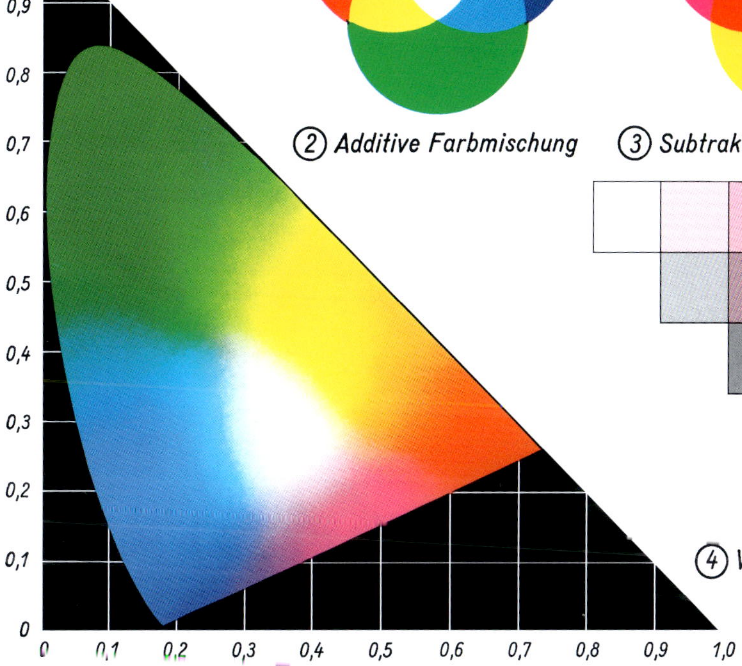

⑤ Farbdreieck

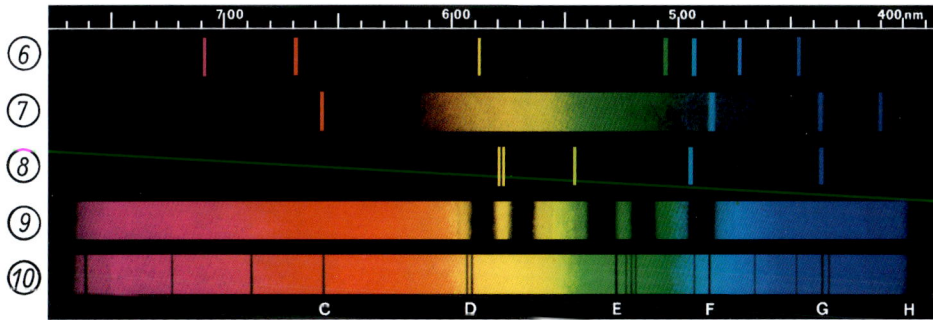

⑥ Spektrum von Helium
⑦ Spektrum von Wasserstoff
⑧ Spektrum von Quecksilber
⑨ Absorptionsspektrum von Kaliumpermanganat
⑩ Sonnenspektrum mit Fraunhoferschen Linien

4.6.2 Dispersion

> **Lernziel:** Wissen, daß die Abhängigkeit der Brechungszahl n beim Übergang eines Lichtstrahles von einem zum anderen Medium von der Wellenlänge des Lichtes abhängt und daß diese Abhängigkeit Dispersion genannt wird.

Nach der Theorie von Huygens[1] breitet sich Lichtenergie in Wellen aus. Weißes Licht setzt sich aus Licht verschiedener Wellenlängen zusammen, wobei jeder Spektralfarbe eine bestimmte Wellenlänge zugeordnet ist. Mit Hilfe schwieriger Versuche wurde die Wellenlänge von Licht aller Spektralfarben bestimmt.

Es ergeben sich für Lichtbündel
im violetten Spektralbereich Wellenlängen von 400–440 nm
im blauen Spektralbereich Wellenlängen von 440–495 nm
im grünen Spektralbereich Wellenlängen von 495–580 nm
im gelben und orangen Spektralbereich Wellenlängen von 580–640 nm   (1 nm = 1 Nanometer
im roten Spektralbereich Wellenlängen von 640–750 nm $= 10^{-9}$ m)

Durch die Brechung eines Lichtstrahles wird weißes Glühlicht in verschiedenartige bunte Strahlung zerlegt, wobei jeder Strahlung ein Wellenlängenbereich zwischen 400 und 750 nm zugeordnet werden kann.

Die Versuche zur Brechung – und Bestimmung der Brechungszahl – führten wir mit rotem Licht aus. Bei violettem Licht – mit anderer Wellenlänge – ergibt sich eine andere Brechungszahl. – Jeder Wellenlänge eines Lichtstrahles kann die Brechungszahl n eines Stoffes zugeordnet werden.

▶ Die Abhängigkeit der Brechungszahl n von der Wellenlänge wird **Dispersion** genannt.

Ultraviolett und Infrarot
Der Lichtsinn bewertet die Strahlungsleistung nur in einem engen Bereich des Spektrums. Mit Hilfe eines Thermoelements können wir feststellen, daß über die sichtbaren Enden des Spektrums hinaus noch Strahlung vorhanden ist. Die Brechung erzeugt außer sichtbaren auch unsichtbare Lichtstrahlen. Sie werden über Violett hinaus als **Ultraviolett** und über Rot hinaus als **Infrarot** (Ultrarot) bezeichnet.

Ultraviolettstrahlen bewirken die Bräunung der Haut und lösen chemische Vorgänge aus. Infrarotstrahlen weden als Wärme empfunden.

4.6.3 Spektralanalyse

> **Lernziel:** Wissen, daß glühende feste Körper ein kontinuierliches Spektrum aussenden, Gase jedoch ein Linienspektrum, woraus auf das Vorhandensein bestimmter Stoffe geschlossen werden kann (Spektralanalyse).

Wird Licht von weißglühenden Körpern ausgesandt, so ergibt die spektrale Zerlegung ein Farbband, das alle Spektralfarben enthält. Es entsteht ein **kontinuierliches Spektrum** (Farbtafel 1).

Leuchtende Gase oder Dämpfe senden Licht aus, das bei spektraler Zerlegung nur einzelne, für jeden Stoff charakteristische Farben bzw. Farblinien enthält. Es entsteht ein **Linienspektrum** (Farbtafeln 6 bis 10).

Da die Anordnung der Spektrallinien für jedes Element bzw. für jede Verbindung charakteristisch ist, kann beim Auftreten bestimmter Linien auf das Vorhandensein zugeordneter Stoffe geschlossen werden. Diese Methode heißt **Spektralanalyse.** Zum Farbvergleich dient eine Spektraltafel, in der die Spektren der verschiedenen Stoffe abgebildet sind. Mit diesen Verfahren können selbst spurenhafte Erscheinungen von Elementen nachgewiesen werden.

Die dunklen Linien im Sonnenspektrum werden FRAUNHOFERsche[2] Linien genannt (Farbtafel 10). Aus diesen Linien schließt man auf das Vorhandensein entsprechender Elemente in der Sonne.

---
[1] **Christian Huygens,** 1629–1695, niederländ. Physiker; Versuche zur Wellenlehre, zu Pendelschwingungen und zur Kreisbewegung.
[2] **Fraunhofer, Josef v.,** 1787–1826, deutscher Physiker.

4.7 Das Auge und die Augenkorrektur

Lernziel: Den Aufbau des Auges kennen. Die Entfernungseinstellung und Helligkeitseinstellung erklären können. Die Korrektur des weitsichtigen und kurzsichtigen Auges kennen.

Beim Auge gelangt das Licht durch die durchsichtige Hornhaut, die Augenflüssigkeit, die Augenlinse, den Glaskörper auf die Netzhaut. In der Netzhaut liegen die Verzweigungen des Sehnervs, die an lichtempfindlichen Körperchen, den Sehstäbchen und Sehzäpfchen, enden. Die Stäbchen ermöglichen das Sehen bei Dämmerung; sie haben eine hohe Lichtempfindlichkeit, jedoch keine Farbenempfindlichkeit. Die Zäpfchen ermöglichen das Farbensehen; ihre Lichtempfindlichkeit ist wesentlich geringer als die der Stäbchen.

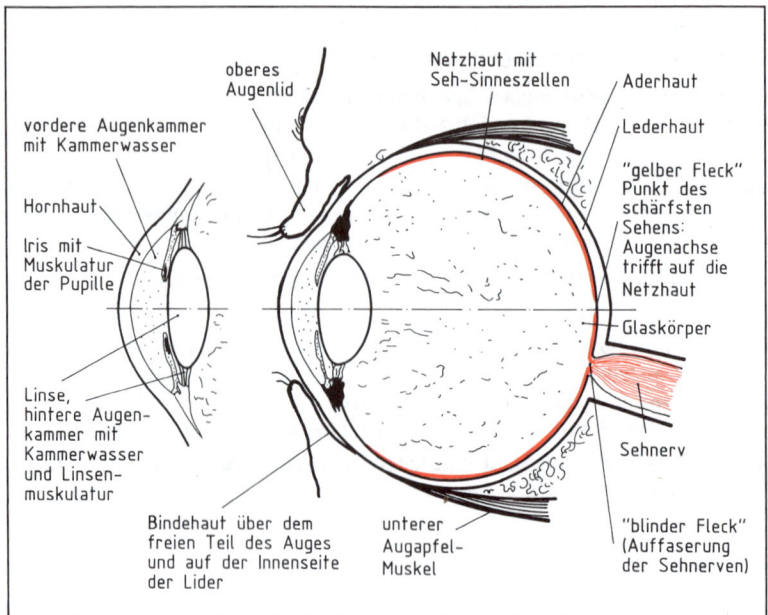

Der Aufbau des Auges

Die Pupille, eine Öffnung der Regenbogenhaut (Iris), kann sich bei starkem Lichteinfall verengen und bei Dämmerung erweitern. Die Iris blendet das Auge ab. Die Anpassung des Auges an verschiedene Helligkeitsgrade wird als **Adaption** bezeichnet. Sie erfolgt nicht plötzlich, sondern kann je nach Helligkeitsunterschied mehrere Minuten dauern.

Dieser Anpassungszeit wird bei Straßentunnels Rechnung getragen, indem die Beleuchtung bei der Einfahrt und Ausfahrt stärker ist als im Innern des Tunnels.

Damit je nach Gegenstandsweite immer ein scharfes Bild auf der Netzhaut entsteht, kann die elastische Augenlinse durch einen Muskel in ihrer Wölbung und damit in ihrer Brennweite verändert werden. Die Anpassung der Augenlinse an eine bestimmte Gegenstandsweite wird als **Akkomodation** bezeichnet. Sie läßt mit dem Alter nach. Auch ein überanstrengtes Auge büßt einen Teil seiner Akkomodationsfähigkeit ein.

Die Abbildungen zeigen Möglichkeiten der Augenkorrektur. Die Akkomodationsfähigkeit des Auges hat ihre Grenze bei etwa 10 bis 15 cm Abstand eines Gegenstandes. Dies bezeichnet man als den **Nahpunkt** des Auges. Hier ist der Ringmuskel sehr beansprucht, das Auge ermüdet. Die Weite des deutlichen Sehens ohne wesentliche Ermüdungserscheinungen liegt bei normalsichtigem Auge bei 25 cm.

Beim weitsichtigen Auge wird die Brechkraft der Augenlinse durch eine zusätzliche Sammellinse erhöht, so daß das Bild auf der Netzhaut scharf entsteht. Beim kurzsichtigen Auge wird die zu große Brechkraft der Augenlinse durch eine Zerstreuungslinse verringert.

Alle Netzhautbilder sind reelle, umgekehrte, verkleinerte Bilder, vgl. 4.4.2, da die Augenlinse eine Sammellinse ist und die Gegenstandsweite größer als $2f$ ist.

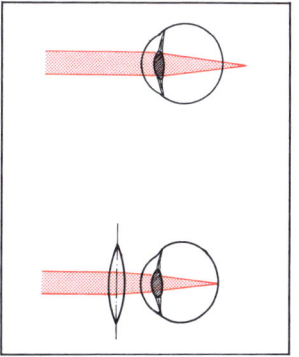

Weitsichtiges Auge:
Parallel einfallende Strahlen treffen sich h i n t e r der Netzhaut. Die Sammellinse bewirkt den Schnittpunkt auf der Netzhaut.

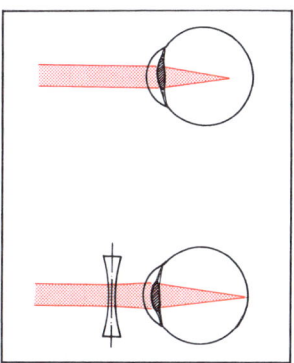

Kurzsichtiges Auge:
Parallel einfallende Strahlen treffen sich schon v o r der Netzhaut. Die Zerstreuungslinse bewirkt, daß der Schnittpunkt erst auf der Netzhaut entsteht.

Die in der Abb. links gezeichneten parallelen Linien sind genau 1 mm auseinander. In etwa 2 m Entfernung sehen wir die beiden Linien nicht mehr getrennt voneinander, sondern als eine einzige Linie. Bei den rechts gezeichneten parallelen Linien – in Abstand 2 mm – können wir bis etwa 4 m Entfernung gerade noch zwei Linien wahrnehmen, dann verschmelzen auch sie. Diese Erscheinung wird als Winkelauflösungsgrenze des Auges bezeichnet.

Zur Winkelauflösung des Auges

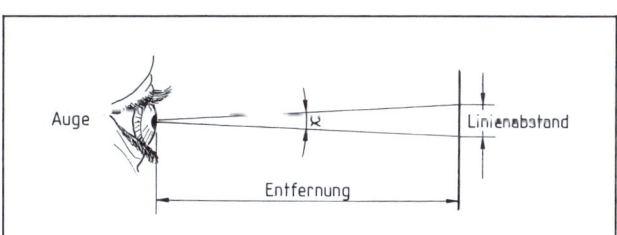

Bestimmung der Winkelauflösungsgrenze des Auges

Es ist:

$$\sin \alpha = \frac{1 \text{ mm (Linienabstand)}}{2000 \text{ mm (Entfernung)}} = 0{,}0005$$

$$\alpha = 1{,}5'$$

Die **Winkelauflösungsgrenze** des Auges ist der **kleinste Sehwinkel,** unter dem zwei Punkte noch getrennt wahrgenommen werden können; sie beträgt etwa $1{,}5'$.

Das räumliche Sehen ist – wie das räumliche Hören auf beide Ohren – auf beide Augen angewiesen. Dadurch, daß die Bilder beider Augen etwas unterschiedlich sind, entsteht im Sehzentrum des Gehirns der räumliche Eindruck.

4.8 Optische Geräte

> **Lernziel:** Optische Geräte mit Hilfe des Kapitels 4.4 „Abbildung mit Linsen und gekrümmten Spiegeln" in ihrem Aufbau verstehen und erklären können.

In nebenstehender Bildfolge sind zwei Gruppen optischer Geräte dargestellt:

1. Optische Geräte, die von einem Gegenstand (Objekt) ein verkleinertes oder vergrößertes, umgekehrtes, reelles Bild erzeugen. Ein als Sammellinse wirkendes Linsensystem wird als Objektiv bezeichnet. Es gilt die Bildgrößen- und Abbildungsgleichung (vgl. 4.4.1).

Fotoapparat

Das Objektiv bildet den Gegenstand verkleinert, umgekehrt und reell auf dem lichtempfindlichen Film ab.

Die Entfernungseinstellung (veränderliche Gegenstandsweite) geschieht durch Drehen eines Ringes, wodurch ein Gewinde das Objektiv von der Filmebene wegbewegt (veränderliche Bildweite). Der Ring ist mit der Gegenstandsweite g beschriftet. Gegenstände im Unendlichen ($g = \infty$) haben als Bildweite die Brennweite f ($b = f$; vgl. 4.4.2), während bei geringerwerdender Gegenstandsweite ($\infty > g > 2f$) die Bildweite in Richtung $2f$ vergrößert wird ($f < b < 2f$). Die Blende ist mit der Iris im menschlichen Auge vergleichbar. Sie hat die Aufgabe, die durch das Objektiv eintretende Lichtmenge zu regeln. Gegeneinander verschiebbare Segmente geben eine annähernd kreisrunde Öffnung von veränderlichem Durchmesser frei. Der maximale Blendendurchmesser ist der Objektivdurchmesser. Die Belichtungszeit ist die Zeit, in der das Licht durch die Blendenöffnung auf den Film auftrifft. Die Wahl der Blende und der Belichtungszeit richtet sich nach der Helligkeit des Objekts und der Filmempfindlichkeit.

Diaprojektor (Filmprojektor, Tageslicht- oder Schreibprojektor)

Das Objektiv bildet den Gegenstand – ein Diapositiv (kurz: Dia), in rascher Folge wechselnde Einzelbilder eines Films oder eine auf einer durchsichtigen Folie entstehende Schrift oder Zeichnung – vergrößert, umgekehrt, reell ab. Projektoren können als Umkehrung der Fotoapparate angesehen werden. Für die Gegenstandsweite gilt $f < g < 2f$ und für die Bildweite $b > 2f$ (vgl. 4.4.2). Der Gegenstand wird durch eine Lichtquelle, mit einem Parabolspiegel hinter der Lichtquelle (vgl. 4.2.3) und einer Sammellinse sehr stark beleuchtet, damit auf großer Fläche ein helles Bild entsteht.

2. Optische Geräte, die den Sehwinkel β, unter dem ein Gegenstand vom Auge (Okulus) wahrgenommen wird, vergrößern.

Sie erzeugen mit der Augenlinse, dem Okular, ein vergrößertes, aufrechtes, virtuelles Bild durch den vergrößerten Sehwinkel α.

Lupe, Mikroskop und **Fernrohr** sind nach diesem Prinzip gebaut.

Für die Vergrößerung durch eine Lupe gilt:

$$\tan \alpha = \frac{G}{f} \quad \text{und} \quad \tan \beta = \frac{G}{s}$$

$$\text{Vergrößerung} = \frac{\tan \alpha}{\tan \beta} = \frac{G \cdot s}{f \cdot G} = \frac{s}{f}$$

Für ein normalsichtiges Auge ist $s = 25$ cm. Bei Brennweiten für Lupen von 12,5 cm bis 2,5 cm ergibt sich damit eine 2fache bis 10fache Vergrößerung.

Beim Mikroskop und Fernrohr ist ein Objektiv vorgeschaltet, das von dem Gegenstand zunächst ein reelles Zwischenbild B_1 erzeugt. Dieses Bild wird mit dem Okular betrachtet und erscheint danach als Bild B_2 vergrößert virtuell.

Das Fernrohr in dieser Bauweise wird als astronomisches Fernrohr oder KEPLER-Fernrohr[1] bezeichnet. Es liefert umgekehrte Bilder. Sollen in einem Erdfernrohr (terrestrischen[2] Fernrohr) aufrechte Bilder entstehen, so wird das erste Zwischenbild mit einer Umkehrlinse (Sammellinse) ohne Vergrößerung ($g = b = 2f$) in ein zweites aufrechtes Zwischenbild abgebildet. Dieses wird dann erst mit dem Okular betrachtet. An den Stellen der Zwischenbilder befinden sich Feldlinsen, die die Strahlen vom Rand des Bildfeldes zum Okular hin sammeln.

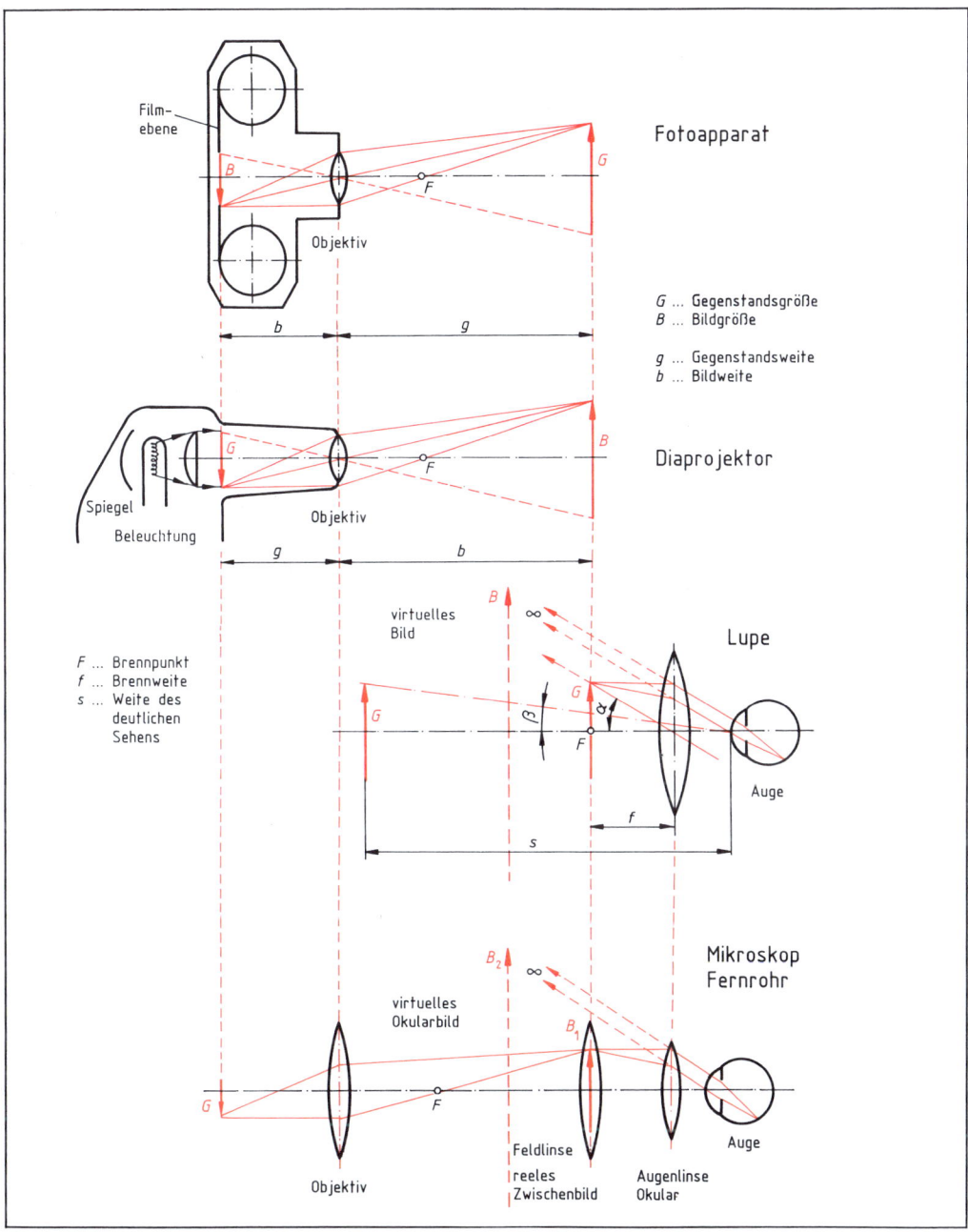

[1] **Johannes Kepler,** 1571–1630, deutscher Astronom, Keplersche Gesetze über Planetenbewegungen, allgem. physikal. Erkenntnisse.
[2] terrestris (lat). = irdisch

5 Elektrizitätslehre

5.1 Die elektrische Ladung

5.1.1 Atombau und elektrische Ladung

> **Lernziel:** Den Aufbau des Atoms und die Ladung der Protonen und Elektronen kennen und den Atomaufbau skizzieren können.

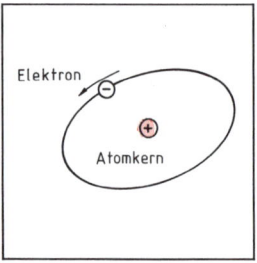

Modell des Wasserstoffatoms nach Rutherford

Modell des Sauerstoffatoms. Schalenmodell nach Bohr

Alle Stoffe sind aus **Atomen** aufgebaut. Auch das Atom ist wieder zusammengesetzt aus dem Atomkern und den Elektronen. Ernest Rutherford[1] entwickelte 1911 ein Atommodell, wonach der Atomkern die positive elektrische Ladung trägt. Die negativ geladenen Elektronen umkreisen den Kern mit großer Geschwindigkeit in einem bestimmten Abstand und bilden die **Atomhülle**.

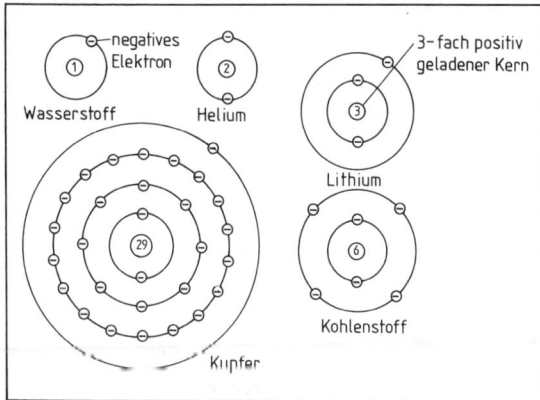

Stark schematisierter Aufbau einiger Atome

Nach Niels Bohr[2] sind die Elektronen in der Hülle nicht gleichmäßig verteilt, sondern laufen auf bestimmten Bahnen, auf denen sie eine bestimmte Energie haben. Das Bohrsche Atommodell ist ein Schalenmodell (vgl. 6.1).

Etwa seit 1920 ist bekannt, daß der Atomkern aus zwei unterschiedlichen Kernteilchen besteht, den Protonen und Neutronen.
Die **Anzahl** der Protonen im Atomkern ist gleich der Anzahl der Elektronen in der Atomhülle. Jedes Proton eines Atoms ist gleich jedem anderen Proton. Jedes Elektron ist gleich jedem anderen Elektron. Ebenso ist jedes Neutron gleich jedem anderen Neutron. Die Unterschiedlichkeit der Elemente ist nur durch die Zahl der Protonen gegeben (vgl. 6.2).

▶ Für das Atommodell ist festgelegt, daß die **Protonen** im Atomkern **elektrisch positiv (+)** und die **Elektronen** in der Atomhülle **elektrisch negativ (−)** geladen sind. Die Neutronen sind elektrisch neutral.

---

1 **Ernest Rutherford,** 1871–1937, engl. Physiker, einer der Begründer der modernen Atomphysik. Erklärung des radioaktiven Zerfalls, Theorie über den Aufbau der Atome.
2 **Niels Bohr,** 1885–1962, dänischer Physiker, verbesserte das Rutherfordsche Atommodell; atomtheoretische Arbeiten, Mitwirkung bei der Erfindung der Atombombe.

5.1.2 Ladungstrennung durch Reibung. Elektronen. Ionen

Lernziel: Die Möglichkeit der Ladungstrennung durch Reibung und das Polaritätsgesetz kennen. Positive und negative Ionen unterscheiden sowie die Kraftwirkungen zwischen Elektron und Proton und die Kraftwirkungen auf das bewegte Elektron beschreiben können.

Versuch: *Nachweis verschiedenartiger elektrischer Ladungen.*

Durchführung: Das eine Ende eines Kunststoffstabes wird mit einem Wolltuch gerieben und auf die Trägerspitze der Magnetnadel aufgesetzt. Nun wird zunächst ein weiterer Kunststoffstab und dann ein Glasstab gerieben und dem geriebenen Ende des drehbar gelagerten Kunststoffstabes genähert.

Versuchsergebnis: Die Kunststoffstäbe stoßen sich ab. Der Kunststoffstab und der Glasstab ziehen sich an. Kunststoff und Glas werden beim Reiben verschieden aufgeladen.

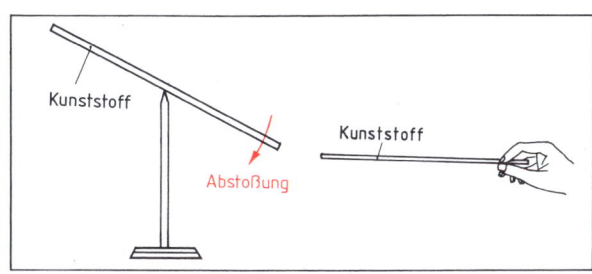
Wirkung gleichnamiger Ladung

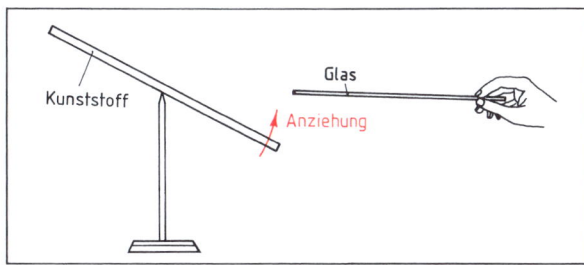
Wirkung ungleichnamiger Ladung

> Gleichnamige Ladungen stoßen sich ab, ungleichnamige ziehen sich an (Polaritätsgesetz).

Der enge Kontakt beim Reiben bewirkt, daß Elektronen vom einen Körper auf den anderen gelangen. Dadurch weist der eine Körper Elektronenmangel und der andere Elektronenüberschuß auf. Die Entstehung von Ladungen besteht also aus einem ungleichen Vorhandensein von Elektronen und Protonen in einem Atom.

▶ Durch Reibung ist es möglich, Ladungen, die in Atomen immer paarweise vorhanden sind, zu trennen; es entstehen Ionen.

Es entsteht ein positives Ion, da ein Elektron den Atomverband verläßt – Elektronenmangel.

Es entsteht ein negatives Ion, da ein freies Elektron hinzukommt – Elektronenüberschuß.

In Ionen ist der elektrische Gleichgewichtszustand gestört.

> Elektrisch positiv oder negativ geladene Teilchen nennt man **Ionen**. Sind in einem Teilchen mehr Elektronen als Protonen, dann ist es ein negatives Ion. Sind in einem Teilchen weniger Elektronen als Protonen, dann ist es ein positives Ion.

Alle Elektronen haben die gleiche negative Ladung, und da noch keine kleineren Ladungen festgestellt wurden, bezeichnet man sie als Elementarladung:

> Die Elektronen sind die kleinsten, negativen elektrischen Ladungen.

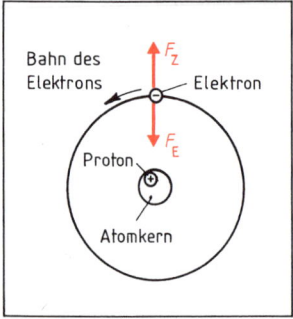

Kräftegleichgewicht eines Elektrons
F_E ... **Elektrische Anziehungskraft = Zentripetalkraft**
F_Z ... **Zentrifugalkraft**

Im Normalfall befinden sich im Atomkern ebenso viele Protonen, wie Elektronen in der Atomhülle vorhanden sind: Die elektrische Ladung ist ausgeglichen.

Ein Elektron erfährt durch die elektrische Anziehungskraft zwischen Elektronen (−) und Protonen (+) eine Zentripetalkraft, die es auf eine Kreisbahn um den Atomkern zwingt.

Durch die Kreisbewegung wirkt auf das Proton eine Zentrifugalkraft. Anziehungskraft und Zentrifugalkraft verhalten sich wie Kraft und Gegenkraft, so daß für das bewegte Elektron Kräftegleichgewicht besteht.

5.1.3 Polarität und Stromart

Lernziel: Die Bestätigung des Polaritätsgesetzes erfahren und die Bezeichnung der Pole kennen. Aus den Versuchen die Begriffe Gleich- und Wechselstrom erklären können.

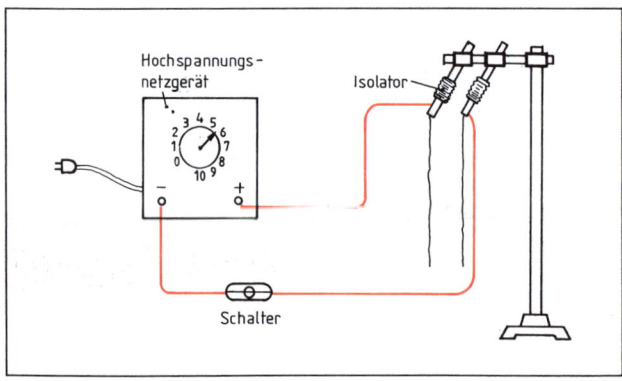

Bestätigung des Polaritätsgesetzes mit verschieden geladenen Metallfolien.

Versuch: *Bestätigung des Polaritätsgesetzes.*
Zwei Streifen aus Aluminiumfolie sind an Isolatoren befestigt.

Durchführung: Zuerst werden beide Streifen mit dem Pluspol, dann mit dem Minuspol des Hochspannungsnetzgerätes verbunden. Anschließend verbinden wir den einen Streifen mit dem Pluspol, den anderen mit dem Minuspol.

Versuchsergebnis: Aus der Abstoßung bzw. der Annäherung der Streifen schließen wir:

▶ Die beiden Pole einer Spannungsquelle sind verschieden elektrisch geladen. Die Pole werden als positiv und negativ oder als **Plus- und Minuspol** bezeichnet.

Aus der Kraftwirkung können wir das **Polaritätsgesetz** von 5.1.2 bestätigen:

▶ Gleichnamige Ladungen stoßen sich ab, ungleichnamige ziehen sich an.

Ladungen können auch mit Hilfe des Elektrometers (Elektroskops) nachgewiesen werden. Die Größe des Ausschlags ist ein Maß für die Größe der elektrischen Ladung.

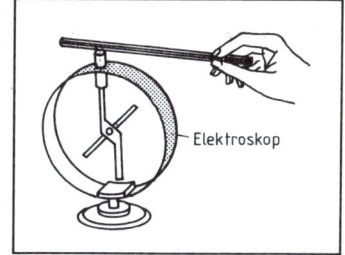

Elektrometer (Elektroskop)
Zwei gleichnamig geladene Metallstäbe stoßen sich ab.

Versuch: *Ermitteln der Stromart mit einer Glimmlampe.*

Glimmlampen bestehen aus einem Glaskolben, in den zwei sich nicht berührende Metallstifte oder -platten, **Elektroden,** eingeschmolzen sind. Der Glaskolben ist ausgepumpt und mit einem Edelgas gefüllt. Als Gas wird meist Neon bei einem Druck von etwa 20 hPa verwendet.

Durchführung: Die Glimmlampe in Fassung wird an den Plus- und Minuspol des Hochspannungsnetzgerätes (Gleichstrom) angeschlossen. Anschließend wird umgepolt. Dann wird die Glimmlampe direkt an das allgemeine Stromnetz angeschlossen und pendelnd aufgehängt.

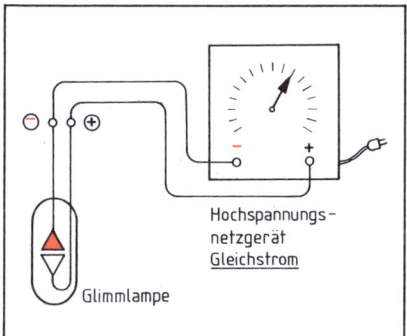
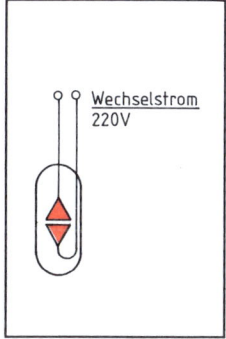
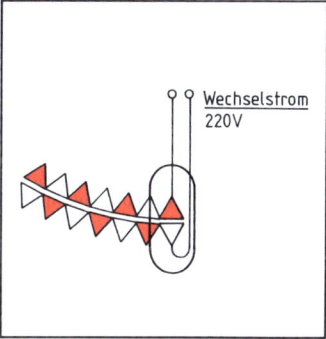

Bei Gleichstrom leuchtet die Gasschicht am Minuspol.

Bei Wechselstrom leuchtet scheinbar an beiden Polen eine Gasschicht.

Wird die Lampe schnell bewegt, so erkennen wir, daß die Gasschichten an den Elektroden in Wirklichkeit nicht gleichzeitig, sondern in rasch wechselnder Folge leuchten.

Versuchsergebnis: An der Elektrode, die mit dem Minuspol verbunden ist, wird das Gas leuchtend.

> Mit einer Glimmlampe läßt sich feststellen, welcher der beiden Pole einer Spannungsquelle negativ und welcher positiv ist.

Bei unserem Stromnetz mit der Frequenz von 50 Hertz (Hz) leuchtet jede Elektrode 50mal in jeder Sekunde.

▶ **Gleichstrom** wird der elektrische Strom genannt, der seine Richtung beibehält.
   Zeichen: —

▶ **Wechselstrom** wird der elektrische Strom genannt, der seine Richtung ständig wechselt.
   Zeichen: ~

5.1.4 Elektrisches Feld

Lernziel: Die modellhafte, begriffliche Festlegung und die Eigenschaften eines elektrischen Feldes kennen. Den experimentellen Nachweis eines elektrischen Feldes kennen. Die elektrische Feldstärke beschreiben und ihre Einheit nennen und erklären können. Die Erscheinung der Influenz kennen.

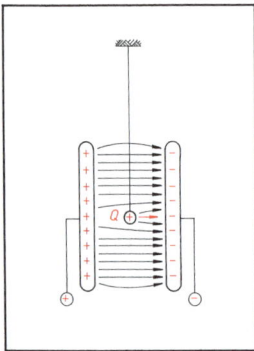

Elektrisches Feld eines Plattenkondensators

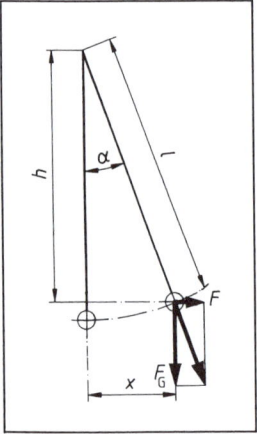

Kräfte bei der Auslenkung der Probeladung.
Auswertung in 5.1.5

Zwischen den geladenen Kunststoff- und Glasstäben in 5.1.2 besteht keinerlei sichtbare Verbindung. Da aber eine Bewegung eintritt, muß eine Kraft vorhanden sein.
▶ Elektrische Ladungen üben Kräfte aufeinander aus.

Zur Veranschaulichung der Abstoßung oder Anziehung elektrisch geladener Körper dienen **Feldlinien**. Feldlinien sind Scheinbilder.
▶ Elektrisch geladene Körper bilden ein **elektrisches Feld**.

Versuch zur elektrischen Feldstärke.

Durchführung: In der Mitte zwischen den Platten eines aufgeladenen Plattenkondensators hängt ein zunächst nicht aufgeladenes Kügelchen. Das Kügelchen erfährt keine ablenkende Kraft. Wird es jedoch an einer Platte mit der Ladung Q aufgeladen, z. B. (+), so wirkt eine ablenkende Kraft F in Richtung der Platte mit negativer Ladung (−). Sind die Platten nahe beieinander, so pendelt das Kügelchen zwischen den Platten, indem es sich jeweils an einer Platte entlädt und mit der Gegenladung wieder auflädt.

Sind die Platten so weit auseinander, daß das Kügelchen sie nicht berühren kann, so ist die Auslenkung x aus der Ruhelage proportional der wirkenden Kraft F: $F \sim x$. Verschieben wir die Kondensatorplatten weiter auseinander, so ändert sich die Auslenkung nicht, so lange das Kügelchen nicht zu nahe an den Rand der Platten gelangt. Am Rande der Platten wird die Auslenkung geringer. Halbieren wir die Prüfladung $\frac{Q}{2}$ durch Berühren des Kügelchens mit einem gleichgroßen, nicht geladenen Kügelchen, so wird die Auslenkung ebenfalls halbiert: $\frac{Q}{2} \sim \frac{x}{2}$.

Versuchsergebnis: Mit Hilfe eines elektrisch geladenen Körpers läßt sich feststellen, ob ein elektrisches Feld vorhanden ist. Zwischen zwei Kondensatorplatten bildet sich ein elektrisches Feld aus, das am Rande schwächer wird. Der Quotient $\frac{F}{Q}$ ist konstant. Die Messung ist also von der Probeladung Q unabhängig. Der Quotient $\frac{F}{Q}$ ist somit ein Maß für die Stärke des elektrischen Feldes E.

Die elektrische Feldstärke E ist der Quotient aus der Kraft F und der Ladung Q.

$E = \frac{F}{Q}$

$[E] = \frac{N}{C}$

C = Coulomb[1]

Physikalische Größen	Formelzeichen	Einheiten
Kraft	F	N
Elektrische Ladung	Q	C
Elektrische Feldstärke	E	$\frac{N}{C}$

---

[1] **Charles Auguste Coulomb,** 1736–1806, franz. Physiker, untersuchte die Wirkungen elektrisch geladener Körper aufeinander. Die Einheit Coulomb wird in 5.2.3 abgeleitet.

Für das elektrische Feld gilt:

▶ Die Feldlinien beginnen an positiven und enden an negativen Ladungen.
▶ Die Feldlinien stehen senkrecht auf Ladungsoberflächen.
▶ Die Feldlinien sind nicht geschlossen.
▶ Die Richtung der Feldlinien gibt die Richtung der Feldstärke an.

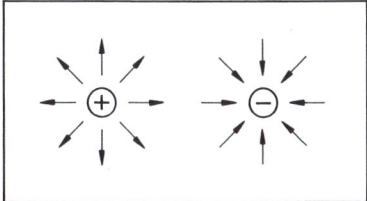

Feldlinienbeginn an positiven Ladungen   Feldlinien enden an negativen Ladungen

Festlegung der Feldlinienrichtung

Elektrisches Feld bei ungleichnamigen Ladungen

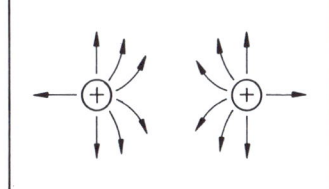

Elektrisches Feld bei gleichnamigen Ladungen

Versuch: Nachweis der Influenz.

Durchführung: Zwischen die Platten des geladenen Kondensators bringen wir zwei ungeladene Weicheisenplättchen. Dort werden sie getrennt und wieder aus dem Kondensator herausgenommen.

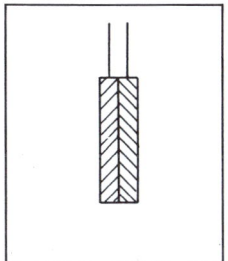 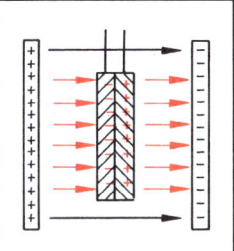 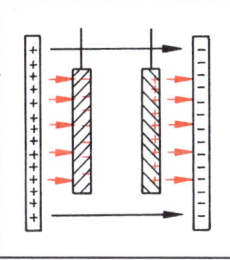 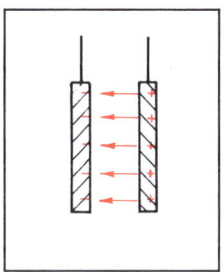

Weicheisen- oder Aluminiumplatten (Influenzplatten) mit isolierendem Griff in ungeladenem Zustand.

Das elektrische Feld des Kondensators trennt die Ladungen der Weicheisenplatten: Influenz.

Im Kondensator. Trennen der Weicheisenplatten voneinander.

Die Weicheisenplatten sind durch Influenz elektrisch aufgeladen; es ist ein elektrisches Feld entstanden.

Versuchsergebnis: Mit Hilfe des aufgeladenen Kügelchens stellen wir fest, daß die Weicheisenplättchen aufgeladen sind.

Das Feld des Plattenkondensators wirkt auch auf die Elektronen der Eisenplättchen. Diese Elektronen sind im Metall leicht beweglich und werden durch das elektrische Kraftfeld in das linke Plättchen gezogen. Dort entsteht Elektronenüberschuß, während im rechten Plättchen Elektronenmangel entsteht. Durch das Trennen der Plättchen im Kondensator können sich die Ladungen nicht mehr ausgleichen, so daß der Ladungszustand auch außerhalb des Kondensators erhalten bleibt.

> Die Trennung elektrischer Ladungen in einem Körper, der in ein elektrisches Feld gebracht wird, heißt **Influenz**.[1]

---

[1] Influenz, von influere (lat.) hineinfließen. Die Elektronen fließen in eines der Plättchen.

5.1.5 Elektrische Spannung

> **Lernziel:** Die Definition der Spannung und ihre Einheit kennen. Die Beziehung zwischen Spannung und Feldstärke beschreiben und Berechnungen durchführen können.

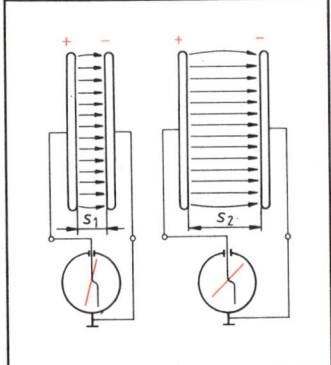

Bei konstantem elektrischem Feld sind Plattenabstand s und Spannung U proportional.

Versuch *zur elektrischen Spannung*

Die Größe des Unterschiedes zwischen Elektronenmangel und Elektronenüberschuß wird als elektrische Spannung bezeichnet. Als Anzeigegerät für die Spannung dient das Elektrometer, das wir in 5.1.3 für den Nachweis der elektrischen Ladung benutzten. Die Größe des Ausschlags ist ein Maß für die Größe der Spannung.

Durchführung: Der Plattenkondensator wird bei minimalem Plattenabstand auf geringe Spannung aufgeladen. Dann wird der Plattenabstand vergrößert.

Versuchsergebnis: Das Elektrometer zeigt ein Ansteigen der Spannung U bei Vergrößerung des Plattenabstandes s: $U \sim s$. Denken wir uns eine Probeladung Q von der linken Platte zur rechten bewegt, so bleibt die Kraft F konstant, jedoch ist bei größerem Plattenabstand der Weg s und damit die Arbeit (Energie) $W = F \cdot s$ (vgl. 1.4.1), die vom Feld an der überführten Ladung verrichtet wird, größer.

Aus $U \sim s$ folgt mit $s = \dfrac{W}{F}$ für die Spannung $U \sim \dfrac{W}{F}$ und mit $F \sim Q$ ergibt sich $U \sim \dfrac{W}{Q}$.

Die Spannung U wird durch die Arbeit (Energie) W gemessen, die zum Trennen von Ladungen Q notwendig ist, bzw. beim Ausgleich von Ladungen frei wird.

Die Spannung U ist der Quotient aus der Energie W und der bewegten elektrischen Ladung Q.

$$U = \frac{W}{Q}$$

$$[U] = \frac{\text{J}}{\text{C}} = \text{V}$$

Physikalische Größen	Formelzeichen	Einheiten
Energie	W	J
Elektrische Ladung	Q	C
Spannung	U	V

Die SI-Einheit für die Spannung ist das Volt (V).[1]

▶ Die Spannung 1 Volt (1 V) besteht genau dann zwischen zwei Punkten, wenn die Arbeit 1 Joule (1 J) an einer Ladung 1 Coulomb (1 C) verrichtet werden muß.

$$1\,\text{V} = \frac{1\,\text{J}}{1\,\text{C}}$$

---

[1] **Alessandro Volta,** 1745–1827, italienischer Physiker, gab die galvanische Spannungsreihe an, entwickelte das Zink-Kupfer-Element in Schwefelsäure, erfand den Plattenkondensator und das Elektroskop.

Im Feld des Plattenkondensators herrscht die Feldstärke $E = \dfrac{F}{Q}$

Durch Erweitern mit dem Weg s ergibt sich: $E \cdot s = \dfrac{F \cdot s}{Q}$

Da die Energie $W = F \cdot s$ ist, wird: $E \cdot s = \dfrac{W}{Q}$

Mit $U = \dfrac{W}{Q}$ erhalten wir: $E \cdot s = U$

Damit ergibt sich die elektrische Feldstärke: $E = \dfrac{U}{s}$

Die elektrische Feldstärke E im Magnetfeld eines Plattenkondensators ist gleich dem Quotienten aus Spannung U und Plattenabstand s.

$E = \dfrac{U}{s}$

$[E] = \dfrac{\text{V}}{\text{m}}$

$[E] = \dfrac{\text{V}}{\text{m}} = \dfrac{\text{J}}{\text{Cm}} = \dfrac{\text{N}}{\text{C}}$

Physikalische Größen	Formelzeichen	Einheiten
Spannung	U	V
Plattenabstand	s	m
Elektrische Feldstärke	E	$\dfrac{\text{V}}{\text{m}} = \dfrac{\text{N}}{\text{C}}$

Auswertung des Versuchs von 5.1.4

Aus den Kräfteverhältnissen bei der Auslenkung der Probeladung ergibt sich für kleine Winkel α: $h \approx l$.

Mit $\tan \alpha = \dfrac{F}{F_G}$ und $\tan \alpha = \dfrac{x}{l}$ erhalten wir die auslenkende Kraft: $F = F_G \cdot \dfrac{x}{l}$.

Meßwerte:

$x = 1 \text{ cm} = 0{,}01 \text{ m}$ $F_G = m \cdot g = 0{,}01 \text{ N}$ $E = \dfrac{U}{s}$

$l = 2 \text{ m}$ $F = F_G \cdot \dfrac{x}{l}$ $E = \dfrac{6000 \text{ V}}{0{,}06 \text{ m}} = 100\,000 \dfrac{\text{V}}{\text{m}}$

$m = 1 \text{ g}$ $F = 0{,}01 \text{ N} \cdot \dfrac{0{,}01 \text{ m}}{2 \text{ m}}$

$U = 6000 \text{ V}$ $F = 0{,}000\,05 \text{ N}$ $E = 100\,000 \dfrac{\text{N}}{\text{C}} = 1 \cdot 10^5 \dfrac{\text{N}}{\text{C}}$
(Hochspannungs-
netzgerät) $F = 5 \cdot 10^{-5} \text{ N}$ $Q = \dfrac{F}{E}$

$s = 6 \text{ cm} = 0{,}06 \text{ m}$ $Q = \dfrac{5 \cdot 10^{-5} \text{ N} \cdot \text{C}}{1 \cdot 10^5 \text{ N}}$

$\underline{\underline{Q = 5 \cdot 10^{-10} \text{ C}}}$

Mit dieser Probeladung kann nun ein unbekanntes elektrisches Feld berechnet werden, wenn die Ablenkung x gemessen wird.

Aufgabe Wie groß sind die Feldstärke und die Spannung eines Plattenkondensators, wenn bei einem Plattenabstand von 4 cm die Probeladung um 1 cm ausgelenkt wird? F_G, l und Q entnehmen Sie dem Versuch.

5.1.6 Spannungserzeugung

> **Lernziel:** Möglichkeiten und Bedingungen für die Spannungserzeugung kennen. Das Schaltsymbol für Geräte kennen, in denen Spannungen erzeugt werden.

Der Glas- und der Kunststoffstab in 5.1.2 und die beiden Pole im Versuch 5.1.3 zeigen unterschiedliche elektrische Ladungen. Der eine Körper bzw. der eine Punkt hat Elektronenmangel, während der andere Elektronenüberschuß hat. Man sagt auch, zwei Punkte haben gegeneinander einen Potentialunterschied.

▶ Die Größe des Unterschiedes zwischen Elektronenmangel und Elektronenüberschuß wird als elektrische **Spannung** bezeichnet.

▶ Diese elektrische Spannung entsteht durch **Ladungstrennung**. In den elektrisch neutralen Atomen vorhandene Elektronen müssen von dem Atomrumpf getrennt werden. Damit erhalten wir positive und negative Ladungsträger, Ionen, vgl. 5.1.2.

In 5.1.5 haben wir festgestellt, daß die Spannung U durch die Energie W bestimmt ist, die zum Trennen von Ladungen Q notwendig ist: $W = U \cdot Q$.

▶ Spannungen lassen sich nur durch Aufwendung von Energie erzeugen, dadurch, daß Ladungen getrennt werden.

Wir haben bisher angenommen, daß uns positive und negative Ladungen zur Verfügung stehen. Hier soll nun zusammengefaßt werden, durch welche Möglichkeiten diese Ladungstrennung erreicht werden kann.

Ladungstrennung kann erfolgen durch

Reibung, vgl. 5.1.2	chemische Wirkung, vgl. 5.6	magnetische Einwirkung, vgl. 5.10	Berührung verschiedener Metalle, vgl. 5.5.2	Lichteinwirkung, z. B. Fotoelement, Solarzelle	Erwärmung, z. B. Elektronenröhre

Die Ladungstrennung durch magnetische Einwirkung ist heute die einzig wirtschaftliche Spannungserzeugung. Sie erfolgt mit Generatoren in Kraftwerken.

▶ Das Symbol für einen Generator wird allgemein für eine Spannungsquelle benutzt.

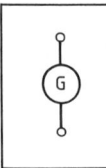

Schaltsymbol für einen Generator

5.2 Der elektrische Strom

5.2.1 Der elektrische Stromkreis

Lernziel: Elektrische Leiter und Ladungsträger beschreiben, Bedingungen für das Strömen der Ladungsträger nennen und einen Stromkreis im Schaltbild skizzieren können.

Wird zwischen die Klemmen des Generators in 5.1.6 eine leitende Verbindung gelegt, so kann mit einem Strommeßgerät nachgewiesen werden, daß sich die Ladungstrennung, die durch den Generator erzeugt wird, auszugleichen versucht.

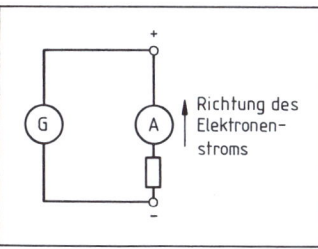

Richtung des Elektronenstroms

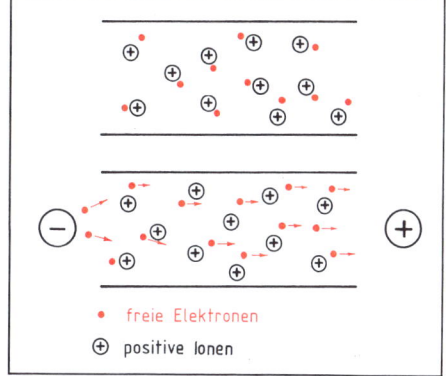

• freie Elektronen
⊕ positive Ionen

Freie Elektronen bilden die negative Elektrizität.

Die im Generator getrennten Ladungen gleichen sich über die äußere leitende Verbindung wieder aus: Es fließt ein Elektronenstrom.

▶ Freie Elektronen in einem Leiter bilden einen elektrischen Strom, der so lange anhält, wie eine Spannung an den beiden Enden des Leiters besteht.

In leitenden Flüssigkeiten und Gasen bewegen sich nicht die Elektronen, sondern die **Ionen**.

Bewegte elektrische Ladungen stellen einen Strom dar. Leiter sind Stoffe mit beweglichen Ladungsträgern. Ladungsträger sind Elektronen oder Ionen.

Das Kupferatom interessiert uns besonders, da Kupfer wegen seiner guten Leitfähigkeit als Leitermaterial verwendet wird.

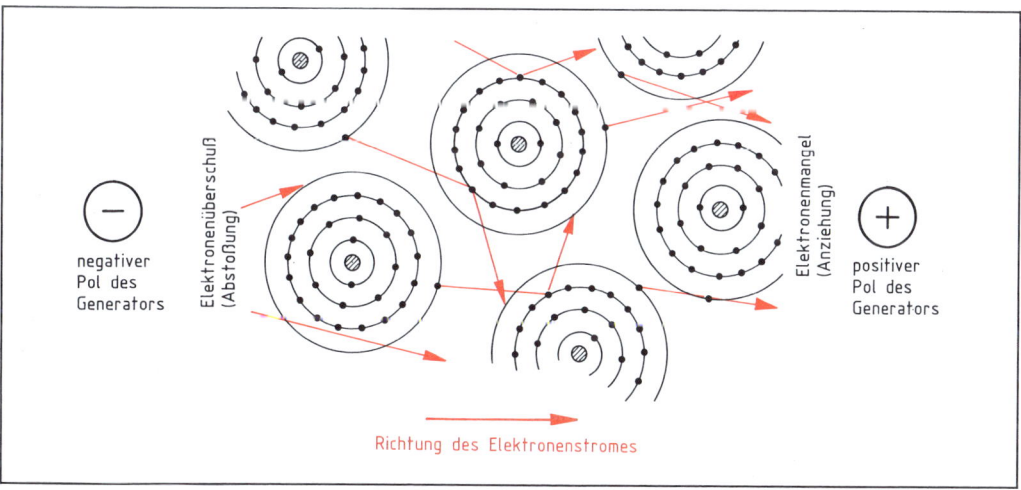

Leitung der Elektrizität im Kupfer.
Der Elektronenstrom im äußeren Stromkreis ist vom negativen zum positiven Pol der Spannungsquelle gerichtet.

Das Kupferatom hat 29 Elektronen, die den Kern (mit 29 Protonen) umkreisen. Eine chemische Verbindung von Kupferatomen geschieht dadurch, daß alle beteiligten Atome ihre Außenelektronen abgeben. Die so entstandenen positiven Kupferionen werden durch die negativ geladenen Elektronen, die sich zwischen ihnen wie ein Gas bewegen, fest zusammengehalten.

▶ Die freien Elektronen bezeichnet man als Valenzelektronen. Sie bewegen sich ungeordnet zwischen den positiven Metallionen.

Metallische Leiter sind Stoffe mit beweglichen Elektronen, Valenzelektronen.

Beim Anlegen einer Spannung bewegen sich die Elektronen als gerichteter Elektronenstrom durch das Metall. Der Elektronenstrom im äußeren Stromkreis verläuft vom negativen Pol der Spannungsquelle zum positiven.

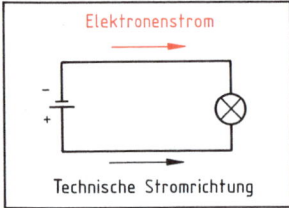

Technische Stromrichtung und Richtung des Elektronenstromes

Bevor die Atommodelle aufgestellt und die Elektronen bekannt waren, hatte man bereits die Stromrichtung vom positiven zum negativen Pol festgelegt. Um nicht den ganzen sinnvollen Aufbau vor allem des Elektromagnetismus ändern zu müssen, wird die alte Festlegung als **technische Stromrichtung** beibehalten. Wir dürfen jedoch nicht vergessen, daß diese Stromrichtung nur historisch bedingt ist und der Verständigung dient und nicht mit der Richtung des Elektronenstromes verwechselt werden darf.

Zur vereinfachten Darstellung eines Stromkreises verwenden Physiker und Techniker ein **Schaltbild**, das übersichtlich den Aufbau des Stromkreises zeigt. Die Teile werden durch **Schaltsymbole** dargestellt.

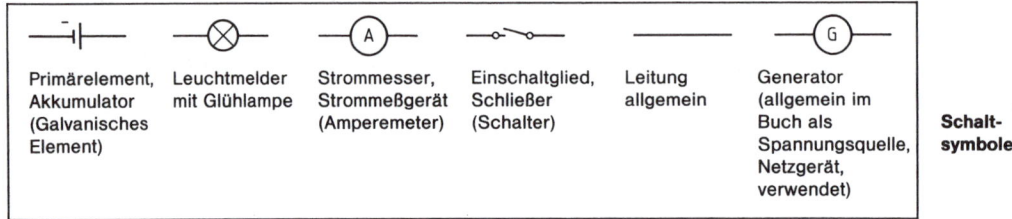

Schaltsymbole

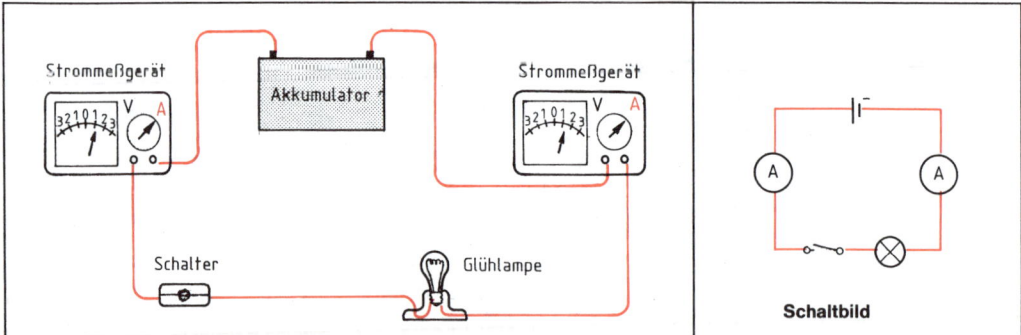

Ein geschlossener Stromkreis aus leitenden Materialien ist die Voraussetzung für das Fließen eines elektrischen Stromes.

Das Fließen des elektrischen Stromes läßt sich nur an Wirkungen erkennen. Wirkungen sind hier das Glühen des Lampendrahtes und der Ausschlag der Meßgeräte. Die Meßgeräte zeigen, daß im gesamten Stromkreis der Strom gleich groß ist.

5.2.2 Stromstärke und elektrische Ladung

Lernziel: Den Zusammenhang zwischen Stromstärke, elektrischer Ladung und Zeit kennen.

Versuch: *Der Stromkreis mit einer Glimmlampe oder einem Elektroskop ist zwischen den beiden Isolierstützen unterbrochen.*

Durchführung: *Mit einem Schraubendreher (oder einem Experimentierkabel) berühren wir abwechselnd den Minuspol und den Pluspol der Isolierstützen.*

Versuchsergebnis: *Bei Berührung des Pluspols blitzt die Glimmlampe auf, bzw. schlägt die Anzeige des Elektroskops aus. Der hin- und herbewegte Schraubendreher ist ein Ersatz für einen Leiter. Dabei wird jeweils eine bestimmte Menge Elektronen, eine Elektrizitätsmenge, eine* **elektrische Ladung,** *transportiert.*

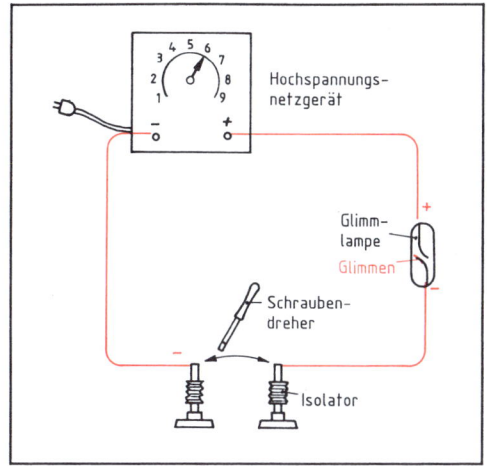

Der Schraubendreher dient als „elektrischer Löffel". Die Elektrizität kann portionsweise übertragen werden: Sie hat Mengeneigenschaft.

Wird der elektrische Löffel immer schneller bewegt und werden schließlich die Isolierstützen durch einen Leiter verbunden, dann leuchtet zunächst die Glimmlampe in immer rascherer Folge auf und brennt schließlich gleichmäßig.

Für die Stärke des elektrischen Stromes oder die **Stromstärke** I ist also auch die Zeit t noch maßgebend, in der die **elektrische Ladung** Q durch die Leitung fließt.

$$\text{Stromstärke} = \frac{\text{elektrische Ladung}}{\text{Zeit}} \qquad I = \frac{Q}{t}$$

Die natürliche Maßeinheit für die elektrische Ladung Q wäre die Elementarladung: 1 Elektron.

Während wir bei einem Wasserstrom die durchgeflossene Wassermenge je Sekunde bestimmen und bei einem Verkehrsstrom die vorbeifahrenden Autos je Sekunde abzählen können, ist es unmöglich, die durch einen Leiter fließenden Elektronen abzuzählen. Mit Hilfe der Elektrolyse (vgl. Kap. 5.6.1) kann die Elektrizitätsmenge Q in einer bestimmten Zeit t – also die Stromstärke I – über die Masse m des an der Kathode abgeschiedenen Metalls ermittelt werden. Diese Festlegung der Stromstärke ist jedoch überholt.

Bereits 1948 haben sich die Teilnehmerstaaten der 9. Generalkonferenz für Maß und Gewicht international für die **Festlegung der Stromstärke auf der magnetischen Kraftwirkung des Stromes** entschieden.

5.2.3 Die Einheiten der Stromstärke und der elektrischen Ladung

Lernziel: Die Festlegung der Basiseinheit der Stromstärke im Internationalen Einheitensystem (SI) und die Einheit der elektrischen Ladung kennen.

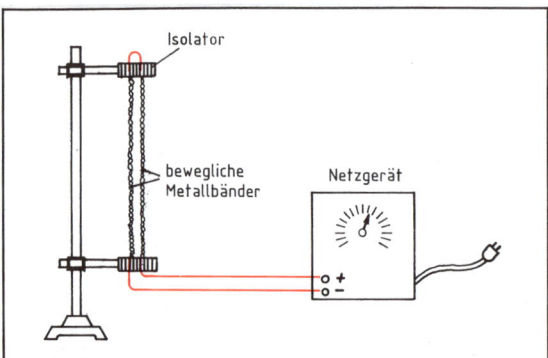

Zwischen den stromdurchflossenen Leitern (bewegliche Metallbänder) wirken je nach Stromrichtung anziehende oder abstoßende Kräfte.
Diese Kraftwirkungen bilden die Grundlage für die Basiseinheit der Stromstärke.

Versuch: *Die Metallbänder sind locker hängend, parallel eingespannt. Zunächst werden die oberen Enden miteinander verbunden, die unteren Enden an die Stromversorgung angeschlossen.*

In einem zweiten Versuch wird das obere Ende des einen Bandes mit dem unteren Ende des anderen Bandes verbunden, die restlichen Enden werden an die Stromversorgung angeschlossen.

Durchführung: *Die Stromstärke wird in beiden Versuchen langsam bis auf 7 A (Gleichstrom) gesteigert, und dabei werden die Metallbänder beobachtet. Anschließend wird die Stromstärke ruckartig von 0 auf 7 A gebracht.*

Versuchsergebnis: Zwischen parallelen, stromdurchflossenen Leitern wirken abstoßende Kräfte, wenn sie gegensinnig vom Strom durchflossen werden, und es wirken anziehende Kräfte, wenn sie gleichsinnig vom Strom durchflossen werden. Dies sind elektromagnetische Kräfte (vgl. 5.8.1).

Im Internationalen Einheitensystem (SI) wurde die Basiseinheit für die Stromstärke auf der elektromagnetischen Kraftwirkung zweier stromdurchflossener Leiter festgelegt:

> Die **SI-Basiseinheit** der Stromstärke ist das **Ampere**[1]; Kurzzeichen A. Die Stromstärke beträgt 1 Ampere (1 A), wenn zwischen zwei parallelen, geradlinigen, sehr langen Leitern von 1 m Abstand auf 1 m Leiterlänge die Kraft von $0{,}2 \cdot 10^{-6}$ N wirkt.

Da die Kraft in der gegebenen Definition für die Stromstärke sehr klein ist, können Ströme in dieser Weise nur sehr schwer gemessen werden. Um die Kräfte zu verstärken und handliche Geräte zu erhalten, werden die Leiter in den üblichen Meßgeräten zu Spulen gewickelt und anders als im obigen Versuch angeordnet (vgl. 5.9.3).

Mit der Festlegung der Stromstärke ergibt sich nun auch die **Elektrische Ladung** Q:

Elektrische Ladung Q

$Q = I \cdot t$

$[Q] = \mathrm{A} \cdot \mathrm{s} = \mathrm{As} = \mathrm{C}$

Physikalische Größen	Formelzeichen	Einheiten
Stromstärke	I	A
Zeit	t	s
Elektrische Ladung	Q	C

Die SI-Einheit für die elektrische Ladung ist das Coulomb (C).[2]

---

[1] **André Marie Ampère,** 1775–1836, französischer Physiker, entdeckte eine Theorie des Magnetismus, die magnetische Kräfte auf elektrische zurückführt. Er führte die Begriffe Stromstärke und Spannung ein.
[2] **Coulomb,** vgl. Fußnote 5.1.4.

5.2.4 Energie und Leistung des elektrischen Stromes

Lernziel: Energie und Leistung des elektrischen Stromes berechnen können. Die Einheiten kennen.

Versuch zur Energie und Leistung des elektrischen Stromes.

Durchführung: Wir schließen eine Kochplatte mit 3 Leistungsstufen über einen Zähler an das Netz an und zählen bei jeder Stufe die Umdrehungen des Rädchens in der Zeit t. Getrennt davon ermitteln wir die Spannung U und die Stromstärke I. Auf die Platte stellen wir einen Topf mit Wasser.

Versuchsergebnis: Das Wasser erwärmt sich; die elektrische Energie wird in Wärmeenergie umgewandelt (vgl. 5.5.1, Versuch zur Energieerhaltung).

▶ Die Zähleranzeige ist eine Anzeige der Energie W.

Die Zähleranzeige wird um so größer, je größer die Leistung P der Kochplatte und je größer die Einschaltzeit t wird: $W = P \cdot t$ (vgl. 1.4.3).

Der Zähler gibt die Energie in kWh an. Das Typenschild nennt die Zahl der Umdrehungen des Rädchens pro kWh.

Die Zähleranzeige wird auch um so größer, je größer die Spannung U, der Strom I und die Zeit t wird: $W = U \cdot I \cdot t$.

Dies läßt sich auch ableiten. Mit $U = \dfrac{W}{Q}$ (vgl. 5.1.5) ergibt sich $W = U \cdot Q$ und mit $Q = I \cdot t$ (vgl. 5.2.3) wird die Energie $W = U \cdot I \cdot t$.

Energie W	Physikalische Größen	Formelzeichen	Einheiten
$W = U \cdot I \cdot t$	Spannung	U	V
$[W] = \text{V} \cdot \text{A} \cdot \text{s} = \text{Ws}$	Stromstärke	I	A
	Zeit	t	s
	Energie	W	Ws
Die Einheit Wattsekunde (Ws) ist gleich der SI-Einheit Joule (J).			

▶ Das Produkt aus den Einheiten Volt (V) und Ampere (A) wird mit der Einheit **Watt** (W) bezeichnet.

Mit den Einheiten für Volt, Coulomb und Joule aus 5.1.5 und 5.2.3 ergibt sich für die Wattsekunde:

1 Ws = 1 VAs = $\dfrac{1\,\text{J}}{1\,\text{C}} \cdot 1\,\text{C} = 1\,\text{J}$ **1 Ws = 1 J**

Die größere Einheit für die Energie ist die Kilowattstunde (kWh):

1 kWh = 1000 W · 3600 s = 3 600 000 Ws = 3 600 000 J   **1 kWh = 3600 kJ = 3,6 MJ**

Die Leistung P des elektrischen Stromes ergibt sich aus den beiden Gleichungen für die Energie $W = P \cdot t$ und $W = U \cdot I \cdot t$.

Leistung P	Physikalische Größen	Formelzeichen	Einheiten
$P = U \cdot I$	Spannung	U	V
$[P] = \text{V} \cdot \text{A} = \text{W}$	Stromstärke	I	A
	Leistung	P	W
Die SI-Einheit für die Leistung ist das Watt (W).			

Energiekosten

Das Elektrizitätswerk berechnet einen Verbraucherpreis für die Arbeitseinheit kWh und einen Grundpreis für die Energiebereitstellung. Beträgt der Verbraucherpreis z. B 0,15 DM pro kWh, der Grundpreis 22,– DM pro Monat und haben wir 400 kWh verbraucht, so sind $0{,}15\,\frac{DM}{kWh} \cdot 400\,kWh + 22{,}-DM = 60{,}-DM + 22{,}-DM = 82{,}-DM$ zu bezahlen.

Für die Bezahlung der Energie ist es also gleichgültig, ob eine große Leistung für kurze Zeit oder eine geringe Leistung für lange Zeit beansprucht wird.

Das Verbundnetz

Die Belastung der Elektrizitätswerke schwankt sehr stark zwischen Sommer und Winter, Tag und Nacht, Sonntag und Werktag, sowie innerhalb des Tages, wo es Belastungsspitzen etwa um 7 Uhr, 11 Uhr und 17 Uhr gibt.

Um möglichst immer die nötige Energie bereitstellen zu können, werden die verschiedenen Kraftwerke zu einem Verbundnetz zusammengeschlossen (vgl. 5.13.2).

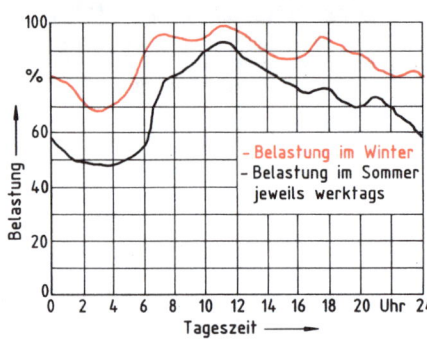

Netzbelastung

Die ständig benötigte Energie wird als **Grundlast** bezeichnet und stammt aus Kraftwerken, die nicht kurzfristig abgeschaltet werden können oder sollen, wie **Kernkraftwerke** und **Flußwasserkraftwerke**.

Sehr häufig benötigte Energie wird als **Mittellast** bezeichnet und in **Gas-, Kohle- und Ölkraftwerken** erzeugt. Diese Kraftwerke decken auch teilweise die Grundlast. Sie haben stundenlange Anheizzeiten.

Speicherkraftwerke und **Pumpspeicherkraftwerke** verarbeiten das Wasser aus Stauseen. Sie können in Sekunden eingeschaltet werden und decken die **Spitzenlast.** Sie arbeiten nur wenige Stunden täglich.

Die überschüssige Energie der Dampfkraftwerke kann nachts in Pumpspeicherwerken das Wasser in hochgelegene Staubecken zurückpumpen, so daß eine zusätzliche Energiereserve entsteht.

Beispiel:

Wie groß ist die Stromstärke eines Tauchsieders, der bei 220 V Spannung eine Leistung von 1000 W hat? Wie groß ist die Wärmeenergie, die in 5 Minuten entsteht?

$U = 220\,V \qquad P = 1000\,W \qquad t = 5\,min = 300\,s$

$P = U \cdot I$

$I = \dfrac{P}{U}$

$I = \dfrac{1000\,W}{220\,V}$

$\underline{\underline{I = 4{,}55\,A}}$

$W = U \cdot I \cdot t$

$W = P \cdot t$

$W = 1000\,W \cdot 300\,s$

$W = 300\,000\,Ws$

$\underline{\underline{W = 300\,kJ}}$

Aufgaben

1. Wie groß ist die Leistung eines Bügeleisens, wenn es bei 220 V Spannung eine Stromstärke von 4,55 A aufnimmt? Wieviel Wärmeenergie gibt es in einer Stunde ab?

2. Wie groß ist die Stromstärke, die ein elektrischer Heizofen von 2000 W Leistung bei 220 V Spannung aufnimmt? Wie groß ist die Wärmeenergie, die in einer Stunde entsteht, und wie teuer ist diese Heizung in einer Stunde, wenn 1 kWh 0,15 DM kostet?

3. Wie groß sind die Stromstärken für einen Druckspeicher, dessen Grundheizung 1 kW und dessen Zusatzheizung 4 kW Leistung bei einer Spannung von 220 V hat?

5.3 Gesetzmäßigkeiten des elektrischen Stromes

5.3.1 Das OHMsche Gesetz

Lernziel: Zusammenhang zwischen Stromstärke und Spannung erkennen. Die Einheit für den Widerstand kennen und Berechnungen durchführen können.

Versuch: Der Stromkreis besteht aus einem in Stufen veränderbarem Akkumulator als Spannungsquelle, einem spulenförmig aufgewickelten Konstantandraht (Cu-Ni-Legierung) von 1 m Länge und 0,1 mm² Querschnitt und einem Strommeßgerät.

Durchführung: Wir wählen die möglichen Spannungen des Akkumulators und messen die Stromstärken. Dann setzen wir einen zweiten Konstantandraht von gleicher Länge aber doppeltem Querschnitt ein und messen wieder. In der dritten Spalte der Tabelle berechnen wir den Quotienten $\frac{U}{I}$ und in einem Schaubild tragen wir die Versuchsergebnisse auf.

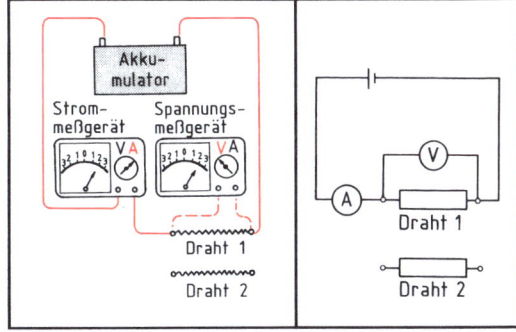

Ermittlung der Stromstärken bei verschiedenen Konstantandrähten

Tabelle zur Versuchsauswertung:

	Spannung U	Stromstärke I	$\frac{\text{Spannung } U}{\text{Stromstärke } I}$	
Draht 1	1,2 V	0,24 A	5,00	
	2,4 V	0,48 A	5,00	
	3,6 V	0,71 A	5,07	= konstant
	4,8 V	0,95 A	5,05	
	6,0 V	1,19 A	5,04	
Draht 2	1,2 V	0,48 A	2,50	
	2,4 V	0,98 A	2,45	
	3,6 V	1,45 A	2,48	= konstant
	4,8 V	1,89 A	2,54	
	6,0 V	2,39 A	2,51	

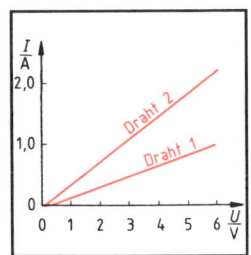

Für $\frac{U}{I}$ = konstant ergeben sich Geraden

Versuchsergebnis:

▶ Der Quotient aus Spannung U und Stromstärke I ist für jeden der beiden Drähte eine Konstante:

$$\frac{U}{I} = \text{konstant} \qquad U \sim I$$

Nach Georg Simon Ohm, der diesen Zusammenhang entdeckte, wird dies als **OHMsches Gesetz** [1] bezeichnet.

Bei gleicher Spannung U fließt durch den zweiten Konstantandraht die doppelte Stromstärke I. Der zweite Draht ist ein besserer Leiter als der erste.

In 5. 2. 1 haben wir in einer Modellvorstellung vom elektrischen Strom gesagt, daß beim Anlegen einer Spannung die Elektronen als gerichteter Elektronenstrom durch das Metall fließen. Diese Vorstellung hierher übertragen bedeutet, daß der zweite Draht durch seinen größeren Querschnitt die Elektronen weniger stark an ihrer Wanderung behindert. Man sagt, er hat einen geringeren *elektrischen Widerstand*.

Deshalb wählt man den Quotienten $\frac{U}{I}$ als Größe für den elektrischen Widerstand und definiert:

---

[1] **Georg Simon Ohm**, 1789 – 1854, deutscher Physiker, fand grundlegende Gesetze der „strömenden" Elektrizität.

Der Quotient aus Spannung U und Stromstärke I heißt elektrischer Widerstand R.

$$\frac{\text{Spannung}}{\text{Stromstärke}} = \text{Widerstand}$$

$$\frac{U}{I} = R$$

$$\frac{[U]}{[I]} = \frac{V}{A} = \Omega$$

Physikalische Größen	Formelzeichen	Einheiten
Spannung	U	V
Stromstärke	I	A
Widerstand	R	Ω

Die SI-Einheit für den elektrischen Widerstand ist das OHM (Ω).

Nur für den konstanten Widerstand ist die Stromstärke eine lineare Funktion der Spannung (im Schaubild eine Gerade). Dies ist bei metallischen Leitern mit konstanter Temperatur der Fall. Mit der Definition des Widerstandes lautet das **Ohmsche Gesetz**:

Der elektrische Widerstand von metallischen Leitern ist bei gleichbleibender Temperatur konstant, d.h. unabhängig von der Stromstärke im Leiter.

$$\frac{U}{I} = \text{konstant} \qquad \frac{U}{I} = R$$

Das Ohmsche Gesetz ermöglicht durch $I \sim U$ die Umeichung eines Amperemeters in ein Voltmeter (vgl. 5.3.5).

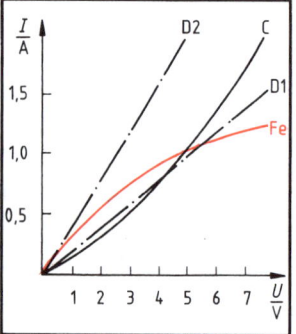

Widerstandskennlinien; D_1, D_2 = Drähte aus dem ersten Versuch; Fe = Eisen; C = Graphit (Kohlenstoff)

Für Leiter, die dem Ohmschen Gesetz nicht gehorchen, ist der Widerstand keine Konstante, sondern er hängt von der Stromstärke ab. Die Stromstärke ist dann keine lineare Funktion der Spannung (im Schaubild keine Gerade). Der Quotient U/I gibt dann nur für eine bestimmte Stromstärke den Widerstand an. Die Widerstandsänderung ist durch die Temperaturerhöhung bedingt, die der Leiter durch eine größere Stromstärke erfährt. Die angegebenen Widerstandswerte gelten allgemein für eine Temperatur von 20°C. Bei Eisen (Fe) wird mit steigender Temperatur der Widerstand größer, bei Kohle (C) nimmt er ab (vgl. 5.3.3).

In der Modellvorstellung sind bei Eisen die Atome in regelmäßigen Abständen angeordnet. Dadurch können sich die freien Elektronen in den Zwischenräumen bewegen. Durch die Temperaturerhöhung schwingen die Atome stärker um die Ruhelage, wodurch der Elektronenfluß behindert wird: Der Widerstand wird größer. Bei Kohle werden durch Temperaturerhöhung mehr Elektronen aus dem Kristallgitter gelöst, die am Stromfluß teilnehmen und ihn verstärken: Der Widerstand wird geringer.

Beispiel:

Wie groß ist die Spannung, wenn durch den Widerstand 2,5 Ω ein Strom von 2 A fließt? Überprüfen Sie das Ergebnis mit dem U-I-Schaubild! Wie groß ist die Leistung dieser „Heizung"?

$R = 2{,}5\,\Omega$ $\qquad$ $U = I \cdot R$ $\qquad\qquad$ $P = U \cdot I$
$I = 2\,\text{A}$ $\qquad\;$ $U = 2\,\text{A} \cdot 2{,}5\,\dfrac{V}{A}$ $\qquad$ $P = 5\,\text{V} \cdot 2\,\text{A}$
$\qquad\qquad\quad\;$ $\underline{\underline{U = 5\,\text{V}}}$ $\qquad\qquad\quad\;$ $\underline{\underline{P = 10\,\text{W}}}$

Aufgaben

1. Durch einen bestimmten Widerstand fließt bei 220 V ein Strom von 2 A. Errechnen Sie die Größe des Widerstandes!

2. Wie groß ist der Widerstand der Heizspiralen eines Bügeleisens, wenn es bei 220V eine Leistung von 1000W abgibt?

5.3.2 Die Widerstandsformel

Lernziel: Ermitteln der Abhängigkeit des Widerstandes von Länge, Querschnitt und Werkstoff des Leiters. Die Einheit des spezifischen Widerstandes kennen. Die Widerstandsformel kennen und in Berechnungen anwenden können.

Versuch: Akkumulator, Widerstand und Strommeßgerät liegen **im** Stromkreis. Ein Spannungsmeßgerät liegt **am** Widerstand und mißt seinen Spannungsabfall.

Durchführung: Die verschiedenen Widerstände werden nacheinander an die Spannungsquelle gelegt. Ihr Spannungsabfall U und die Stromstärke I werden gemessen. Die Widerstände R_1, R_2 und R_3 sind aus Konstantan, R_4 ist aus Chromnickel.

Für die Widerstände R_1 und R_2 können die Werte aus der Tabelle von 5.3.1 entnommen werden. Der Widerstand R_4 hat die gleichen Abmessungen wie R_1.

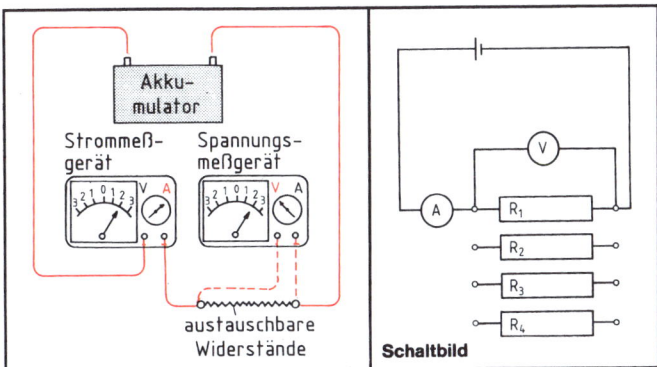

Der Widerstand ändert sich mit der Leiterlänge l, dem Leiterquerschnitt A und dem Werkstoff des Leiters.

Tabellen zur Versuchsauswertung:

R_1 aus Konstantan $A_1 = 0{,}1\ mm^2$; $l_1 = 1\ m$		
U	I	$\dfrac{U}{I}$
1,2 V	0,24 A	5,00 Ω
2,4 V	0,48 A	5,00 Ω
3,6 V	0,71 A	5,07 Ω
4,8 V	0,95 A	5,05 Ω
6,0 V	1,19 A	5,04 Ω

R_2 aus Konstantan $A_2 = 0{,}2\ mm^2$; $l_2 = 1\ m$		
U	I	$\dfrac{U}{I}$
1,2 V	0,48 A	2,50 Ω
2,4 V	0,98 A	2,45 Ω
3,6 V	1,45 A	2,48 Ω
4,8 V	1,89 A	2,54 Ω
6,0 V	2,39 A	2,51 Ω

R_3 aus Konstantan $A_3 = 0{,}1\ mm^2$; $l_3 = 0{,}5\ m$		
U	I	$\dfrac{U}{I}$
1,2 V	0,49 A	2,45 Ω
2,4 V	0,97 A	2,47 Ω
3,6 V	1,44 A	2,50 Ω
4,8 V	1,91 A	2,51 Ω
6,0 V	2,40 A	2,50 Ω

R_4 aus CrNi $A_4 = 0{,}1\ mm^2$; $l_4 = 1\ m$		
U	I	$\dfrac{U}{I}$
1,2 V	0,11 A	10,91 Ω
2,4 V	0,22 A	10,91 Ω
3,6 V	0,32 A	11,25 Ω
4,8 V	0,43 A	11,16 Ω
6,0 V	1,53 A	11,32 Ω

Versuchsergebnis:

a) Vgl. Widerstände R_1 und R_2:
- ▶ Bei gleichem Material und gleicher Länge nimmt der Widerstand R in gleichem Verhältnis ab, wie der Querschnitt A wächst, z. B. doppelter Querschnitt ≙ halber Widerstand.

$$R \sim \frac{1}{A} \quad (R \text{ ist umgekehrt proportional } A)$$

b) Vgl. Widerstände R_1 und R_3:
- ▶ Bei gleichem Material und Querschnitt wächst der Widerstand R in gleichem Verhältnis wie die Länge l, z. B. doppelte Länge ≙ doppelter Widerstand.

$$R \sim l \quad (R \text{ proportional } l)$$

c) Vgl. Widerstände R_1 und R_4:
- ▶ Bei gleichen Abmessungen ist der Widerstand vom Material abhängig.
- ▶ Diese Materialkonstante wird als spezifischer Widerstand ϱ (rho) bezeichnet.

$$R \sim \varrho$$

Aus den Beziehungen $R \sim \frac{1}{A}$, $R \sim l$ und $R \sim \varrho$ ergibt sich die Widerstandsformel.

Widerstandsformel	Physikalische Größen	Formelzeichen	Einheiten
$R = \dfrac{l \cdot \varrho}{A}$	Leiterlänge	l	m
$[R] = \dfrac{m \cdot \frac{\Omega \cdot mm^2}{m}}{mm^2} = \Omega$	Spezifischer Widerstand	ϱ	$\dfrac{\Omega \cdot mm^2}{m}$
	Leiterquerschnitt	A	mm^2
	Widerstand	R	Ω

Beispiel: Berechnen Sie den spezifischen Widerstand von R_1!

$R_1 = 5{,}0\ \Omega \qquad l_1 = 1\ m \qquad A_1 = 0{,}1\ mm^2$

$$\varrho_1 = \frac{R_1 \cdot A_1}{l_1} = \frac{5{,}0\ \Omega \cdot 0{,}1\ mm^2}{1\ m} = \underline{\underline{0{,}50\ \frac{\Omega \cdot mm^2}{m}}} \quad \text{(Konstantan)}$$

Spezifische Widerstände ϱ bei 20 °C				$[\varrho] = \dfrac{\Omega \cdot mm^2}{m} = 10^{-6}\ \Omega\,m$	
Silber	0,016	Messing	0,08	Chromnickel	1,1
Kupfer	0,018	Eisen	0,1	Kohle	etwa 100
Aluminium	0,029	Konstantan	0,5	Kochsalzlösung	
Wolfram	0,055	(Cu 54, Ni 45, Mn 1)		(10 %ig)	82 000
Nickel	0,08	Quecksilber	0,96	Glas	etwa $5 \cdot 10^7$

Silber, Kupfer und Aluminium sind die besten Leiter des elektrischen Stromes. Die **Isolatoren** sind Stoffe mit besonders hohem spezifischen Widerstand, z. B. Glas.

Da der Widerstand eines Leiters nur bei **unveränderter Temperatur konstant** bleibt, erfolgt die Angabe des spezifischen Widerstandes bei 20 °C.

Aufgaben

1. Berechnen Sie die Länge eines Widerstandsdrahtes aus Kupfer mit 1 mm^2 Querschnitt, wenn der Widerstand 0,9 Ω betragen soll!

2. Ein Bauernhof ist 400 m vom allgemeinen Stromnetz entfernt und soll über eine Aluminiumleitung angeschlossen werden. Berechnen Sie den Querschnitt der Leitung, wenn sie 1 Ω Widerstand haben darf! $l = 2 \cdot 400\ m = 800\ m$ (Hin- und Rückleitung)

3. Berechnen Sie den Widerstand einer 10 m langen Verlängerungsschnur mit 1,5 mm^2 Kupferdrahtquerschnitt! $l = 2 \cdot 10\ m = 20\ m$ (Hin- und Rückleitung)

5.3.3 Temperaturabhängigkeit des Widerstandes

Lernziel: Die unterschiedliche Temperaturabhängigkeit der Widerstände aus verschiedenen Materialien kennen und Beispiele für die technische Anwendung nennen können.

Versuch: Netzgerät, Widerstand und Strommesser bilden den Stromkreis.

Durchführung: Als Widerstände werden nacheinander ein Kupferdraht, ein Eisendraht, dann ein Konstantandraht und ein Kohlestück in den Stromkreis gebracht und erwärmt. Während der Erwärmung wird der Strommesser beobachtet.

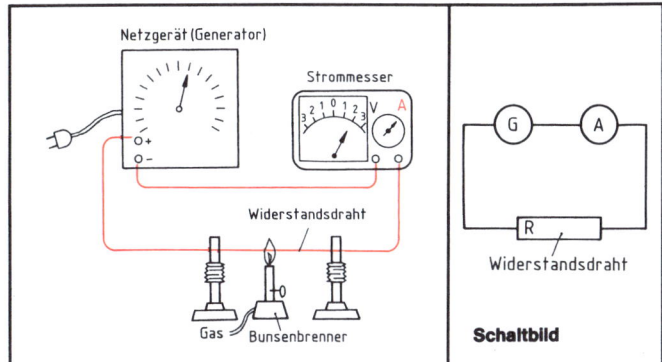

Der Widerstand ändert sich mit der Temperatur.

Versuchsergebnis: Bei der Erwärmung der Metalldrähte sinkt der Strom ab, bei Konstantan bleibt er etwa in gleicher Höhe, bei Kohle nimmt der Strom zu. Aus der Beziehung $I \sim \frac{1}{R}$ (vgl. 5.3.1) ergibt sich:

> Der Widerstand ändert sich mit der Temperatur.
> **Metalle erhöhen ihren Widerstand mit steigender Temperatur.**
> Die Legierung Konstantan hat annähernd temperaturunabhängigen Widerstand (daher der Name). Bei Kohle nimmt der Widerstand bei Erwärmung ab.

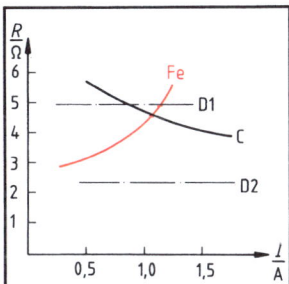

Temperatur- bzw. Stromabhängigkeit der Widerstände. D_1 u. D_2 sind Konstantandrahtwiderstände aus dem Versuch 5.3.1.
C = Kohlenstoff; Fe = Eisen

Die Widerstandserhöhung bei Erwärmung der Metalle kann durch die **kinetische Molekulartheorie** erklärt werden: Die Schwingungen der Moleküle werden mit zunehmender Erwärmung immer lebhafter, so daß es zu immer zahlreicheren Zusammenstößen zwischen fließenden Elektronen und Atomen kommt. Das häufigere Abbremsen der Moleküle bewirkt die Widerstandserhöhung (vgl. 5.0.1.).

Bei den **elektrischen Widerstandsthermometern** wird der Zusammenhang zwischen Erwärmung des Drahtes, Erhöhung des Widerstandes und Verminderung des Stromflusses benutzt:

$\Delta \vartheta \sim R$ und $R \sim \frac{1}{I}$

Da sich bei Kupfer und Eisen die Widerstände erst bei hohen Temperaturen merklich ändern, verwendet man eine besondere Metallmischung, bei der sich der Widerstand schon bei geringer Temperaturerhöhung deutlich ändert. Solche wärmeempfindlichen Widerstände werden **Thermistoren**[1] genannt. Sie werden als „Temperaturwächter" in viele Geräte eingebaut.

Auch Licht kann den elektrischen Widerstand verändern. In der Technik wird eine chemische Verbindung aus Cadmium und Schwefel-Cadmiumsulfid (CdS) als **Fotowiderstand** in Belichtungsmessern verwendet.

---

[1] thermos (gr.) = warm; resistor (engl.) = Widerstand.

5.3.4 Reihen-, Parallel- und Gruppenschaltung von Widerständen

Lernziel: Die Gesetzmäßigkeiten für Ströme, Spannungen und Widerstände bei Reihen- und Parallelschaltung erkennen. Schaltungen aufzeichnen und Berechnungen durchführen können.

Bei mehreren elektrischen Geräten (Widerständen, Verbrauchern) ist es erforderlich, sie in bestimmter Weise im Stromkreis zu ordnen. Dafür stehen zwei verschiedene Grundschaltungen zur Verfügung: die **Reihenschaltung** und die **Parallelschaltung**.

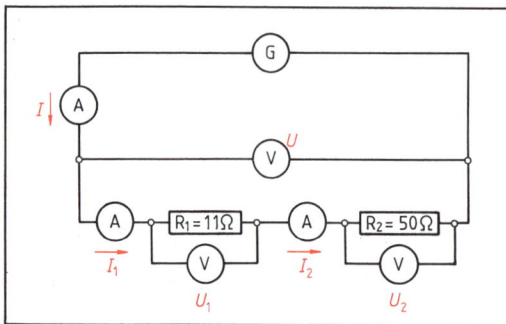

Versuch: *Reihenschaltung von Widerständen. Spannungsquelle, die beiden Widerstände und die Strommeßgeräte liegen im Stromkreis (Reihenschaltung). Ein Spannungsmeßgerät mißt die Gesamtspannung U, zwei weitere Geräte messen die Teilspannungen U_1 und U_2.*

Durchführung: Wir wählen verschiedene Spannungen und tragen die Werte für U, U_1, U_2, I, I_1 und I_2 in die Tabelle ein.

Schaltbild zur Reihenschaltung von Widerständen

Tabelle zur Versuchsauswertung:

U (V)	U_1 (V)	U_2 (V)	I (A)	I_1 (A)	I_2 (A)
5	0,85	4,1	0,07	0,07	0,07
10	1,9	8	0,145	0,145	0,145
15	2,4	12,5	0,22	0,22	0,22
20	3,6	16,4	0,29	0,29	0,29
25,5	4,5	20,8	0,36	0,36	0,36
30	5,4	24,5	0,43	0,43	0,43
100	18	81	1,45	1,45	1,45

Versuchsergebnis:

▶ Im gesamten Stromkreis fließt der gleiche Strom: $I = I_1 = I_2$

▶ Die Gesamtspannung ist gleich der Summe der Teilspannungen: $U = U_1 + U_2$

Es ist $U = R \cdot I$, $U_1 = R_1 \cdot I_1$ und $U_2 = R_2 \cdot I_2$. In die Gleichung $U = U_1 + U_2$ eingesetzt, ergibt sich $R \cdot I = R_1 \cdot I_1 + R_2 \cdot I_2$. Da $I_1 = I_2$ ist, vereinfacht sich die Gleichung zu:

$$R \cdot I = R_1 \cdot I + R_2 \cdot I$$

Durch I dividieren: $\quad R = R_1 + R_2$

In der Reihenschaltung ist der Gesamtwiderstand gleich der Summe der Teilwiderstände.
$$R = R_1 + R_2$$

In $I_1 = I_2$, nach dem OHMschen Gesetz $I_1 = \dfrac{U_1}{R_1}$ und $I_2 = \dfrac{U_2}{R_2}$ eingesetzt, ergibt:

$$\dfrac{U_1}{R_1} = \dfrac{U_2}{R_2} \quad \text{oder} \quad \dfrac{U_1}{U_2} = \dfrac{R_1}{R_2}$$

▶ Die Teilspannungen (Spannungsabfälle) an den Widerständen verhalten sich so wie die Widerstände.

Bei der Reihenschaltung sind die einzelnen Widerstände in einem Stromkreis hintereinander geschaltet. Wird ein Gerät unbrauchbar, ist der elektrische Stromkreis unterbrochen, und die anderen Geräte fallen auch aus. Sie lassen sich mit einem Schalter nicht einzeln ein- bzw. ausschalten.

Das bekannteste Beispiel ist die elektrische Weihnachtsbaumbeleuchtung. Bei 16 Birnchen erhält jedes noch $\frac{220\,V}{16} = 13{,}75\,V$ Spannung.

Für die elektrische Anlage im Haus ist eine derartige Reihenschaltung ungeeignet, da alle Geräte an 220 V angeschlossen werden müssen, um volle Leistung zu bringen.

Beispiel:

Ein Heizdraht nimmt an 220 V Spannung eine Stromstärke von 4,55 A auf. Berechnen Sie seine Leistung und die Größe des Widerstandes. Wie verändert sich die Stromstärke und Leistung, wenn ein zweiter Heizdraht mit 61,7 Ω in Reihe geschaltet wird? Welche Einzelleistung hat der zweite Heizdraht? Berechnen Sie die Teilspannungen!

$U = 220\,V \qquad I'_1 = 4{,}55\,A\ (R_1\ \text{einzeln}) \qquad R_2 = 61{,}7\,\Omega$

$P_1 = U \cdot I'_1 = 220\,V \cdot 4{,}55\,A \qquad = \underline{\underline{1000\,W}}$ Einzelleistung des ersten Heizdrahtes

$R_1 = \dfrac{U}{I'_1} = \dfrac{220\,V}{4{,}55\,A} \qquad = \underline{\underline{48{,}3\,\Omega}}$ Widerstand des ersten Heizdrahtes

$R = R_1 + R_2 = 48{,}3\,\Omega + 61{,}7\,\Omega = \underline{\underline{110\,\Omega}}$ Gesamtwiderstand

$I = \dfrac{U}{R} = \dfrac{220\,V}{110\,\Omega} \qquad = \underline{\underline{2\,A}}$ Strom bei Reihenschaltung

$P_{\text{Reihe}} = U \cdot I = 220\,V \cdot 2\,A \qquad = \underline{\underline{440\,W}}$ Gesamtleistung bei Reihenschaltung

$I'_2 = \dfrac{U}{R_2} = \dfrac{220\,V}{61{,}7\,\Omega} \qquad = \underline{\underline{3{,}57\,A}}$ (R_2 einzeln)

$P_2 = U \cdot I'_2 = 220\,V \cdot 3{,}57\,A \qquad = \underline{\underline{785\,W}}$ Einzelleistung des zweiten Heizdrahtes

$I = I_1 = I_2$

$U_1 = R_1 \cdot I_1 = 48{,}3\,\Omega \cdot 2\,A \qquad = \underline{\underline{96{,}6\,V}}$ Teilspannungen

$U_2 = R_2 \cdot I_2 = 61{,}7\,\Omega \cdot 2\,A \qquad = \underline{\underline{123{,}4\,V}}$ (Spannungsabfälle)

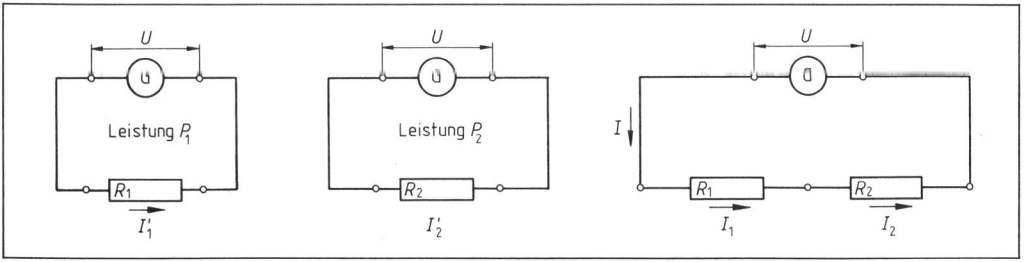

Aufgabe

Durch einen Widerstand von 100 Ω fließen 2,2 A. Wird ein zweiter Widerstand in Reihe hinzugeschaltet, so fließen nur noch 0,5 A. Berechnen Sie die anliegende Spannung, die Größe des zugeschalteten Widerstandes, den Gesamtwiderstand und die Teilspannungen (Spannungsabfälle) an beiden Widerständen!

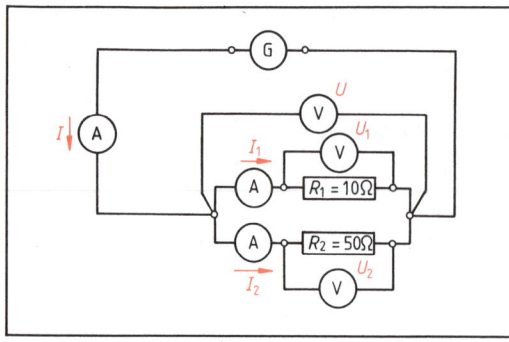

Schaltbild zur Parallelschaltung von Widerständen

Versuch: *Parallelschaltung von Widerständen. Die beiden Widerstände liegen parallel zueinander (Parallelschaltung). Spannungsquelle, die parallelgeschalteten Widerstände und das Strommeßgerät bilden den Stromkreis. Ein Strommeßgerät mißt den Gesamtstrom I, zwei weitere Geräte messen die Teilströme I_1 und I_2.*

Durchführung: Wir wählen wieder verschiedene Spannungen und tragen die Werte für U, U_1, U_2, I, I_1 und I_2 in die Tabelle ein.

Tabelle zur Versuchsauswertung:

U (V)	U_1 (V)	U_2 (V)	I (A)	I_1 (A)	I_2 (A)
5	5	5	0,47	0,4	0,07
10	10	10	0,92	0,75	0,17
15	15	15	1,45	1,2	0,25
20	20	20	1,9	1,7	0,2
30	30	30	2,9	2,5	0,4

Versuchsergebnis:

▶ Die Spannung U liegt an beiden Widerständen: $U = U_1 = U_2$

▶ Der Gesamtstrom I teilt sich auf in die Teilströme I_1 und I_2: $I = I_1 + I_2$ **(KIRCHHOFFsches Gesetz)**[1]

Es ist $U = R \cdot I$, $U_1 = R_1 \cdot I_1$ und $U_2 = R_2 \cdot I_2$.

In die Gleichung $I = I_1 + I_2$ eingesetzt, ergibt sich: $\dfrac{U}{R} = \dfrac{U_1}{R_1} + \dfrac{U_2}{R_2}$

Da $U_1 = U_2$ ist, vereinfacht sich die Gleichung zu: $\dfrac{U}{R} = \dfrac{U}{R_1} = \dfrac{U}{R_2}$

Durch U dividieren: $\dfrac{1}{R} = \dfrac{1}{R_1} + \dfrac{1}{R_2}$

> Bei der Parallelschaltung ist der reziproke Wert des Gesamtwiderstandes gleich der Summe der reziproken Werte der Teilwiderstände. Der Gesamtwiderstand ist kleiner als der kleinste Teilwiderstand.
> $$\dfrac{1}{R} = \dfrac{1}{R_1} + \dfrac{1}{R_2}$$

In $U_1 = U_2$ nach dem OHMschen Gesetz $U_1 = R_1 \cdot I_1$ und $U_2 = R_2 \cdot I_2$ eingesetzt, ergibt $R_1 \cdot I_1 = R_2 \cdot I_2$ oder $\dfrac{I_1}{I_2} = \dfrac{R_2}{R_1}$

▶ Die Teilströme verhalten sich umgekehrt wie die Widerstände.

Bei der Parallelschaltung sind die Leitungen von der Spannungsquelle aus so gelegt, daß **jeder Widerstand seinen eigenen Stromkreis** hat. Fällt ein Gerät aus, so kann der Strom ungehindert noch durch das andere fließen. Die Geräte lassen sich einzeln ein- bzw. ausschalten. Die gesamte elektrische Anlage im Haus ist auf der Parallelschaltung aufgebaut. Alle Geräte liegen an der gleichen Spannung 220 V. Der Strom teilt sich für die Geräte im umgekehrten Verhältnis ihrer Widerstände, so daß der Gesamtstrom durch die Sicherung fließt und diese bei Überlastung die Stromzufuhr sperrt.

---

[1] **Gustav Robert Kirchhoff,** 1824–1887, deutscher Physiker, fand die Gesetze des verzweigten Stromkreises.

Beispiel:

Die Heizdrähte des Beispiels zur Reihenschaltung von Widerständen werden nun parallel geschaltet. Wie groß sind die Teilströme und der Gesamtstrom? Berechnen Sie die Teilleistungen und die Gesamtleistung sowie den Gesamtwiderstand der Schaltung!

$I_1 = \dfrac{U}{R_1} = \dfrac{220 \text{ V}}{48,3 \text{ Ω}} = \underline{\underline{4,55 \text{ A}}}$ $I_2 = \dfrac{U}{R_2} = \dfrac{220 \text{ V}}{61,7 \text{ Ω}} = \underline{\underline{3,57 \text{ A}}}$

$I = I_1 + I_2 = 4,55 \text{ A} + 3,57 \text{ A} = \underline{\underline{8,12 \text{ A}}}$ Gesamtstrom

$P_1 = U \cdot I_1 = 220 \text{ V} \cdot 4,55 \text{ A} = \underline{\underline{1000 \text{ W}}}$
$P_2 = U \cdot I_2 = 220 \text{ V} \cdot 3,57 \text{ A} = \underline{\underline{\ 785 \text{ W}}}$ Einzelleistungen der Heizdrähte bei Parallelschaltung

$P = P_1 + P_2 = 1000 \text{ W} + 785 \text{ W} = \underline{\underline{1785 \text{ W}}}$ Gesamtleistung bei Parallelschaltung

$R = \dfrac{U}{I} = \dfrac{220 \text{ V}}{8,12 \text{ A}} = \underline{\underline{27,1 \text{ Ω}}}$ Gesamtwiderstand bei Parallelschaltung

Bei Elektroherden werden diese Schaltmöglichkeiten von Widerständen zur Leistungsstufung der Herdplatten verwendet. Die Tabelle zeigt eine Übersicht der Leistungsstufung mit den vorliegenden Widerständen.

Schaltung	Stromstärken	Widerstände	Leistung
Reihenschaltung	2,00 A	110 Ω	440 W
R_2 alleine	3,57 A	61,7 Ω	785 W
R_1 alleine	4,55 A	48,3 Ω	1000 W
Parallelschaltung	8,12 A	27,1 Ω	1785 W

Aufgabe Eine elektrische Herdplatte für 220 V hat zwei Heizspiralen mit den Einzelleistungen 1500 W und 1000 W. Berechnen Sie die Einzelwiderstände und Gesamtwiderstände bei Reihen- und Parallelschaltung, die Teilspannungen bei Reihenschaltung und die Teilströme bei Parallelschaltung. Stellen Sie eine Tabelle der Leistungsstufung auf!

Die **Gruppenschaltung** ist eine Zusammensetzung aus Reihen- und Parallelschaltung.

Beispiel: Berechnen Sie den Gesamtwiderstand der Schaltung.

R_1 und R_2 sind in Reihe geschaltet:

$R' = R_1 + R_2$ $R' = 61 \text{ Ω}$

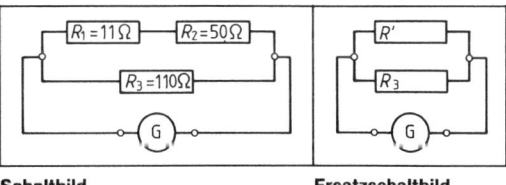

Schaltbild   Ersatzschaltbild

R' ist zu R_3 parallel geschaltet:

$\dfrac{1}{R} = \dfrac{1}{R'} + \dfrac{1}{R_3}$ $\dfrac{1}{R} = 0,0164 + 0,0091$ $R = 39 \text{ Ω}$

Aufgaben

1. Berechnen Sie den Gesamtwiderstand der Schaltung.

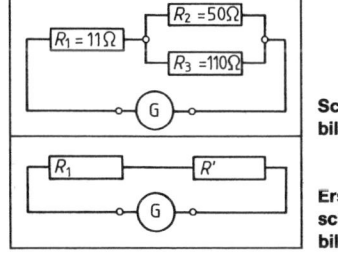

Schaltbild

Ersatzschaltbild

2. Berechnen Sie beim Beispiel die Ströme $I_1 = I_2$, die durch die Widerstände R_1 und R_2 fließen, und den Strom I_3, der durch R_3 fließt, bei einer Spannung von 220 V.

3. Berechnen Sie bei Aufgabe 1 bei 220 V Spannung die Teilströme I_2 und I_3 durch die Widerstände R_2 und R_3, sowie die Teilspannungen U_1 an R_1 und $U_2 = U_3$ an R_2 bzw. R_3.

5.3.5 Schaltung von Meßgeräten

Lernziel: Die Schaltung der Strommeßgeräte (Amperemeter) und Spannungsmeßgeräte (Voltmeter) kennen und anordnen können. Wissen, warum das Strommeßgerät auch als Spannungsmeßgerät verwendet werden kann und welche Veränderungen dafür getroffen werden müssen. Die Bedeutung der Neben- und Vorwiderstände erklären können. Die Berechnungsbeispiele verstehen und Berechnungen durchführen können.

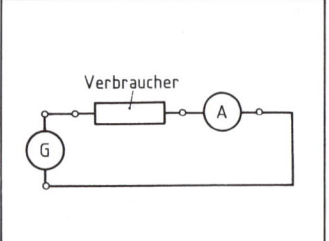

Strommeßwerke (Amperemeter) werden in den Stromkreis geschaltet und müssen einen sehr geringen inneren Widerstand aufweisen.

Die in der Technik verwendeten Strommeßwerke beruhen auf dem Elektromagnetismus bzw. auf dem elektromotorischen Prinzip (vgl. 5.9.3). Auf der Wärmewirkung beruht das selten verwendete Hitzdrahtmeßgerät (vgl. 5.5.1).

Beim Drehspulmeßwerk – dem am häufigsten verwendeten Strommeßgerät – ruft die elektromagnetische Wirkung des Stromes ein seiner Stärke proportionales Drehmoment hervor. Die drehende Wirkung wird über einen Zeiger sichtbar gemacht und eine unterlegte Skala in Ampere geeicht.

Das **Strommeßgerät** muß sich **im** Stromkreis befinden.

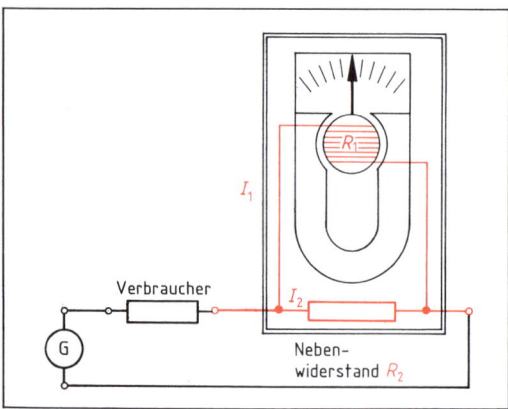

Drehspulmeßwerke mit Nebenwiderstand, als Amperemeter verwendet. Verbraucher und Meßwerk sind in Reihe geschaltet. Spulenwiderstand R_1 und Nebenwiderstand R_2 liegen parallel.

Da es den Strom möglichst wenig hemmen soll, um einen größeren zusätzlichen Spannungsabfall am Meßgerät zu vermeiden, darf es nur einen geringen inneren Widerstand haben. Diese Forderung kann die Spule mit ihrem dünnen Draht nicht erfüllen. Deshalb wird ein geringer Widerstand (Nebenwiderstand) parallel geschaltet, über den der Hauptanteil des Stromes fließt.

▶ Die verschiedenen Meßbereiche beim Strommeßgerät werden dadurch erreicht, daß der Nebenwiderstand verändert wird.

Beispiel:

Ein Strommeßgerät (Amperemeter) für einen Meßbereich von 0,6 A mit einem Innenwiderstand von 0,5 Ω soll Ströme bis 1,5 A messen können. Wie groß muß ein parallel zu schaltender Widerstand sein, so daß auch bei 1,5 A Gesamtstrom nur 0,6 A durch das Meßgerät fließen? Wie groß ist dann der Gesamtwiderstand?

$I_1 = 0{,}6$ A Gerät

$R_1 = 0{,}5$ Ω Gerät

$\dfrac{I_1}{I_2} = \dfrac{R_2}{R_1}$

$\dfrac{1}{R} = \dfrac{1}{R_1} + \dfrac{1}{R_2}$

$I_2 = I - I_1 = 1{,}5$ A $- 0{,}6$ A $= 0{,}9$ A

I_2 muß durch den Parallelwiderstand fließen!

$R_2 = R_1 \cdot \dfrac{I_1}{I_2} = 0{,}5\ \Omega \cdot \dfrac{0{,}6\ \text{A}}{0{,}9\ \text{A}} = \underline{0{,}33\ \Omega}$ parallel zu schaltender Widerstand = Nebenwiderstand

$\dfrac{1}{R} = \dfrac{1}{0{,}5\ \Omega} + \dfrac{1}{0{,}33\ \Omega} = 2\dfrac{1}{\Omega} + 3\dfrac{1}{\Omega} = 5\dfrac{1}{\Omega}$

$\underline{R = 0{,}2\ \Omega}$ Gesamtwiderstand

Eine Spannung oder ein Spannungsabfall besteht zwischen zwei Punkten; an einem Widerstand (Verbraucher) zwischen den beiden Enden.

> Das Meßgerät für **Spannungsmessungen** wird **parallel** zum Stromkreis an die beiden Punkte angeschlossen, zwischen denen die Spannung zu messen ist.

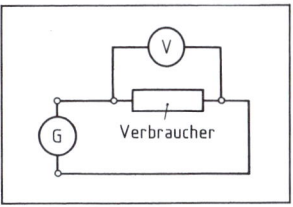

Spannungsmesser (Voltmeter) werden parallel zum Verbraucher geschaltet und müssen einen sehr hohen inneren Widerstand haben.

Da die Spannung proportional dem Strom ist ($U \sim I$, vgl. 5.3.1), kann der Strommesser auch als Spannungsmesser verwendet werden; da der Spannungsmesser jedoch parallel liegt, muß er einen sehr großen Widerstand haben, damit nur wenig Strom über diesen Zusatzstromkreis fließt. Deshalb wird ein Vorwiderstand vor das Meßwerk geschaltet.

▶ Die einzelnen Meßbereiche werden durch verschiedene Vorwiderstände erreicht.

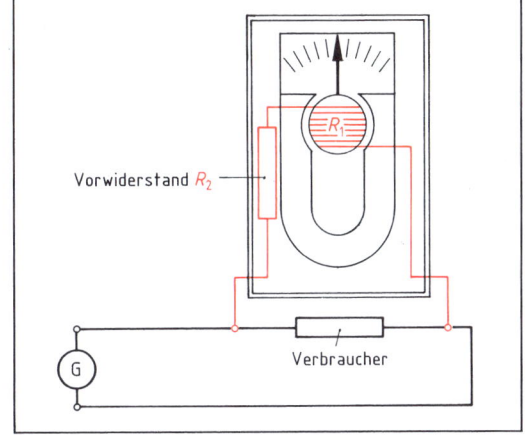

Drehspulmeßwerk mit Vorwiderstand, als Voltmeter verwendet. Verbraucher und Meßwerk sind parallel geschaltet. Spulenwiderstand R_1 und Vorwiderstand R_2 liegen in Reihe.

Beispiel:

Ein Spannungsmeßgerät (Voltmeter) ist für 30 V ausgelegt und hat einen Innenwiderstand von 20 kΩ. Um auch Spannungen bis zu 300 V messen zu können, wird ein Vorwiderstand in Reihe zum Meßgerät geschaltet. Berechnen Sie den Vorwiderstand! Wie groß wird der Gesamtwiderstand?

$U_1 = 30$ V Gerät

$U_2 = U - U_1 = 300 - 30 = 270$ V Spannungsabfall am Vorwiderstand!

$R_1 = 20$ kΩ Gerät

$\dfrac{U_1}{U_2} = \dfrac{R_1}{R_2}$

$R_2 = R_1 \cdot \dfrac{U_2}{U_1} = 20 \text{ k}\Omega \cdot \dfrac{270 \text{ V}}{30 \text{ V}} = \underline{\underline{180 \text{ k}\Omega}}$ Vorwiderstand

$R = R_1 + R_2 = 20 \text{ k}\Omega + 180 \text{ k}\Omega = \underline{\underline{200 \text{ k}\Omega}}$ Gesamtwiderstand

Aufgaben

1. Mit dem Strommeßgerät des Beispiels sollen Ströme bis 6 A gemessen werden. Wie groß muß der Nebenwiderstand und der Gesamtwiderstand des Geräts werden.

2. Mit dem Spannungsmeßgerät des Beispiels sollen Spannungen bis 600 V gemessen werden. Wie groß muß der Vorwiderstand und der Gesamtwiderstand des Geräts werden?

5.3.6 Innenwiderstand einer Spannungsquelle

Lernziel: Die Abhängigkeit des Spannungsabfalls an einer Spannungsquelle vom Innenwiderstand der Spannungsquelle und vom fließenden Strom erkennen.

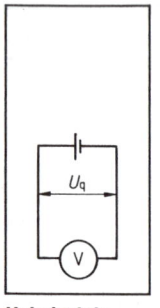
Unbelastete Spannungsquelle

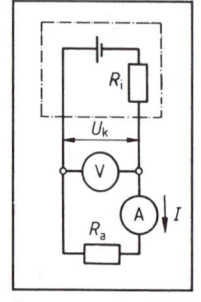
Belastete Spannungsquelle

Versuch: *Messen des Innenwiderstandes R_i einer Spannungsquelle durch Spannungs- und Strommessung.*

Durchführung: Wir messen die Quellenspannung U_q der unbelasteten Spannungsquelle (R des Voltmeters sehr hoch, daher $I \approx 0$) und die Klemmenspannung U_k der mit dem Widerstand R_a ($R_{außen}$) belasteten Spannungsquelle (gestrichelt umrahmt = Spannungsquelle).

Für den belasteten Stromkreis gilt:

$R_a = \dfrac{U_k}{I}$ und $R_a + R_i = \dfrac{U_q}{I}$

$U_k = R_a \cdot I$ und $U_q = R_a \cdot I + R_i \cdot I$

Die Quellenspannung ist konstant und durch den Bau der Spannungsquelle bestimmt. Die Differenz zwischen U_q und U_k wird als Spannungsabfall einer Spannungsquelle bei Belastung bezeichnet:

$U_q - U_k = R_i \cdot I$ und $R_i = \dfrac{U_q - U_k}{I}$

Tabelle zur Versuchsauswertung

U_q	U_k	I	$R_a = \dfrac{U_k}{I}$	$U_q - U_k$	$R_i = \dfrac{U_q - U_k}{I}$
3,95 V	3,85 V	2 A	1,92 Ω	0,1 V	0,05 Ω
3,95 V	3,75 V	4 A	0,94 Ω	0,2 V	0,05 Ω
3,95 V	3,65 V	6 A	0,61 Ω	0,3 V	0,05 Ω
5,25 V	5,1 V	2 A	2,55 Ω	0,15 V	0,075 Ω
5,25 V	4,95 V	4 A	1,24 Ω	0,3 V	0,075 Ω
5,25 V	4,8 V	6 A	0,80 Ω	0,45 V	0,075 Ω

Versuchsergebnis:

> Der Spannungsabfall an einer Spannungsquelle ist um so größer, je größer der Innenwiderstand R_i und die Belastung der Spannungsquelle durch den Strom I sind.
>
> $U_q - U_k = R_i \cdot I$
>
> $R_i = \dfrac{U_q - U_k}{I}$
>
> | Physikalische Größen | Formelzeichen | Einheiten |
> |---|---|---|
> | Quellenspannung | U_q | V |
> | Klemmenspannung | U_k | V |
> | Innenwiderstand | R_i | Ω |
> | Stromstärke | I | A |

Aufgabe Ein Spannungsmesser ($R = 4\,k\Omega$) zeigt die Spannung einer Taschenlampenbatterie mit 4,8 V an. Wird ein Lämpchen angeschlossen, so fließt ein Strom von 0,25 A und die Spannung geht auf 4,6 V zurück. Wie groß ist der Innenwiderstand der Batterie? Vergleichen Sie die Stromstärke durch das Lämpchen und durch den Spannungsmesser!

5.4 Gefahren und Schutzmaßnahmen

Lernziel: Gefahren beim Umgang mit elektrischem Strom und Schutzmaßnahmen kennen.

Der Körper des Menschen leitet den elektrischen Strom. Die Schädigung des Körpers durch den elektrischen Strom erfolgt durch **Fehlsteuerung von Körperfunktionen** (z. B. Herzkammerflimmern und Muskelverkrampfungen) und durch **übermäßige Erwärmung von Körperteilen** (Verbrennungen und Verkohlungen).

Der menschliche Körper kann Stromstärken bis zu 50 mA bis zu 2 s ertragen. Damit ergibt sich bei einem Körperwiderstand von 1000 Ω eine maximale zulässige Spannung von $U = R \cdot I = 1000\,\Omega \cdot 0{,}05\,A = 50\,V$.

Es ist lebensgefährlich, die Leitungen des elektrischen Versorgungsnetzes zu berühren, denn Spannungen über 50 V und Ströme über 50 mA = 0,05 A können tödlich wirken.

Bei einem Unfall erst den Strom abstellen, dann dem Verletzten helfen.

Schutzmaßnahmen ohne Schutzleiter verhindern das Entstehen zu hoher Berührspannungen.

Eine gute Schutzmaßnahme ist die **Schutzisolierung**. Heute sind viele Haushaltsgeräte durch Kunststoffgehäuse schutzisoliert, so z. B. Staubsauger, Haartrockner, Küchengeräte.

Alle Spielzeuge, aber auch Klingelanlagen udgl. arbeiten mit **Schutzkleinspannung**. Hier darf die Spannung 42 V, bei Spielzeugen 24 V nicht überschreiten.

Für industrielle Geräte und Maschinen und für Betrieb in feuchten Räumen wird **Schutztrennung** durch einen Trenntransformator verwendet.

Schutzmaßnahmen mit Schutzleiter verhindern das Bestehenbleiben von zu hohen Berührspannungen.

Der **Schutzleiter** PE muß bis zum Hausanschluß getrennt vom Mittelleiter N verlegt werden.

Prüfzeichen

Über **Schu**tz**ko**ntaktstecker (Schukostecker) werden die Abnehmer mit dem Leitungssystem verbunden. Das Gehäuse eines Gerätes muß an den Schutzkontakt des Steckers angeschlossen sein. Mit diesen Maßnahmen löst die Sicherung aus, wenn durch einen Isolationsfehler das Gehäuse eines Gerätes unter Spannung steht. Da die Sicherungen aber erst bei gefährlich hoher Stromstärke und nach zu langer Zeit (60 s oder mehr) auslösen, bleibt eine Gefahr für den Menschen bestehen.

Eine zusätzliche Sicherheitsmaßnahme bietet der **Fehlerstromschutzschalter** (FI-Schutzschalter). In diesem Gerät werden zufließender Strom und abfließender Strom miteinander verglichen. Besteht auch nur ein Unterschied von 30 mA, so löst der Schalter aus. Diese Maßnahme in Verbindung mit einem vom übrigen Netz elektrisch getrennten Schutzleitersystem gewährleistet die beste Sicherheit.

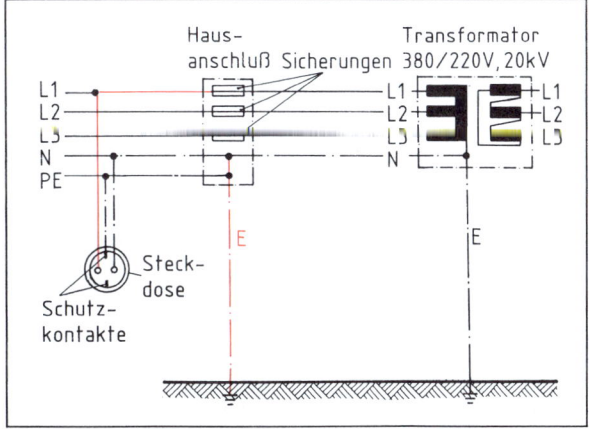

Leitungssystem mit Schutzleiter

L1, L2, L3 sind Außenleiter des Drehstromnetzes (vgl. 5.12.1). Davon wird für Wechselstrom nur ein Außenleiter benötigt. N = Mittelleiter; PE = Schutzleiter; E = Erder.

Kennfarben: L = schwarz oder braun; N = blau; PE = grün/gelb.

5.5 Elektrische Energie und Wärmeenergie

5.5.1 Wärmewirkung des elektrischen Stromes

Lernziel: Erkennen, daß ein stromdurchflossener Leiter durch Erwärmung seine Länge ändert und elektrische Energie in Wärmeenergie umwandelt.
Anwendungsbeispiele für die Umwandlung elektrischer Energie in Wärmeenergie nennen und Berechnungen durchführen können.

Versuch: Zwischen zwei Isolatoren wird ein etwa 50 cm langer Eisendraht von 0,22 m Durchmesser gespannt. In der Mitte stellen wir einen Maßstab auf.

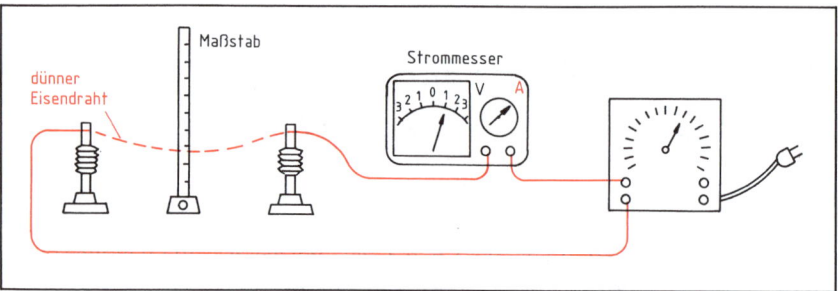

Der dünne Eisendraht erwärmt sich sehr stark, und die damit verbundene Längenausdehnung kann zur Strommessung benutzt werden.

Durchführung: Die Stromstärke wird fortlaufend vergrößert bis etwa 1,25 A und der Draht beobachtet. Die Stromstärke wird wieder verringert und dann langsam über 1,25 A hinaus gesteigert.

Versuchsergebnis: Der Draht erwärmt sich. In der Mitte des Drahtes zeigt sich mit zunehmender Stromstärke eine größer werdende Durchhängung, die bei Stromabnahme ebenfalls zurückgeht.

Fließt ein elektrischer Strom durch einen Leiter, so wird dieser erwärmt. Mit der Erwärmung erfolgt eine Längenausdehnung.

Bei weiterer Steigerung der Stromstärke beginnt der Draht erst rot, dann immer heller leuchtend zu glühen, bis er an einer Stelle durchschmilzt.

▶ Wärmewirkung und Lichtwirkung sind die bekanntesten Erscheinungen des elektrischen Stromes.

Durch die Erwärmung tritt eine **Längenänderung** auf, die zur Messung der Stromstärke benutzt werden kann. Hierauf beruht das **Hitzdrahtmeßwerk.**

Die Wärmewirkung des elektrischen Stromes läßt sich mit der kinetischen Molekulartheorie (vgl. 2.5) und der Vorstellung vom elektrischen Strom erklären.

Beim Durchfließen des dünnen Drahtes stoßen die bewegten Elektronen überall an die Metallatome. Dadurch vergrößern sie die kinetische Energie der ungeordnet schwingenden Atome. Eine Vergrößerung der kinetischen Energie der Atome bedeutet aber eine Erwärmung des Körpers.

Der erwärmte Heizdraht hat also eine größere Energie (kinetische Energie der Atome) als der kalte. Diese Energiezufuhr ist abhängig von der Stromstärke, der Spannung und der Zeit.

Die Umwandlung der elektrischen Energie in Wärmeenergie erfolgt nach dem Satz von der Erhaltung der Energie.

Versuch zur Bestätigung des Energieerhaltungssatzes.

Durchführung: Im Thermosgefäß befindet sich eine Wassermasse m, ein Tauchsieder und ein Thermometer. Der Stromkreis ist über den Strommesser und den Tauchsieder geschlossen (rot). Der Spannungsmesser ist parallel geschaltet.

Zur Bestimmung der elektrischen Energie wird U, I und t und zur Bestimmung der Wärmeenergie m und $\Delta\vartheta$ gemessen.

Der Energiezähler dient nur zur Kontrolle der Energieberechnung aus $U \cdot I \cdot t$ (Energiezähler vgl. 5.2.4).

Um eine Versuchsreihe zu erhalten, kann die Zeit t und über einen Vorwiderstand U und I verändert werden.

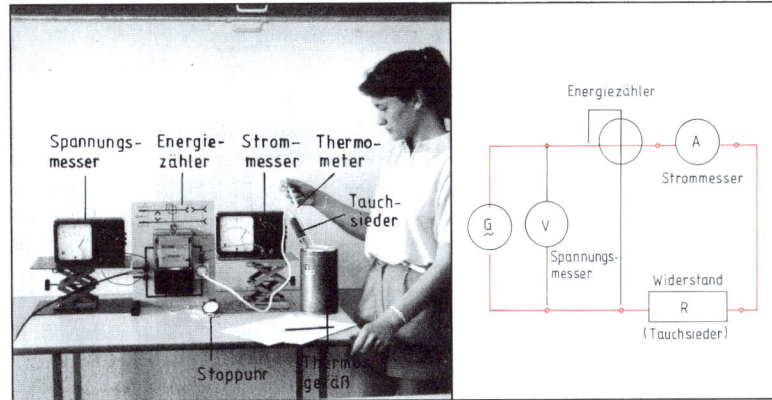

Die elektrische Energie $U \cdot I \cdot t$ wird in Wärmeenergie $m \cdot c \cdot \Delta\vartheta$ umgewandelt.

Schaltbild

Tabelle zur Versuchsauswertung:

Elektrische Energie				Wärmeenergie			
Spannung U	Strom I	Zeit t	$W = U \cdot I \cdot t$	Masse m	Spez. Wärmekapazität c	Temp.-differenz $\Delta\vartheta$	$W = m \cdot c \cdot \Delta\vartheta$
220 V	4,5 A	60 s	59 400 Ws	600 g	4,19 $\frac{J}{g \cdot K}$	22 K	55 308 J

Versuchsergebnis:

▶ Elektrische Energie läßt sich in Wärmeenergie umwandeln.

Elektrische Energie				Wärmeenergie			
Leistung P $P = U \cdot I$		t	$W = P \cdot t$	Masse m	Spez. Wärmekapazität c	Temp.-differenz $\Delta\vartheta$	$W = m \cdot c \cdot \Delta\vartheta$
U	Ladung Q $Q = I \cdot t$		$W = U \cdot Q$				
Spannung U	Strom I	Zeit t	$W = U \cdot I \cdot t$				
$U \cdot I \cdot t = m \cdot c \cdot \Delta\vartheta$							
$[U] \cdot [I] \cdot [t] = V \cdot A \cdot s = Ws$				$[m] \cdot [c] \cdot [\Delta\vartheta] = g \cdot \frac{J}{g \cdot K} \cdot K = J = Ws$			

Daß die Werte im Versuch nicht ganz gleich sind, liegt daran, daß Wärmeenergie an das Thermosgefäß, das Thermometer und an die Luft abgegeben wurde. Die an das Wasser abgegebene (effektive) Wärmeenergie W_{eff} ist deshalb kleiner als die zugeführte (indizierte) elektrische Energie W_{ind}.

Das Verhältnis von effektiver zu indizierter Energie wird als Wirkungsgrad η (eta) bezeichnet. Für die Leistungen gilt das gleiche Verhältnis wie für die Energien, da sie gegenüber den Energien nur durch die Zeit gekürzt sind.

$$\eta = \frac{W_{\text{eff}}}{W_{\text{ind}}} \qquad \eta = \frac{P_{\text{eff}}}{P_{\text{ind}}}$$

Die Anwendung der Wärmewirkung des Stromes erfolgt bei Heizgeräten (Herdplatte, Tauchsieder, elektrischer Heizofen), Glühlampen, Schmelzsicherungen, Schweißgeräten usw. Die Drahtwicklungen der Heizgeräte bestehen aus Legierungen wie Chrom-Nickel, Eisen-Chrom-Nickel oder Eisen-Chrom-Aluminium, nicht etwa aus Kupfer. Schmelzsicherungen werden nur für eine bestimmte Belastung verwendet. Der Schmelzdraht ist so bemessen, daß er bei einer bestimmten Stromstärke durchschmilzt und den Stromkreis unterbricht.

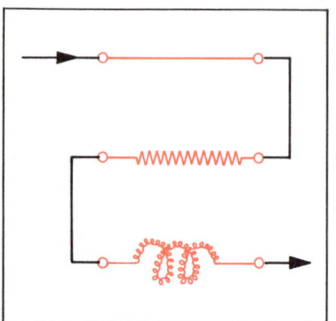

Für Glühlampen verwendet man Wolfram, das mit 3400 °C den höchsten Schmelzpunkt aller Metalle hat. Der Glaskolben wird luftleer gepumpt, damit der Glühdraht nicht verbrennen (oxidieren) kann. Außerdem ist jede Wärmeleitung und Strömung unterbunden. Um aber das Verdampfen des Metalls herabzusetzen, wird der Glaskolben mit nicht brennbaren Gasen (Krypton, Stickstoff, Argon) gefüllt. Die Wendelung hat außer Platzersparnis auch noch den Vorteil, daß sich die Wendeln gegenseitig aufheizen.

Bei gleicher Stromstärke und gleichem Material glüht die Doppelwendel heller als die Einfachwendel. Es erfolgt ein gegenseitiges Aufheizen des Drahtes.

Beispiele:

1. Ein Tauchsieder für 220 V hat eine Leistung von 1 kW. Wie groß ist die Stromstärke, und welche Zeit benötigt der Tauchsieder, um 0,5 Liter Wasser von 20 °C auf 100 °C zu erwärmen?

$P = 1 \text{ kW} = 1000 \text{ W} \qquad U = 220 \text{ V} \qquad m = 0,5 \text{ kg} \qquad \Delta\vartheta = 80 \text{ K} \qquad c = 4{,}19 \frac{\text{kJ}}{\text{kg} \cdot \text{K}}$

$P = U \cdot I \qquad\qquad U \cdot I \cdot t = m \cdot c \cdot \Delta\vartheta$

$I = \frac{P}{U} \qquad\qquad P \cdot t = m \cdot c \cdot \Delta\vartheta \qquad\qquad t = \frac{0{,}5 \text{ kg} \cdot 4{,}19 \frac{\text{kJ}}{\text{kg} \cdot \text{K}} \cdot 80 \text{ K}}{1000 \text{ W}} = \frac{167 \text{ kJ}}{1000 \text{ W}}$

$I = \frac{1000 \text{ W}}{220 \text{ V}} \qquad\qquad t = \frac{m \cdot c \cdot \Delta\vartheta}{P} \qquad\qquad t = \frac{167\,000 \text{ Ws}}{1000 \text{ W}} = \underline{\underline{167 \text{ s}}}$

$\underline{\underline{I = 4{,}55 \text{ A}}} \qquad\qquad\qquad\qquad\qquad\qquad t = 2 \text{ Minuten, 47 Sekunden}$

2. Bei einem Versuch benötigt der Tauchsieder des Beispiels 1 eine Zeit von 3 Minuten und 5 Sekunden. Wie groß ist der Wirkungsgrad?

$W_{\text{eff}} = m \cdot c \cdot \Delta\vartheta = 167 \text{ kJ}$

$W_{\text{ind}} = P \cdot t = 1000 \text{ W} \cdot 185 \text{ s} = 185\,000 \text{ Ws}$

$\eta = \frac{W_{\text{eff}}}{W_{\text{ind}}} = \frac{167\,000 \text{ Ws}}{185\,000 \text{ Ws}} = \underline{\underline{0{,}9}} \qquad 0{,}9 = \frac{90}{100} = 90 \text{ \%}$

Aufgaben

1. Wie lange benötigt ein Tauchsieder für 220 V, um bei einer Stromstärke von 4,55 A eine Wassermasse von 1 kg von 10 °C auf 100 °C zu erwärmen? Welche Leistung hat der Tauchsieder?

2. Ein Druckspeicher hat eine Grundheizung von 1 kW und eine Zusatzheizung von 4 kW Leistung bei einer Spannung von 220 V. Welche Stromstärken fließen, und welche Zeiten sind nötig, um den Speicher mit 80 Litern Inhalt von 15 °C auf 85 °C aufzuheizen?

3. Eine Wassermasse von 2 kg wird 5 Minuten auf einer Herdplatte erwärmt, die bei 220 V eine Stromstärke von 6 A aufnimmt. Welche Leistung hat die Herdplatte? Welche elektrische Energie wird in Wärme umgewandelt? Um wieviel °C wird das Wasser erwärmt bei einem Wirkungsgrad von 80 %?

5.5.2 Die thermoelektrische Spannung

> **Lernziel:** Sichtbarmachung der unmittelbaren Umwandlung von Wärmeenergie in elektrische Energie bei der Thermospannung.

Versuch: *Der Stromkreis besteht aus zwei zusammengelöteten Drahtstücken verschiedener Metalle und einem empfindlichen Strommeßgerät.*

Durchführung: Die Lötstelle wird zunächst mit einer Streichholzflamme, dann mit dem Brenner erwärmt und das Meßgerät beobachtet.

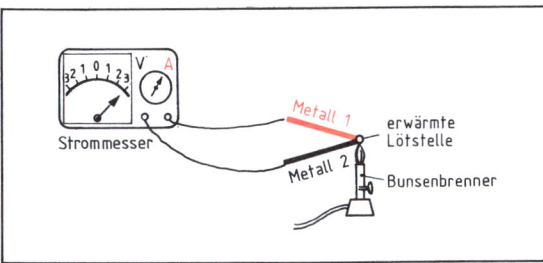

Ein Stromkreis aus Strommesser und zwei verschiedenen Metallen, deren Lötstelle erwärmt wird, heißt Thermoelement.

Versuchsergebnis: Das Meßgerät zeigt einen Ausschlag, der mit steigender Temperatur zunimmt.

> Der fließende Strom wird durch eine an der Lötstelle entstehende thermoelektrische Spannung – Thermospannung – hervorgerufen.

Die Thermospannung entsteht dadurch, daß in verschiedenen Metallen die Elektronen nicht gleich stark gebunden sind. An der Lötstelle wechseln Elektronen des Metalls, in dem sie schwächer gebunden sind, in das andere Metall über. Dadurch wird das erste Metall wegen der Elektronenabwanderung positiv und das zweite wegen der Elektronenzuwanderung negativ geladen, vgl. 5.1.6. Bei gleicher Temperatur der Lötstelle und der Drahtanschlußstellen gleichen sich diese entgegengesetzt gerichteten **Kontaktspannungen** aus. Herrscht eine Temperaturdifferenz, dann entsteht eine meßbare Thermospannung.

Thermospannungen in $\frac{mV}{K}$			
Konstantan – Eisen	0,053	Platin – Platinrhodium	0,010
Konstantan – Kupfer	0,042	Wismut – Antimon	0,113

▶ **Wärme läßt sich unmittelbar in elektrische Energie umwandeln.**

Da der Wirkungsgrad und die entstehende Spannung klein sind, wird diese Energieumwandlung nur zu Meßzwecken verwendet.

Als Metallzusammenstellungen eignen sich nur solche, deren Thermospannung genügend groß ist und mit der Temperatur gleichmäßig zunimmt. Es werden häufig Konstantan – Eisen (bis 800 °C), Konstantan – Kupfer (−200 bis 600 °C) und Platin – Platinrhodium (bis 1600 °C) verwendet.

Ein Thermoelement als Temperaturmeßgerät benötigt keine zusätzliche Spannungsquelle.

5.6 Elektrische Energie und chemische Energie

5.6.1 Elektrolyse

Lernziel: Die Wirkung des Stromflusses durch leitende Flüssigkeiten im Versuch beobachten. Das FARADAYsche Gesetz kennen.

Versuch: *In einer Kupfersulfatlösung (Kupfersalzlösung) befinden sich zwei Kohleplatten. Die Platten werden als* **Elektroden** *bezeichnet, die Flüssigkeit als* **Elektrolyt.**

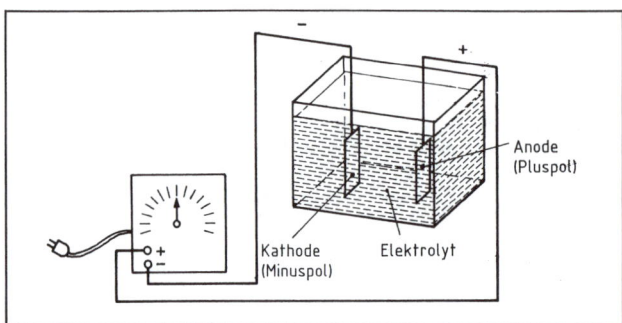

Durchführung: An die eine Elektrode schließen wir den Minuspol einer Gleichspannungsquelle an: diese Elektrode heißt dann **Kathode.** Die andere Elektrode wird mit dem Pluspol verbunden: sie wird **Anode** genannt. Wir beobachten beide Elektroden während des Stromflusses.

Elektrischer Strom zersetzt leitende Flüssigkeiten.

Versuchsergebnis: An der **Kathode** scheidet sich Kupfer ab; an der **Anode** steigen Gasblasen auf, es bildet sich Sauerstoff.

Der elektrische Strom bewirkt beim Durchgang durch leitende Flüssigkeiten (Elektrolyte) eine chemische Zersetzung (Elektrolyse).

Die geladenen Teilchen, die sich beim Anlegen einer Spannung in Richtung auf den entgegengesetzt geladenen Pol in Bewegung setzen, nennen wir Ionen (vgl. 5.1.4). Die zur Anode gehenden negativen Ionen werden **Anionen,** die zur **Kathode** gehenden positiven Ionen **Kationen** genannt.

▶ **Elektrolyse** nennen wir den chemischen Vorgang, bei dem der **Elektrolyt** (Lösung einer Säure, Base oder eines Salzes in Wasser) so zersetzt wird, daß die positiven Wasserstoff- oder Metallionen sich an der **Kathode,** die negativen Säurerest- oder Hydroxidionen an der **Anode** niederschlagen.

S ä u r e n zerfallen in Wasserstoffionen und Säurerestionen, z. B. HCl in H^+ und Cl^-.
L a u g e n zerfallen in Metall- und Hydroxidionen, z. B. NaOH in Na^+ und OH^-.
S a l z e zerfallen in Metall- und Säurerestionen, z. B. NaCl in Na^+ und Cl^-.

Da die abgeschiedene Stoffmenge proportional der elektrischen Ladung Q ist, die in einer bestimmten Zeit t durch den Elektrolyten fließt (FARADAYsches Gesetz[1]), kann durch Wägen der abgeschiedenen Masse m die Stromstärke I bestimmt werden.

$$\text{Aus } Q = I \cdot t \text{ und } m \sim Q \text{ folgt } m \sim I \cdot t.$$

Bis zur Festlegung der Stromstärke nach der magnetischen Wirkung auf stromdurchflossene Leiter im Jahre 1948 galt:

▶ 1 Ampere ist die Stromstärke, die in 1 Sekunde aus einer wäßrigen Silbernitratlösung (Silbersalzlösung) 1,118 mg Silber abscheidet.

Faraday bestimmte das **elektrochemische Äquivalent** $\ddot{A}$: Aus $m \sim Q$ wird: $m = \ddot{A} \cdot Q$ und mit $Q = I \cdot t$ ergibt sich: $m = \ddot{A} \cdot I \cdot t$.

---

[1] **Michael Faraday,** 1791–1861, englischer Physiker, entdeckte die Induktion und legte den Feldbegriff fest, bestimmte elektrochemische Äquivalente.

5.6.2 Galvanisches Element. Spannungsreihe

Lernziel: Das galvanische Element als Möglichkeit der Ladungstrennung beschreiben können. Die elektrochemische Spannungsreihe kennen.

Versuch: *Wir untersuchen die Umwandlung chemischer Energie in elektrische. Eine verdünnte Schwefelsäure dient als Elektrolyt. Darin befinden sich eine Zink- und eine Kupferplatte als Elektroden.*

Durchführung: Der äußere Stromkreis zwischen Zink- und Kupferelektrode wird über ein Glühlämpchen geschlossen. Anschließend wird das Glühlämpchen durch ein Spannungsmeßgerät ausgetauscht, um Spannung und Pole der Spannungsquelle zu bestimmen.

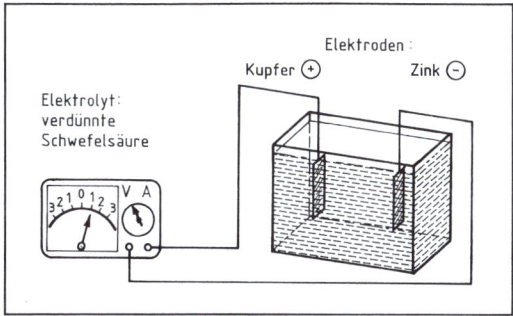

Galvanisches Element aus Kupfer und Zink und verdünnter Schwefelsäure als Elektrolyt stellt eine chemische Spannungsquelle dar. Die Elektronen fließen im geschlossenen äußeren Stromkreis vom Zink zum Kupfer.

Versuchsergebnis: Aus dem Leuchten des Glühlämpchens schließen wir, daß ein **Strom fließt**. Das Meßgerät zeigt uns die Polarität des Stromes und den Betrag der Spannung von etwa 1 Volt.

Ein Elektrolyt mit zwei Elektroden aus verschiedenen Leitern bildet eine Spannungsquelle, die man als galvanisches Element[1] bezeichnet.

▶ In galvanischen Elementen geht eine Energieumwandlung vor sich. Chemische Energie geht in elektrische Energie über.

Erklärung: Vom Zink und Kupfer werden durch die Schwefelsäure Ionen gelöst. Da Metallionen – die in Lösung gehen – immer positiv geladen sind (vgl. 5.6.1), lassen die gelösten Kupfer- und Zinkatome Elektronen auf ihren Platten zurück. Damit werden beide Metallplatten negativ. An der Zinkplatte bleiben mehr Elektronen (das Zn wird schneller von der H_2SO_4 zerfressen) als an der Kupferplatte zurück.

Dadurch herrscht zwischen beiden Platten eine u n t e r s c h i e d l i c h e   E l e k t r o n e n l a d u n g, eine **Spannung**.

Die Zinkplatte bildet gegenüber der Kupferplatte den negativen Pol.

Alessandro Volta erkannte, daß in gleichen geeigneten Elektrolyten der Spannungsunterschied zwischen zwei verschiedenen Stoffen immer verschieden groß ist. Er ordnete durch Versuche die Metalle nach einer **Spannungsreihe**.

Elektrochemische Spannungsreihe:
    negativ: (−)   positiv: (+)
Al – Zn – Cr – Fe – Cd – Co – Ni – Sn – Pb – Cu – C – Ag – Hg – Pt – Au

Dabei bildet das Metall, das am schnellsten „zerfressen" wird, das also das unedlere ist, den negativen Pol eines galvanischen Elementes.

Die entstehende Spannung ist um so größer, je weiter die Stoffe in der Spannungsreihe auseinander stehen.

---

[1] **Luigi Galvani,** 1737–1798, ital. Arzt, entdeckte die elektrischen Erscheinungen bei chemischen Reaktionen.

5.6.3 Trockenelemente. Akkumulatoren

> **Lernziel:** Den Unterschied zwischen galvanischem Element und Akkumulator kennen.

Trockenelemente (Galvanische Elemente): Sie enthalten als negativen Pol einen Zinkbecher und als positiven Pol einen Kohlestab. Als Elektrolyt wird eine eingedickte Salmiaklösung (trocken) verwendet. Galvanische Elemente liefern nur so lange elektrische Energie, wie, z. B. beim Zink-Kohle-Element, Zinkionen in Lösung gehen können; schließlich sind die Elemente zerstört und wertlos.

Akkumulatoren (Sammler): Der Bleiakkumulator besteht aus zwei Bleiplatten als Elektroden und Schwefelsäure als Elektrolyt. Beim Eintauchen überziehen sich beide Platten mit einer dünnen Haut aus Bleisulfat. Zwischen den Platten besteht keine Spannung.

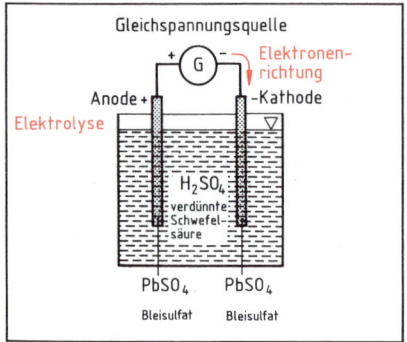
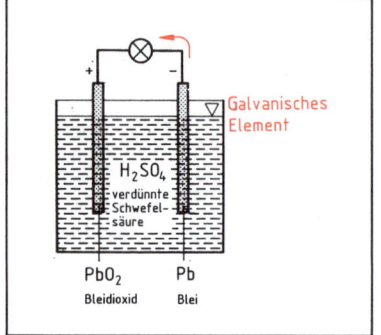

Bleiakkumulator: Der Vorgang des Ladens entspricht der Elektrolyse.

Ein geladener Bleiakkumulator ist ein galvanisches Element mit der Zusammenstellung Blei-Bleidioxid-Schwefelsäure.

Leiten wir Strom durch den Akkumulator (Aufladen), so wird die Schwefelsäure konzentrierter: **Elektrolyse.** An der Kathode wird das $PbSO_4$ durch den entstehenden Wasserstoff zu Pb reduziert und an der Anode durch den Sauerstoff zu PbO_2 oxidiert.

▶ Es hat sich elektrische Energie in chemische Energie umgewandelt.

Da die beiden Elektroden nun verschieden beschaffen sind, ist ein galvanisches Element entstanden.

Diesen Vorgang nennt man **elektrolytische Polarisation,** denn die unterschiedliche Beschaffenheit der Elektroden ist durch Elektrolyse entstanden.

Benutzen wir den Akkumulator jetzt als Spannungsquelle (galvanisches Element), so läuft der Vorgang umgekehrt ab: Beide Platten verwandeln sich wieder in Bleisulfat. Die Säure wird wieder dünner.

▶ Chemische Energie verwandelt sich jetzt in elektrische Energie.

Das Laden und Entladen eines Akkumulators kann beliebig oft geschehen. Deshalb wird er als **Sammler** für elektrische Energie bezeichnet.

Akkumulatoren und Trockenelemente werden auch als **Batterien** bezeichnet. Der Begriff Batterie sagt nichts über Aufbau und Wirkungsweise aus, sondern nur, daß es sich um mehrere Elemente handelt, die zusammengeschaltet sind.

5.7 Magnetische Erscheinungen und magnetisches Feld

5.7.1 Magnetische Erscheinungen

> **Lernziel:** Die ferromagnetischen Grundstoffe kennen. Die magnetische Kraftwirkung, die Polbildung und die Festlegung der Pole kennen.
> Das Verhalten der verschiedenen Magnetpole beschreiben.

Der in der Natur gefundene **Magneteisenstein** – ein Erz – hat die Eigenschaft, Eisenfeilspäne anzuziehen. Er kann zum Magnetisieren von künstlichen Magneten verwendet werden, die wir als **Stab-** oder **Hufeisenmagnete** kennen. Diese Magnete bestehen aus Eisen.

Versuch: *An verschiedenen metallischen Werkstoffen wird die magnetische Anziehung erprobt.*

Durchführung: Ein Stabmagnet wird nacheinander in eiserne Nägel, Aluminium- und Kupferdrahtstücke getaucht und herausgezogen.

Versuchsergebnis: Die eisernen Nägel bleiben an dem Stabmagneten hängen, alle anderen Stoffe nicht.

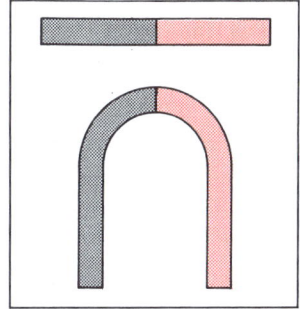

Stab- und Hufeisenmagnet

> Eisen wird von einem Magneten stark angezogen. Außer Eisen (Fe = ferrum) werden noch Nickel (Ni) und Kobalt (Co) angezogen. Die Metalle Fe, Ni und Co werden als **ferromagnetische** Stoffe bezeichnet.

Die Stoffe Aluminium, Platin, Chrom und Magnesium werden von einem Magneten kaum meßbar angezogen; sie heißen **paramagnetische** Stoffe. Kupfer, Wismut, Antimon und Silber werden kaum meßbar abgestoßen; sie heißen **diamagnetische** Stoffe.

Prüfen der magnetischen Anziehungskraft auf Eisen

Versuch: *Es wird untersucht, ob die magnetische Kraftwirkung andere, nicht ferromagnetische Stoffe durchdringt und an welchen Stellen die magnetische Kraftwirkung am größten ist.*

Durchführung: Wir streuen Eisenfeilspäne möglichst gleichmäßig auf einen Karton, legen eine Glasscheibe darüber und auf diese Glasscheibe einen Stabmagneten. Dann heben wir die Glasscheibe mit dem Stabmagneten hoch.

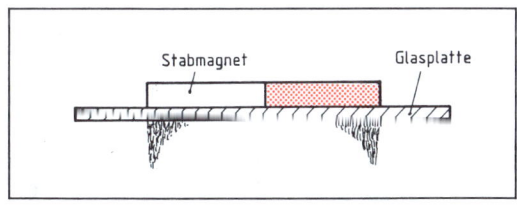

Die magnetische Kraftwirkung erfolgt unbehindert durch die Glasplatte. Die Pole des Magneten zeigen die größten Anziehungskräfte.

Versuchsergebnis: Beim Abheben der Glasscheibe haften die Eisenfeilspäne unter der Glasplatte an den Enden des Magneten.

> Die magnetische Kraftwirkung setzt sich durch nichtferromagnetische Stoffe (z. B. Glas) hindurch ohne Behinderung fort.
> Die magnetische Kraftwirkung ist an den Enden des Magneten am größten. Diese Stellen größter magnetischer Kraftwirkung heißen **Pole**. Jeder Magnet hat zwei Pole.

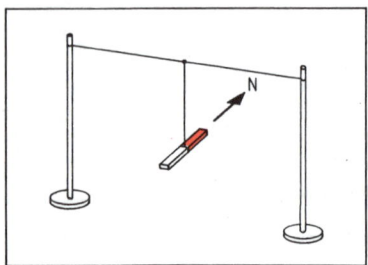

Einstellung eines frei drehbar aufgehängten Stabmagneten in Nord-Süd-Richtung.

Versuch: *Begründen der Begriffe Nordpol und Südpol.*

Durchführung: Ein Stabmagnet ist frei drehbar aufgehängt. Die Richtung, in die er sich einstellt, wird mit der Himmelsrichtung verglichen.

Versuchsergebnis:

▶ Ein frei beweglicher Stabmagnet stellt sich in Nord-Süd-Richtung ein, wobei stets derselbe Magnetpol nach Norden und der andere nach Süden weist.

Festsetzung:

> Das Ende eines Magneten, das nach Norden zeigt, wird **Nordpol,** das andere, nach Süden zeigende Ende **Südpol** genannt.

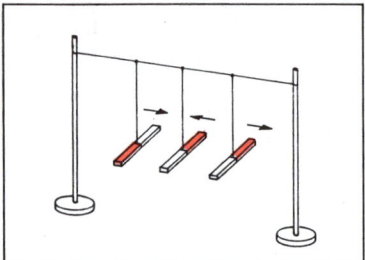

Kraftwirkung zwischen gleichnamigen und ungleichnamigen Magnetpolen.

Versuch: *Veranschaulichung der abstoßenden und anziehenden Kraftwirkung der Pole.*

Durchführung: Mehrere Stabmagnete, die frei beweglich drehbar aufgehängt sind, werden einander genähert.

Versuchsergebnis:

> Gleichnamige Pole zweier Magnete stoßen sich ab.
> Ungleichnamige Pole zweier Magnete ziehen sich an.

Versuch *zum Magnetisieren und zu Elementarmagneten.*

Durchführung: Mit einem Stabmagneten streichen wir häufig in Längsrichtung über eine Stricknadel aus Stahl. Wir prüfen den Magnetismus der Nadel mit Eisenfeilspänen. Dann zertrennen wir die Nadel in mehrere Teilstücke und prüfen diese wiederum.

Versuchsergebnis: Die ganze Nadel und alle Teilstücke weisen magnetische Eigenschaften wie der Stabmagnet auf.

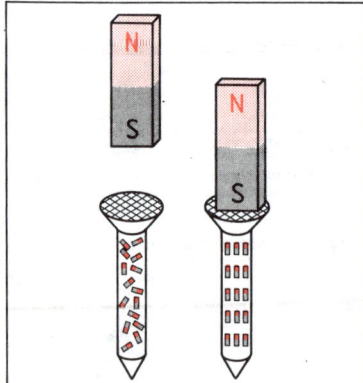

Das Magnetfeld des Stabmagneten richtet die Elementarmagnete des Weicheisenstücks (Nagel) aus. (Modellvorstellung)

Mit dem Atommodell läßt sich dies erklären: Jedes rotierende Elektron stellt einen elektrischen Strom dar. Damit gehört zu jeder Elektronenbahn ein magnetisches Feld. Je nach der Lage dieser Bahnen, ihrer Umkreisungsrichtungen und der Eigendrehung der Elektronen (genannt Elektronenspin) heben sich die Teilfelder auf oder sie verstärken sich.

Die Atome und Moleküle ferromagnetischer Stoffe stellen kleine Magnete dar, sogenannte **Elementarmagnete.**

Die Elementarmagnete lassen sich durch ein fremdes Magnetfeld ausrichten.

Ein Weicheisenstück läßt sich schnell ausrichten, verliert aber sofort wieder seinen Magnetismus. Stahl mit Kohlenstoff von mindestens 1 % behält seinen Magnetismus, er bildet **Dauermagnete.** Der Kohlenstoff erschwert zunächst das Ausrichten der Elementarmagnete, dafür bleibt aber auch die Ordnung bestehen.

5.7.2 Magnetisches Feld

Lernziel: Die Modellvorstellung des magnetischen Kraftfeldes und ihre Veranschaulichung kennen und den Feldlinienverlauf anschaulich skizzieren können. Das magnetische und elektrische Kraftfeld vergleichen.

Versuch: *Verdeutlichen des Verlaufs einer magnetischen Feldlinie.*

Durchführung: Wir verfolgen den Weg einer „schwimmenden" Magnetnadel.

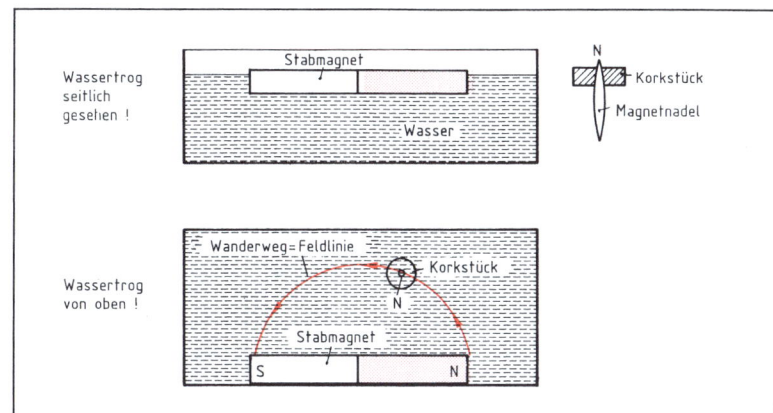

Die mit Hilfe des Korkstücks schwimmende Magnetnadel bewegt sich längs einer Feldlinie. Der Südpol der Nadel ist so tief im Wasser, daß nur der Nordpol im direkten Einflußbereich des Stabmagneten ist.

Versuchsergebnis: Die Magnetnadel legt einen etwa halbkreisförmigen Weg vom Nordpol zum Südpol des Stabmagneten zurück. Dieser Weg bezeichnet eine gedachte Feldlinie.

Feldlinien sind nicht wirklich vorhanden; sie dienen nur dazu, den Verlauf des magnetischen Kraftfeldes darzustellen.

Den Einflußbereich eines Magneten nennt man sein **magnetisches Feld**. Es ist dem Schwerefeld der Erde vergleichbar.

Magnetfelder werden als **Feldlinienbilder** bezeichnet, wobei die **Feldlinien** des Magneten die jeweilige Richtung der magnetischen Kraftwirkung angeben.

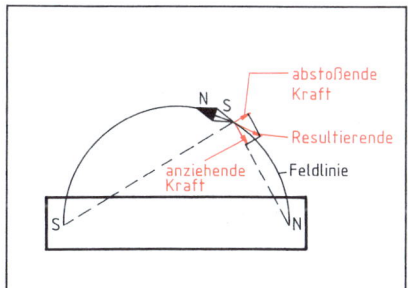

Abstoßende und anziehende Kräfte lassen eine Feldlinie entstehen. Feldlinien sind magnetische Kraftlinien.

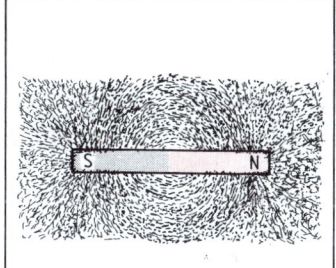

Eisenfeilspäne veranschaulichen das magnetische Kraftfeld eines Stabmagneten.

Zwischen den Polen eines Hufeisenmagneten bildet sich ein besonders starkes Feld mit fast parallelen Kraftlinien aus.

Versuch: *Sichtbarmachen des Feldlinienverlaufs durch Eisenfeilspäne.*

Durchführung: Auf einen Stabmagneten legen wir eine Glasplatte, die wir mit Eisenfeilspänen bestreuen. Durch leichtes Klopfen an die Glasplatte wird die Reibung zwischen Eisenfeilspänen und Glasplatte überwunden. – Der Stabmagnet wird durch einen Hufeisenmagneten ausgetauscht.

Versuchsergebnis: Die Eisenfeilspäne ordnen sich zu Linien, die den ganzen Raum um den Magneten vom Nordpol zum Südpol durchziehen. Alle Feilspäne werden magnetisiert und stellen sich dadurch wie kleine Magnetnadeln in d i e Richtung ein, die durch die anziehende und abstoßende Kraft der beiden Magnetpole bestimmt ist.

▶ Ein Magnetfeld kann mit Hilfe von Eisenfeilspänen sichtbar gemacht werden.
▶ Die Eisenfeilspäne stellen dabei die gedachten Feldlinien dar. Ihre Richtung gibt in jedem Punkt die Kraftrichtung des Feldes an; ihre Dichte ist ein Maß für die Stärke des Feldes.

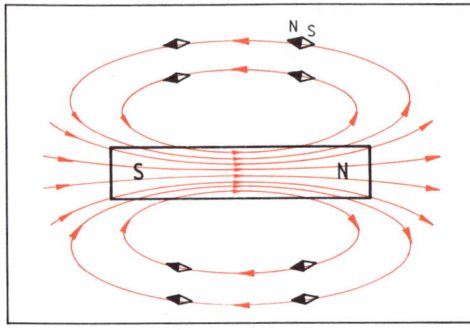

Festsetzung:

Die magnetischen Feldlinien verlaufen außerhalb des Magneten vom Nordpol zum Südpol, innerhalb des Magneten vom Südpol zum Nordpol; sie sind also in sich geschlossen.

Feldlinienrichtung und geschlossener Feldlinienverlauf bei einem Stabmagneten

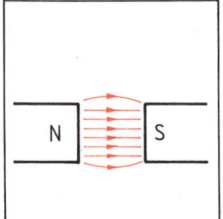
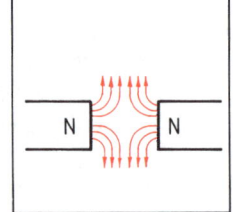
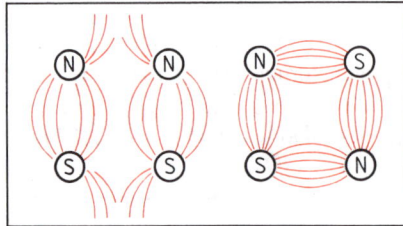

Magnetfeld zwischen u n g l e i c h n a m i g e n Polen: anziehende Wirkung

Magnetfeld zwischen g l e i c h n a m i g e n Polen: abstoßende Wirkung

Feldlinienverlauf bei Magneten verschiedener Anordnung

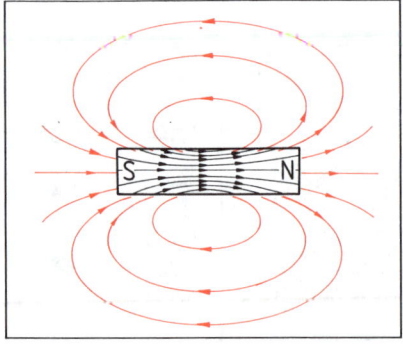
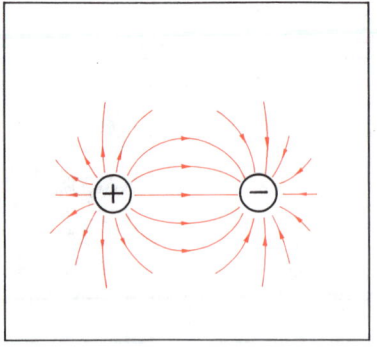

Gegenüberstellung: magnetisches Feld – elektrisches Feld

Magnetisches Feld

Die Feldlinien verlaufen innerhalb von S nach N, außerhalb von N nach S, sind in sich geschlossen.

Elektrisches Feld

Die Feldlinien verlaufen von der positiven zur negativen Ladung, sind nicht geschlossen.

5.7.3 Erdmagnetismus

> **Lernziel:** Die Richtung und Wirkung des Erdmagnetismus kennen.

Eine Magnetnadel, ein drehbar gelagerter Stabmagnet, stellt sich von selbst immer in der gleichen Richtung ein, der Nord-Süd-Richtung. Daraus schließen wir, daß die Erde von einem Magnetfeld umgeben ist, daß die Erde ein Magnet ist, dessen Pole im Norden und Süden der Erdkugel liegen. Diese Pole decken sich nicht mit den geographischen Polen. Der eine Pol liegt im Norden Kanadas, der andere südlich von Australien. Diese Abweichung zwischen geographischer und magnetischer Nordrichtung nennt man **magnetische Deklination** oder **Mißweisung.** Sie beträgt bei uns zwischen 2 und 5° und verändert sich in größeren Zeiträumen.

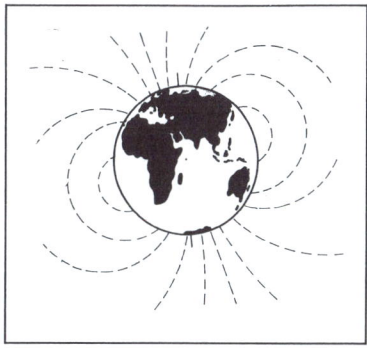

Das Magnetfeld der Erde

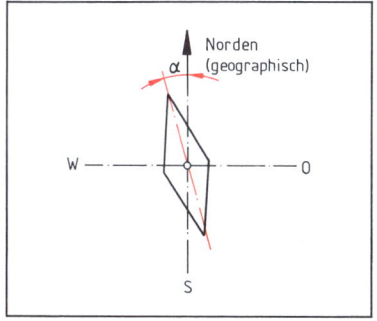

Deklination oder Mißweisung

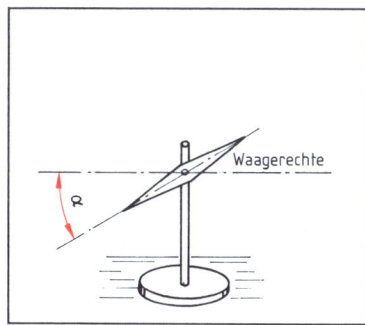

Inklination

Die Feldlinien verlaufen nicht parallel zur Erdoberfläche. Den Neigungswinkel bezeichnet man als magnetische **Inklination.** Sie beträgt bei uns etwa 60°.

Die Ursache des Erdmagnetismus ist strittig. Es ist zwar bekannt, daß sich im Erdinnern große Eisenerzlager befinden, doch zerstören hohe Temperaturen – wie sie im Erdinnern herrschen – den Magnetismus. Aus diesen Überlegungen schließt man, daß der Erdmagnetismus durch elektrische Ströme entsteht.

Der Amerikaner Walter M. Elsasser erklärt den Erdmagnetismus mit der überzeugenden Theorie: Im flüssigen Kern der Erde können mechanische Strömungen entstehen. Durch diese bewegten Ladungen entstehen zunächst schwache elektrische Ströme, die schwache Magnetfelder bewirken. Diese Magnetfelder können nun elektrische Ströme in dem gut leitenden Kern induzieren. Diese Ströme sind wieder von stärkeren magnetischen Feldern umgeben usw. Durch diese Wechselwirkung entsteht schließlich das starke Magnetfeld der Erde.

Aufgaben

1. Nennen Sie ferromagnetische Stoffe und ihre Eigenschaften!
2. Beschreiben Sie die magnetische Kraftwirkung!
3. Wie verhalten sich gleichnamige und wie verhalten sich ungleichnamige Magnetpole?
4. Skizzieren Sie das Magnetfeld eines Stabmagneten!

5.8 Elektromagnetismus

5.8.1 Das Magnetfeld gerader Leiter

Lernziel: Das gerichtete Magnetfeld gerader stromdurchflossener Leiter kennen. Den Magnetismus und Elektromagnetismus mit Hilfe der bewegten Elektronen erklären können.

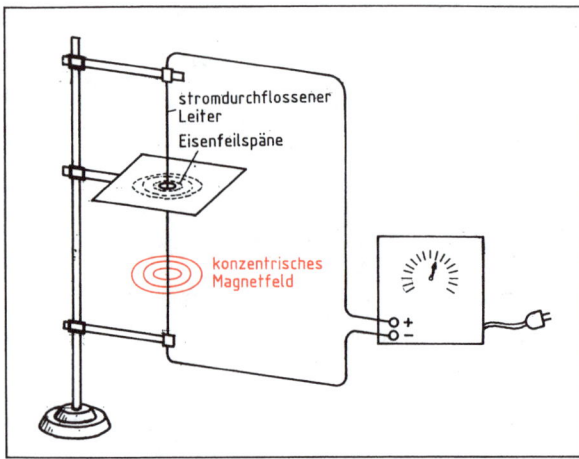

Versuch: *Das elektromagnetische Kraftfeld um einen stromdurchflossenen Leiter wird mit Eisenfeilspänen sichtbar gemacht.*

Durchführung: Ein gerader Leiter wird durch die Bohrung einer Platte geführt. Die Platte wird mit Eisenfeilspänen bestreut und der Leiter an eine Gleichspannungsquelle angeschlossen. Es muß ein Strom von etwa 20 A durch den Leiter fließen.

Nachweis des konzentrischen Magnetfeldes um einen stromdurchflossenen Leiter

Versuchsergebnis: Die Eisenfeilspäne ordnen sich zu konzentrischen Kreisen; sie sind innen sehr deutlich zu erkennen, ihre Ordnung nimmt nach außen hin ab. Da die Eisenfeilspäne die Feldlinien darstellen, mit denen ein Magnetfeld nachgewiesen werden kann (vgl. 5.7.2), folgern wir:

> Ein stromdurchflossener Leiter erzeugt ein **Magnetfeld,** das den Leiter röhrenförmig umgibt. Das magnetische Feld wird mit zunehmender Entfernung vom Leiter schwächer.

Versuch: *Die Kraftrichtung des Magnetfeldes um einen stromdurchflossenen Leiter wird mit einer Magnetnadel nachgewiesen.*

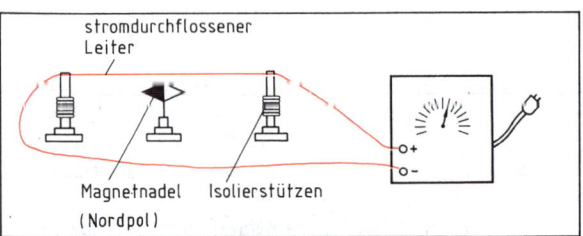

Durchführung: Der Leiter wird in geographischer Nord-Süd-Richtung aufgebaut. Eine drehbar gelagerte Magnetnadel wird dicht unter den Leiter gestellt.

▶ Bei allen Beschreibungen magnetischer Erscheinungen wird die **technische Stromrichtung** verwendet. Der Strom fließt von + nach −.

Die Magnetnadel zeigt durch ihr Ausschwenken die Kraftrichtung des magnetischen Feldes um einen stromdurchflossenen Leiter.

Der Gleichstrom fließt zunächst in Richtung Norden. Dann wird umgepolt, so daß der Strom in Richtung Süden fließt.

▶ Bei Stromrichtung nach Norden beobachten wir zunächst ein Ausweichen des Nordpols der Magnetnadel nach Westen.

▶ Bei Stromrichtung nach Süden weicht der Nordpol der Magnetnadel nach Osten aus.

▶ Beim Abschalten des Stromes zeigt die Nadel wieder in Nord-Süd-Richtung.

Versuchsergebnis: Da die Magnetnadel jeweils in bestimmter Richtung abgelenkt wird, muß das Magnetfeld gerichtet sein.

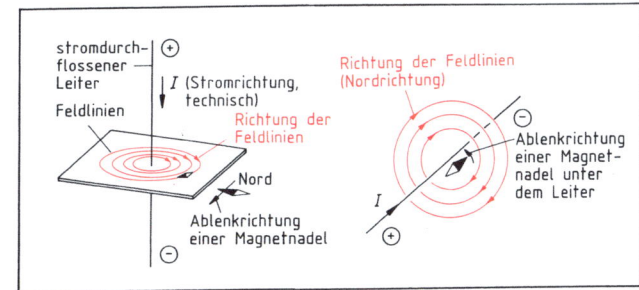

Richtung des konzentrischen Magnetfeldes um einen stromdurchflossenen Leiter

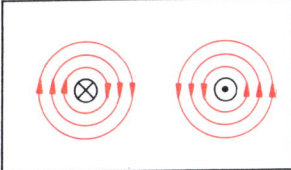

Aus den Versuchen ergibt sich die Richtung des Magnetfeldes stromdurchflossener Leiter: rot gezeichnet.
Vereinfacht zeichnen wir für die Stromrichtung:
Ein Kreuz im Leiterquerschnitt, wenn der Strom vom Betrachter wegfließt.
Einen Punkt im Leiterquerschnitt, wenn der Strom zum Betrachter hinfließt.

Die Richtung hängt von der Stromrichtung ab. Die gerichteten Feldlinien können wie kleine Magnete gedacht werden: Da sich in Pfeilrichtung des Feldes der Nordpol befindet, wird die Magnetnadel entsprechend abgelenkt.

> Schauen wir in Stromrichtung, so verlaufen die magnetischen Kraftlinien (Feldlinien) rechtsdrehend um den Leiter.

▶ Den durch elektrischen Strom entstehenden Magnetismus nennt man **Elektromagnetismus.**

Bei parallelen Leitern entstehen durch den gegenseitigen Einfluß der Magnetfelder aufeinander Kraftwirkungen: Bei gleichsinniger Stromrichtung werden die Leiter zusammengezogen, bei gegensinniger Stromrichtung werden die Leiter auseinandergedrängt. Die Kraft ist abhängig von der Stromstärke.

▶ Diese magnetische Wirkung stromdurchflossener Leiter wird zur Festlegung der Stromstärke benutzt (vgl. 5.2.2).

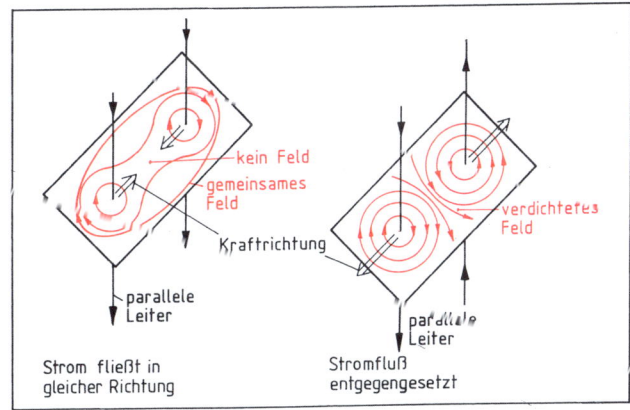

Magnetfeld paralleler Leiter

Da bei Ausschalten des Stromes kein Magnetfeld mehr vorhanden ist, folgerte Oersted[1], daß der Elektronenstrom, der durch den Leiter fließt, das Magnetfeld erzeugt. Das ist aber nur möglich, wenn jedes bewegte Elektron von einem Magnetfeld umgeben ist. Werden nun viele Elektronen in einer einheitlichen Richtung bewegt, so vereinigen sich die winzigen Magnetfelder der Elektronen zu einem starken Magnetfeld, das den Leiter umgibt. Die Ausbildung eines Magnetfeldes ist deshalb auch unabhängig vom Material des Leiters; wesentlich ist die Möglichkeit des Elektronenstromes.

▶ Magnetfelder entstehen durch Bewegung von elektrischen Ladungsträgern, also durch Veränderung elektrischer Felder.

---

[1] **H. C. Oersted,** 1777–1851, dänischer Physiker, Entdecker des Elektromagnetismus.

5.8.2 Das Magnetfeld von Spulen

Lernziel: Das Magnetfeld von stromdurchflossenen Spulen mit dem von Stabmagneten vergleichen. Die Entstehung des gerichteten Feldes einer stromdurchflossenen Spule erklären können.

Versuch: *Die Pole einer Spule werden mit einer Magnetnadel ermittelt.*

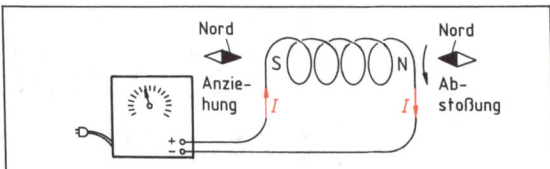

Polbestimmung einer Spule mit Hilfe einer Magnetnadel

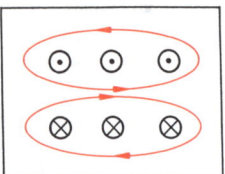

Spule im Schnitt

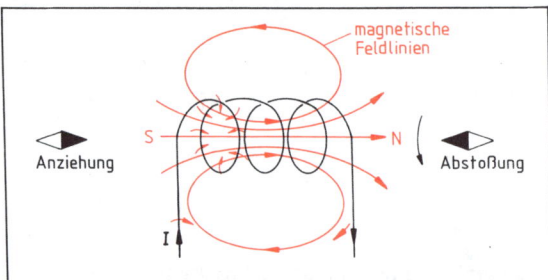

Entstehung des gerichteten Feldes in einer Spule: Die parallel verlaufenden Ströme bilden ein gemeinsames verdichtetes Feld.

Durchführung: Ein Experimentierkabel wird zu einer Spule mit wenigen Windungen zusammengelegt, an die Gleichspannungsquelle angeschlossen und in die Nähe einer Magnetnadel gebracht.

Der Nordpol der Magnetnadel wird von einem Spulenende angezogen, vom anderen abgestoßen. Damit zeigt die Spule die gleichen Eigenschaften wie ein Stabmagnet, nämlich die Ausbildung zweier verschiedener Pole. Das magnetische Feldlinienbild der Spule hat die gleiche Ausprägung wie das des Stabmagneten.

Versuchsergebnis:

> Eine stromdurchflossene Spule verhält sich wie ein Stabmagnet. Es bildet sich ein magnetischer Nordpol und Südpol.

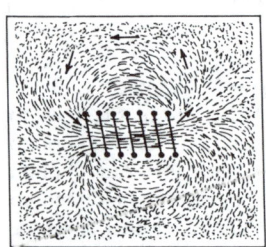

Das magnetische Feldlinienbild der Spule gleicht dem des Stabmagneten.

Mit der stromdurchflossenen Spule haben wir somit einen Ersatz für einen permanenten Stabmagneten.

▶ Durch Ein- und Ausschalten des Stromes läßt sich auch der Magnetismus ein- und ausschalten.

5.8.3 Der Elektromagnet

Lernziel: Die Faktoren aufzählen können, die das magnetische Kraftfeld von stromdurchflossenen Spulen beeinflussen. Anwendungen des Elektromagneten nennen.
Die magnetische Feldstärke H und die magnetische Flußdichte B unterscheiden und Berechnungen durchführen können.

Versuch: Elektromagnetische Anziehungskräfte bei stromdurchflossenen Spulen.

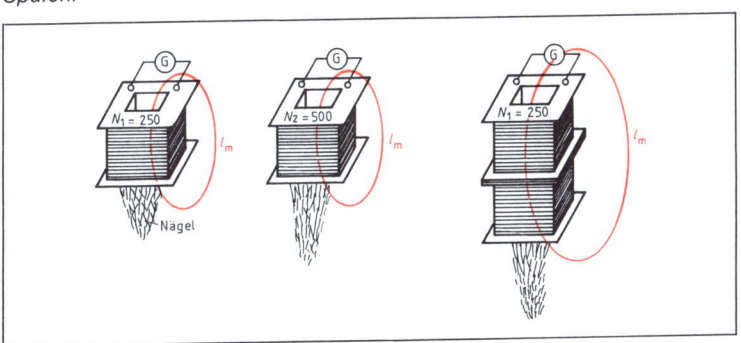

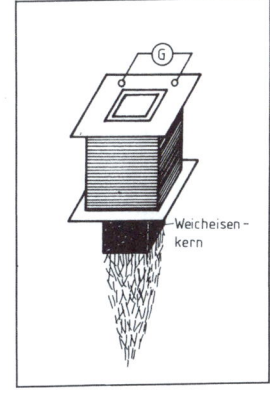

Magnetische Wirkung von Spulen: l_m = mittlere Feldlinienlänge
                                               N = Windungszahl

Verstärkung der magnetischen Wirkung durch einen Weicheisenkern

Durchführung: Wir nähern der stromdurchflossenen Spule eine Schale mit eisernen Nägeln und entfernen sie dann wieder. Der Versuch wird mit verschiedenen Spulen, verschiedenen Stromstärken und mit aufeinandergestellten Spulen durchgeführt und jeweils die anhaftenden Nägel beobachtet. Dann führen wir in die Spule einen Eisenkern ein: Die Kraftwirkung ist verstärkt.
Wir versehen die Spule mit U-Kern und Joch. Mit einem Kraftmesser versuchen wir, U-Kern und Joch bei Stromfluß zu trennen: Hier treten noch stärkere Anziehungskräfte als in den vorhergehenden Versuchen auf.

Versuchsergebnis:

▶ Die im Magnetfeld der stromdurchflossenen Spule befindlichen Nägel werden magnetisiert, so daß zwischen ihnen und der Spule Anziehungskräfte auftreten.

▶ Die Kraft F nimmt mit der Stromstärke I zu und ist abhängig von der Spule.

Die Spule ist durch N und l_m gekennzeichnet: $F \sim N$; $F \sim \dfrac{1}{l_m}$. Daraus ergibt sich: $F \sim I \cdot \dfrac{N}{l_m}$. Der Ausdruck $I \cdot \dfrac{N}{l_m}$ wird als **magnetische Feldstärke** H bezeichnet.

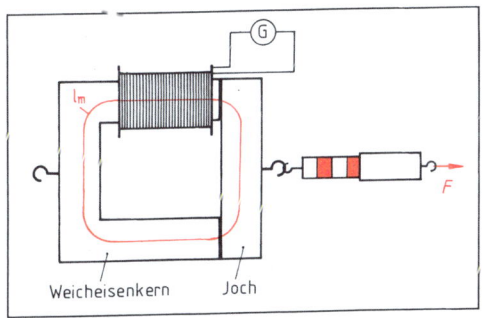

Verstärkung der magnetischen Wirkung durch einen Weicheisenkern und ein Joch

Magnetische Feldstärke	Physikalische Größen	Formelzeichen	Einheiten
$H = I \cdot \dfrac{N}{l_m}$	Stromstärke	I	A
	Windungszahl	N	1
$[H] = A \cdot \dfrac{1}{m} = \dfrac{A}{m}$	Mittlere Feldlinienlänge	l_m	m
	Magnetische Feldstärke	H	$\dfrac{A}{m}$

Wird ein Eisenkern in die Spule gebracht, so verstärkt sich die elektromagnetische Wirkung der Spule. Werden bei einer Spule mit U-förmigem Eisenkern die Schenkel durch ein Joch verbunden, so treten zwischen Kern und Joch weitere, sehr hohe Kräfte auf.

Da weder die Größe des Stroms noch die Abmessungen der Spule geändert werden, bleibt die magnetische Feldstärke H unverändert. Geändert, und zwar verstärkt, hat sich hingegen die elektromagnetische Kraftwirkung. Daher wird zur Angabe des Magnetfeldes eines Elektromagneten (Spule mit Eisenkern) die magnetische Flußdichte B verwendet.

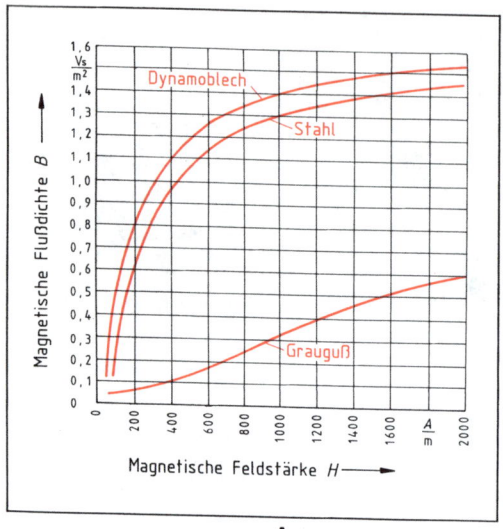

H-B-Diagramm für 0 bis 2000 $\frac{A}{m}$ H-B-Diagramm für 2000 bis 20 000 $\frac{A}{m}$

▶ Die **magnetische Flußdichte** B berücksichtigt auch die Wirkungen der das Feld erfüllenden Materie.

Da B nicht proportional H ist, muß die Flußdichte nach Berechnung der Feldstärke für die verschiedenen Materialien dem Diagramm entnommen werden. Das Diagramm ist aus vielen Einzelversuchen aufgestellt worden.

▶ Der **magnetische Fluß** Φ (Phi) ist das Produkt aus der magnetischen Flußdichte B und der Fläche A, die von der Flußdichte durchsetzt wird.

Magnetischer Fluß $\Phi = B \cdot A$ $[\Phi] = \frac{Vs}{m^2} \cdot m^2 = Vs$	Physikalische Größen	Formelzeichen	Einheiten
	Magnetische Flußdichte	B	$\frac{Vs}{m^2}$
	Fläche	A	m^2
	Magnetischer Fluß	Φ	Vs

Die vielfache Verstärkung des Magneten durch den Eisenkern beruht darauf, daß die Kraftlinien der Spule im Eisen, dort wo sie eintreten, einen Südpol, und wo sie austreten, einen Nordpol erzeugen. Dies nennt man **magnetische Influenz** (entsprechend 5.1.5 elektrische Influenz). Da die Elementarströme des Eisenkerns durch die Feldlinien der Spule ausgerichtet werden, entsteht ein zusätzliches starkes Magnetfeld.

Eine stromdurchflossene Spule mit Eisenkern wird als Elektromagnet bezeichnet. Das elektromagnetische Feld der Spule wird durch das Feld des Eisenkerns verstärkt.

Bei der Luftspule sind die Feldlinienlänge und der magnetische Fluß nicht genau zu bestimmen. Bei der Spule mit Eisenkern durchsetzen die magnetischen Feldlinien den Eisenkern gleichmäßig: Es herrscht ein homogenes magnetisches Feld mit berechenbarer Feldlinienlänge und Querschnittsfläche. Außerhalb des Eisenkerns besteht fast kein magnetisches Feld. Damit kann hier der magnetische Fluß Φ berechnet werden.

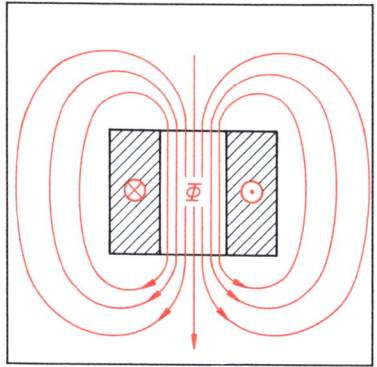
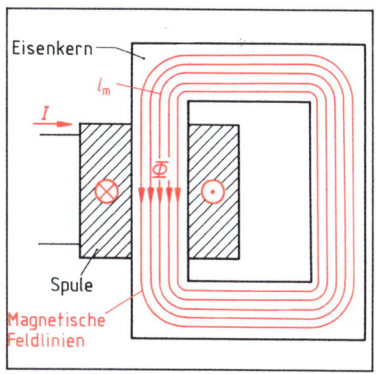
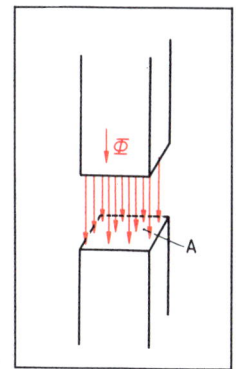

Schnitt durch eine Luftspule

Schnitt durch eine Spule mit Eisenkern. Im Eisenkern herrscht ein homogenes Magnetfeld.

Schnitt durch den Eisenkern

Elektromagnete finden in der Technik häufige und vielfältige Verwendung. Sie werden als Tragmagnete bei Magnetkränen, bei elektrischen Klingelanlagen, elektrischen Türöffnern, elektrischen Eisenbahnweichen, bei der Fernbetätigung von Schaltern (Relais), bei Meßinstrumenten, der Nachrichtenübermittlung (Telegraph, Telefon, Fernschreiber), Sicherungsautomat (Magnetsicherung) sowie bei Motoren und Generatoren verwendet.

Beispiel:

Berechnen Sie für eine Spule mit 500 Windungen bei einer mittleren Feldlinienlänge von 20 cm und einem Strom von 2 A die magnetische Feldstärke. Bestimmen Sie die magnetische Flußdichte bei einem Kern aus Dynamoblech mit Hilfe des H-B-Diagramms. Berechnen Sie den magnetischen Fluß bei einer Fläche von 4 cm · 4 cm!

$N = 500 \qquad I = 2 \text{ A} \qquad l_m = 0{,}2 \text{ m} \qquad$ Dynamoblech $A = 0{,}0016 \text{ m}^2$

$H = \dfrac{I \cdot N}{l_m}$

$H = \dfrac{2 \text{ A} \cdot 500}{0{,}2 \text{ m}}$

$H = 5000 \dfrac{\text{A}}{\text{m}}$

Aus dem Diagramm:

$B = 1{,}65 \dfrac{\text{Vs}}{\text{m}^2}$

$\Phi = B \cdot A$

$\Phi = 1{,}65 \dfrac{\text{Vs}}{\text{m}^2} \cdot 0{,}0016 \text{ m}^2$

$\Phi = 0{,}00264 \text{ Vs}$

$\Phi = 2{,}64 \text{ mVs}$

Aufgaben

1. Skizzieren Sie das Magnetfeld um einen geraden stromdurchflossenen Leiter.

2. Skizzieren Sie das resultierende Magnetfeld zweier paralleler Leiter bei gleichsinniger und gegensinniger Stromrichtung, und zeichnen Sie die auf die Leiter einwirkenden Kräfte ein!

3. Wie verläuft das Magnetfeld einer stromdurchflossenen Spule?

4. Welche Wirkung hat der Eisenkern in einer Spule auf die magnetischen Eigenschaften?

5. Wie groß muß die Stromstärke werden, wenn eine Spule von 250 Windungen bei einer mittleren Feldlinienlänge von 20 cm und einem Kern aus Dynamoblech eine Flußdichte von $1{,}2 \dfrac{\text{Vs}}{\text{m}^2}$ erzeugen soll? Wie groß wird der Fluß bei einer Fläche von 4 cm · 4 cm?

5.8.4 Dreheisen- oder Weicheisenmeßwerk

Lernziel: Erkennen des prinzipiellen Aufbaues eines Weicheisenmeßwerkes. Die Wirkungsweise beschreiben können.

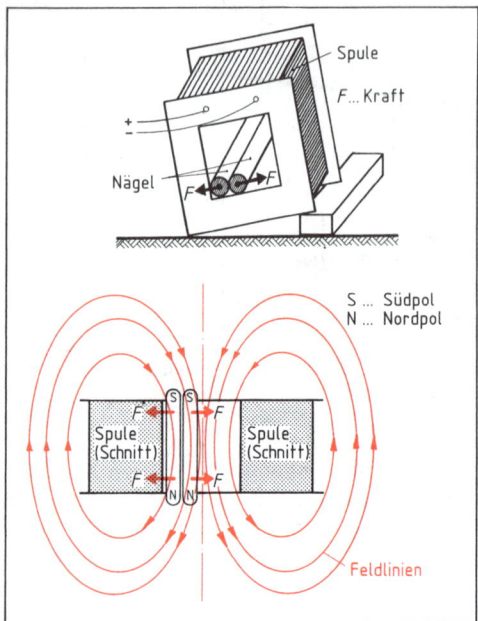

Versuch: In einer geneigten Spule liegen zwei große Eisenstifte (Nägel) parallel so nebeneinander, daß ihre Enden gleichweit aus der Spule herausragen.

Durchführung: Die Stromstärke wird kontinuierlich bis auf 3 A Gleichstrom gesteigert, und die Eisenstifte werden beobachtet. Die Versuche werden mit geänderter Stromrichtung und mit Wechselstrom durchgeführt.

Wir beobachten, daß die Eisenstifte sich bei Gleichstrom, bei geänderter Stromrichtung und auch bei Wechselstrom gegenseitig abstoßen.

Zwischen zwei Eisenteilen im Magnetfeld einer Spule wirken durch magnetische Influenz abstoßende magnetische Kräfte.

Versuchsergebnis:

> Eisenteile in einer stromdurchflossenen Spule werden durch magnetische Influenz gleichsinnig magnetisiert. Die Eisenstifte werden zu Stabmagneten, die mit gleichen Polen nebeneinanderliegen. Sie stoßen sich ab, und zwar unabhängig von der Stromrichtung, da die Umpolung jeweils gemeinsam erfolgt.

Die Kraftwirkung zwischen magnetisierten Weicheisenteilen in einer stromdurchflossenen Spule kann zur Messung der Stromstärke benutzt werden.

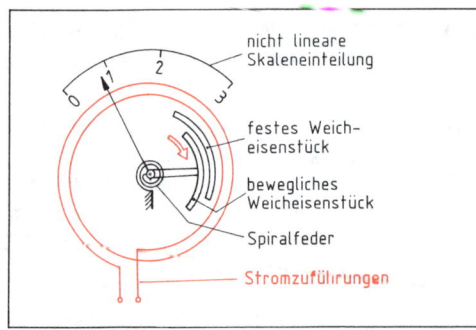

Prinzip eines Dreheisenmeßwerks

Das **Dreheisen-** oder **Weicheisenmeßwerk** besteht aus einer Spule mit einem festen und einem beweglichen Weicheisenstück. Bei Stromfluß stoßen sich die beiden gleichsinnig magnetisierten Eisenstücke ab. Diese Bewegung wird auf einen Zeiger übertragen. Die Spiralfeder erzeugt das erforderliche Rückstellmoment.

▶ Dreheisen- bzw. Weicheisenmeßwerke sind für Gleich- und Wechselstrom geeignet.

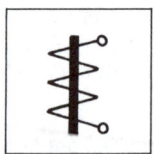

Schaltzeichen für Dreheisenmeßwerk

5.9 Elektromotorisches Prinzip

5.9.1 Stromdurchflossene Leiterschaukel im Magnetfeld

> **Lernziel:** Die Kraftwirkung und Kraftrichtung bei der Überlagerung zweier Magnetfelder beschreiben und begründen können. Den Zusammenhang zwischen Kraft, Stromstärke, Leiterlänge und Flußdichte kennen.

Versuch: Ein Leiter, der an zwei Metallbändern schwingen kann, wird als Leiterschaukel bezeichnet. Der Schaukelsteg hängt etwa in der Mitte zwischen den Schenkeln des Hufeisenmagneten.

Durchführung: Die Stromstärke wird kontinuierlich gesteigert und die Leiterschaukel beobachtet. Die Versuche werden für beide Stromrichtungen und auch für vertauschte Magnetpole durchgeführt.

Versuchsergebnis: Der Schaukelsteg wird je nach Stromrichtung und Lage der Magnetpole des Hufeisenmagneten nach innen bzw. außen abgelenkt.

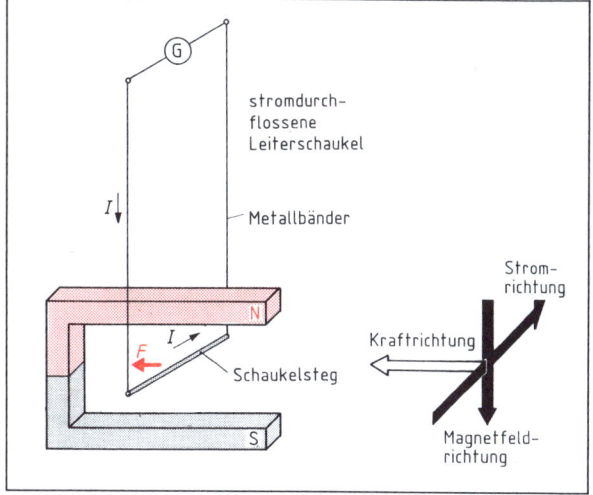

Die stromdurchflossene Leiterschaukel erfährt im Magnetfeld eine ablenkende Kraft F. Stromrichtung, Magnetfeldrichtung und Kraftrichtung stehen senkrecht aufeinander.

Der stromdurchflossene Leiter baut ein Magnetfeld auf, das in Stromrichtung gesehen rechtsdrehend um den Leiter gerichtet ist, vgl. 5.8.1. Die Überlagerung dieses Magnetfeldes mit dem des Hufeisenmagneten ergibt ein resultierendes Feld.

▶ Der Leiter erfährt in Richtung der Feldschwächung eine ablenkende Kraft.

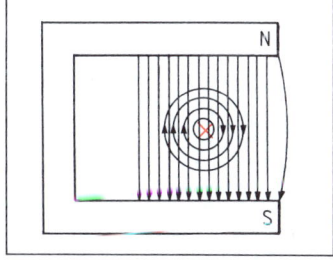

Die Felder des Magneten und des stromdurchflossenen Leiters, getrennt betrachtet.

Das resultierende Feld zeigt eine Feldschwächung bzw. Feldverstärkung auf gegenüberliegenden Seiten des Leiters.

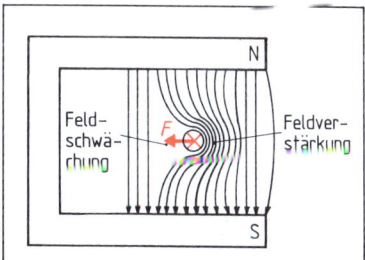

Beachten wir die Stromrichtung, die Richtung des magnetischen Feldes des Hufeisenmagneten und die Richtung der auf den Leiter einwirkenden Kraft, so ergibt sich:

> Auf einen geraden, stromdurchflossenen Leiter wirkt in einem magnetischen Feld eine Kraft F, die senkrecht zur Stromrichtung und senkrecht zum Magnetfeld gerichtet ist.

Die ablenkende Kraft, die auf einen stromdurchflossenen Leiter im Magnetfeld einwirkt, wird bei **Elektromotoren** und **Elektromeßgeräten** ausgenutzt.

5.9.2 Stromdurchflossene Spule im Magnetfeld

Lernziel: Die drehende Wirkung einer stromdurchflossenen Spule im Magnetfeld beschreiben und begründen können.

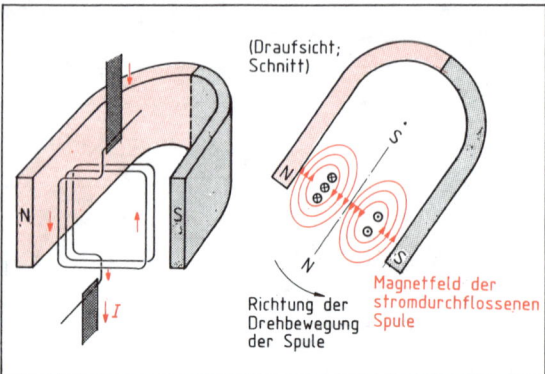

Eine stromdurchflossene Spule dreht sich im Magnetfeld.

Versuch: *Eine Spule ist mit zwei Metallbändern senkrecht zwischen den Polen eines Hufeisenmagneten drehbar aufgehängt.*

Durchführung: *Die Stromstärke wird kontinuierlich bis etwa 1 A Gleichstrom gesteigert: Die Spule dreht sich etwa um 60°. Die Stromrichtung wird umgekehrt: Die Spule dreht sich etwa um den gleichen Betrag nach der anderen Seite.*

Der Magnet wird umgekehrt: Auch hier folgt eine Umkehrung der Drehrichtung.

Versuchsergebnis:

Eine stromdurchflossene Spule erfährt im Magnetfeld ein Drehmoment, das die Spulenachse in die Feldrichtung der äußeren Magnetfelder zu drehen sucht. Die Drehrichtung hängt von der Stromrichtung und der Richtung des Magnetfeldes ab.

Das Drehmoment ist in engen Grenzen der Stromstärke proportional.

▶ Die stromdurchflossene Spule im Magnetfeld bildet das **Prinzip der Drehspulinstrumente, des elektrodynamischen Meßwerks und der Elektromotore.**

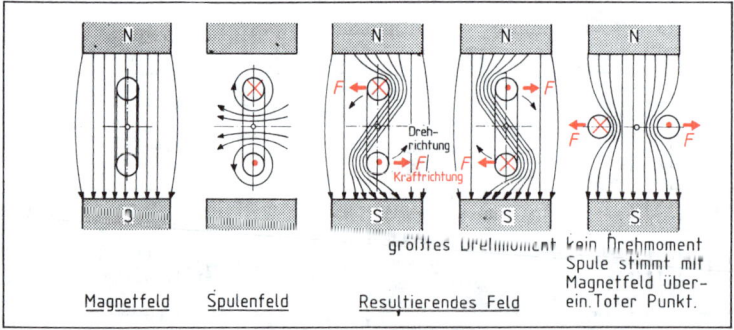

Die Spule kann wie eine einzige Leiterschleife aufgefaßt werden. Bei einer Leiterschleife bilden die Drehmomente der beiden Leiter das Gesamtdrehmoment der Leiterschleife. Es entsteht eine Drehbewegung.

Aufgabe *Erklären Sie, warum in der Leiterschleife in einer bestimmten Stellung zwar Kräfte F wirken, jedoch kein Drehmoment zustande kommen kann! (vgl. Abb.)*

5.9.3 Drehspulmeßwerk

> **Lernziel:** Den prinzipiellen Aufbau des Drehspulmeßwerks kennen und die Wirkungsweise beschreiben können.

Das **Drehspulmeßwerk** ist das in der Praxis am häufigsten verwendete Meßgerät und nach dem Prinzip der stromdurchflossenen Spule im Magnetfeld gebaut. Im Innern der Drehspule befindet sich ein Kern aus Weicheisen, der die magnetische Wirkung der Spule verstärkt. Der Strom wird der Spule über zwei gegensinnig gewickelte Spiralfedern zugeführt, die die Spule in Nullstellung halten. Bei Stromfluß dreht sich die Spule so weit, bis die Spiralfedern dem Drehmoment der Spule das Gleichgewicht halten. Ein Zeiger, der an der Spule befestigt ist, zeigt ihre Drehung auf einer geeichten Skala. Fließt der Strom in entgegengesetzter Richtung durch die Spule, so kehrt sich auch das Drehmoment um:

▶ Das Drehspulmeßwerk ist nur für Gleichstrom geeignet.

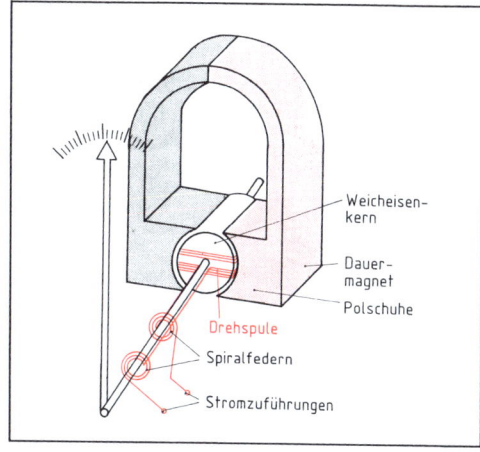

Drehspulmeßwerk

▶ Um auch Wechselströme messen zu können, schließt man das Meßwerk über eine Gleichrichterschaltung an.

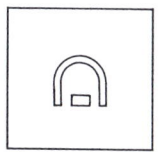

Schaltsymbol für Drehspulmeßwerk mit Dauermagnet

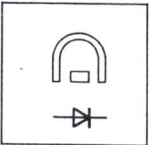

Schaltsymbol für Drehspulmeßwerk mit Gleichrichter

Mit verschiedenen Neben- und Vorwiderständen erhalten wir ein **Mehrbereichs-Meßwerk für Gleich- und Wechselstrom,** wie wir es auch bei unseren Versuchen verwenden.

Das starke Magnetfeld der Spule gibt dem Drehspulmeßwerk hohe Empfindlichkeit. Um die Reibung in den Spulenlagern zu vermeiden, wird die Spule an Stahlbändern aufgehängt, über die der Strom zugeführt wird und die gleichzeitig durch Verdrillung ein Rückstellmoment erzeugen. Diese besonders hochempfindlichen Meßwerke werden als **Galvanometer** bezeichnet. Trägt die Spule ein Spiegelchen, so kann der Ausschlag über einen „Lichtzeiger" auf einer entfernten Wand wesentlich vergrößert abgelesen werden. Diese Meßgeräte heißen **Spiegelgalvanometer.**

5.9.4 Elektrodynamisches Meßwerk

Lernziel: Das elektrodynamische Meßwerk auf die stromdurchflossene Spule im Magnetfeld zurückführen und die Verwendung für Gleich- und Wechselstrom erklären können.

Versuch: *Eine Spule ist frei beweglich mit zwei Metallbändern senkrecht vor einer feststehenden Spule aufgehängt. Die Spulen werden nacheinander vom selben Strom durchflossen (Reihenschaltung).*

Versuchsdurchführung: Die Stromstärke wird kontinuierlich bis etwa 4 A Gleichstrom gesteigert: Die bewegliche Spule dreht sich um 60 bis 90°. Die Stromrichtung wird umgekehrt: Die bewegliche Spule dreht sich in gleicher Richtung um den gleichen Betrag. Dann wird eine Spule umgepolt: Die bewegliche Spule dreht sich in anderer Richtung als vorher.

Anschließend wird der Versuch mit Wechselstrom durchgeführt: Die bewegliche Spule dreht sich wie bei Gleichstrom.

(Mit Trinkhalm oder Lichtzeiger kann die Spulendrehung besser sichtbar gemacht werden.)

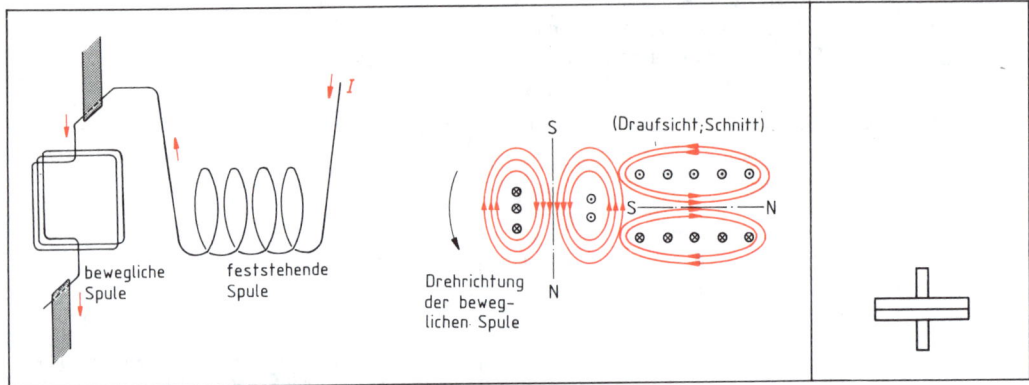

Eine stromdurchflossene bewegliche Spule (Drehspule) im Feld einer vom selben Strom durchflossenen feststehenden Spule zeigt einen starken Drehausschlag.

Schaltsymbol: Elektrodynamisches Meßwerk

Versuchsergebnis: Nach unseren Versuchen zur „stromdurchflossenen Spule im Magnetfeld" wird auf die Spule ein Drehmoment ausgeübt, das die Spulenachse in die Feldrichtung zu drehen sucht.

Wird in e i n e r Spule die Stromrichtung geändert, so dreht sich die Spule in anderer Richtung als zuvor. Wird jedoch in der feststehenden Spule u n d in der Drehspule die Stromrichtung gleichzeitig geändert, so heben sich die Wirkungen der Stromrichtungsänderungen gegenseitig auf.

> Die Drehrichtung ist von der Stromrichtung unabhängig. Deshalb kann das elektrodynamische Meßwerk für Gleich- und Wechselstrom verwendet werden.

Aufgaben

1. Beschreiben Sie die Kraftwirkung und Kraftrichtung bei der Überlagerung zweier Magnetfelder!

2. Wie verhält sich eine stromdurchflossene Spule im Magnetfeld?

3. Welche Unterschiede bestehen zwischen Drehspulmeßwerk und elektrodynamischem Meßwerk?

5.10 Elektromagnetische Induktion

5.10.1 Induktion durch Bewegung – Generatorprinzip

> **Lernziel:** Erkennen, daß durch Bewegung eines Leiters in einem magnetischen Feld eine Induktionsspannung entsteht. Die Entstehung der Induktionsspannung erklären und die Richtung des Induktionsstromes angeben können. Das LENZsche Gesetz kennen.

Versuch: *Entstehung einer Induktionsspannung durch Bewegung. Die Leiterschaukel ist mit einem empfindlichen Strommeßgerät (Nullpunkt in der Mitte) verbunden.*

Durchführung: Wir bewegen zunächst die Leiterschaukel. Dann bleibt die Leiterschaukel in Ruhe, und wir bewegen den Magneten. Die Versuche werden mit umgekehrter Bewegungsrichtung und mit umgedrehtem Hufeisenmagneten wiederholt.

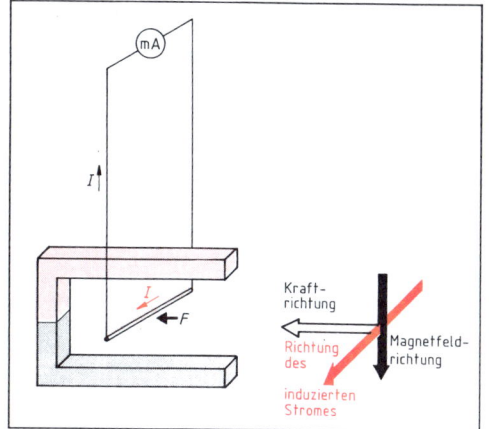

Leiterschaukel im Magnetfeld: Durch Bewegung des Leiters (Kraft F) oder des Magneten wird die Spannung induziert. Der dadurch hervorgerufene Induktionsstrom wird mit dem mA-Meßgerät nachgewiesen. Stromrichtung, Magnetfeldrichtung und Kraftrichtung stehen senkrecht aufeinander.

Versuchsergebnis: Das Meßgerät zeigt bei Bewegung des Leiters oder des Magneten einen Stromfluß von wenigen mA an. Bei Umkehrung der Bewegungsrichtung kehrt sich die Stromrichtung um.

> Schneidet ein Leiter die Feldlinien eines Magneten, so wird eine Spannung induziert. Dabei ist es gleichgültig, ob der Leiter oder die Kraftlinien bewegt werden. Diese induzierte Spannung heißt **Induktionsspannung** und der von ihr bewirkte Strom **Induktionsstrom**.
> Der Vorgang wird allgemein als **elektromagnetische Induktion** bezeichnet und in dem vorliegenden Fall als **Induktion durch Bewegung**. Da mit den Generatoren auf diese Weise Spannung erzeugt wird, sprechen wir auch vom **Generatorprinzip**.

Die Induktionsspannung besteht nur so lange, wie die magnetischen Kraftlinien geschnitten werden. Sie wechselt bei Umdrehung der Bewegungsrichtung ebenfalls ihre Richtung.

▶ Wegen ihrer wechselnden Richtung wird die durch Induktion entstehende Spannung **Wechselspannung** und der durch sie bewirkte Strom **Wechselstrom** genannt (vgl. 5.11.2).

Die Induktion der Bewegung läßt sich mit dem Modell der Elektronenbewegung erklären.

Ein elektrisches Feld ruft eine Elektronenbewegung und damit ein Magnetfeld hervor. Umgekehrt kann ein Magnetfeld, durch das ein Leiter bewegt wird, eine Elektronenbewegung im Leiter hervorrufen. Durch diese Elektronenbewegung wird ein elektrisches Feld aufgebaut:

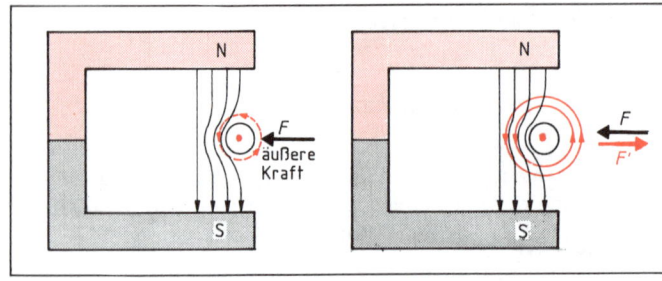

Entstehung des Induktionsstromes.
Die äußere Kraft F wirkt auf den Leiter, es entsteht der Induktionsstrom.

Das resultierende Feld bewirkt die Kraft F'.

Es entsteht eine elektrische Spannung oder Induktionsspannung. Vergleichen wir die Abbildung zur Entstehung des Induktionsstromes mit der Abb. in 5.9.1, so sehen wir, daß das resultierende Feld aus den Feldern des Hufeisenmagneten und des induzierten Stromes eine Kraft F' hervorruft, die entgegen der äußeren Kraft F gerichtet ist.

Diese Erscheinung faßte Lenz[1] so zusammen:

> Die induzierte Spannung ruft einen Induktionsstrom hervor, der immer so gerichtet ist, daß er die Vorgänge, denen er seine Entstehung verdankt, zu hemmen versucht (LENZsches Gesetz).

Das LENZsche Gesetz ist eine Folge des Energieerhaltungssatzes. Würde die Wirkung (der Induktionsstrom) die Ursache (die Bewegung) verstärken, dann würde bei diesem Vorgang Energie gewonnen werden.

5.10.2 Induktion durch Flußänderung – Transformatorprinzip

Lernziel: Erkennen, daß durch Änderung des magnetischen Flusses eine Induktionsspannung hervorgerufen wird. Den Vorgang der Selbstinduktion kennen.

Versuch: *Entstehung einer Induktionsspannung durch Flußänderung. Zwei gleiche Spulen sitzen auf U-Kern mit Joch. Die erste Spule ist über einen Schalter (hier: Morsetaster) mit dem Akkumulator verbunden. Die zweite Spule ist über einen Leiter kurzgeschlossen. Der Leiter ist in Nord-Süd-Richtung gespannt und darunter befindet sich eine Magnetnadel als empfindliches Nachweisgerät für Stromfluß (vgl. 5.8.1).*

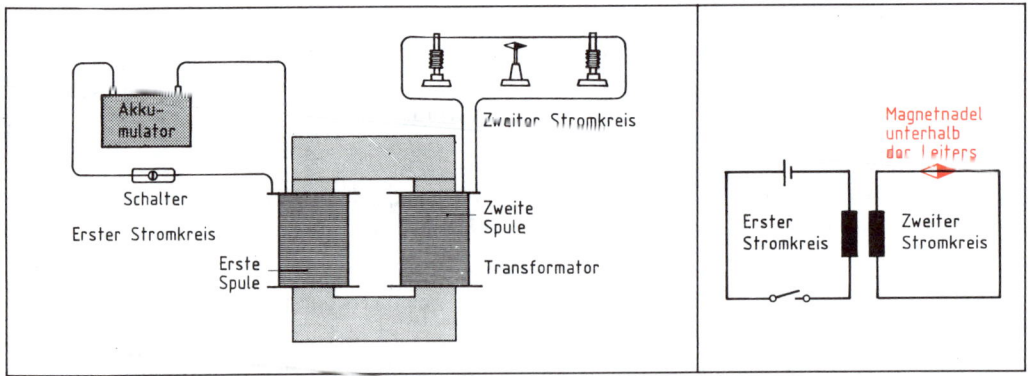

Elektromagnetische Induktion durch Flußänderung

Schaltplan zur elektromagnetischen Induktion durch Flußänderung

---

[1] **Heinrich F. E. Lenz,** 1804–1865, deutscher Physiker, Arbeiten über Induktionsströme, LENZsches Gesetz.

Durchführung: Die Spannungsquelle wird eingeschaltet und nach kurzer Zeit wieder ausgeschaltet. Die Zeitabstände zwischen Aus- und Einschalten werden verringert.

Versuchsergebnis: Die Magnetnadel unter dem zweiten Stromkreis reagiert nur beim Betätigen des Schalters im ersten Stromkreis.

Beim Einschalten des Stromes bewegt sich die Magnetnadel nach einer Seite und kehrt – während der Strom fließt – wieder in die Ausgangslage zurück. Wenn der Strom ausgeschaltet wird, schlägt die Magnetnadel erneut aus, jedoch nach der e n t g e g e n g e s e t z t e n Seite.

Diese Erscheinung läßt sich wieder mit Hilfe der Elektronenbewegung erklären: Die „angestoßenen" Elektronen im ersten Stromkreis bauen ein Magnetfeld in der ersten Spule auf, vgl. 5.8.2 und 5.8.4, das sich durch den Weicheisenkern in die zweite Spule fortsetzt. Hier induziert das im Aufbau befindliche Magnetfeld einen Strom. Das konstante Magnetfeld kann keinen Strom hervorrufen. Erst wenn durch das Ausschalten die Elektronen im ersten Stromkreis „abgebremst" werden und das Magnetfeld in der ersten und somit auch in der zweiten Spule wieder zerfällt, wird erneut ein entgegengesetzt gerichteter Strom induziert.

Nur die **Änderung** eines Magnetfeldes – also die Änderung eines magnetischen Flusses und damit auch die Änderung des Elektronenstromflusses – induziert in einem Leiter, der die magnetischen Feldlinien umschlingt (hier der Spule) eine Spannung und bewirkt damit einen Strom.

> Die Änderung des magnetischen Flusses bewirkt in einem Leiter eine **Induktionsspannung** und bei geschlossenem Stromkreis einen **Induktionsstrom**. Die Induktion durch Flußänderung ist das Prinzip der Transformatoren.

Die Änderung des magnetischen Flusses der ersten Spule ruft nicht nur in der zweiten Spule eine Induktionsspannung hervor, sondern auch in der ersten Spule selbst, weil ihre Windungen ebenfalls das sich verändernde Feld umschließen. Dieser Vorgang wird **Selbstinduktion** genannt.

Wir trennen im Versuch den ersten Stromkreis mit der ersten Spule von den übrigen Bauteilen ab und schalten einen Strommesser in diesen Kreis.

Nach dem LENZschen Gesetz wirkt die Selbstinduktionsspannung beim Einschalten des Stromes der angelegten Spannung entgegen und verzögert das Anwachsen der Stromstärke auf den Wert, der dem OHMschen Gesetz entspricht. Die Stromstärke steigt nun langsam auf den Endwert. Diese dem Stromkreis entzogene Energie wird zum Aufbau des Magnetfeldes benötigt.

Wird der Strom abgeschaltet, so erzeugt das verschwindende Magnetfeld eine Selbstinduktionsspannung, die der angelegten Spannung gleichgerichtet ist. Diese bewirkt einen Induktionsstrom, der gleiche Richtung wie der ursprüngliche Strom hat und somit einen schnellen Stromabfall verhindert. Dieser allmähliche Stromrückgang verzögert auch den Abbau des Magnetfeldes. Damit wird die zum Aufbau des Magnetfeldes benötigte Energie wieder dem Stromkreis zurückgeführt. Die Selbstinduktion einer Spule im Stromkreis hat eine energiespeichernde Wirkung.

Wird der Strom in einer Spule schnell abgeschaltet, so nimmt auch der magnetische Fluß Φ schnell ab, und es entsteht eine große Selbstinduktionsspannung, die die Abnahme des Stromes zu verhindern sucht.

▶ Beim Abschalten von Spulen treten hohe Spannungen auf.

Durch diese hohen Spannungen können andere Bauteile des Stromkreises zerstört werden.

Es gibt aber auch Beispiele, wo eine hohe Selbstinduktionsspannung erwünscht ist. So wird die Zündspannung von etwa 10 kV für den Ottomotor (Benzinmotor) durch Abschalten der Zündspule aus dem 12 V-Gleichstromkreis des Akkumulators (der Batterie) erreicht.

Ebenso entsteht durch Stromunterbrechung in einer Spule für eine Leuchtstofflampe eine Zündspannung, die über der Netzspannung liegt.

5.11 Motoren und Generatoren

5.11.1 Gleich- und Wechselstrommotoren

> **Lernziel:** Die Kenntnisse des Elektromagnetismus auf den einfachen Doppel-T-Anker-Motor mit Kollektor übertragen und das Zustandekommen einer Drehbewegung verstehen. Die Verbesserung des Antriebs durch einen Trommelanker erkennen. Wissen, daß Gleichstrommotoren mit Elektromagneten als Feldmagnete auch mit Wechselstrom betrieben werden können.

▶ Maschinen, die auf Grund der magnetischen Wirkungen des elektrischen Stromes elektrische Energie in mechanische Energie umwandeln, werden **Elektromotoren** genannt.

Die Wirkungsweise der Elektromotoren läßt sich anhand der Einsichten über das Verhalten stromdurchflossener Spulen im Magnetfeld erklären, vgl. 5.9.2. Durch das auf die Spule wirkende Drehmoment entsteht eine Bewegung, die jedoch in einer bestimmten Lage wieder zur Ruhe kommt: Im toten Punkt stehen sich ungleichnamige Magnetpole gegenüber.

Durch Umkehren der Stromrichtung, **Umpolen,** dreht sich die Spule weiter, da sich nun gleichnamige Pole wieder gegenüberstehen. Dieses Umpolen übernimmt im Elektromotor ein **Polwender,** auch Kommutator oder **Kollektor** genannt.

Versuch: Gleichstrommotor mit Doppel-T-Anker und Gleichstrommotor mit Trommelanker.

Die Drehspule ist zur Verstärkung ihrer magnetischen Flußdichte B auf einen Weicheisenkern aufgewickelt, der aus Weicheisenplättchen (Lamellen) zusammengesetzt ist. Dieses Bauteil heißt **Anker** *oder Rotor. – Den einfachen Anker nennt man* **Doppel-T-Anker.**

Bei den technischen Motoren verwendet man einen Eisenkern mit mehreren Wicklungen, die so gegeneinander versetzt sind, daß immer nur eine Windungsfläche im toten Punkt ist, während die anderen angetrieben sind. Diesen Anker nennt man **Trommelanker.**

Der feststehende Magnet heißt **Stator.** *Er ist bei diesen Versuchen ein Dauermagnet.*

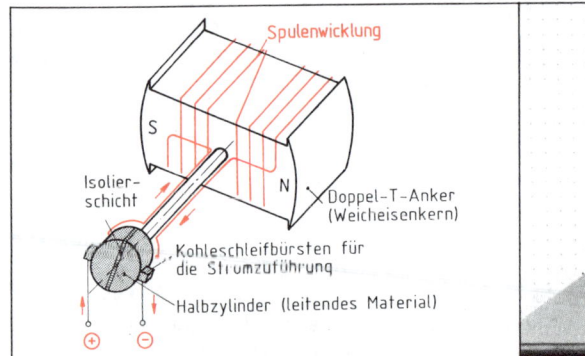
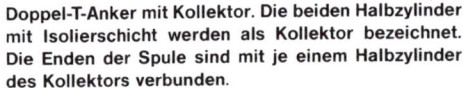

Doppel-T-Anker mit Kollektor. Die beiden Halbzylinder mit Isolierschicht werden als Kollektor bezeichnet. Die Enden der Spule sind mit je einem Halbzylinder des Kollektors verbunden.

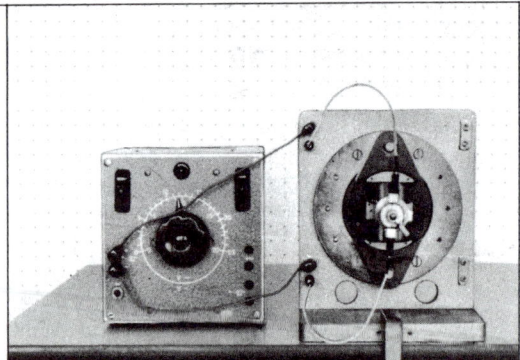

Gleichstrommotor mit Doppel-T-Anker und Dauermagneten als Feldmagneten

Durchführung: Zunächst setzen wir den Doppel-T-Anker, dann den Trommelanker ein und achten auf die Drehbewegung.

Versuchsergebnis: Der Doppel-T-Anker läuft im „Totpunkt" nicht von selbst an. Der Trommelanker läuft in jeder Stellung von selbst an. Die beim Trommelanker gleichmäßig auf den Ankerumfang verteilten vielen Wicklungen bewirken einen gleichmäßigeren, ruhigeren Lauf des Motors als mit einem

Doppel-T-Anker. Bei Umkehrung der Stromrichtung kehrt sich die Drehrichtung des Ankers um. Bei Erhöhung der Spannung erhöht sich die Drehzahl des Ankers.

> Im Elektromotor wird die Kraftwirkung, die eine stromdurchflossene Spule – Doppel-T-Anker oder Trommel-Anker – im Magnetfeld erfährt, verwendet, um eine Drehbewegung zu erreichen. Die **fortlaufende** Drehbewegung bewirkt der Kollektor.

Das Zustandekommen der Drehbewegung und die Wirkungsweise des Kollektors verdeutlicht die Abbildung.

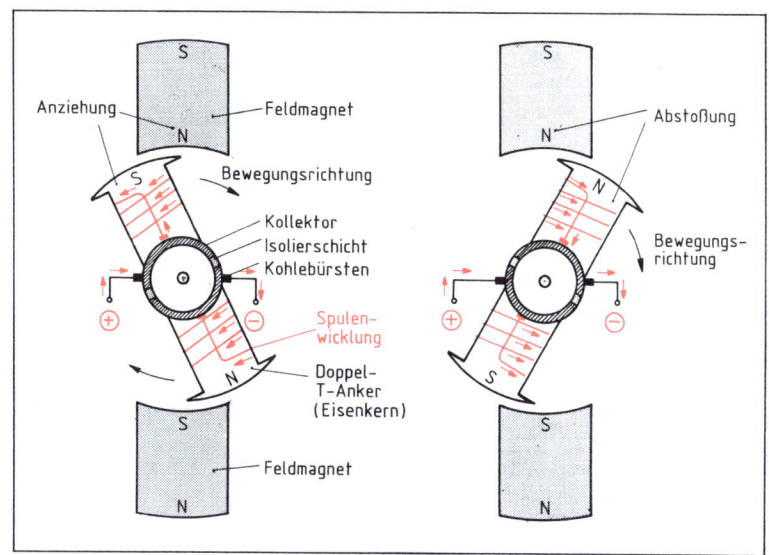

Gleichstrommotor: Doppel-T-Anker im Magnetfeld. Der Kollektor bewirkt das Umkehren der Stromrichtung. Die Hauptteile des Gleichstrommotors sind: Feldmagnet, Anker, Kollektor, Schleifbürsten, Spulenwicklung. Starke Feldmagnete und der lamellenartige Eisenring des Ankers erhöhen die magnetische Flußdichte und damit das Drehmoment.

Versuch: *Gleich- und Wechselstrommotoren mit **Elektromagneten** als **Feldmagneten**. Die Rotoren sind die gleichen wie im vorherigen Versuch.*

Durchführung:

a) Die Feldspulen und die Ankerwicklung werden in Reihe geschaltet.

b) Die Feldspulen liegen parallel zur Ankerwicklung.

Die angelegte **Gleichspannung** wird zwischen 10 und 15 V variiert. Die Stromrichtung ändern wir einmal in Feldspulen **und** Anker, dann in Feldspulen **oder** Anker. Anschließend legen wir eine **Wechselspannung** an.

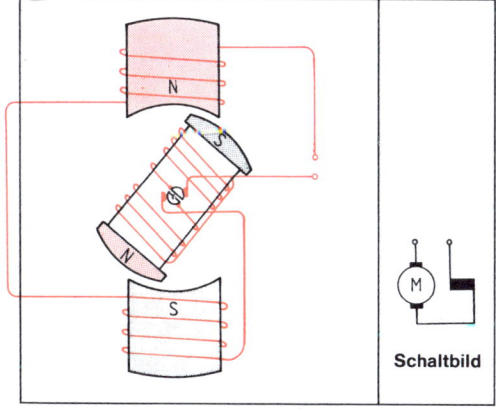

Reihenschlußmotor oder Hauptschlußmotor für Gleich- und Wechselstrom

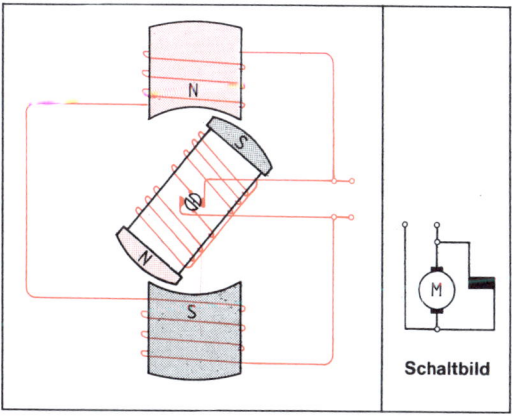

Nebenschlußmotor für Gleich- und Wechselstrom

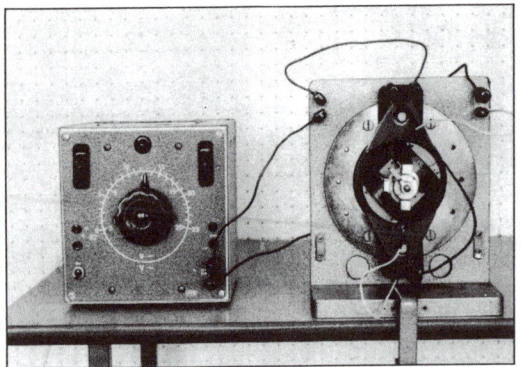

Feld und Anker können auf zwei prinzipiell verschiedene Arten geschaltet werden:

a) Feld und Anker liegen in Reihe:
Reihenschlußmotor

b) Feld und Anker liegen parallel:
Nebenschlußmotor

Reihenschluß- oder Hauptschlußmotor für Gleich- und Wechselstrom

Versuchsergebnis:

> Das elektrische Feld des Stators kann statt mit einem Dauermagneten auch mit einem Elektromagneten erzeugt werden.
> Gleichstrommotoren mit Elektromagnet als Felderregung können auch mit Wechselstrom betrieben werden.

▶ Die Drehzahl ist spannungsabhängig.

▶ Die Drehrichtung läßt sich umkehren, wenn die Stromrichtung in den Feldmagneten **oder** im Anker umgekehrt wird;

▶ sie bleibt erhalten, wenn die Stromrichtung im Feldmagnet **und** im Anker umgekehrt wird.

Die heute benutzten Motoren haben fast ausschließlich Elektromagnete als Felderreger. Die in der Technik benutzten Motoren für Wechselstrom sind meist Reihenschlußmotoren; z.B. alle Kleinmotoren, aber auch Antriebsmotoren für Fernbahnen.

5.11.2 Gleich- und Wechselstromgeneratoren

> **Lernziel:** Die Erfahrungen und Kenntnisse der Induktion durch Bewegung auf den Generator übertragen und das Zustandekommen des pulsierenden Gleichstroms und des Wechselstroms verstehen und erklären können.

Bei der Behandlung des elektromotorischen Prinzips und der elektromagnetischen Induktion konnten wir feststellen, daß Ursache und Wirkung vertauscht sind:

Elektromotorisches Prinzip: Ursache: **Stromfluß**
                                            Wirkung: **Bewegung**

Elektromagnetische Induktion: Ursache: **Bewegung**
                                            Wirkung: **Stromfluß**

▶ Maschinen, die durch elektromagnetische Induktion mechanische Energie in elektrische Energie umwandeln, werden **Generatoren** genannt.

Versuch: *Generator für Gleich- und Wechselstrom.*

Der Aufbau entspricht zunächst dem Elektromotor mit Doppel-T-Anker und Dauermagnet, Kollektorbetrieb, vgl. 5.11.1, für pulsierenden Gleichstrom.

Durchführung: Der Generator wird durch eine Riemenscheibe angetrieben.

Durch Einschalten eines Drehspulstrommessers für Gleichstrom, vgl. 5.9.3, erkennen wir, daß der Strom zwischen Null und einem Höchstwert schwankt.

Es handelt sich um einen **pulsierenden Gleichstrom,** der am Kollektor abgenommen wird. Nehmen wir den Strom nicht vom Kollektor ab, sondern von zwei Schleifringen, so ergibt sich ein **Wechselstrom.**

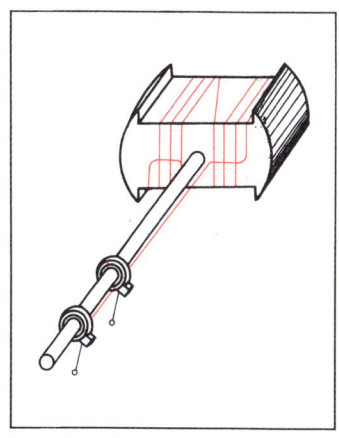

Doppel-T-Anker mit zwei Schleifringen für Wechselstromgenerator

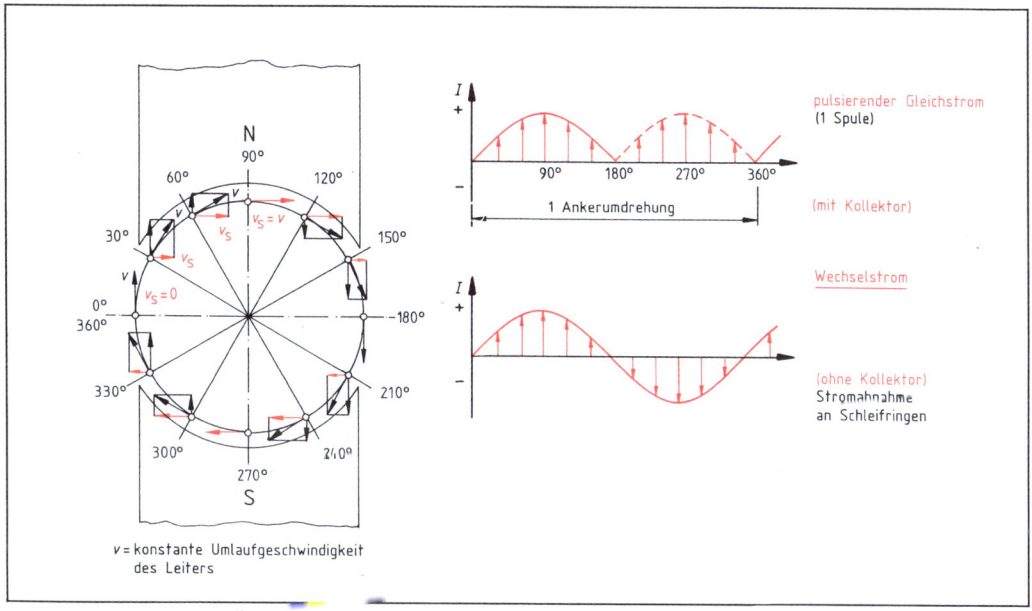

v = konstante Umlaufgeschwindigkeit des Leiters

Da nur die Geschwindigkeit des Leiters senkrecht zum Feld v_S maßgebend ist für die Größe der induzierten Spannung und damit des induzierten Stromes I, entsteht bei Stromabnahme am Kollektor ein pulsierender Gleichstrom, ohne Kollektor ein Strom mit wechselnden Richtungen: ein **Wechselstrom**.

Versuchsergebnis:

> Im Generator wird der Induktionsstrom dadurch erreicht, daß die Leiter durch ihre **Bewegungen** Feldlinien schneiden. Die Leiter sind Spulen mit Weicheisenkern, das Magnetfeld wird durch einen Dauermagneten oder Elektromagneten gebildet.
>
> Mit Kollektor entsteht ein **pulsierender Gleichstrom,** ohne Kollektor ein **Wechselstrom.**

Technische Einzelheiten:

Der technische Generator verwendet ausschließlich Elektromagnete als Feldmagnete.

Der **Gleichstromgenerator** versorgt seine Feldmagnete selbst mit Strom: Er ist ein Generator mit **Selbsterregung**.

Reihen- und Nebenschlußmotoren können als Gleichstromgeneratoren mit Selbsterregung verwendet werden.

Der **Wechselstromgenerator** kann seine Feldmagnete nicht selbst mit Gleichstrom versorgen. Der Gleichstrom kommt aus einer fremden Spannungsquelle. Der Wechselstromgenerator ist ein Generator mit **Fremderregung**. Meist sitzt auf der Antriebswelle für den Wechselstromgenerator noch ein kleiner Gleichstromgenerator für den Feldstrom des Wechselstromgenerators.

▶ Ein Gleichstromgenerator gleicht in seinem Aufbau einem Gleichstrommotor.

▶ Ein Gleichstromgenerator gleicht bis auf die Vorrichtung der Stromentnahme dem Aufbau eines Wechselstromgenerators.

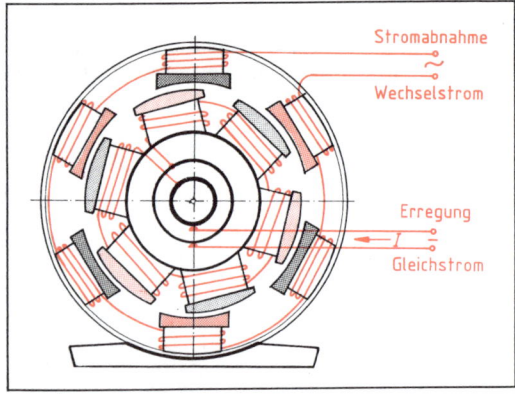

Fremderregter Innenpolgenerator

Erzeugt die Statorwicklung das Feld, so wird im Rotor der Strom induziert. Dabei müssen die induzierten Ströme an Schleifringen abgenommen werden. Diese Bauart heißt **Außenpolmaschine**.

Da bei hohen Wechselströmen durch die Schleifringabnahme hoher Verschleiß der Kohlebürsten und Funkenbildung entstehen, läßt man den Rotor durch Gleichstromzuführung das Feld erzeugen. Der Wechselstrom kann dann am Stator durch einen festen Anschluß abgenommen werden. Diese Bauart heißt **Innenpolmaschine**.

Aufgaben

1. Erklären Sie mit Hilfe des Elektromagnetismus das Entstehen der Drehbewegung beim Elektromotor!

2. Welche Bedeutung hat der Kollektor?

3. Weshalb werden Trommelanker verwendet?

4. Welche Vorteile bietet ein Elektromotor mit Elektromagneten als Feldmagnete gegenüber einem Motor mit Dauermagneten als Feldmagnete?

5. Wie läßt sich die Drehzahl regulieren?

6. Erklären Sie das Entstehen von Wechselstrom bei einem Generator! Skizzieren Sie den zeitlichen Verlauf des Wechselstromes!

7. Durch welche Vorrichtung entsteht ein pulsierender Gleichstrom? Skizzieren Sie den zeitlichen Verlauf des pulsierenden Gleichstromes!

5.12 Drehstrom

5.12.1 Drehstromgeneratoren

> **Lernziel:** Den Aufbau und die Wirkungsweise eines Drehstromgenerators kennen. Spannungs- bzw. Stromverlauf skizzieren und erklären können. Den Zusammenhang zwischen Wechselstromnetz und Drehstromnetz erklären und die Leiter bezeichnen können.

Die Generatoren der Elektrizitätswerke erzeugen drei Wechselspannungen mit einer Maschine. Die Ständerwicklungen, von denen der Strom abgenommen wird, sind um 120° versetzt, so daß drei Wechselströme mit einer **Phasenverschiebung** von 120° abgenommen werden.

Versuch: *Prinzip eines Drehstromgenerators.*

Durchführung: Der Generator wird durch die Riemenscheibe angetrieben. Zunächst wird an jede der drei Phasen ein Lämpchen angeschlossen. Dann wird der Strom im Mittelleiter geprüft bei allen drei brennenden Lampen, bei zwei und bei einer brennenden Lampe.

Versuchsergebnis: Die Lämpchen blinken bei langsamer Drehung in bestimmtem Rhythmus: Jedesmal, wenn ein Nordpol oder Südpol des Erregerfeldes an einer Induktionsspule vorbeiläuft, blinkt die entsprechende Lampe. Bei rascher Drehung bemerken wir nur noch ein gleichmäßiges Leuchten.

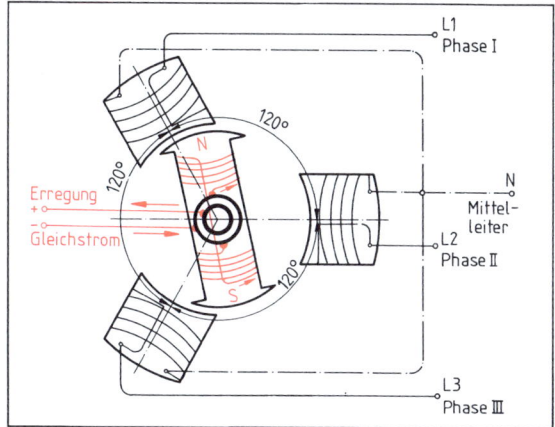

Drehstrom-Innenpol-Generator

Werden an drei solcher Wechselspannungen drei Glühlämpchen angeschlossen, so braucht man nicht sechs, sondern nur vier Leitungen: Für jedes Lämpchen eine Leitung und eine gemeinsame Rückleitung.

Die Stromprüfung im Mittelleiter ergibt, daß bei gleichmäßiger Belastung der Phasen der Mittelleiter stromlos ist. Daher entfällt der Mittelleiter im Hochspannungsnetz (vgl. 5.4). Die verschiedenen Verbraucher werden so an die drei Leiter des Drehstromnetzes angeschlossen, daß die drei Phasen möglichst gleichstark belastet werden.

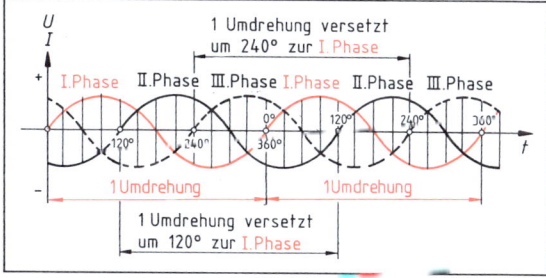

Spannungs- bzw. Stromverlauf eines Dreiphasenwechselstroms in Abhängigkeit des Drehwinkels bzw. der Zeit

> Die Leiter werden als **Außenleiter** L1, L2 und L3 bezeichnet und der gemeinsame Rückleitungsdraht als **Mittelleiter** N. Da diesem Stromnetz drei Wechselströme entnommen werden können, wird allgemein von **Dreiphasenstrom** oder **Drehstrom** gesprochen. Das Drehstromnetz führt jeweils zwischen zwei Außenleitern eine Spannung von 380 V; zwischen einem Außenleiter und dem Mittelleiter besteht die Spannung 220 V.
>
> Das Wechselstromnetz in unseren Haushaltungen führt einen der Leiter L1, L2 oder L3 und den Mittelleiter N. Damit herrscht hier eine Spannung von 220 V.

5.12.2 Drehstrommotoren

Lernziel: Den prinzipiellen Aufbau eines Drehstrommotors kennen. Die Vorteile eines solchen Motors gegenüber einem Wechselstrommotor erläutern können.

Versuch: *Prinzip des Drehstrommotors. Drei gleiche Spulen werden nach dem Schaltschema verbunden und an den Drehstrom-Innenpol-Generator in 5.12.1 oder an ein transformiertes Drehstromnetz angeschlossen.*

Durchführung: Eine Magnetnadel zwischen den Spulen wird von Hand in rasche Drehbewegung versetzt.

Versuchsergebnis: Die Magnetnadel bleibt in Drehbewegung.

Erklärung: Jede Spule stellt einen Elektromagneten dar, bei dem die Pole ständig wechseln. Ist im Augenblick bei U2 ein Nordpol, so ist im nächsten Augenblick bei V2, dann bei W2 der Nordpol. Die Magnetnadel folgt diesem **Drehfeld**. Vom Drehfeld kommt auch der Begriff **Drehstrom**.

Bei technischem Drehstrom dreht sich das Feld in jeder Sekunde 50mal. Wir sprechen dann von einer Frequenz f von 50 Hertz $\left(\text{Hz} = \frac{1}{\text{s}}\right)$. Für eine Umdrehung braucht das Drehfeld also nur $\frac{1}{50}$ s = 0,02 s.

Wie die Magnetnadel würde auch ein Motor nach dieser Bauart nicht alleine anlaufen und bei Belastung stehen bleiben.

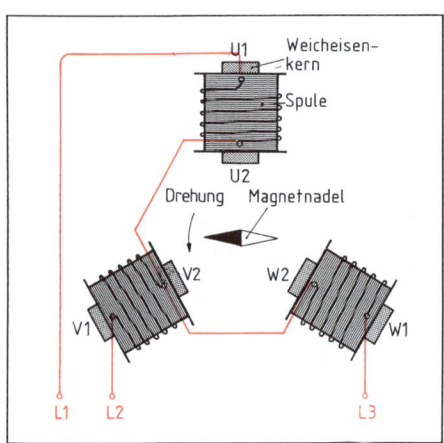

Mit der Drehung der Magnetnadel wird das Drehfeld nachgewiesen.

Drehstrommotor mit Kurzschlußläufer

Versuch: *Drehstrommotor mit Kurzschlußläufer. Wir bauen einen Drehstrommotor mit „Kurzschlußläufer" auf. Die Schaltung der Spulen erfolgt nach Schema der Abb. im vorherigen Versuch.*

Durchführung: Der Anschluß der Spulen erfolgt zunächst an den Generator nach 5.12.1, dann an ein transformiertes Drehstromnetz.

Versuchsergebnis:

▶ Der Kurzschlußläufer wird vom Drehfeld mitgenommen, er setzt sich von selbst in Bewegung und hat ein kräftiges Durchzugsmoment.

Der Kurzschlußläufermotor wird wegen des einfachen Aufbaus (keine Bürsten), wegen seiner Robustheit und Betriebssicherheit sehr häufig verwendet.

5.13 Transformator

5.13.1 Aufbau und Wirkungsweise eines Transformators

Lernziel: Den Aufbau und die Spannungsübersetzung eines Transformators im Versuch erkennen. Wissen, wie sich die Spannungen und Ströme in Bezug zu den Windungszahlen verhalten.

Versuch: Zwei Spulen, die auf einem U-Kern mit Joch sitzen und nicht leitend miteinander verbunden sind, werden als **Transformator** oder **Umspanner** bezeichnet. Die erste Spule, die an die Wechselspannung angelegt wird, heißt **Primärspule**, Eingangsspule oder Transformatoreingang, die zweite Spule **Sekundärspule**, Ausgangsspule oder Transformatorausgang.

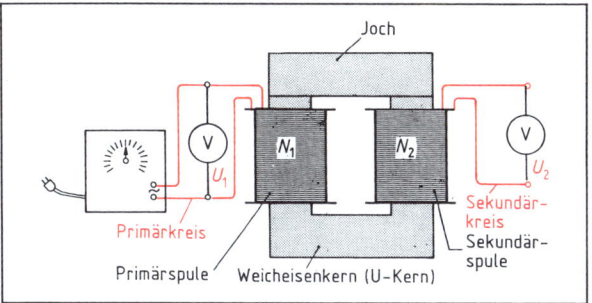

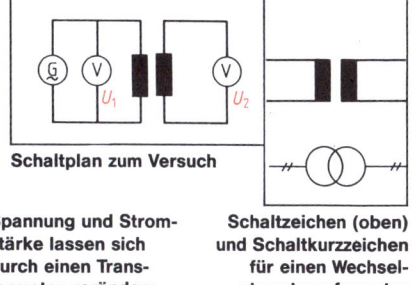

Schaltplan zum Versuch

Spannung und Stromstärke lassen sich durch einen Transformator verändern.

Schaltzeichen (oben) und Schaltkurzzeichen für einen Wechselstromtransformator

Durchführung: Wir ändern die Windungszahlen der Primär- und Sekundärspulen und beobachten die Spannung U_2 bei frei gewählter Primärspannung U_1 und unbelasteter Sekundärseite.

Windungszahlen			Spannungen		
Primär N_1	Sekundär N_2	$\dfrac{N_1}{N_2}$	Primär	Sekundär	$\dfrac{U_1}{U_2}$
250	500	1:2	100 V	200 V	1:2
250	250	1:1	100 V	100 V	1:1
1000	500	2:1	220 V	110 V	2:1
1000	250	4:1	220 V	55 V	4:1

Versuchsergebnis: Transformatoren sind Spannungswandler. Die Spannungen verhalten sich wie die Windungszahlen der Spulen.

$$\frac{U_1}{U_2} = \frac{N_1}{N_2} \qquad U_1, U_2 \ldots \text{Primär- bzw. Sekundärspannung}$$
$$N_1, N_2 \ldots \text{Windungszahl der Primär- bzw. Sekundärspule}$$

Die **Leistung** im Primär- und Sekundärkreis des Transformators ist gleich, von geringen Verlusten abgesehen. Aus $P_1 = U_1 \cdot I_1$ im Primärkreis und $P_2 = U_2 \cdot I_2$ im Sekundärkreis ergibt sich mit $P_1 = P_2$ die Beziehung $U_1 \cdot I_1 = U_2 \cdot I_2$. Daraus ergeben sich die Zusammenhänge zwischen Spannungen, Strömen und Windungszahlen:

Die Ströme verhalten sich umgekehrt wie die Spannungen und die Windungszahlen.

$$\frac{I_2}{I_1} = \frac{U_1}{U_2} \quad \text{und} \quad \frac{I_2}{I_1} = \frac{N_1}{N_2} \qquad I_1, I_2 \ldots \text{Primär- bzw. Sekundärstrom}$$

Das Verhältnis der Windungszahlen wird als **Übersetzungsverhältnis** des Transformators bezeichnet. Es gilt nur für den unbelasteten Transformator, also wenn im Sekundärkreis kein Strom fließt.

5.13.2 Bedeutung der Hochspannungstransformatoren

> **Lernziel:** Die technische Bedeutung der Hochspannungstransformatoren durch Versuch und Beispiel erkennen. Die Vorteile des Wechselstroms (Drehstroms) gegenüber Gleichstrom in bezug auf die Transformierbarkeit kennen.

Versuch: *Wirkungsweise von Hochspannungstransformatoren. Der Widerstand 4,2 kΩ soll einen Fernleitungswiderstand verkörpern.*

Durchführung: Eine Glühlampe (60 W) wird zunächst direkt ans Netz (220 V), dann unter Zwischenschalten eines Widerstandes (4,2 kΩ) und schließlich über zwei Transformatoren (500/10000 und 10000/500), zwischen denen nun der Widerstand liegt, betrieben.

Wir beobachten jeweils die Lampe und messen die verbleibende Spannung für die Glühlampe und die Ströme in allen drei Versuchen.

Versuchsergebnis:

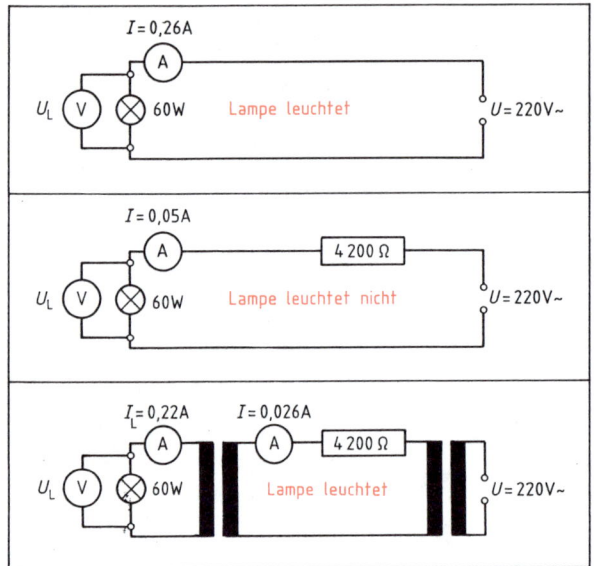

Versuch 1: Die Lampe leuchtet. Der geringe Leiterwiderstand bewirkt nur geringen Spannungsabfall, so daß die Spannung an der Lampe $U_L \approx U$ ist.

Versuch 2: Die Lampe leuchtet nicht. Der Spannungsabfall am Widerstand 4,2 kΩ ist zu groß: $U_L < U$.

Versuch 3: Die Lampe leuchtet trotz gleichem Widerstand 4,2 kΩ. Der Spannungsabfall fällt gegenüber der Spannung von 4400 V nur wenig ins Gewicht, da er prozentual geringer ist als in Versuch 2.

Durch Hochspannung läßt sich elektrische Energie mit geringen Leistungsverlusten übertragen.

> Bei gleicher Leistung bewirkt der Transformator durch Erhöhen der Spannung ein Sinken der Stromstärke und damit ein Sinken des Spannungsabfalls $U = R \cdot I$ am Widerstand R.

Elektrische Energie kann heute wirtschaftlich nur in Großkraftwerken (Dampf- oder Wasserkraftanlagen treiben Generatoren) aus Wärme- oder mechanischer Energie erzeugt werden. Diese Energie muß über große Strecken transportiert werden.

Das Schluchseekraftwerk hat eine Generatorleistung von 536 MW = 536 000 kW. Bei einer Spannung von 220 V würde sich ein Strom von:

$$P = U \cdot I \rightarrow I = \frac{P}{U} = \frac{536 \cdot 10^6 \, \text{V} \cdot \text{A}}{220 \, \text{V}} = 2{,}44 \cdot 10^6 \, \text{A} = \underline{2{,}44 \text{ Millionen Ampere}} \text{ ergeben.}$$

Solche Stromstärken können nicht übertragen werden. Bei einem Richtwert für Leiterquerschnitte von $\frac{20 \, \text{A}}{1 \, \text{mm}^2}$ für Freiluftleitungen ergäbe sich ein Leiterquerschnitt für Kupferleitungen von 1220 cm² ($d = 40$ cm Durchmesser).

Mit **Hochspannungstransformatoren** wird deshalb die Spannung ab Werk erhöht, z. B. auf 110 kV, 220 kV oder 380 kV.

Bei 110 kV sinkt die Stromstärke auf:

$$I = \frac{P}{U} = \frac{536 \cdot 10^6 \text{ V} \cdot \text{A}}{110 \cdot 10^3 \text{ V}} = \underline{\underline{4873 \text{ A}}}$$

Diese Stromstärke erfordert nur noch einen Leiterquerschnitt von **2,4 cm²** ($d = 1,75$ cm Durchmesser).

Die Hochspannung des Verbundnetzes wird dann vor den Verzweigungen in den Verbraucherzentren stufenweise reduziert, zunächst auf 60 000, 15 000 und 6000 Volt, und unmittelbar vor dem Einsatz in Maschinen und Anlagen auf die Endwerte 380 V/ 220 V.

Die Vorteile des Wechselstroms (Drehstroms) gegenüber Gleichstrom ergeben sich aus Versuch und Beispiel:

Transformatorstation

> Wechselstrom (Drehstrom) läßt sich transformieren. Damit kann er über große Entfernungen ohne wesentliche Verluste übertragen und für vielfältige Zwecke in den verschiedensten Spannungen und Stromstärken verwendet werden.

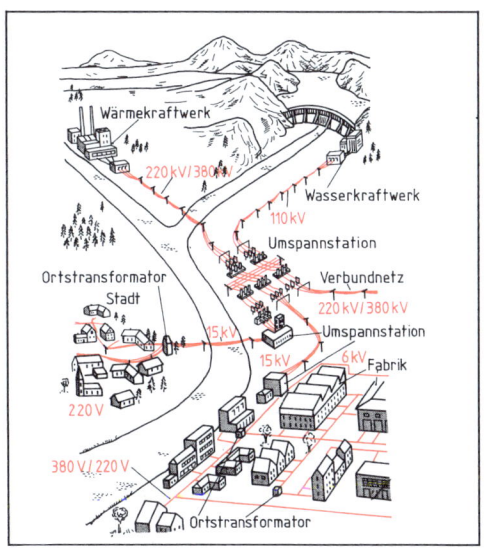

Energieversorgung durch das Verbundnetz. Je verzweigter das Netz wird, je niedriger wird die Spannung.

Beispiel:

Der Transformator für eine Fabrik wird mit 12 MW bei 15 kV versorgt. Er hat primär 24 000 Windungen und soll sekundär 6000 V abgeben. Wie groß sind die Ströme und die sekundäre Windungszahl?

$P = 12$ MW $U_1 = 15$ kV $N_1 = 24\,000$ $U_2 = 6000$ V

$I_1 = \dfrac{P}{U_1}$ $N_2 = N_1 \cdot \dfrac{U_2}{U_1}$ $I_2 = \dfrac{P}{U_2}$

$I_1 = \dfrac{12\,000\,000 \text{ W}}{15\,000 \text{ V}}$ $N_2 = 24\,000 \cdot \dfrac{6000 \text{ V}}{15\,000 \text{ V}}$ $I_2 = \dfrac{12\,000\,000 \text{ W}}{6000 \text{ V}}$

$\underline{\underline{I_1 = 800 \text{ A}}}$ $\underline{\underline{N_2 = 9600 \text{ Windungen}}}$ $\underline{\underline{I_2 = 2000 \text{ A}}}$

Aufgaben

1. Berechnen Sie die Stromstärke in den Überlandleitungen bei 536 MW Leistung, wenn die Spannung auf 220 kV (380 kV) hochtransformiert würde!

2. Warum kann Gleichstrom nicht transformiert werden?

6 Atomphysik

6.1 Atommodelle

Lernziel: Die verschiedenen Atommodelle beschreiben, ihre Entstehung und Gültigkeit kennen.

Atome sind unserer unmittelbaren Anschauung nicht zugänglich. Deshalb sind wir hier mehr als auf anderen Gebieten der Physik darauf angewiesen, uns anschauliche Bilder, Annahmen, Gedankengebäude und Modelle zu schaffen, mit deren Hilfe wir versuchen, beobachtete Naturerscheinungen zu beschreiben, Gesetze zu deuten und Voraussagen über Versuche und deren Ergebnisse zu treffen. Jedes Modell kann nur bestimmte Sachverhalte erfassen, es ist eine Denkhilfe. Für das Atom reichten zunächst einfache Atommodelle aus, bei der weiteren Forschung wurden sie dann komplizierter, mußten präzisiert oder abgeändert werden.

Bei der kinetischen Wärmetheorie (2.5) haben wir ein einfaches, mechanisches Atommodell kennengelernt, das auf den englischen Physiker und Chemiker **Dalton** (1766–1844) zurückgeht.

Dalton führte Untersuchungen über die physikalischen Eigenschaften der Gase durch. Das Ergebnis dieser Untersuchungen konnte er am einfachsten erklären, wenn er die Atome als elastische, gleichmäßig mit Materie gefüllte Kugeln ansah. Dabei sind die Atome eines Elements untereinander gleich, die der verschiedenen Elemente jedoch verschieden. Mit diesem einfachen mechanischen Atommodell werden auch heute noch die kinetische Wärmetheorie und die Gasgesetze, die Änderung der Aggregatzustände (2.8.1) sowie chemische Reaktionen anschaulich dargestellt.

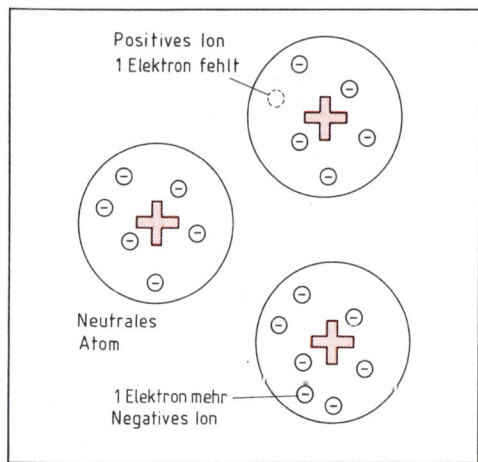

Atommodell nach Thomson

Gegen Ende des 19. Jahrhunderts wurden Versuchsergebnisse aus der Elektrizitätslehre bekannt, die mit diesem einfachen Modell nicht mehr erklärt werden konnten.

Der Physiker **Thomson** entwickelte das Daltonsche Atommodell 1904 weiter, in dem er annahm, daß die Kugeln aus positiver geladener Masse bestehen, in die so viele Elektronen eingebettet sind, daß das Atom nach außen elektrisch neutral ist. Die Atome können Elektronen abgeben oder zusätzlich aufnehmen, so daß positive oder negative Ionen entstehen. In Metallen sind die Elektronen zum Teil frei beweglich.

Schon 1892 entdeckte **H. Hertz** (1857–1894), daß Katodenstrahlen durch dünne Schichten fester und flüssiger Körper hindurchgehen. 1894 konstruierte **Ph. Lenard** eine Entladungsröhre, bei der schnelle Elektronen (Katodenstrahlen) gegen eine dünne Aluminiumfolie prallen. Die Elektronen gelangen fast ungehindert durch die Folie. Da bei einer Dicke der Folie von 0,003 mm noch rund 9000 Atome übereinander lagern, müßte der kleinste Zwischenraum noch verdeckt sein, und es ist unwahrscheinlich, daß die Elektronen zwischen den Atomen der Aluminiumfolie hindurchgelangt sind. Sie müssen vielmehr durch die Atome selbst geflogen sein. Daraus läßt sich schließen, daß die Atome keine massiven Kugeln sein können. Die Atome müssen auch leeren Raum enthalten. Diese Erkenntnis erforderte ein neues Atommodell.

Der englische Physiker E. Rutherford (1871–1937) machte ähnliche Versuche wie Ph. Lenard mit α-Strahlen. α-Strahlen sind von radioaktiven Stoffen ausgehende positiv geladene Teilchen. Sie werden beim Durchgang durch dünne Metallfolien vereinzelt mehr oder weniger stark abgelenkt. Für diese Ablenkung muß ein positiver Atomkern die Ursache sein.

Aufgrund der Versuchsergebnisse entwickelte **Rutherford 1911** folgendes Atommodell:

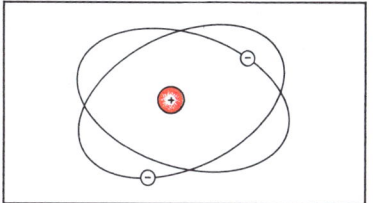

Modell des Heliumatoms nach Rutherford

> Jedes Atom hat im Mittelpunkt einen Atomkern, in dem die gesamte positive Ladung und nahezu die gesamte Atommasse vereinigt sind.
>
> Die positive Kernladung muß durch eine entsprechende Zahl von Elektronen ausgeglichen werden, die um den Kern kreisen und die Atomhülle bilden.

Atombausteine

Mit diesem Atommodell können bereits viele Versuche zur Elektrizitätslehre gedeutet werden.

Beim Rutherfordschen Atommodell herrscht für das kreisende Elektron Kräftegleichgewicht zwischen elektrischer Anziehungskraft und Zentrifugalkraft. Da jedoch ein kreisendes Elektron eine elektromagnetische Welle aussenden müßte, würde es Energie abstrahlen, langsamer werden und in den Kern gezogen.

Das Strahlenproblem beim Rutherfordschen Atommodell zwang die Physiker, nach einem verbesserten Modell zu suchen.

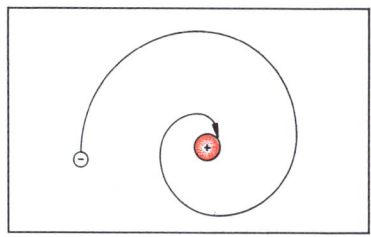

Ein strahlendes Elektron würde ständig Energie verlieren und auf den Kern stürzen

Dem Dänen **Niels Bohr** (1885–1962) gelang es, mit Hilfe der von Max Planck entwickelten Quantentheorie ein Atommodell aufzustellen, wonach die Elektronen auf einigen festgelegten Kreisbahnen mit einer bestimmten Energie strahlungsfrei umlaufen.

Ein Elektron kann durch Energiezufuhr auf eine Bahn mit höherer Energie angehoben werden. Nach kurzer Zeit springt es wieder auf die frühere Bahn zurück und gibt die Energiedifferenz in Form eines Lichtquants ab.

Mit Hilfe des Bohrschen Atommodells können damit die Vorgänge bei der Lichtentstehung erklärt werden. Ebenfalls ist der Rückschluß von der Lichtaussendung auf den Energiezustand möglich.

Sommerfeld hat für die Elektronen Ellipsenbahnen und einen Eigendrehimpuls (Elektronenspin) angenommen und durch weitere Quantenbedingungen das Bohrsche Atommodell verbessert.

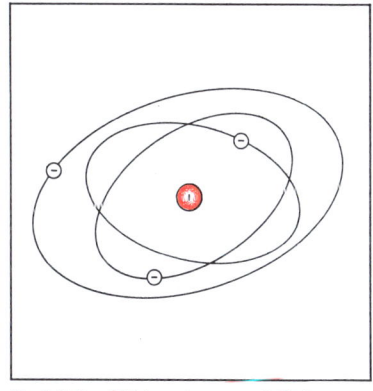

Modell des Lithiumatoms nach Bohr

Bei den Atommodellen von **Schrödinger** und **Heisenberg** befinden sich die Elektronen nicht mehr in bestimmten Bahnen. Es können nur noch Aufenthaltswahrscheinlichkeiten für Elektronen mit gleicher Gesamtenergie angegeben werden. Diese rein mathematischen Atommodelle sind für Physiker viel aussagekräftiger als etwa das Bohrsche Modell, aber sie sind viel weniger anschaulich.

Aufgaben

1. *Beschreiben Sie die Entwicklungsstufen der Atommodelle!*
2. *Skizzieren Sie das Atommodell nach Bohr!*

6.2 Atom und Atomkern

Lernziel: Den Aufbau des Atomkerns beschreiben. Masse und Ladung der Atombausteine sowie Größenverhältnisse von Kern und Hülle kennen. Isotope unterscheiden.

Jedes Atom eines Elements hat eine bestimmte Anzahl Elektronen in der Atomhülle. Es kann in geringer Zahl Elektronen abgeben oder aufnehmen, wodurch es zu einem positiven oder negativen **Ion** wird; das Element bleibt dadurch erhalten.

Die entscheidenden Unterschiede der Elemente untereinander müssen also im Atomkern liegen. Etwa ab 1920 gaben Versuche Aufschluß über den Aufbau des Atomkerns.

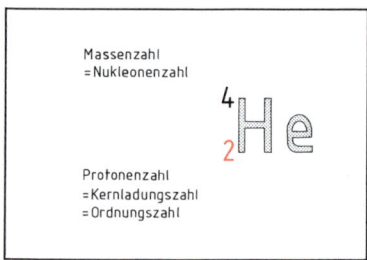

Die Atomkerne sind mit Ausnahme des Wasserstoffkerns aus zwei Kernteilchen aufgebaut, den Protonen und Neutronen, die als **Nukleonen** bezeichnet werden (von lat. núcleus = Kern).

Der Kernaufbau wird durch zwei Zahlen am Elementzeichen angegeben, die Massenzahl vor dem Zeichen oben und die Protonenzahl unten.

Das Element Helium (He) hat 2 Protonen, 4 Nukleonen und 4 − 2 = 2 Neutronen im Kern

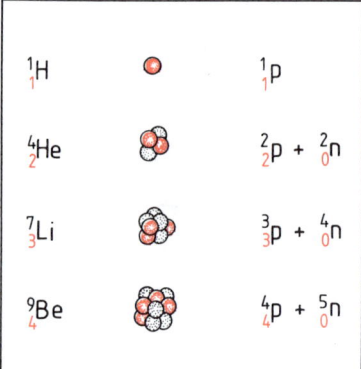

Die **Protonen** (p) oder Wasserstoffkerne tragen eine positive Elementarladung und haben die Massenzahl 1: ^1_1p.

Die **Neutronen** (n) haben fast die gleiche Masse wie die Protonen und sind elektrisch neutral: ^1_0n.

> Die Atomkerne bestehen aus Protonen und Neutronen.
> Der Wasserstoffkern besteht nur aus einem Proton.

Nach dem Tröpfchenmodell von Heisenberg sind die Protonen und Neutronen kleinste Kügelchen, die dichtgedrängt den Atomkern bilden.

Aufbau der 4 einfachsten Kerne

Die Masse des Protons ist 1837mal größer als die Masse des Elektrons in der Atomhülle, weshalb die Elektronenmasse als 0 gegenüber der Protonenmasse angegeben wird. Das Elektron (e) trägt eine negative Elementarladung: $^{\ 0}_{-1}e$.

Die Masse der Protonen und Neutronen zusammen ergibt die Masse der Nukleonen und damit die Masse des Atoms. Die Elektronenmasse der Atomhülle ist vernachlässigbar klein.

Die Anzahl der Elektronen eines Atoms ist gleich der Anzahl der Protonen.

Bezeichnung / Eigenschaft	Kernbausteine = Nukleonen		Hüllenbaustein
	Proton	Neutron	Elektron
Masse	1	1	≈ 0
Ladung	positiv 1	ungeladen	negativ 1
Formelzeichen	^1_1p	^1_0n	$^{\ 0}_{-1}e$
zeichnerische Darstellung	○	○	⊖

Atombausteine

Das Lithiumatom $^{7}_{3}Li$ hat 3 Protonen $^{3}_{3}p$ und 4 Neutronen $^{4}_{0}n$ im Kern und 3 Elektronen $^{0}_{-3}e$ in der Atomhülle.

> Die verschiedenen Elemente unterscheiden sich nur durch die Anzahl der Protonen.

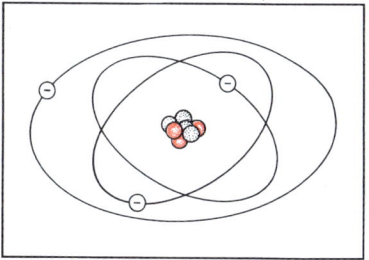

Modell des Lithiumatoms mit Kernaufbau

Die Zahl der Protonen im Kern, die **Kernladungszahl,** gibt die **Ordnungszahl** im Periodensystem der Elemente an.

Atomkerne, die sich nur durch die Zahl der Neutronen unterscheiden, gehören zum gleichen Element. Sie sind im Periodensystem der Elemente am gleichen Ort angeordnet und heißen **Isotope** (isotop = am gleichen Ort).

> Isotope Kerne sind Kerne des gleichen Elements mit gleich vielen Protonen und unterschiedlich vielen Neutronen.

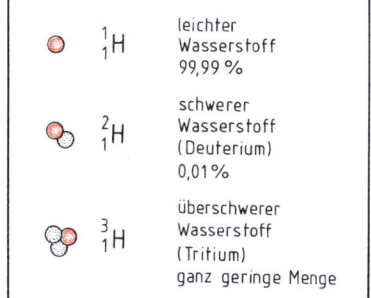

Die Isotope des Wasserstoffs

Isotope unterscheiden sich nicht in ihren chemischen Eigenschaften, wohl aber in ihren physikalischen Eigenschaften.

Da die meisten Elemente aus einem Gemisch verschiedener Isotope bestehen, deren Atommassen verschieden sind, ist die Massenzahl eines Elements nicht ganzzahlig.

Das Volumen und die Masse der Atome und Nukleonen ist sehr klein. Der Durchmesser eines Protons liegt in der Größenordnung von 10^{-15} m. Der Durchmesser der Atomhülle ist rund 100 000mal größer und beträgt etwa 10^{-10} m. Zwischen Kern und Hülle befindet sich leerer Raum.

Die wichtigsten Isotope des Urans

Denken wir uns ein Proton auf die Größe eines Stecknadelkopfes von 1 mm Durchmesser vergrößert, so würde die Atomhülle sich im Abstand 100 m befinden, dem Abstand eines Fußballfeldes von Tor zu Tor.

Die Protonenmasse beträgt $1{,}67 \cdot 10^{-27}$ kg. Der Durchmesser eines Protons wurde von Rutherford mit $2{,}6 \cdot 10^{-15}$ m angegeben. Mit $\varrho = \frac{m}{V}$ läßt sich die Dichte des Protons zu $1{,}8 \cdot 10^{14} \frac{kg}{dm^3}$ berechnen.

Könnte ein Stecknadelkopf von 1 mm³ aus Protonen hergestellt werden, so wäre seine Masse 180 000 t, das entspricht etwa der Ladung von 100 Güterzügen.

Die Masse eines einzigen Protons ist sehr klein. Um nicht ständig mit so kleinen Massenzahlen rechnen zu müssen, wurde eine **atomare Masseneinheit** gewählt.

Für $\frac{1}{12}$ der Masse des Kohlenstoffisotops $^{12}_{6}C$ wird die atomare Masseneinheit 1 gesetzt.

Aufgaben

1. Welche Atombausteine werden als Nukleonen bezeichnet?

2. Wie ist das Massenverhältnis und die Ladung der Atombausteine?

3. Wonach richtet sich die Kernladungszahl eines Elements, und welche Bedeutung hat sie?

4. Wodurch unterscheiden sich isotope Kerne?

6.3 Radioaktive Strahlung

> **Lernziel:** Versuche zum Nachweis radioaktiver Strahlung beschreiben. Arten und Eigenschaften der Strahlung erklären. Schäden, Messung, Schutzmaßnahmen sowie Anwendungen der Strahlung kennen.

Der französische Physiker **Becquerel** (1852–1908) entdeckte 1896 die natürliche Radioaktivität. Er fand durch Zufall, daß von **Uran** dauernd eine unsichtbare Strahlung ausgeht. Diese Strahlung schwärzt photographische Platten, auch wenn diese mit Papier oder dünnen Metallfolien lichtdicht verpackt sind, und ionisiert Luft.

Pierre und Marie Curie untersuchten viele Materialien und entdeckten 1898 die radioaktiven Elemente **Radium** und **Polonium** und wenig später **Thorium**.

Radium sendet eine intensivere Strahlung aus als Uran. Auch bei wenigen anderen Elementen tritt eine solche Strahlung auf. Diese Eigenschaft wird als **natürliche Radioaktivität** bezeichnet. Änderung von Druck und Temperatur beeinflussen das radioaktive Verhalten nicht. Die Kernarten, welche Strahlung aussenden, heißen **Radionuklide**.

> Bei der natürlichen Radioaktivität wandeln sich die Radionuklide von selbst durch Aussendung von Strahlen (Kernstrahlen) um. Durch die Kernumwandlung entsteht ein anderes Element.

Nachweis radioaktiver Strahlung

Da wir Menschen kein Sinnesorgan für radioaktive Strahlung haben, ist beim Umgang mit radioaktiven Substanzen besondere Vorsicht geboten.

Die Meßgeräte bauen auf den Wechselwirkungen der radioaktiven Strahlung mit Materie auf.

Ein radioaktives Präparat kann eine Photoplatte schwärzen. Diese Eigenschaft nutzt man in den Dosismeßgeräten. Ein kleines Kästchen enthält einen Film, der nach einer bestimmten Zeit entwickelt wird und dessen Schwärzungsgrad ein Maß für die Energiedosis ist. Dieses kleine Meßgerät tragen strahlengefährdete Personen am Körper, um die Strahlenbelastung zu kontrollieren.

Zum Verständnis der weiteren Meßgeräte führen wir zwei Versuche durch.

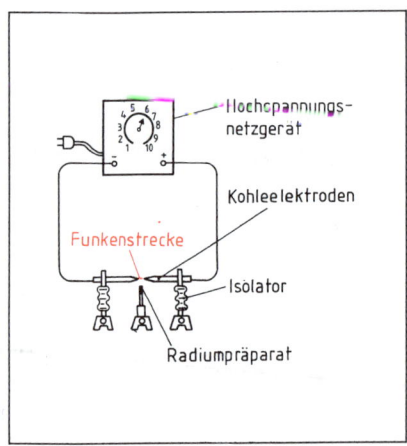

Die Luft wird durch die ionisierenden Strahlen elektrisch leitend.

Versuch zur Ionisation.
Wir bauen einen Stromkreis mit 6000 V Gleichspannung auf, der zwischen den Kohleelektroden 3 mm unterbrochen ist.

Durchführung: Der Abstand der Kohleelektroden wird verringert, bis bei etwa 2 mm Funken überspringen.

Versuchsergebnis: Bei einem bestimmten Abstand der Kohleelektroden bildet sich eine **Funkenstrecke:** Der Stromkreis ist über die Luft geschlossen.

Die Atome der Luft werden durch die große Spannung in Elektronen und Ionen getrennt. Es erfolgt eine **Ionisation** der Luft. Die Beschleunigung der Teilchen ist so groß, daß sie beim Auftreffen auf andere Atome auch hier Elektronen herausschlagen. Es erfolgt eine **Stoßionisation:** Die Luft zwischen den Kohleelektroden ist durch die lawinenartig anwachsende Ionisation leitend geworden.

Versuch *zum Nachweis ionisierender Strahlung.*

Durchführung: Die Kohleelektroden des obigen Versuchs werden so weit auseinandergezogen, daß die Stoßionisation aufhört und die Funkenstrecke abreißt. Dann bringen wir das Radiumpräparat Ra-226 in die Nähe des Luftzwischenraumes.

Versuchsergebnis: Die Funkenbildung setzt wieder ein und bleibt bestehen, so lange das Präparat in der Nähe ist.

Da nur Ionen bzw. Elektronen bewegliche Ladungsträger sind, muß die Strahlung des Radiums die Luft ionisiert haben.

Die Strahlung des Radiums trifft auf die Luftmoleküle und löst ein Elektron aus der Atomhülle. Dadurch entsteht ein positives Ion und ein Elektron. So ist es auch zu erklären, daß sich das geladene Elektroskop bei Annäherung des Radiumpräparates entlädt: Es erfolgt ein Ladungsausgleich.

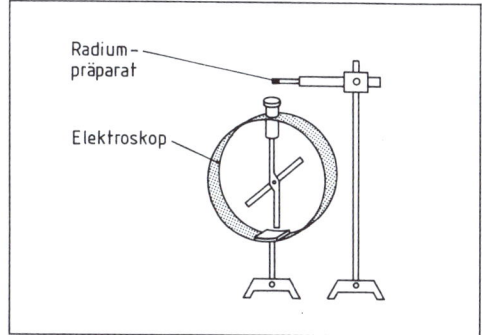

Radioaktive Strahlen ionisieren die Luft.

> Radioaktive Strahlung hat ionisierende Wirkung. Durch diese Wechselwirkung mit Materie läßt sie sich nachweisen und messen. Zum Ionisieren ist Energie notwendig. Radioaktive Elemente strahlen Energie ab.

Der **Geiger-Müller-Zähler**[1] funktioniert ähnlich wie die Funkenstrecke. Ein ionisierendes Teilchen (Alphateilchen, Betateilchen oder Gammaquant) dringt durch die dünne Glimmerplatte in das Gasgemisch ein. Beim Auftreffen des Teilchens auf ein Gasatom entstehen ein Elektron und ein Ion. Das Elektron wird durch die große Feldstärke so stark zum positiven Draht hin beschleunigt, daß es auf dem Weg dorthin noch weitere Stoßionisationen auslöst. Hierdurch erfolgt eine elektrische Entladung, die an einem Zählgerät registriert wird.

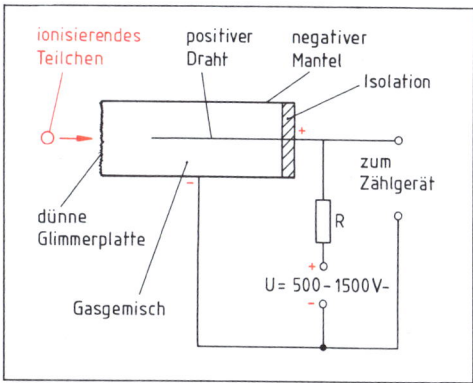

Geiger-Müller-Zählrohr

> Der Geiger-Müller-Zähler ist ein empfindliches Nachweisgerät für die Aktivität aller radioaktiven Strahlen. Die Art der Teilchen und ihre Energie kann durch diesen Zähler nicht unterschieden werden.

Die Zahl der gemessenen Impulse in einer Sekunde heißt **Zählrate.** Auch ohne radioaktives Präparat zeigt der Zähler Impulse an. Diese **Nullrate** rührt von radioaktiven Elementen in der Luft und in Gesteinen (terrestrische Strahlung) her bzw. von der **Höhenstrahlung** aus dem Weltraum (kosmische Strahlung).

Durch Abdecken des radioaktiven Präparats mit Schreibpapier, Aluminiumfolie oder Bleiplatten und durch verschiedene Entfernungen des Präparats vom Zählrohr läßt sich die Durchdringungsfähigkeit und Reichweite der Strahlung feststellen.

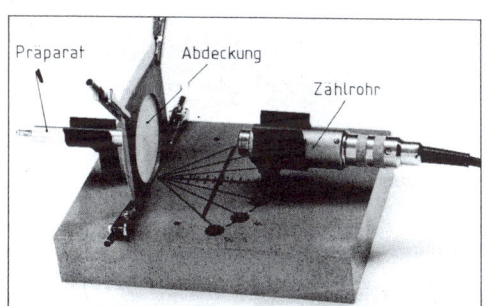

Strahlungsmessung mit dem Geiger-Müller-Zählrohr

Bringt man den Strahlengang in ein magnetisches Feld, so läßt sich die unterschiedliche Ablenkung der verschiedenen Strahlenarten messen.

---

1 Der Geiger-Müller-Zähler wurde von den deutschen Physikern H. Geiger und W. Müller 1928 entwickelt.

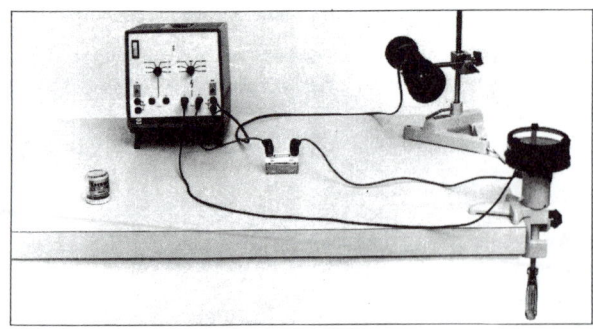

Versuche zur Nebelkammer.

Die **Nebelkammer** ist ein mit Wasserdampf gesättigter Raum. Bei Abkühlung verringert sich dessen Aufnahmefähigkeit für Wasserdampf, es tritt Übersättigung ein.

Wilson[1]-Nebelkammer zur Sichtbarmachung der Spuren von α- und β-Strahlung

Beobachtung: Fliegt ein Teilchen einer radioaktiven Strahlung durch die Nebelkammer, so bilden sich längs seiner Bahn Ionen, an denen der Wasserdampf zu Nebel kondensiert. Diese hellen Nebelstreifen lassen sich gut gegen einen dunklen Hintergrund erkennen.

Versuchsergebnis: Alphateilchen erzeugen zusammenhängende dünne Nebelspuren, Betateilchen nicht zusammenhängende Nebelflecken.

Eine Nebelkammeraufnahme befindet sich in Kapitel 6.5.

Bringt man die Nebelkammer in ein magnetisches Feld, so kann die unterschiedliche Ablenkung der verschiedenen Strahlung beobachtet werden.

> In der Nebelkammer können verschiedene Strahlenarten unterschieden und ihr Verhalten im Magnetfeld untersucht werden.

Durch Nebelkammerexperimente konnten viele Erkenntnisse über radioaktive Teilchen und deren Verhalten gewonnen werden.

Strahlungsarten

Rutherford entdeckte, daß die Strahlung eines Radionuklids aus drei unterschiedlichen Teilstrahlungen besteht, die mit α-, β- und γ-Strahlung benannt wurden. Die α-Strahlung konnte Rutherford in Versuchen als Heliumkerne nachweisen.

Becquerel fand heraus, daß die β-Strahlen durch ein Magnetfeld so abgelenkt werden, wie es für negative Ladungsträger der Fall ist. Diese Strahlen bestehen aus Elektronen.

Bei weiteren Versuchen wurde die Intensität der Strahlen, die Reichweite in verschiedenen Stoffen, die Energie und die Geschwindigkeit der Strahlungsteilchen sowie die Ablenkung in einem Magnetfeld großer Flußdichte untersucht.

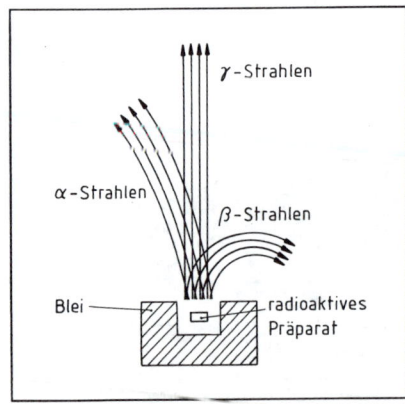

Ablenkung der Strahlen in einem Magnetfeld. Das Magnetfeld ist senkrecht in die Zeichenebene hinein gerichtet.

α-**Strahlen** sind Heliumkerne: $^{4}_{2}\text{He}$. Ihre Ablenkung im Magnetfeld erfolgt wie bei positiven Ladungen. Ihre Reichweite in Luft beträgt nur wenige cm. Sie können durch Papier abgeschirmt werden. Ihre Geschwindigkeit beträgt etwa $\frac{1}{10}$ der Lichtgeschwindigkeit.

β-**Strahlen** sind Elektronen: $^{0}_{-1}\text{e}$. Dadurch erfolgt ihre Ablenkung im Magnetfeld wie bei negativen Ladungen. Ihre Reichweite in Luft beträgt 30 bis 40 cm. Ihre Geschwindigkeit ist ungefähr halbe Lichtgeschwindigkeit. Sie können durch eine etwa 2 mm starke Aluminiumfolie abgeschirmt werden.

γ-**Strahlen** sind elektromagnetische Wellenstrahlen. Da sie keine elektrische Ladung transportieren, werden sie im Magnetfeld nicht abgelenkt. Sie haben die gleiche Eigenschaft wie Röntgenstrahlen mit sehr kurzer Wellenlänge. Zur Abschirmung werden dicke Bleiplatten benötigt.

---

[1] Wilson, englischer Physiker, entwickelte 1912 die Expansionsnebelkammer (lat. expando = ausdehnen).

> Elemente mit hoher Kernladungszahl (U, Ra, Th, Po u. a.) schleudern mit großer Energie Alpha- oder Beta-Teilchen aus ihren Kernen. Sie verwandeln sich dabei in neue Elemente. Dieser Vorgang ist meist von intensiver Gammastrahlung begleitet.
> Alle drei Strahlungsarten sind Kernstrahlungen.

Strahlung bedeutet Energieübertragung von der Strahlenquelle zu der Materie, die von der Strahlung durchdrungen wird. Die absorbierte Energie dieser ionisierenden Strahlung bezogen auf die Masse wird als Dosis bezeichnet.

> Die **Energiedosis** D ist der Quotient aus der vom durchstrahlten Stoff aufgenommenen Energie (in Joule) und seiner Masse (in kg).
> Die SI-Einheit der Energiegdosis ist das Gray (Gy): $1\,\text{Gy} = \dfrac{1\,\text{J}}{1\,\text{kg}}$

Die **Gefährlichkeit der radioaktiven Strahlung** für alle Lebewesen beruht auf der ionisierenden Wirkung der Strahlung und der Energie, die die Strahlung an den Körper abgibt. Die Ionen stören den chemischen Aufbau des organischen Gewebes, die Körperzellen erleiden Schäden, der Stoffwechsel wird beeinträchtigt. Wird der Zellkern getroffen (Zellkernschädigung), so stirbt die Zelle ab oder wächst unkontrolliert.

Strahlenempfindlich sind besonders Zellen während ihres Teilungsstadiums. Deshalb ist die Gefährdung bei Kindern höher als bei Erwachsenen sowie bei verschiedenen Organen unterschiedlich. Das blutbildende Knochenmark ist besonders gefährdet.

Neben der absorbierten Strahlenenergie ist auch die Strahlenart wesentlich. Wird die Gefährdung durch Röntgenstrahlen, Gammastrahlen und Betastrahlen gleich 1 gesetzt, dann sind bei gleicher Energie Alphastrahlen 10mal und schnelle Neutronen bis 20mal wirksamer auf lebendes Gewebe.

Die **Äquivalentdosis Ä** berücksichtigt diese unterschiedliche biologische Strahlenwirkung. Sie wird aus der Energiedosis D mit einem Bewertungsfaktor, z. B. 10 für Alphastrahlen, berechnet und erhält die SI-Einheit **Sievert** (Sv).

Die bisherige Einheit für die Äquivalentdosis war 1 **Rem** (1 rem). (Rem = Röntgen-equivalent-man).

Für die Umrechnung gilt: 1 rem = 0,01 Sv bzw. 1 Sv = 100 rem und 1 mSv = 100 mrem

Die Strahlendosis wird entweder auf den ganzen Körper bezogen (Ganzkörperdosis) oder auf Organe (Organdosis). Wird sie auf die Einwirkzeit bezogen, so handelt es sich um Dosisleistung.

Die Ganzkörperdosis durch kosmische und terrestrische Strahlung beträgt in der Bundesrepublik etwa 1,2 mSv im Jahr. Die Belastung durch Strahlung der Baustoffe liegt in geschlossenen Räumen bei etwa 1 mSv im Jahr. Bei einer Röntgenaufnahme ist der Mensch 0,5 mSv ausgesetzt.

Nachweisbare Gefahren treten bei über 200 mSv Ganzkörperdosis pro Jahr auf.

Da die Ungefährlichkeit der Strahlung in kleinen Mengen nicht nachgewiesen werden kann, gilt bei allen **Strahlenschutzmaßnahmen,** die Energiedosis so klein wie möglich zu halten:
1. Dauer der Bestrahlung kurz halten, radioaktive Strahlung abschirmen (Blei) und Abstand von der Strahlenquelle halten.
2. Kontamination (Berühren) oder Inkorporation (Einlagerung von Strahlenquellen in den Körper) bringt besondere Gefahren, deshalb: Bei der Arbeit mit radioaktiven Stoffen oder in Räumen mit Strahlen nicht essen, trinken oder rauchen.
3. Bei starker Umweltverschmutzung durch Radioaktivität kontaminierte Lebensmittel meiden und Aufenthalt im Freien einschränken.

In Medizin und Technik haben die Radionuklide vielfache Anwendung gefunden, vor allem, seit es den Physikern gelungen ist, von fast allen Elementen künstlich radioaktive Isotope herzustellen.

In der **medizinischen Diagnostik** werden beim Markierungsverfahren Radionuklide als Indikatoren (Stoffe, mit denen andere Stoffe markiert werden) verwendet.

Bei der **Therapie** mit Radionukliden ist das Radium zur Krebsbekämpfung am bekanntesten.

In der **Technik** werden zerstörungsfreie Werkstoffprüfungen, Prüfungen von Schweißnähten, die ständige Dickenmessungen bei Walzwerken usw. heute mit Radionukliden durchgeführt.

6.4 Kernumwandlungen

Lernziel: Kernumwandlungen durch Strahlung mit Hilfe der Nuklidkarte beschreiben. Radiologische Aktivität, Halbwertszeit und Altersbestimmung durch radioaktive Elemente erklären.

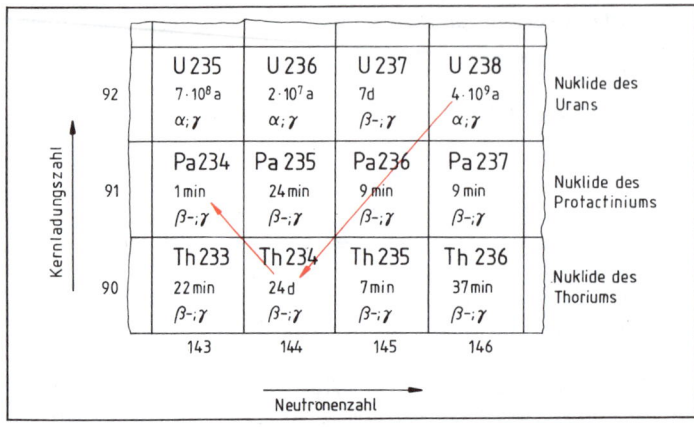

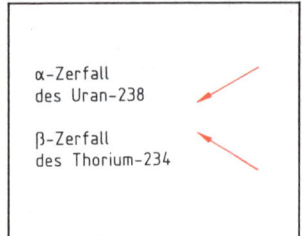

Auszug aus der Nuklidkarte

α-Zerfall des Uran-238

β-Zerfall des Thorium-234

Die Nuklide sind nach der Kernladungszahl und der Neutronenzahl in einer Nuklidkarte geordnet.

Ohne Berücksichtigung der γ-Strahlen gilt: Ein einzelnes Radionuklid kann nur α-Strahler oder β-Strahler sein. Von mehreren gleichen Radionukliden eines Elements kann ein bestimmter Anteil α- bzw. β-Strahler sein, z. B. Polonium-218 oder Wismut-214, vgl. Uran-Radium-Reihe.

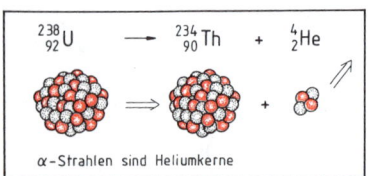

$$^{238}_{92}U \longrightarrow {}^{234}_{90}Th + {}^{4}_{2}He$$

α-Strahlen sind Heliumkerne

Kernumwandlung beim α-Zerfall des Urans in Thorium

Beim **α-Zerfall** wird aus dem Elementkern ein Heliumkern ausgestoßen. Die Protonenzahl nimmt um zwei ab, die Nukleonenzahl um 4.

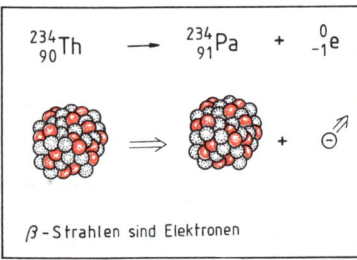

$$^{234}_{90}Th \longrightarrow {}^{234}_{91}Pa + {}^{0}_{-1}e$$

β-Strahlen sind Elektronen

Kernumwandlung beim β-Zerfall des Thoriums in Protactinium

Beim **β-Zerfall** wandelt sich ein Neutron des Elementkerns in ein Proton und ein Elektron um.
$$^{1}_{0}n \rightarrow {}^{1}_{1}p + {}^{0}_{-1}e$$

Das Elektron wird mit großer Geschwindigkeit ausgestoßen, das Proton bleibt im neuen Kern. Die Protonenzahl nimmt um eins zu, die Nukleonenzahl bleibt gleich.

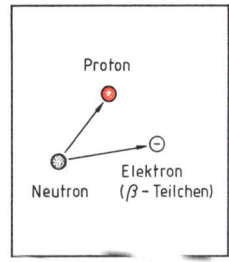

Kern-β-Strahlung

	Fr 87	Ra 88	Ac 89	Th 90	Pa 91	U 92	Np 93	Pu 94	7. Periode
	Francium	Radium	Actinium	Thorium	Protactinium	Uran	Neptunium	Plutonium	

α → (nach links)
β → (nach rechts)

Auszug aus dem Periodensystem der Elemente

α-Zerfall (Erster Verschiebungssatz)
Wird von einem Radionuklid ein α-Teilchen ausgesandt, so steht das neue Element im Periodensystem zwei Stellen weiter links.

β-Zerfall (Zweiter Verschiebungssatz)
Wird von einem Radionuklid ein β-Teilchen ausgesandt, so steht das neue Element im Periodensystem eine Stelle weiter rechts.

Es gibt 4 Hauptreihen für den natürlichen radioaktiven Zerfall: die Uran-Radium-, die Uran-Actinium-, die Thorium- und die Neptunium-Reihe.

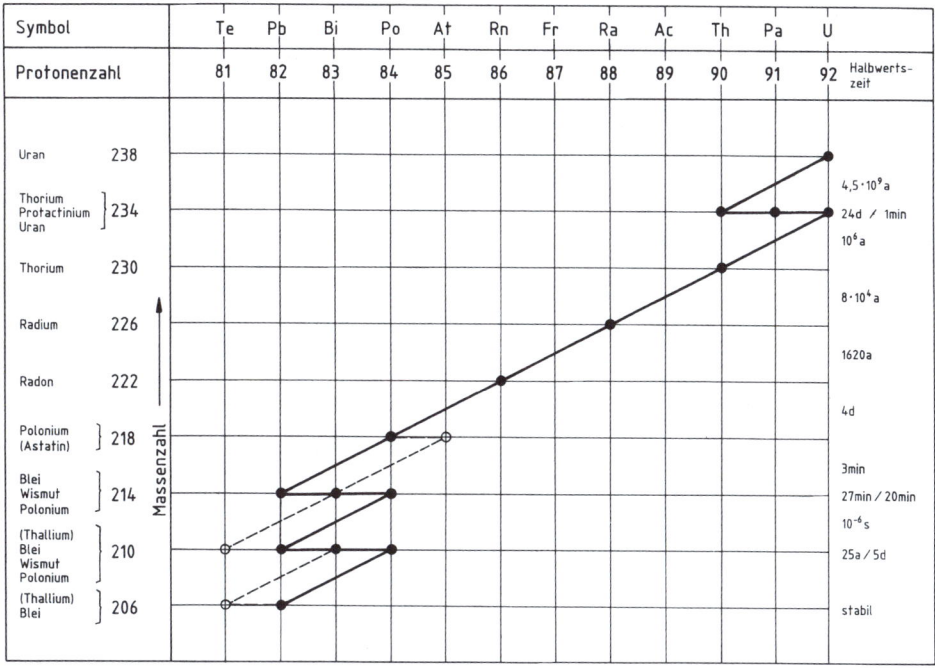

Uran-Radium-Zerfallsreihe

Mit der Aussendung von α- oder β-Teilchen ist in fast allen Fällen eine intensive γ-Strahlung verbunden. Bei der Abgabe von γ-Quanten ändert sich weder die Massezahl noch die Kernladungszahl. Eine Änderung erfährt nur der Energiezustand des Atomkerns. Es handelt sich hierbei um eine Kerngammastrahlung, die erfolgt, wenn angeregte Atomkerne in einen geringeren Energiezustand übergehen.

Da die meisten radioaktiven Präparate durch den Zerfall Mischpräparate sind, gehen von einem Radionuklid gleichzeitig α-, β- und γ-Strahlen aus, vgl. Uran-Radium-Reihe und Nuklidkarten.

> Die Atomkerne der Radionuklide senden α-, β- und γ-Strahlen aus. Dabei verändern sich die Atomkerne und damit das Element. Mit der Strahlung ist eine Energieübertragung verbunden.

Radiologische Aktivität

Es ist nicht möglich, den Zeitpunkt des radioaktiven Zerfalls eines einzelnen Atoms vorauszusagen. Die radioaktiven Umwandlungen unterliegen den Gesetzen der Wahrscheinlichkeit. Sind genügend viele Atome vorhanden, so kann mit großer Genauigkeit vorausgesagt werden, daß in einem bestimmten Zeitraum eine bestimmte Anzahl dieser Atome zerfällt.

> Die **radiologische Aktivität** A gibt an, wie viele Atome in jeder Sekunde zerfallen.
> Die SI-Einheit der radiologischen Aktivität ist das Becquerel (Bq): $1\,\text{Bq} = \dfrac{1}{\text{s}}$

Die alte Einheit der radiologischen Aktivität ist das **Curie** (Ci). Dies ist etwa die Aktivität, die 1 g Radium je Sekunde ausstrahlt. $1\,\text{Ci} = 37 \cdot 10^9\,\text{Bq} = 37\,\text{GBq}$

Die **spezifische radiologische Aktivität** ist der Quotient aus der radiologischen Aktivität und der Masse ($\dfrac{\text{Bq}}{\text{kg}}$) oder dem Volumen ($\dfrac{\text{Bq}}{\text{m}^3}$) des vorhandenen Mediums.

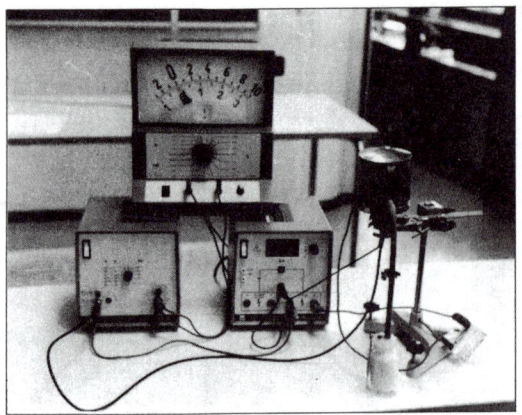

Strahlungsmessung mit der Ionisationskammer

Halbwertszeit

Versuch zur Bestimmung der Halbwertszeit mit der Ionisationskammer.

Die Ionisationskammer beruht auf dem Prinzip der Ionisation der Luft durch die Anwesenheit ionisierender Strahlen, vgl. 6.3. An der Mittelelektrode und am Gehäuse liegt Hochspannung von etwa 2 kV.

Durchführung: Die Thoriumemanation (gasförmiges Zerfallsprodukt) Radon $^{220}_{86}$Rn wird als Gas in die Ionisationskammer gepumpt. Die Luft wird durch die α-Strahlung ionisiert, dadurch wird sie leitend und schließt den Stromkreis. Über einen Meßverstärker kann die Stromstärke an einem Amperemeter alle 10 s abgelesen werden. Sie wird über einer Zeitskala in ein Diagramm aufgetragen.

Versuchsergebnis: Die graphische Darstellung ergibt eine Exponentialkurve. Die Stromstärke ist ein Maß für die Zahl der zerfallenen Atome. Wenn sie auf die Hälfte gesunken ist, ist die Hälfte der vorhandenen Atome zerfallen. Die entsprechende Zeit ist die Halbwertszeit $T_{\frac{1}{2}}$.

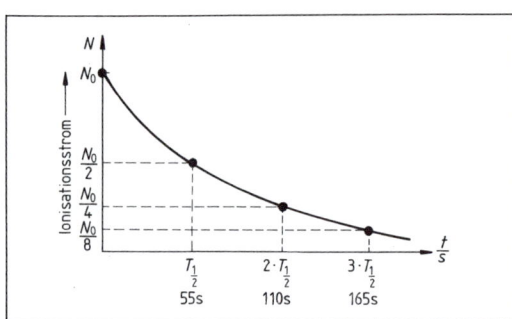

Exponentialkurve des radioaktiven Zerfalls
N = Anzahl der Atome, entspricht Stromstärke I
N_0 = Zu Beginn der Meßzeit t vorhandene Atome

Die **Halbwertszeit** $T_{\frac{1}{2}}$ eines Radionuklids ist die Zeit, in der die Hälfte der vorhandenen Atome einer bestimmten Ausgangsanzahl N_0 zerfallen.

Die Halbwertszeit ist für ein Radionuklid eine spezifische Konstante, die das Nuklid eindeutig kennzeichnet und von äußeren Einflüssen und der Vergangenheit des Nuklids unabhängig ist.

Altersbestimmung

Mit Hilfe der Halbwertszeiten der radioaktiven Nuklide können Altersbestimmungen von Mineralien und archäologischen Funden durchgeführt werden. Da die radioaktiven Kerne unabhängig von Druck und Temperatur in gesetzmäßiger Weise zerfallen, können sie als geologische Zeitskala benutzt werden.

Zur Altersbestimmung von Lebewesen dient das radioaktive Kohlenstoffisotop $^{14}_{6}$C mit einer Halbwertszeit von 5700 Jahren, das in der Atmosphäre durch die kosmische Strahlung aus dem Stickstoff der Luft gebildet wird: $^{14}_{7}$N + $^{1}_{0}$n → $^{14}_{6}$C + $^{1}_{1}$p. Lebende Organismen nehmen dieses Kohlenstoffisotop in der gleichen Menge auf, wie es ihr Körper umwandelt, so daß die Konzentration im Körper gleich bleibt. Mit dem Tod hört die Aufnahme auf, während die Umwandlung weitergeht, die $^{14}_{6}$C-Konzentration nimmt also ab. Durch Messung der Restkohlenstoffaktivität kann also das Alter von Pflanzen, Tieren und Menschen (Knochen) ermittelt werden, deren Alter zwischen 1000 und 50 000 Jahren liegt.

Aufgaben

1. Beschreiben Sie, welche Kernumwandlungen beim α-Zerfall und β-Zerfall vor sich gehen! Vergleichen Sie hierzu die Nuklidkarte mit der Uran-Radium-Zerfallsreihe!

2. Wie kann die Halbwertszeit eines radioaktiven Elements bestimmt werden?

6.5 Kernenergie

Lernziel: Kernspaltung und Kettenreaktion erklären. Ein Kernkraftwerk beschreiben. Umweltgefahren kennen. Kernspaltung und Kernverschmelzung vergleichen.

Rutherford entdeckte 1919 die erste durch äußere Einwirkung hervorgerufene Kernumwandlung. Er ließ α-Teilchen aus einem Radiumpräparat auf Stickstoffatome treffen. Auf einer von sehr vielen Nebelkammeraufnahmen sah er, daß sich die Spur eines α-Teilchens in zwei Teilspuren gabelte.

Untersuchungen ergaben, daß das α-Teilchen durch seine Energie den Stickstoffkern in einen Sauerstoffkern (dicke Spur) und einen Wasserstoffkern (Proton: dünne Spur) umgewandelt hatte:

$$^{4}_{2}He + ^{14}_{7}N \rightarrow ^{17}_{8}O + ^{1}_{1}p$$

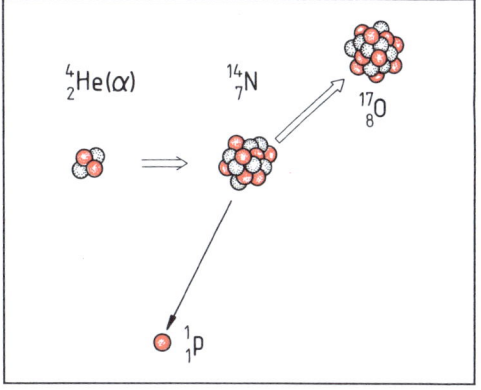

Künstliche Kernumwandlung von Stickstoff in Sauerstoff durch Beschuß mit α-Teilchen

Mit dem aus Stickstoff erzeugten Sauerstoffisotop $^{17}_{8}O$ war es zum erstenmal gelungen, ein Element in ein anderes umzuwandeln.

Da die α-Teilchen positiv geladen sind, werden sie von den ebenfalls positiv geladenen Kernen abgestoßen. Nur energiereiche und zentral auf einen Kern zufliegende Teilchen können eine Spaltung hervorrufen. Dies erklärt auch die seltenen Umwandlungen der Rutherfordschen Versuche.

Mit der Entdeckung der Neutronen durch den englischen Physiker **Chadwick** 1932 war der entscheidende Durchbruch zur künstlichen Kernumwandlung erfolgt. Ihm war bei der Beschießung von Berylliumatomen mit α-Teilchen gelungen, nachzuweisen, daß bei diesen Kernumwandlungen Kohlenstoff und ungeladene Teilchen auftreten. Diese Teilchen werden Neutronen genannt.

$$^{4}_{2}He + ^{9}_{4}Be \rightarrow ^{12}_{6}C + ^{1}_{0}n + \gamma$$

In Form von Gammastrahlung wird noch Energie frei.

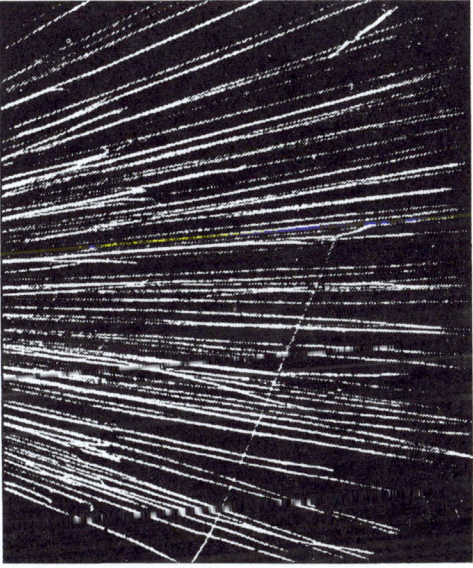

Nebelkammeraufnahme der künstlichen Kernumwandlung

Neutronen eignen sich für Kernumwandlungen besser als α-Teilchen. Sie werden wegen des Fehlens einer eigenen elektrischen Ladung nicht durch andere Ladungen und deren elektrische Felder abgelenkt, haben deshalb ein großes Durchdringungsvermögen, gehen durch dicke Metallplatten und brauchen auch keine große Energie, um den Kern zu treffen. Langsame, sogenannte thermische Neutronen treffen wegen der in Kernnähe wirkenden Kernkräfte häufiger als schnelle, energiereiche.

Das gleiche Verfahren, das schon zur Entdeckung der Neutronen führte, wird auch heute noch als Neutronenquelle benutzt: In einem Glasröhrchen ist Berylliumpulver und ein α-Strahlen aussendendes Radiumsalz eingeschmolzen.

Durch Kernumwandlungen gewonnene freie Neutronen sind nicht stabil. Sie zerfallen mit einer Halbwertszeit von etwa 13 Minuten in ein Proton und ein Elektron und geben dabei Energie ab.

$$_{0}^{1}\text{n} \rightarrow {_{1}^{1}\text{p}} + {_{-1}^{0}\text{e}} + \text{Energie}$$

Da Neutronen keine unmittelbare Ionisation hervorrufen, sind sie in der Nebelkammer und im Zählrohr zunächst nicht nachweisbar. Wird dem Gas im Zählrohr Bor beigegeben, ergibt sich folgende Reaktion:

$$_{0}^{1}\text{n} + {_{5}^{10}\text{B}} \rightarrow {_{3}^{7}\text{Li}} + {_{2}^{4}\text{He}}\ (\alpha)$$

Durch die entstehende α-Strahlung tritt eine Ionisierung des Gases ein, und die Neutronenstrahlung kann indirekt nachgewiesen werden.

Mit der Entdeckung des Neutrons gelang es nun, bei allen Elementen künstliche Kernumwandlungen durchzuführen. Bei den meisten Elementen ergeben sich durch Neutronenbeschuß radioaktive, instabile Isotope:

$$_{47}^{109}\text{Ag} + {_{0}^{1}\text{n}} \rightarrow {_{47}^{110}\text{Ag}}$$

Das Silberisotop Ag-110 zerfällt in 20 s zu Cadmium unter Aussendung von β-Strahlen:

$$_{47}^{110}\text{Ag} \rightarrow {_{48}^{110}\text{Cd}} + {_{-1}^{0}\text{e}}$$

In der Wissenschaft und Technik werden Neutronenquellen für Materialuntersuchungen und Aktivierungsanalysen verwendet. In Kernkraftwerken werden sie für die erste Kernspaltung benötigt.

Kernspaltung

Otto Hahn und Fritz Straßmann entdeckten 1938 eine Kernspaltung beim Uran-Isotop-235. Ein solcher Atomkern wird durch Beschuß mit langsamen, thermischen Neutronen in Schwingungen versetzt und zerbricht dann in zwei Teilkerne, die mit großer Energie auseinanderfliegen. Von Hahn und Straßmann wurde die Uran-Spaltung in ein Barium- und ein Kryptonisotop angegeben. Heute sind viele weitere Kernreaktionen bekannt.

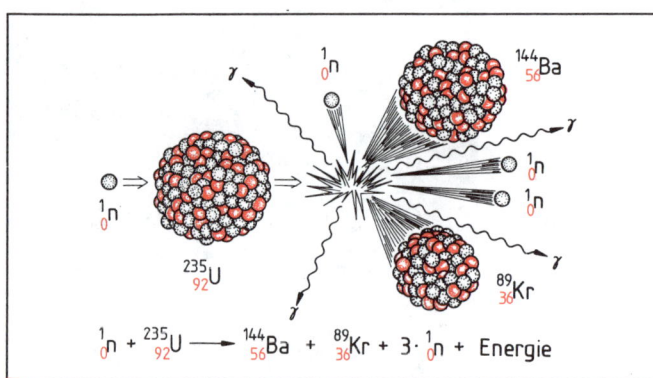

Uran-235-Kernspaltung

Die freiwerdende Energie ist Bewegungsenergie der Spaltprodukte, der Neutronen und γ-Quanten, sowie Energie der beim weiteren Zerfall der Spaltprodukte auftretenden Strahlung. Die Bewegungsenergie der Teilchen setzt sich durch Abbremsung am Kristallgitter des Brennstoffs in **Wärmeenergie** um.

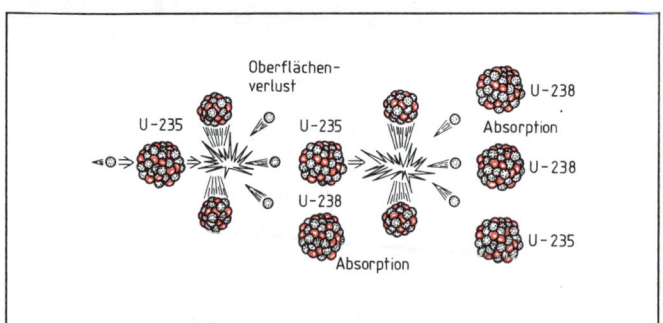

Kettenreaktion durch jeweils ein Spaltneutron

Die nach der Spaltung des ersten Kerns frei werdenden drei Neutronen können zu weiteren Kernspaltungen benutzt werden. Trifft jeweils mindestens eines der entstandenen Neutronen auf einen anderen U-235-Kern, so erfolgt eine **Kettenreaktion.**

Natururan besteht zu 99,3 % aus U-238 und zu 0,7 % aus U-235.

U-235 kann von langsamen und schnellen Neutronen gespalten werden. U-238 wird nur von s e h r schnellen Neutronen gespalten, wie sie bei Kernspaltungen sehr selten vorkommen. U-238 fängt aber schnelle Neutronen ein (Absorption), die damit für weitere Spaltungen verloren sind.

Eine Kettenreaktion kann nur durch U-235-Kerne erfolgen oder durch die künstlich hergestellten Pu-239- und U-233-Kerne.

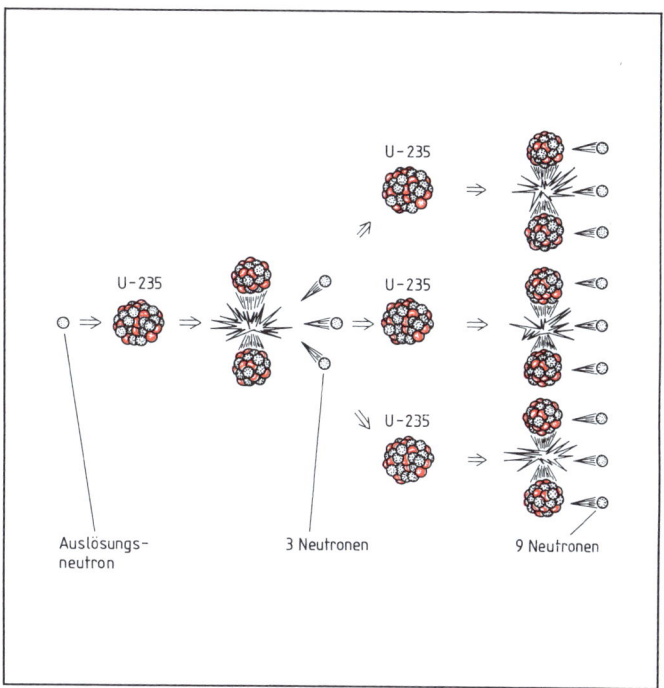

Anwachsen der Kettenreaktion in reinem U-235

Ein Kilogramm Uran-235 gibt eine Energie von etwa 20 Millionen kWh ab. Im Vergleich dazu liefert ein Kilogramm Steinkohle oder Heizöl nur 10 kWh. Um die gleiche Wärmeenergie, die aus 1 kg Uran-235 entsteht, aus Steinkohle oder Heizöl zu erhalten, würden 2000 t benötigt, etwa die Ladung eines Güterzuges (50 Wagen zu 40 t).

Ist eine genügend große Masse reinen Urans-235 vorhanden, die sogenannte kritische Masse, dann treten nur wenige Neutronen aus der Oberfläche aus, und es werden keine absorbiert. Dadurch erfolgt ein lawinenartiges Anwachsen der Kettenreaktion.

In der **Atombombe** zerfällt in Bruchteilen einer Sekunde die überkritische Masse Uran-235, Plutonium-239 oder Uran-233 in einer gewaltigen Explosion. Die dadurch entstehende ungeheure Hitze, die Druckwelle und die Strahlung vernichtet jegliches Leben im weiten Umkreis und macht das Gebiet wegen der Strahlung der Spaltprodukte lange Zeit unbewohnbar.

Zur Nutzung der Kernenergie soll die bei der Kernspaltung freiwerdende Wärmeenergie in elektrische Energie umgewandelt werden. In **Kernreaktoren** muß die Kettenreaktion deshalb langsam und gesteuert ablaufen. Für die Aufrechterhaltung der Kettenreaktion auf einem bestimmten Energieniveau muß die Zahl der an dem Spaltungsprozeß beteiligten Neutronen gleich bleiben. Es dürfen nicht zu viele Neutronen durch Absorptionsstoffe weggefangen werden oder an der Oberfläche entweichen, aber auch nicht zu viele zusätzlich in die Spaltung eingreifen.

Wie dies verwirklicht werden kann, soll am Beispiel eines **Kernkraftwerkes** mit Druckwasserreaktor erklärt werden. Dieser Reaktortyp ist technisch ausgereift, relativ sicher und wird heute am häufigsten gebaut (Biblis, Neckarwestheim, Stade, Grohnde u. a.).

Ein Kernkraftwerk unterscheidet sich nur durch die Art der Dampferzeugung von den mit Kohle, Öl oder Gas befeuerten Wärmekraftwerken. Die drei Baugruppen sind Reaktorgebäude (durch die halbkugelförmige Kuppel erkenntlich), Maschinenhaus mit Dampfturbinen und Generator, Kühlturm.

Das **Reaktordruckgefäß** (der Reaktor) bildet das Kernstück des Reaktorgebäudes. Es ist ein aus Stahl geschmiedeter Druckbehälter von 23 cm Wandstärke, 5 m Durchmesser und 13 m Höhe. In ihm sind die Brennelemente, die Regelstäbe und das Kühlmittel angeordnet.

Die **Brennelemente** bestehen aus Metallrohren, in die das Uran in Tablettenform eingefüllt ist. Eine Kettenreaktion läuft nur in U-235 ab. Langsame Neutronen spalten U-235 besser als schnelle und werden von U-238 nicht absorbiert. Um eine Kettenreaktion aufrechterhalten zu können, müssen also ausreichend häufig U-235-Kerne durch langsame Neutronen getroffen werden. Deshalb müssen die bei der Kernspaltung entstehenden schnellen Neutronen abgebremst werden, bevor sie ein U-238-Kern absorbiert.

Um die Neutronen zu bremsen, werden die dünnen Brennstäbe von einem **Bremsmittel für Neutronen** umgeben, dem **Moderator.** Als Material eignet sich Wasser, schweres Wasser oder Graphit. Wird Wasser (leichtes Wasser) als Moderator verwendet, heißt ein solcher Reaktortyp Leichtwasserreaktor. Wasser bremst und absorbiert jeweils eine bestimmte Menge Neutronen. Damit trotz der Neutronenabsorption ausreichend häufig U-235-Kerne getroffen werden, wird Uran verwendet, dessen Anteil an spaltbarem **U-235** von 0,7 % des Natururans **auf 3 % angereichert** wurde.

Wasser ist besonders ideal als Moderator, weil es gleichzeitig auch als Wärmetransportmittel – Kühlmittel – dient, das die im Uran durch die Spaltung freiwerdende Wärmeenergie aufnimmt. Es strömt zwischen den Brennstäben hindurch und erwärmt sich dabei auf etwa 320 °C. Durch den hohen Druck von 150 bar siedet es nicht, deshalb der Name Druckwasserreaktor.

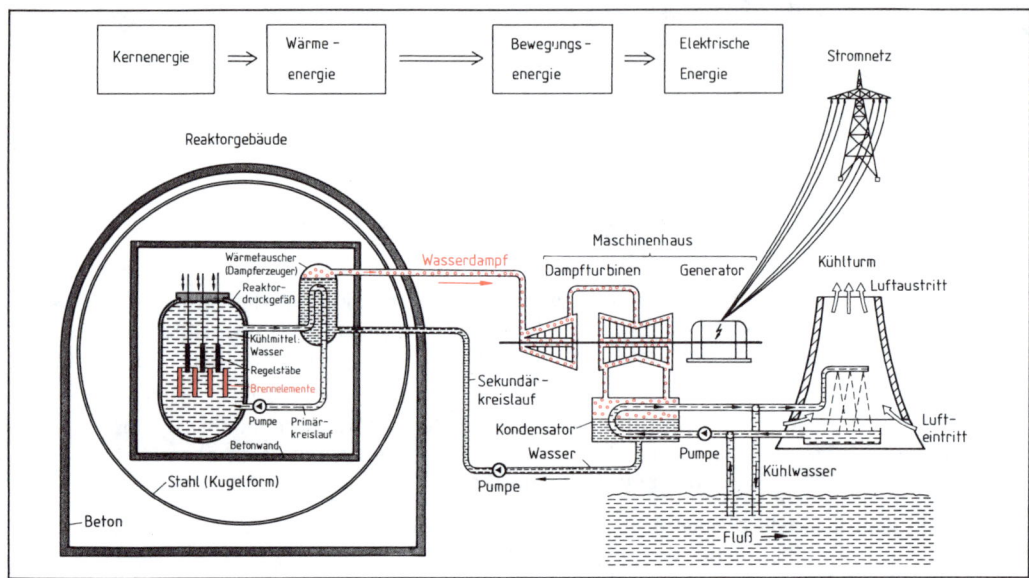

Energieumwandlung im Kernkraftwerk

Das heiße Wasser strömt vom Druckgefäß zum **Wärmetauscher,** gibt dort seine Wärmeenergie an einen zweiten Wasserkreislauf ab, wobei es sich um ca. 30 K abkühlt, und strömt wieder zu den Brennstäben zurück. Dieses Wasser des Primärkreislaufs enthält radioaktive Stoffe.

Im Wärmetauscher wird das Wasser des zweiten Kreislaufs auf etwa 260 °C erwärmt, und da es unter geringerem Druck steht, verdampft es (Dampferzeuger). Dieser Kreislauf ist nicht mehr radioaktiv.

Der **Wasserdampf** treibt die **Turbinen** an, kühlt sich ab, wird im **Kondensator** verflüssigt und zum Wärmetauscher zurückgepumpt.

Der **Generator** verwandelt die Bewegungsenergie der Turbinen in **elektrische Energie.**

Zur gleichbleibenden Energieabgabe muß der Reaktor geregelt werden. Nach dem Beginn mit einer zunehmenden Kettenreaktion muß die Zahl der Spaltprozesse über lange Zeit gleich bleiben und irgendwann wieder abnehmen. Diese Beeinflussung geschieht durch Materialien, die Neutronen absorbieren.

Die langfristige Regelung erfolgt durch Borsäure im Kühlmittel: $^{1}_{0}n + ^{10}_{5}B \rightarrow ^{7}_{3}Li + ^{4}_{2}He + \gamma$

Die schnelle Regelung der Reaktorleistung geschieht durch **Regelstäbe** aus Cadmium, Indium oder Silber, die von oben zwischen die Brennstäbe eingefahren werden.

Schutzmaßnahmen

Zur Zurückhaltung der radioaktiven Spaltprodukte mit ihrer intensiven und sehr schädlichen Neutronen- und γ-Strahlung werden Atomreaktoren mit mehrfachen **Schutzbauten** aus Beton und Stahl umgeben.

Nach Abschaltung der Kettenreaktion durch Einfahren der Regelstäbe bleibt eine Wärmeentwicklung (Nachzerfallswärme) durch die radioaktiven Spaltprodukte, die erst nach 3 Tagen so gering wird, daß eine ununterbrochene Zwangskühlung nicht mehr erforderlich ist. Ohne Kühlung würden die Brennstäbe schnell zerstört, und der schmelzende Brennstoff würde eine größere Menge radioaktiver Spaltprodukte in das Reaktorgebäude abgeben.

Um das auch beim **g**rößten **a**nzunehmenden **U**nfall (GAU), dem Platzen einer Hauptkühlmittelleitung im Primärkreis, zu vermeiden, ist ein mehrstufiges und mehrfaches **Notkühlsystem** vorhanden.

Solche Unfälle sind äußerst unwahrscheinlich, können jedoch nicht völlig ausgeschlossen werden. Deshalb sind Risiko und Nutzen der Kernenergie gegeneinander abzuwägen.

Entsorgung

Auch die abgebrannten Brennstäbe mit ihren radioaktiven Spalt- und Umwandlungsstoffen (Ba, Kr, Pu u.a.) sind sehr gefährliche Strahler. Die Brennstäbe werden teilweise wieder aufbereitet, die nicht verwertbaren Abfälle (Atommüll) finden ihre sorgfältige Endlagerung in Salzstöcken, wo sie die Umwelt nicht belasten.

Massendefekt, Kernfusion, Brutreaktoren

Beim Zerfall von 1 kg Uran ist die Masse der Zerfallsprodukte um 0,2 g geringer als die Ausgangsmasse. Nach der Einsteinschen Gleichung $E = m \cdot c^2$ ist die abgegebene Energie E diesem **Massendefekt** m proportional.

Mit $c = 3 \cdot 10^8$ m $\cdot$ s^{-1} für die Lichtgeschwindigkeit ergibt sich eine Strahlungsenergie von $20 \cdot 10^6$ kWh.

Bei schweren Kernen wie U-235, Pu-239, U-233 wird durch **Spaltung** (Fission) Energie frei, bei leichten Kernen wie Helium wird durch **Verschmelzung** (Fusion) Energie frei. Die Verschmelzungsenergie ist bis zu 4mal so groß wie die Spaltungsenergie.

Die **Kernfusion** läuft nur bei extrem hohen Temperaturen ab. In der Sonne und bei den Fixsternen wird durch Kernverschmelzung Strahlungsenergie aus Wasserstoff gebildet.

An dem Problem der Kernfusion zur Energiegewinnung wird in vielen Forschungsstätten gearbeitet.

Treffen schnelle Neutronen auf U-238-Kerne, wie dies in Kernreaktoren geschieht, so bildet sich Plutonium. Ähnlich entsteht über eine Reaktionskette aus Thorium-232 das Uran-Isotop-233. Diese Verfahren werden als **Brüten** bezeichnet. In Brutreaktoren entstehen neben Wärmeenergie neue Kernbrennstoffe. Pu-239 und U-233 sind Isotope, die wie das U-235 durch Neutronen spaltbar sind.

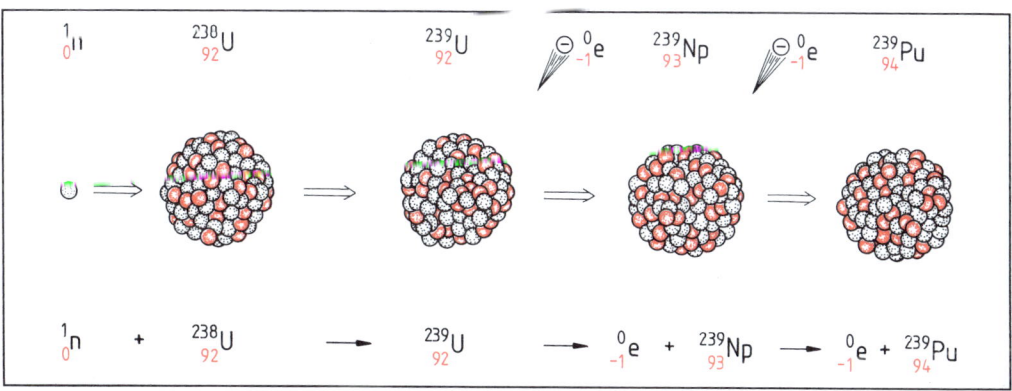

Uran-238-Kernumwandlung in Plutonium (Brüten)

Aufgaben

1. Wie erfolgt die Kernspaltung und die Kettenreaktion bei Uran?

2. Nennen Sie die wichtigsten Bauteile eines Kernkraftwerks; beschreiben Sie den Energiefluß!

Lösungen zu den Aufgaben

Die Lösungen der Aufgaben, die rechnerisch ermittelt werden können, werden hier aufgeführt. Alle übrigen Aufgaben sind Rückfragen nach dem im zugehörigen Kapitel behandelten Lehrstoff und finden somit dort ihre Beantwortung.

1.1.2 Nr. 1. $V = 0{,}005$ dm³ $= 5$ cm³
Nr. 2. $V = 23$ cm³ $= 0{,}023$ dm³
Nr. 3. $l = 150 \cdot 10^6$ m

1.1.3 Nr. 1. $m = 0{,}44$ kg
Nr. 2. $m = 380$ kg
Nr. 3. $m = 120 \cdot 10^3$ kg

1.1.4 Nr. 1. $V = 75$ dm³; $m = 1{,}125$ kg
Nr. 2. $V = 694$ cm³

1.2.4 Nr. 1. $v = 25 \frac{m}{s} = 90 \frac{km}{h}$
Nr. 2. $t = 12$ s
Nr. 3. $s = 13{,}9$ m
Nr. 4. $v = 0{,}75 \frac{m}{s} = 2{,}7 \frac{km}{h}$
Nr. 5. $t = 12$ min, 53 s

1.2.6 Nr. 1. $a = 1 \frac{m}{s^2}$; $s = 12{,}5$ m
Nr. 2. $v = 24 \frac{m}{s}$; $s = 144$ m
Nr. 3. $a = 7 \frac{m}{s^2}$; $s = 56$ m
Nr. 4. $a = 2 \frac{m}{s^2}$; $s = 150$ m

1.2.7 Nr. 1. $10 \frac{m}{s}$; $20 \frac{m}{s}$; $30 \frac{m}{s}$; $40 \frac{m}{s}$
5 m; 20 m; 45 m; 80 m
Nr. 2. $t = 9{,}4$ s ohne Luftwiderstand
$t = 5$ s $+ 6{,}4$ s $= 11{,}4$ s mit Luftwiderstand

1.3.2 Nr. 1. $F = 100\,000$ N $= 100$ kN
Nr. 2. $F = 2\,500$ N $= 2{,}5$ kN
Nr. 3. $1 \frac{m}{s^2}$; $0{,}5 \frac{m}{s^2}$; $0{,}1 \frac{m}{s^2}$;
$30 \frac{m}{s}$; $15 \frac{m}{s}$; $3 \frac{m}{s}$;
450 m; 225 m; 45 m
Nr. 4. $m = 50$ kg
Nr. 5. $F_1 = 770$ N nach oben
$F_2 = 630$ N nach unten

1.3.4 Nr. 2. $F = 900$ N; $l = 140$ mm

1.3.5 Nr. 2. $F = 16$ N
Nr. 3. $D = 400 \frac{N}{m}$; $l = 6{,}75$ cm
Nr. 4. $\Delta l = 2$ cm bei $D = 2{,}5 \frac{N}{cm}$ (eine Feder)
$\Delta l = 4$ cm bei $D_1 = \frac{D}{2}$
(zwei Federn in Reihe)
$\Delta l = 1$ cm bei $D_2 = 2 \cdot D$
(zwei Federn parallel)
Nr. 5. $F = 1{,}6$ N; aus $F = m \cdot a$

1.3.6 Nr. 1. a) $F = 550$ N; b) $F = 15$ N
Nr. 2. $F_2 = 7$ N

1.3.7 Nr. 1. $F = 1260$ N
Nr. 2. $F = 1570$ N; $16°$ zur Fahrtrichtung
Nr. 3. $F_1 = 640$ N; $F_2 = 665$ N
Nr. 5. $F_1 = F_2 = 240$ N

1.4.1 Nr. 1. $W = 4{,}48$ kJ
Nr. 2. $W = 4200$ GJ

1.4.2 Nr. 1. $W = 112{,}5$ kJ;
Nr. 2. $D = 16 \cdot 10^3 \frac{N}{m}$; $v = 2{,}24 \frac{m}{s}$

1.4.3 Nr. 1. $P = 25{,}2$ MW
Nr. 2. $P = 24$ kW
Nr. 3. $P = 608$ W

1.4.4 Nr. 1. $W = 9{,}2$ kJ
Nr. 2. $v = 15 \frac{m}{s} = 54 \frac{km}{h}$
Nr. 6. $F_R = F_N \cdot \mu_0 = 10{,}8$ kN

1.4.5 Nr. 1. $F_1 = 450$ N
Nr. 2. $F_2 = 200$ N
Nr. 3. Im Abstand l_1 ist $F_1 = 37{,}5$ N
Im Abstand l_1' ist $F_1' = 12{,}5$ N
Nr. 4. $F_2 = 280$ N; $W = 1600$ J

1.4.8 Nr. 1. $F_H = 150$ N; $F_N = 260$ N;
$F_R = 13$ N; $W = 16{,}3$ kJ
Nr. 2. $l = 2180$ m

1.4.9 Nr. 1. $W_{eff} = 36$ kJ; $\eta = 60$ %
Nr. 2. 50 %
Nr. 3. $P_{eff} = 306$ kW

1.5.1 $F_Z = 1360$ N; $\mu = 0{,}8$; $\alpha = 39°$

1.5.2 Nr. 1. $a = 8{,}4 \frac{m}{s^2}$; $v = 10{,}8 \frac{m}{s}$; $F_Z = 1165$ N
Nr. 2. $a = 0{,}5 \frac{m}{s^2}$; $W = 4{,}1$ kJ; $v = 10 \frac{m}{s}$
72 %; $F = 41$ N

1.6.4 Nr. 1. $h = 16{,}2$ mm
Nr. 2. $p_0 = 343$ hPa ($g = 9{,}81 \frac{m}{s^2}$)
(mit $g = 10 \frac{m}{s^2}$ wird $p_0 = 350$ hPa $= 0{,}35$ bar)
Nr. 3. $p_0 = 4218$ hPa
$h = 3{,}16$ m

1.6.5 Nr. 1. $h = 55$ m
Nr. 2. $p_0 = 1{,}103 \cdot 10^8$ Pa $= 1103$ bar
Nr. 3. $\varrho = 1{,}6 \frac{kg}{dm^3}$

1.6.6 Nr. 1. $F_G = 140$ N; $F_A = 50$ N; $F_G' = 90$ N
Nr. 2. $\varrho = 7{,}3 \frac{kg}{dm^3}$
Nr. 3. $h_1 = 4$ dm
Dichtebestimmung: $\varrho_{Flü} = 0{,}8 \frac{kg}{dm^3}$

1.6.7 $F_2 = 20$ kN; $W = 40$ kJ

1.7.1 $m = 38{,}8$ kg

1.7.3 10 mm HgS $\triangleq 13{,}33$ hPa

1.7.4 Nr. 2. $F = 112$ N

1.7.6 $V_0 = 7$ l; $m = 9$ g

1.7.7 Nr. 2. $F_{St} = 111{,}4$ N

2.1 Nr. 1. $T = 288$ K
Nr. 2. $\vartheta = 27\,°C$
Nr. 3. $\Delta\vartheta = \Delta T = 62\,°C = 62$ K

2.2.1 Nr. 1. $\Delta l = 4{,}2$ mm
Nr. 2. $\Delta\vartheta = 19{,}8$ K

2.3.2 Nr. 1. $\beta = 0{,}00049 \frac{1}{K}$
Nr. 2. $\Delta V = 9{,}1$ l
Nr. 3. etwa $1 : 6$

2.4.3 Nr. 1. $V_0 = 5519$ l; $m = 7{,}89$ kg
Nr. 2. $V_0 = 47{,}96$ m³; $m = 62$ kg
Nr. 3. $p = 3{,}3$ bar; $V_0 = 91$ dm³; $m = 118$ g

2.6.2 Nr. 1. $W = 3024$ kJ
Nr. 2. Wasser, Erde, Mauerwerk, Stahl
Nr. 3. $\Delta\vartheta = 2{,}8$ K

2.6.3 Nr. 2. $m = 40$ g
Nr. 4. $\vartheta_m = 31,5\,°C$; $W = 6536$ kJ
Nr. 5. $C = 73,3 \dfrac{kJ}{K}$
2.6.4 Nr. 3. $\vartheta_m = 20,2\,°C$
2.6.5 Nr. 1. $m = 2$ kg Anthrazit; $m = 1,75$ kg Heizöl
Nr. 2. $W = 10\,161$ kJ
2.8.2 Nr. 1. $W = 1333$ kJ
Nr. 3. $\vartheta_m = 9,9\,°C$
2.8.6 Nr. 1. $m = 6,2$ kg
Nr. 2. $\vartheta_m = 49,5\,°C$
Nr. 3. $\vartheta_m = 46,9\,°C$
2.8.9 $W = 3035$ kJ
2.9.2 Nr. 1. $W = 7776$ kJ
3.1.1 Nr. 1. $g = 9,77 \dfrac{m}{s^2}$
Nr. 2. $T = 1,2$ s; $v = 0,6 \dfrac{m}{s}$
3.2.1 Nr. 2. $c = 338 \dfrac{m}{s}$
3.3.3 Nr. 1. $f = 2100$ Hz
3.3.4 Nr. 1. 1035 m
Nr. 2. 3,45 mm
3.3.7 Nr. 1. 975 m
4.1.6 Nr. 1. $I = 1531$ cd
Nr. 2. $I = 5350$ cd
4.2.2 0,91 m Spiegelhöhe
0,85 m Bodenabstand
4.3.1 Nr. 1. $n_{Glas} = 1,6$
Nr. 3. $\alpha_{Luft} = 41,7°$
4.3.2 Nr. 1. $\alpha_{1T} = 41,5°$
Nr. 2. $\alpha_{Wasser} = 40,6°$; 26,2 cm
4.4.1 Nr. 1. von 52,6 mm auf 50,2 mm
Nr. 3. $b = 67$ mm; $B = 17$ mm
Nr. 5. Versuch 3/1: $b = 73$ cm; $B = 9$ cm
Nr. 6. $g = 0,25$ m; $b = 1$ m; $f = 0,2$ m
Nr. 7. $D_2 = 3$ dpt; $f_2 = 0,333$ m
4.5 Nr. 1. 9,46 Billionen km = $9,46 \cdot 10^{12}$ km
Nr. 2. 1,27 s
5.1.5 $E = 100\,000 \dfrac{N}{C} = 100\,000 \dfrac{V}{m}$
$U = 4000$ V
5.2.4 Nr. 1. $P = 1$ kW; $W = 3,6$ MJ = 1 kWh
Nr. 2. $I = 9,1$ A; $W = 7,2$ MJ = 2 kWh
0,30 DM
Nr. 3. Grundheizung: $I = 4,55$ A
Grund- und Zusatzheizung: $I = 22,73$ A
5.3.1 Nr. 1. $R = 110\,\Omega$
Nr. 2. $R = 48,4\,\Omega$
5.3.2 Nr. 1. $l = 50$ m
Nr. 2. $A = 23,2$ mm^2
Nr. 3. $R = 0,24\,\Omega$

5.3.4 Aufgabe Reihenschaltung:
$U = 220$ V; $R = 340\,\Omega$; $R = 440\,\Omega$; $U_1 = 50$ V; $U_2 = 170$ V

Aufgabe Parallelschaltung:

Schaltung	Stromstärken	Widerstände	Leistung
Reihe	2,72 A	80,7 Ω	600 W
R_2 alleine	4,54 A	48,4 Ω	1000 W
R_1 alleine	6,82 A	32,3 Ω	1500 W
Parallel	11,36 A	19,4 Ω	2500 W

Teilspannungen bei Reihenschaltung: $U_1 = 88$ V; $U_2 = 132$ V
Teilströme bei Parallelschaltung: $I_1 = 6,82$ A; $I_2 = 4,54$ A

Aufgaben Gruppenschaltung:
Nr. 1. $R = 45,5\,\Omega$
Nr. 2. $I_1 = I_2 = 3,63$ A
$I_3 = 2,02$ A
Nr. 3. $I_2 = 3,33$ A; $U_1 = 53$ V
$I_3 = 1,51$ A; $U_2 = U_3 = 167$ V

5.3.5 Nr. 1. $R_2 = 0,056\,\Omega$ Nebenwiderstand
$R = 0,050\,\Omega$ Gesamtwiderstand
Nr. 2. $R_2 = 380$ kΩ Vorwiderstand
$R = 400$ kΩ Gesamtwiderstand
5.3.6 $R_i = 0,8\,\Omega$; Stromstärken 250:1

5.5.1 Nr. 1. $t = 6$ min, 17 s; $P = 1000$ W
Nr. 2. Grundheizung:
$I = 4,55$ A; $t = 6$ h, 31 min
Grund- und Zusatzheizung:
$I = 22,73$ A; $t = 1$ h, 18 min
Nr. 3. $P = 1320$ W; $W_{ind} = 396$ kJ;
$W_{eff} = 317$ kJ; $\Delta\vartheta = 38\,°C = 38$ K
5.8.3 Nr. 5. $H = 500 \dfrac{A}{m}$; $I = 0,4$ A; $\Phi = 1,92$ mVs
5.13.2 Nr. 1. $I = 2435$ A (1410 A)

6 Verständnisfragen finden in dem zugehörigen Kapitel die Beantwortung.

Namensverzeichnis

Ampère 202
Archimedes 77
Becquerel 258, 260, 263
Bohr 190, 255
Boyle 90
Brown 109
Carnot 121
Celsius 95
Chadwick 265
Clausius 120
Coulomb 194
Curie 258, 263
Dalton 254
Diesel 121
Doppler 153
Einstein 269
Faraday 222
Foucault 182
Fraunhofer 185
Galilei 26
Galvani 223
Gay-Lussac 105
Guericke 86
Hahn 266
Heisenberg 255
Helmholtz 120, 146
Hertz 19, 254
Hooke 36
Huygens 185
Joule 42, 120
Kelvin 105
Kepler 189
Kirchhoff 212
Lenard 254
Lenz 242
Mariotte 90
Mayer 120
Michelson 182
Newton 26
Oersted 231
Ohm 205
Otto 121
Pascal 70
Planck 255
Rutherford 190, 255, 260, 265
Schrödinger 255
Sommerfeld 255
Straßmann 266
Thomson 254
Torricelli 83
Volta 196
Watt 46, 121
Wilson 260

Sachwort

Abbildungsgleichung 178
Abstandsgesetz 160
achsenparallele Strahlen 166
Adaption 186
Adhäsionskraft 68
Aggregatzustand 122
Akkomodation 186
Akkumulator 224
Akustik 145
α-Strahlen 260
α-Zerfall 262
Altersbestimmung 264
Ampere (Einheit) 202
Amperemeter 214
Amplitude 140
Anker 244
Anode (Anionen) 222
Anomalie des Wassers 102
Äquivalent, elektrochemisches 222
Äquivalentdosis 261
Aräometer 79
Arbeit 42
– am Flaschenzug 59
– an der losen Rolle 58
– an der geneigten Ebene 61
Arbeitsdiagramm 44
Archimedisches Gesetz 77
Atmosphärendruck 84, 90
atomare Masseneinheit 257
Atombau 190
Atombombe 267
Atomhülle 190, 255
Atomkern 190, 256
Atommasse 255
Atommodell 254
Auftrieb
– in Flüssigkeiten 76
– in Gasen 92
Auge 186
Außenleiter 217, 249
Außenpolmaschine 248

Bar 73
Barometer 84
Basiseinheiten 9, 12, 16, 105, 158, 202
Batterien 224
Becquerel 263
Beleuchtungsstärke 159 ff.
Beschleunigung 21
Beschleunigung an der geneigten Ebene 67
Beschleunigungs-Zeit-gesetz 140
β-Strahlen 260
β-Zerfall 262
Bewegung
–, gleichförmige 16, 18
–, gleichförmige Kreis~ 19
–, gleichmäßig beschleunigte 20
Bezugssystem 16, 66
Bildgrößengleichung 178
Bimetall 99
Bogenmaß 19
BOYLE-MARIOTTEsches Gesetz 89
Brechkraft 178
Brechungsgesetz 169, 170
Brechungszahl 169
Bremsmittel 268

Bremsweg 50
Brennelemente 268
Brennpunkt, Brennstrahlen, Brennweite
– bei Linsen 175 ff.
– bei Spiegeln 167
Brennwerte 118, 119
BROWNsche Bewegung 109
Brutreaktor 269
Brüten 269

Candela 158
Celsius 95
Coulomb (Einheit) 194, 202

Dampfdruck 130
Dampfturbine 121
Deklination 229
Deuterium 257
Dezi-Bel-A 152
Diaprojektor 188
Dichte 13, 14
– Bestimmung von Flüssigkeit 75, 79
Dichten einiger Gase 82
Dichtemaximum 102
Dispersion 185
Dopplereffekt 153
Dosismeßgerät 258
Dreheisenmeßwerk 236
Drehfeld 250
Drehmoment 52
Drehschieberpumpe 91
Drehspulmeßwerk 214, 239
Drehstromgeneratoren 249
Drehstrommotoren 250
Druck 70, 72 ff.
– hydrostatischer 74
Druckeinheiten 84
Druckmessung 73
Druckwasserreaktor 267

Echolot 151
Einheiten 9, 12, 16, 105, 158, 202
Einheitengleichung 14
elektrisches Feld 194 f.
elektrische Spannung 196
Elektroden 193, 222
elektrodynamisches Meßwerk 240
Elektrolyse 222, 224
Elektrolyt 222
Elektromagnet 233 ff.
elektromagnetische Induktion 241, 246
elektromagnetische Wellenstrahlen 260
Elektromagnetismus 231
Elektrometer 193
Elektromotoren 244 f.
elektromotorisches Prinzip 246
Elektronen 190, 192, 199, 200, 260
Elektronenmasse 256
Elektronenspin 255
Elementarladung 256
Elementarmagnet 226
Energie 42
–, der Bewegung 44
–, elektrische 203, 219
– Erhaltung 45, 120
– Erhaltung beim Hebel 54

– Erhaltung bei losen Rolle 58
– Erhaltung an der geneigten Ebene 61
–, der Lage 42
– Reibungs ~ 50
– Sonnen ~ 118
– Spann ~ 44
– Wärme ~ 111, 118, 120
– Wind ~ 118
Energiedosis 261
Energiekosten 204
Energieumwandlung 268
Energieversorgung 253
Energievorkommen 118
Erdbeschleunigung 24
Erstarrungstemperatur 123 ff.
Erstarrungswärme, spezifische 124 ff.

Fadenpendel 139
Fallbeschleunigung 24
Farben 183
Federkonstante 37
Feder-Kraftmesser 37
Federpendel 139
Fehlerstromschutzschalter 217
Feld
–, magnetisches 227, 228
–, elektrisches 194, 195, 228
–, resultierendes 237
Feldlinien 194, 195, 227
Feldstärke
–, elektrische 194, 197
–, magnetische 233
Fernrohr 188
Fluß, magnetischer 234
Flußdichte, magnetische 234
Flüssigkeitspresse 80
Fotoapparat 188
Fotometer 162
Fotowiderstand 209
Freier Fall 23 f.
Fremderregung 248
Frequenz 19, 140, 147
Fundamentalabstand 95

galvanisches Element 223
Galvanometer 239
γ-Strahlen 260
Gasgleichung 106
GAY-LUSSACsches Gesetz 105
Gefrierpunkterniedrigung 126
Geiger-Müller-Zähler 259
Geneigte Ebene 60 ff
Generator 198, 246, 247, 249, 268
Generatorprinzip 241
Geräusche 147
Geschw.-Zeit-Gesetz 140 Schaubild 18
Gewichtskraft 30
Gleichstrom 193
Gray 261
Grundgleichung der Mechanik 30
Grundlast 204
Gruppenschaltung 213

Halbwertzeit 264
Hangabtriebskraft 60, 62
Hebelgesetz 52
Hektopascal 73
Helium 256
Heliumatom 255
Heliumkerne 260
Hitzdrahtmeßwerk 218
Höhenstrahlung 259
Hohlspiegel 166
HOOKEsches Gesetz 37
hydrostatischer Druck 74

Induktion
– durch Bewegung 241
– durch Flußänderung 242 f.
Influenz
–, elektrische 195
–, magnetische 234
Infrarot 185
Infraschall 147
Inklination 229
Innenpolmaschine 248
Innenwiderstand 216
Ionen 191, 199, 256
Ionisation 258
Ionisationskammer 264
Isolatoren 208
Isotope 257

Joule 42

Kapillarität 69
Kathode (Kationen) 222
Katodenstrahlen 254
Kelvin-Temperatur 96, 104 ff.
Kernenergie 265
Kernfusion 269
Kernkraftwerk 267, 268
Kernladung 255
Kernladungszahl 256, 257
Kernreaktion 266
Kernreaktoren 267
Kernspaltung 266
Kernstrahlungen 261
Kern-β-Strahlung 262
Kernumwandlung 258, 262, 269
– künstliche 265, 266
Kettenreaktion 266, 267
Kilogramm 12
KIRCHHOFFsches Gesetz 212
Klang 147
Knall 147
Kohäsionskräfte 68
Kohlenstoffisotop 264
Kollektor 244
kommunizierende Gefäße 71
Kondensator 268
Kondensationstemperatur 127 ff.
Kondensationswärme, spezifische 129
Kraft 26, 30
–, Darstellung 34
–, Gegen ~ 32
– Kräfteparallelogramm 40
–, messer 35 ff
–, resultierende 40
– an der geneigten Ebene 62, 67
Kraftwirkung 226